理水营城

中国城市规划设计研究院
城镇水务与工程研究分院

周年作品集

王立秋　邵益生　龚道孝　洪昌富　等
编著

中国建筑工业出版社

图书在版编目（CIP）数据

理水营城：中国城市规划设计研究院城镇水务与工
程研究分院 10 周年作品集 / 王立秋等编著 . —北京：
中国建筑工业出版社，2022.11
ISBN 978-7-112-28088-9

Ⅰ . ①理…　Ⅱ . ①王…　Ⅲ . ①城市规划—建筑设计—
作品集—中国—现代　Ⅳ . ①TU984.2

中国版本图书馆 CIP 数据核字（2022）第 203731 号

责任编辑：宋　凯　张智芊
责任校对：孙　莹

理水营城：中国城市规划设计研究院城镇水务与工程研究分院 10 周年作品集
王立秋　邵益生　龚道孝　洪昌富　等　编著

*

中国建筑工业出版社出版、发行（北京海淀三里河路 9 号）
各地新华书店、建筑书店经销
华之逸品书装设计制版
北京富诚彩色印刷有限公司印刷

*

开本：850 毫米 ×1168 毫米　1/16　印张：31　字数：668 千字
2022 年 12 月第一版　　2022 年 12 月第一次印刷
定价：298.00 元
ISBN 978-7-112-28088-9
（40160）

编 委 会

十年努力，十年成长

——写在中国城市规划设计研究院城镇水务与工程研究院成立十周年

　　中国城市规划设计研究院城镇水务与工程研究分院（以下简称"中规院水务院"）成立十年了，虽然时间不太长，但业绩满满，硕果累累，已经成为国家城镇水务领域一支重要专业技术力量，成为住房和城乡建设部一个不可或缺的技术支撑机构。

　　中规院水务院的成长，得益于 2000 年科研事业单位体制改革时，建设部俞正声部长的高瞻远瞩，把建设部水中心、建设部地铁与轻轨中心转隶中国城市规划设计研究院（以下简称"中规院"），保持他们公益性技术服务机构的属性；得益于中规院王静霞院长宽厚大气，为这个机构的转入及运行提供了充分的资源支持；得益于国家和住房和城乡建设部对城镇水务领域的持续重视和大量的资源投入；也得益于水中心、水所、工程所多年来坚持项目实践、基础研究和公益服务并重，形成了丰富的经验积累和能力提升。

　　中规院水务院的成长，更离不开邵益生、谢映霞、宋兰合、孔彦鸿、张全、杨明松、洪昌富、郝天文等院所老领导和中规院水务院领导班子的努力和敬业，离不开我无法一一点名的工程所、水所和水中心两代专业骨干的辛勤工作和无私奉献，是他们成就了一个在业界声誉良好的重要专业机构。

　　我一直认为，城市规划事业必须有多专业的紧密合作。城市规划不应该是一门独立的学科，而是一个多学科多专业的联合体。因此，在规划院的管理实践中，我从不赞成把市政、水务、交通专业定义为城市规划的"配套专业"，他们应该就是规划工作的本身。随着我国城镇化进入"下半场"，城市发展从大量新建、扩建转向存量为主、注重优化的阶段，空间型的发展快速转向设施型的发展阶段。资源、环境、交通、市政、水务、风景园林越来越成为人们关切的重点，成为城市规划建设的重心。

　　中规院1982年恢复建院以来，一直十分重视多专业、多领域均衡发展，一直坚持以重点研究领域和专业方向设置二级专业机构，20世纪90年代工程所成立，2001年建设部水中心转隶及水所成立，到2012年前后设立水务、交通、风景园林三个专业院，给中规院多专业均衡发展创造了更多更好的平台。中规院水务院成立后，持续研究并深入参与国家重大专项任务，抓住国家和地方政府对水资源、水环境、水安全、水生态以及水景观领域越来越重视，投入越来越多的历史性机遇，一方面，有力支撑了国家战略和地方发展需求；另一方面，也成为了城市规划、城乡建设领域重要的智库机构和规划设计机构。

　　水是生命的基本保障，中规院每逢救灾应急的重大任务，水中心、水务院都发挥了重要作用。2008年汶川特大地震，水中心承担了灾区应急供水的水质监测任务。中心的同志们白天在现场巡回采样，晚上在绵阳水厂实验室冒着余震坚持检测。唐家山堰塞湖泄洪时，他们是极少数被允许在涪江边工作的人群，在洪峰中采样，也替院的灾后应急团队观察水情。2013年芦山地震时，水务院的同志把水质监测车开到灾后现场和兄弟单位合作完成了灾区应急供水任务。……一次次救灾应急任务显示了水务工作作为生命线工程的重要性，展示了中规院水务人的责任和担当，也一次次令我感动不已。

　　在水务和市政领域，中规院有水务院这样的综合性团队，在深圳、上海、西部分院，在北京公司也有着积累了不同专业经验，形成了差异化专业能力的水务和市政团队，衷心希望各团队精诚团结、合作，共同为国家的水务事业贡献力量。

　　祝贺中规院水务院成立十周年，祝福中规院水务院有一个更好的十年！

全 国 工 程 勘 察 设 计 大 师
中国城市规划设计研究院原院长

拾年一水

我很喜欢"理水营城"这个名字，实际上，我本人也曾在2017年以此为题在武汉做过一次学术演讲。在此书出版之际，看到这个题目，让我思绪万千。回首中华5000年文明史，可以讲，是一部璀璨的水文明发展史。回顾中国城市规划设计研究院城镇水务与工程研究分院（以下简称"中规院水务院"）成立以来的10年，可以讲，这个集体是我心中上善若"水"的最好诠释。

有水之形。水虽无常形，却可因形而变，遇圆则圆，遇方则方。中规院水务院是一个以水为主的专业院，一般也被大家称为"水院"，但中规院水务院可真的一点都不"水"。作为中规院专业类别最多的部门，中规院水务院包含给水排水、环境、能源、防灾、生态、电力通信、环卫等近10个专业和业务方向，承接着城乡规划中"工程类"任务，这就客观决定了中规院水务院面临着不同寻常的业务类型多、范围广的压力。中规院水务院成立的10年来，传统业务面临多次升级迭代，海绵城市、综合管廊、新基建、低碳、双评价等诸多新理念、新事物层出不穷，所幸的是，中规院水务院全体同仁展现了卓越的学习能力和适应能力，以不变应万变，积极开拓创新，在诸多方面成功拓展了业务领域、扩大了影响力、树立了行业地位。

有水之道。水虽无常道，却亦几近于道，善利万物，为而不争。在我的印象中，中规院水务院一直是一个踏实、能担当、低调务实的集体，在重大任务、艰巨任务、临时性任务面前，从不退缩、精诚团结、齐心协力、不争功名。在中规院的历次抗震救灾中，中规院水务院始终冲在最前线，北川、玉树、舟曲均留下了水务院人坚强的身影。在恩施、宣城等灾后应急供水中，中规院水务院人迎难而上、义无反顾，成为最美"逆行者"，为的是确保灾区群众那口"放心水"。在援疆援藏和精准扶贫中，水务院贡献了一批又一批的挂职干部和专业队伍，这些同志以身体和家庭的巨大付出为代价，坚守岗位，不辱使命，胜利完成任务。

有水之势。水虽无常势，却克天下之刚，不舍昼夜，水滴石穿。中规院水务院成立的10年，恰逢我国住房和城乡建设事业向高质量发展转型的关键时期，在新型城镇化、生态文明建设战略下，在以"减量提质 存量更新"为核心的新发展阶段，水务、生态、低碳、韧性领域成为城乡建设事业的热点。我很庆幸中规院水务院人面对这些挑战和机会，能够勇往直前、矢志不渝。据我所知，水务院是最早开展伴随式服务的部门，近些年，很多同志连续多年扎根地方、服务地方，他们的足迹遍布200多个城市，先后承接了20余个驻场全流程技术咨询项目，取得了卓越成绩，积累了丰富的一线经验，刻画了一个又一个的"中规水务作品"。宝剑锋从磨砺出，梅花香自苦寒来。10年来，中规院水务院历经磨炼、孜孜以求，不仅圆满地完成了各项任务，而且得到发展壮大，提升了行业影响力，成为一支近百人规模、具有鲜明标签的"中规水务智库"，这些都是拼出来的。这是一个"孜孜不倦、上下求索"的集体！这是一个"孜孜不倦、上下求索"的10年！

新一个十年的序幕即将开启，希望中规院水务院的全体同仁能够继续效水之形，秉水之道，乘水之势，一起携手奋进，超越过往，博观而约取，厚积而薄发，一同为祖国新时期城乡建设事业贡献"水务力量"。我相信：水远山长，务期必达！

全 国 工 程 勘 察 设 计 大 师
住房和城乡建设部总经济师　　杨保军
中国城市规划设计研究院原院长

书承流金，情兼使命

2022年是中国城市规划设计研究院城镇水务与工程研究分院（以下简称"中规院水务院"）成立十周年的纪念时刻。过去十载是党和国家事业取得历史性成就、发生历史性变革的十年，也是水务院昂扬奋进、跨越发展的十年。我作为亲历者，见证了过去十年中规院水务院在住房和城乡建设部关心指导、中国城市规划设计研究院总院（以下简称"中规院"）带领支持下不断发展壮大，踏出扎实历史足迹、划出优秀成长曲线的奋斗历程。

2001年，"建设部城市水资源中心"和"城市供水水质监测中心"划归中规院。为进一步加强城镇水务领域研究力量、提高服务国家城镇水务发展能力，2012年，中规院在整合已有资源基础上，组建了中规院水务院。十年间，中规院水务院以非常之功、恒久之力，已经成长为专业技术人员近百位、代表着我国城市工程规划领域顶级水平的专业院，为推动国家绿色转型发展贡献了重要力量，硕果累累、成绩斐然！

立足科研、建言献策。中规院水务院长期从事饮水安全、城市水系统和水城关系的科学研究。国家"水体污染控制与治理科技重大专项"实施以来，陆续承担了40余项独立课题及子课题研究任务。通过关键技术研发、标准规范编制和行业政策研究等，服务国家水资源安全战略、饮用水安全保障体系建设、水污染防治和水环境改善工作，为国家和行业提供全方位政策、管理和技术支撑。充分发挥生态环境和城市基础设施方面的技术优势，在南水北调供水安全、长江大保护、黄河流域高质量发展等国家战略中解决了一大批关键技术难题。

立足市政，开拓创新。中规院水务院在各类工程规划领域展开了形式多样、内涵丰富的探索，高质量完成了一系列重要的规划设计项目，足迹遍布全国31个省份，200多个城市。结合城市规划的技术发展与需求，中规院水务院深入开展城市水系统、生态环境、新能源、低碳、城市安全等专业领域的战略与专题研究，在技术方法、理论研究方面不断推陈出新，形成了完备的专业结构和业务框架。十年来，中规院水务院承担了多层次、多地域、多类型的技术咨询，承接了数以千计的规划设计项目，涉及市政设施规划、海绵城市建设、黑臭水体治理、生态环境保护、低碳城市、韧性城市等多种类型。在全国城镇体系规划、京津冀、长三角、珠三角城镇群协调发展规划、"一带一路"建设、雄安新区系列规划、长江经济带国土空间规划、全国国土空间规划等各类区域规划、城镇群规划及北京、天津、成都等城市总体规划中，充分发挥生态环境和城市基础设施方面的技术优势，为全国城乡绿色转型发展提供技术支持，并多次荣获住房和城乡建设部科技进步奖、华夏建设科技奖、优秀城乡规划设计奖。

立足地方，勇于担当。中规院水务院紧跟国家城镇水务发展的最新要求，坚持扎根地方、与地方城镇水务建设伴随式成长。过去十年，恰逢城市水系统治理迎来变革期、破局期，亟待解决问题众多、各种矛盾尖锐复杂。中规院水务院顺时应势，迎难而上，在海绵城市建设、内涝防治体系建设、黑臭水体治理、高品质供水等重大议题上紧密跟踪地方的建设实践，克服重重困难，协助主管部门和地方政府出精品、成试点、作示范。从2012年参与国家排水防涝相关文件起草至今，中规院水务院前后已有近百名同志参与长期驻场技术服务，第一时间响应地方需求驰援现场，在城镇水务发展方式、建设理念、技术标准方面因势利导、博采众长，编制了一大批务实、创新、可落地的实施方案，创造了一系列可复制可推广可借鉴的经典案例。

十周年之际，中规院水务院出版了系列学术著作，以此承载十年流金岁月，总结形成了最具代表性、学术价值和技术含量的论著。作为读者，我不仅从中解读出水务院的家国情怀、使命担当与规划热忱，更坚信其能为相关行业发展提供重要借鉴。

新的十年已经拉开序幕，未来是我国统筹城乡建设、生态低碳绿色发展的重要窗口期。朝碧海而暮苍梧，睹青天而攀白日。只有探人之所不知，达人之所未达，才能在未来继续取得佳绩。我衷心希望，中规院水务院继续依托自身技术、人才的丰厚积淀，秉承中规院"求实的精神、活跃的思想、严谨的作风"院训，将勇于担当、求真务实、踏实肯干的作风薪火相传。孜孜探索、自主创新，为构建中国式现代化基础设施体系、推动城市高质量发展贡献坚实的力量，也让中规院水务院的每一位员工以自己为水院人而骄傲、自豪！

中国城市规划设计研究院院长

全国工程勘察设计大师　　王凯

务实笃行　行稳致远

　　今年是中国城市规划设计研究院城镇水务与工程研究分院（以下简称"中规院水务院"）成立第十年，十年是一个单位成熟的重要标志时间，这是一个值得庆祝的时刻。作为中国城市规划设计研究院（以下简称"中规院"）成立的第一个专业院，中规院水务院自成立伊始，便担负着探索专业院可持续发展模式的责任。历时十年时间，从一个基础弱、底子薄的部门，成长为一个百人规模、代表着国家城镇水务与基础设施规划建设领域顶级水平的专业院。

　　我本人与中规院水务院也很有渊源，如今还能记得2019年元旦后院务会调整工作分工，明确由我分管中规院水务院工作。第二天一早我便来到中规院水务院，在龚道孝院长办公室，与他交流、了解中规院水务院的情况，也是从那时起，开始逐步深入地体会到一个专业院工作的复杂性、综合性。后期由于工作调整，我不再分管中规院水务院工作，但却一直在关注中规院水务院的成长和发展，在我看来，经过十年的历练，中规院水务院成功塑造了自己鲜明的特征和标签，学术研究有高度、领域发展有广度、业务拓展有深度、年轻人成长有热度。

　　有高度。近年来，恰逢我国城乡建设高质量转型发展的关键时期，城乡规划建设事业也面临重大变革，以水为核心的基础设施领域在某种程度上成了行业的"风口"，挑战与机遇并存。我很欣慰中规院水务院同仁能够不停地创新摸索，把握机遇，积极开展学术研究和智库建设工作，为多项国家级政策的出台提供了重要的技术支撑，不仅取得了显著成绩，更提升了自身的格局、视野和高度。在分管中规院水务院期间，我也有幸参与到中规院水务院的几项工作中，在《全国城市市政基础设施建设"十四五"规划》项目中，与项目组专门研究探讨"现代化基础设施体系"问题，更加深刻地认识到基础设施领域的发展不平衡、不充分问题，也有幸看到规划经国务院同意，于今年成功发布实施。还曾记得，和中规院水务院一同参加"中荷水技术发展与城镇化研讨会"时，荷兰基础设施与水管理部水利总司同仁对于中规院水务院在海绵城市建设、水环境治理等领域开展的相关工作的赞许，印象最深的还有荷兰同仁倡导的"给水更多的空间"，我最近的工作也聚焦在城市可持续发展，也深刻感受到基于自然的解决方案而不是基于工程的解决方案是未来基础设施发展的核心任务。

有广度。中规院人一直有不断学习接纳新事物、新理念的传统和特质，这也是60多年来中规院一直能够做好国家智库、成为规划国家队的原因。但在分管水务院工作后，我还是对于其工作的广度感到惊讶，除了涉水核心业务外，工作内容涵盖了电力、通信、生态、人防、抗震、环卫等10余个专业方向，除水专业人数较多外，经常是3~4个人便撑起了一个业务领域，还取得了不错的成绩。近几年，中规院水务院在绿色低碳、安全韧性等热点和新兴领域都取得了一定的突破，这也充分展现了中规院水务院人的学习能力和适应能力，现在是一个知识不断更新与本领恐慌的年代，期待中规院水务院同仁一方面不断学习新知识，另一方面也要多方面展开跨领域合作。

有深度。当前，我们处在知识创新时代，加之城市规划是一门复杂性科学，这需要我们不断地学习、不断地研究，更需要我们不断地实践、不断地验证，也就是我们常说的既要"高大上"，又要"接地气"，不断解决真问题，中规院水务院在这方面一直做得不错。据我了解，中规院水务院是中规院做内承担科研任务最多的部门，从建院伊始，承担了大量的国家级研究课题，在城市水系统、饮用水安全、新型基础设施等领域都积累了丰富的研究成果，大量的科研工作为其不断升级业务奠定了基础。近年来，中规院水务院率先探索开展伴随式技术咨询的驻场工作模式，扎根地方，深耕一线，不断提升业务"深度"。我曾和中规院水务院同事一道赴景德镇等地开展调研，现场见识了水务工作者"骑单车""穿雨鞋"的工作方式，切身体会到驻场服务工作的不易和艰辛，更看到了中规院水务院年轻工作者在基层工作过程中的成长。希望水务院能一如既往将这种工作作风坚持下去。

有热度。分管中规院水务院工作时，我曾寄语中规院水务院要建设一支能够打硬仗、有活力、有创新的队伍。之后每次来到中规院水务院，总会发现不少新面孔，据我了解，一方面是近几年中规院水务院成长很快，每年新人很多，另一方面是出差多，很多同志常年在项目地驻场工作，导致经常会有"老同志、新面孔"的错觉。此外，在我印象中，在院里的历次救灾扶贫工作中，中规院水务院人总是冲在最前线，迎难而上，义无反顾，做出了突出贡献。在中规院水务院人身上，我始终能感受到活力和热度。

展望未来，水务领域也将来到"深水区"。英国著名历史学家、游记作家约翰·朱利叶斯·诺里奇著有《伟大的城市》一书，研究了自古以来70座世界知名城市的建设发展规律，不难看出，水一直决定着一座城市的兴衰发展、规模走向和精神文化生成。不仅如此，在生态优先、绿色发展的时代背景下，水将是现代城市发展的核心要素，可以预见，水务领域前景广阔、未来可期。

　　风华十载再出发，砥砺奋进谋新篇。希望中规院水务院在未来的征程上，再提"高度"，再拓"广度"，再挖"深度"，再增"热度"，务实笃行，行稳致远。在新的征途上，祝福中规院水务院蓬勃发展，更上一层楼！

中国城市规划设计研究院副院长

在中国城市规划设计研究院城镇水务与工程研究分院（以下简称"水务院"）成立十周年之际，如何讲述水务院成长的故事，如何从城市基础设施、从城市水系统的视角呈现十八大以来城乡规划建设事业贯彻生态文明绿色发展理念的转型与发展历程，看似简单却并非易事。本书编写凝聚了水务院全体同仁的智慧和辛劳。书名取名"理水营城"，既是对中国传统城市营建理念的继承，也是基于水务院人对城水关系的认知，更是源于水务院人十年来矢志不渝、上下求索中对"绿水青山就是金山银山"的感悟和体会。

本书开篇以《深耕专业领域　贡献智库力量》综述了水务院十年来的主要业务工作，并根据水务院职能和业务构成，分"综合研究篇、专题研究篇、专项规划篇、技术咨询篇"四个板块进行组织。基于创新性、先进性、示范性、实效性等标准，在反复研究论证的基础上，选取了典型案例，按照"项目概况、问题分析、技术要点、实施情况、特色创新"的体例进行了编排，并历经多轮讨论和修改，形成目前的书稿，全书63篇项目文稿展示了水务院人十年来"立足新时代、贯彻新理念、落实新要求、探索新思路、研究新方法"的责任和思考。

在综合研究篇，致力城镇水务与工程领域所开展的政策研究、国际合作等，摘录了

"十四五"全国城市基础设施规划建设规划研究等6个典型项目。在专题研究篇，以服务于总院主体业务，摘录了四川省城镇体系规划（2013—2030年）——生态专题研究等13个典型项目，系统展示了水务院在各级城镇体系规划、总体规划以及国土空间规划等工作中，开展的涉及市政基础设施建设、生态保护修复等领域的专题研究和技术支撑工作。在专项规划篇，以"专业发展"为主题，摘录了哈尔滨市城市供水工程专项规划（2010—2020年）等32个典型项目，系统展示了水务院在城市水系统、市政工程、海绵城市建设、生态环境保护等领域，开展的一系列专项规划工作。在技术咨询篇，以"纵向深化"为主题，摘录了鹤壁市国家海绵城市试点建设全过程技术咨询服务等12个典型项目，系统展示了水务院在海绵城市建设、水环境治理等国家级试点、示范中，开展的伴随式技术服务工作。通过对63个典型案例的编写，希望对于城镇水务与工程规划建设的决策、管理以及从业人员有所参考。

本书编写过程中得到了行业领导及相关领域专家的指导和帮助，相关技术成果也凝聚了有关参与单位人员的共同贡献，在此一并致谢！由于作者水平有限，成稿时间仓促，不足之处敬请读者提出宝贵意见。

目录·CONTENTS

III 第三部分
专项规划篇

■ 水系统规划

目录 · CONTENTS

IV 第四部分
技术咨询篇

■ 海绵城市建设

■ 水环境治理

深耕专业领域　贡献智库力量

中国城市规划设计研究院城镇水务与工程研究分院（以下全书简称"水务院"）是中国城市规划设计研究院（以下全书简称"中规院"）的二级专业机构，是城市水系统、海绵城市建设、水务发展、市政基础设施、水质安全、城市安全等多个专业领域的综合型研究机构，业务内容主要包括为住房和城乡建设部服务、科研和标准规范编制、行业公益服务和市场服务四个方面。十年间，水务院深度服务国家重大战略，紧密围绕住房和城乡建设部中心工作，持续提升决策支持服务保障能力，不断强化中规智库建设。持续深入推动科研创新和标准制定，在饮用水安全保障和城市水系统规划建设两大领域参与多项重大科研课题，研发多项关键技术，取得多项科研成果。充分发挥平台优势，服务行业发展，建成以城镇水务与工程为核心的多专业技术集成与学术交流平台。水务院紧跟国家要求和地方实际需求，稳步拓展市场业务领域，从宏观到微观、从规划到管理承担规划设计各项任务近千项，为地方提供伴随式、全方位、全过程技术支持，同时承担多项国家精准扶贫、援疆援藏等工作任务。

■ 一、服务国家重大战略

（一）雄安新区规划建设

设立河北雄安新区，是以习近平同志为核心的党中央深入推进京津冀协同发展作出的一项重大决策部署，是千年大计、国家大事。习近平总书记亲自决策、亲自部署、亲自推动，要求在新区建设中全面贯彻新发展理念，坚持高质量发展要求，努力创造新时代高质量发展的标杆。水务院积极参与支持新区规划建设，主动承担多项规划和科研工作。

规划方面，在雄安新区规划前期，由河北省推进京津冀协同发展工作领导小组办公室主办，水务院承办了水务系统规划、能源系统规划、综合防灾规划、环卫规划建设四个论坛工

作；在规划期间，水务院全过程参与《河北雄安新区规划纲要》《河北雄安新区总体规划》《白洋淀生态环境治理和保护规划》《河北雄安新区起步区控制性规划》《河北雄安新区启动区控制性详细规划》编制起草，负责和参与编制雄安新区起步区市政基础设施、综合防灾、消防、场地竖向、综合管廊、地下空间、排水防涝、海绵城市建设等方面专项规划；规划实施期间，水务院负责和参与编制雄安新区水系排涝建设规划、三县（容城、安新、雄县）老旧城区排涝与截污系统化方案等任务。

科研方面，水务院牵头承担"十三五"国家水体污染控制与治理科技重大专项的独立课题《雄安新区城市水系统构建与安全保障技术研究》，联合相关高校、科研单位、企业等9家单位，针对雄安新区目前面临的水资源短缺、水环境普遍受到污染、洪涝风险较为突出、流域水生态系统退化等多重水约束，以及未来发展面临的全球气候变化及急性冲击等诸多不确定影响，以起步区实现高品质饮用水供应、高质量水环境维系、高标准水设施建设、高韧性弹性为目标，重点从城市水资源承载力配置、水环境承受力调控、水设施支撑力建设和水安全保障力提升等四方面出发，创新提出"节水优先、灰绿结合"的双循环新型城市水系统模式，提出"四水统筹、人水和谐"的新型城市水系统建设标准，形成过程耦合、综合评估的城市水系统综合方案，基于构筑韧性城市水系统提出应对气候变化和急性冲击的风险管控策略，并提出"水城共融、多元共治"的城市水系统全周期管理机制，保障城市水系统规划建设有效实施。课题成果为新区城市水系统的规划建设提供有力支撑，同时为我国城市水系统规划建设提供技术参考。

（二）长江经济带绿色发展与长江大保护

长江经济带发展的战略定位必须坚持生态优先、绿色发展，共抓大保护，不搞大开发。水务院承担了推动长江经济带绿色发展与长江大保护的多项研究与规划，积极助力长江经济带绿色发展。

2018年，受中国三峡集团委托，水务院开展《长江经济带重点省区水环境治理市场研究》《三峡集团参与长江经济带城镇污水治理新模式、新机制研究》等系列研究，支撑央企发展转型，服务长江大保护。针对传统水环境治理模式存在碎片化、末端化、经验式等问题，从系统性、全局性和智慧化的角度提出围绕城镇水环境治理的新模式、新机制；通过市场研判、供需关系、商业模式的分析，研究提出适应于全生命周期管理理念的水环境治理"厂网河湖岸联动治理"的运作模式、"全生命周期服务协同"管理模式，由单环节分管向多环节统抓，实现规建管融合，确保水环境治理效果长效（期）保持；提出"污水收集处理全链条成本"费价机制、"污染物削减绩效考核"机制、"生态价值市场化"实现机制等，探索减轻政府债务压力，助力水环境治理行业可持续发展。

2019年，受国家发展改革委资源节约和环境保护司委托，水务院开展《长江经济带城镇生活污水垃圾处理专题研究》，按设市城市、县城两个层次，从污水处理率、处理能力、污染物削减、管网建设、污泥无害化处理、垃圾收集处理系统等方面梳理城镇污水垃圾现状；通过长江经济带与全国其他省份的"外部对比"及11省市自身的"内部对比"，分析城镇污水处理和垃圾处理系统建设和运营过程中存在的主要问题；以全面提升长江经济带生态环境质量为目的，科学制定长江经济带城镇污水处理和垃圾处理发展目标，分析长江经济带省市补齐城镇污水和垃圾处理系统短板需采取的主要措施，测算各类设施的工程量缺口，从组织协调、技术支撑、运营管理、监督检查等方面提出对应的保障措施建议。

2021年，受国家发展改革委资源节约和环境保护司委托，水务院作为技术支撑单位，参与《"十四五"长江经济带城镇污水垃圾处理实施方案》的编制起草工作。2022年1月，方案由推动长江经济带发展领导小组办公室印发。为做好方案编制工作，水务院立足长江经济带城镇污水垃圾处理工作的新形势、新要求，系统开展资料调研和专题研究，并赴长江经济带多省市开展实地调研，形成《"十四五"长江经济带城镇污水垃圾处理实施方案》建议稿，以"系统治理、分类施策，补齐短板、提质增效，政府主导、市场运作"为基本原则，以推进设施补短板强弱项为总抓手，以实现减污降碳协同增效为根本目的，推动完善长江经济带城镇污水垃圾收集处理及资源化利用体系，加快提升城镇污水垃圾处理效能。该实施方案的编制实施，对于推动长江经济带城镇污水垃圾处理设施高质量建设和高水平运维，助力长江经济带实现生态优先、绿色发展具有重要意义。

（三）黄河流域生态保护和高质量发展

黄河是中华民族的母亲河，黄河流域在我国经济社会发展和生态安全方面具有十分重要的地位。党的十八大以来，习近平总书记高度重视黄河流域生态保护和高质量发展，两次主持召开座谈会并发表重要讲话，指出保护黄河是事关中华民族伟大复兴和永续发展的千秋大计，强调要准确把握保护和发展关系，把大保护作为关键任务，通过打好环境问题整治、深度节水控水、生态保护修复攻坚战，明显改善流域生态面貌。

2021年，受国家发展和改革委员会资源节约和环境保护司委托，水务院作为技术支撑单位，开展《"十四五"黄河流域城镇污水垃圾处理实施方案》《推动黄河流域水资源节约集约利用重大政策研究》相关工作。水务院结合新发展阶段黄河流域面临的诸多新形势，如生态环境保护形势依然严峻、碳达峰碳中和任务艰巨、治理体系和治理能力亟待提升等，充分考虑黄河流域实际情况，提出"十四五"时期黄河流域城镇污水垃圾处理和资源化利用的具体目标，明确提高城镇污水收集处理能力、完善城镇垃圾处理体系、加强资源化利用等方面具体任务，为黄河流域城镇污水垃圾处理工作有序开展提供有力依据。同时，以落实精打细算用好水资

源、从严从细管好水资源为根本遵循，以强化水资源刚性约束、优化流域水资源配置、推进非常规水源利用、推动减污降碳协同增效等任务为主要路径，聚焦农业、工业、生活用水等重点领域，提出具体目标和推进水资源节约集约利用的具体举措，为打好黄河流域深度节水控水攻坚战，全面提升水资源节约集约利用水平奠定有力基础。2021年8月，国家发展和改革委员会、住房和城乡建设部联合印发《"十四五"黄河流域城镇污水垃圾处理实施方案》(发改环资〔2021〕1205号)。同年12月，国家发展和改革委员会、水利部、住房和城乡建设部、工业和信息化部、农业农村部联合印发《黄河流域水资源节约集约利用实施方案》(发改环资〔2021〕1767号)。

(四)南水北调工程

南水北调是事关国计民生、优化我国水资源配置格局的重大战略性基础设施。2000年，我国南水北调工程规划论证时期，为科学合理确定南水北调调水规模，受住房和城乡建设部委托，水务院开展"南水北调(东、中线)工程受水区城市用水需求预测及节水治污研究"，为住房和城乡建设部起草报送国务院的《关于对南水北调(东、中线)工程受水区城市用水需求预测及节水治污问题的几点建议》提供技术参考，为合理确定南水北调调水规模提供有力支撑，项目研究成果获得了2004年度华夏科技进步一等奖。

南水北调工程通水后，显著缓解了受水区的水资源紧缺问题，但由于南水北调来水水质与受水区原有水源水质的差异，造成现有供水系统布局、水厂处理工艺和供水管网存在不适应南水北调来水的风险。为此，"十二五"期间，国家重大水专项设置"南水北调受水区饮用水安全保障技术研究与综合示范"项目。水务院作为项目牵头单位，并具体承担"南水北调受水区城市水资源优化配置及安全调控技术研究"课题，通过水源配置、供水设施适应性评价及影响控制、供水设施布局优化、安全调控等研究，为受水区城市能够平稳切换南水北调水提供技术支撑。

针对受水城市可能出现的"黄水"风险以及南水北调中线夏季藻类大量繁殖导致的水厂工艺不适配问题，建立了丹江口、济南、保定、郑州、济宁、东营等供水设施适应性中试基地，对受水区城市管网及水厂广泛开展适应性研究，提出南水北调受水区城市供水管网适应性评估与调控技术及水厂水质净化技术。针对受水区城市水源结构复杂、不同水源水质差异大的特点，开发了南水北调受水区城市多水资源优化配置模型，提出典型城市复杂供水系统下多水源、多用户的水源配置方案。针对由于水源变化和水厂位置、能力变化可能引发的供水系统风险，建立受水区城市供水系统风险评价指标体系和供水系统优化平台。针对南水北调受水区城市供水管理信息化水平差的问题，构建河南、河北受水省区的两级供水管理信息平台并实现常态化运行，显著提高供水安全保障和信息化监管能力。

构建南水北调受水区城市供水系统综合调控技术体系，并通过推动发布9个政府文件、7部标准、2个省级供水信息化平台运行等方式，保障南水北调来水与受水城市现有水源的平稳切换，没有发生大规模的停水或黄水时间，确保南水北调北京、天津、河北、河南、山东受水区近1亿人口的供水安全，保障了南水北调东中线一期工程目标的实现。

"十三五"期间，中国城市规划设计研究院参与水专项"南水北调中线输水水质预警与业务化管理平台"课题，研究南水北调中线水质监测预警信息与受水城市的共享机制，推动南水北调工程更好地发挥综合效益。

"十四五"以来，我院持续跟踪研究南水北调受水区供水安全保障、节水有关情况，为充分发挥南水北调工程效益、推动南水北调工程高质量发展提供技术支撑。

（五）服务碳达峰碳中和战略部署

实现碳达峰、碳中和，是以习近平同志为核心的党中央统筹国内国际两个大局作出的重大战略决策，是着力解决资源环境约束突出问题、实现中华民族永续发展的必然选择，是构建人类命运共同体的庄严承诺。

为完整、准确、全面贯彻新发展理念，有效应对全球气候变化，助力实现"碳达峰碳中和"战略，我院承担中国工程院、国家发展和改革委员会、住房和城乡建设部、生态环境部、科学技术部等委托的12项科研课题与国家重点研发计划，以及专题研究、专项规划等各级各类11项规划项目，在绿色低碳、韧性城市、生态城市、气候变化等领域取得一系列成果，积累丰富的经验。

2016年的国家发展和改革委员会课题"城市规划低碳评估框架研究"，解决了核算范围等一系列城市碳排放核算方法的问题，提出规划低碳评估的框架、模型、流程和指标，可用于对城市总规、控规、修详等规划的低碳水平进行评估，适当修改后可用于国土空间规划的低碳评估。2019年的生态环境部课题"中国城市温室气体排放"首次计算中国全部305个城市（直辖市、地级市、港澳台）的地均碳排放及19个城市群的碳排放，并对城市群的碳排放水平进行全面评估。2009年的"北京CBD东扩区规划"构建可持续低碳能源供应体系和综合低碳支撑系统，并进行碳源碳汇、通风效果、热岛效应改善的模拟与评估。2010年的"潍坊滨海生态城指标体系"项目，较早提出建设"低碳之城"的目标，并构建碳中和率等低碳指标。2021年的"福建国土空间规划低碳专题"计算了福建省碳排放的长时间序列及排放结构，确定碳达峰的目标原则、重点领域与发展路径，以及能源、产业、建筑、交通、空间布局、碳汇等领域的策略。2014年的中国工程院课题"沿海城市及工程安全"分析预估了气候变化对沿海城市及工程的影响与经济损失，提出对策措施与适应行动。2018年的中国工程院课题"气候变化对沿海城市规划的影响"首次对我国沿海地区进行气候变化脆弱性区划，提出沿海城市应对的总体目标

与原则，以及完善规划内容和规划体系的建议。

在水与能源实现"双碳"战略方面，住房和城乡建设部课题"现状雨水管网建设水平评价与道路积水原因分析"指出道路积水的设计原因，提出雨水管网设计的新方法，能大量节省管网投资，并大量减少碳排放。住房和城乡建设部课题"城市节水政策评估"、水专项课题"雄安新区城市水系统构建与安全保障技术研究"等节水类课题与规划，开展了构建再生水利用模式、健康城市水循环模式等工作，为制定城市节水政策、减少水系统的碳排放提供科学依据。国家重点研发项目"农村住宅能耗现状及用能强度指标研究"课题取得农村住宅能耗的大量基础数据，结合能耗指标研究，对不同情景下我国农村住宅能耗的总量与强度的发展路径进行预测推演，助力农村实现"双碳"目标。

（六）对外合作交流

水务院在援外与对外交流工作中不断向纵深发展，先后承担了"艰苦地区使领馆水质检测""援乍得供水项目可行性研究""中欧水资源交流平台"等多项国际合作交流任务。

为落实习近平总书记在中央外事工作会议讲话精神，针对我国部分驻艰苦地区使领馆供水水质差、供水安全无法有效保障的问题，受外交部财务司委托，2018年水务院承担"艰苦地区使领馆水质检测"任务。2019—2022年，为我国驻艰苦地区25家使领馆提供水质咨询，为其中19家使领馆送检46个样品、检测国标106项指标并出具水质检测报告并提出针对性的改善建议。

为贯彻落实中非合作论坛峰会精神和对非合作举措，受商务部、住房和城乡建设部委托，2017年水务院承担"援乍得供水项目可行性研究"任务，旨在提高乍得饮用水获得率，改善当地民生，促进当地农牧业发展，推动中乍两国关系发展，编制完成《援乍得四区域供水项目可行性研究报告》。

2018年我院成功加入由欧盟与中国水利部共同发起，旨在促进中欧在水行业的政策对话、合作研究和商务发展等领域为目标的"中欧水资源交流平台"。我院作为该平台下"水与城市化"重点领域的中方牵头单位，也是中欧水平台联合指导委员会的成员单位，在与欧方的合作中发挥着重要作用，并肩负着科研成果把关和推广应用等重要任务，合作成果多次被纳入到中欧重要会晤文件，有效促进了中欧海绵城市建设领域的技术交流。

■ 二、服务部委深耕地方

（一）城市基础设施建设

市政基础设施作为城市系统的重要组成部分，是保障城市高质量运行和健康发展的重要基础。随着社会经济的高速发展，对市政基础设施也提出更高的适应要求。水务院不断加强市政基础设施领域的拓展及深化，积极响应时代变化背景及国家政策，相应地对规划编制做出进一步调整，并发挥技术优势，针对地方实际需求开展因地制宜的规划编制，努力为地方提供高质量的技术咨询服务，指导城市市政基础设施的良性发展。

多年来，水务院致力于提升城市市政基础设施多行业融合、跨学科交叉水平，助力国家战略实现，不懈推动城市基础设施建设朝着现代化、系统化方向发展。受住房和城乡建设部城市建设司委托，2016年水务院承担全国城市市政基础设施建设"十三五"规划编制工作，这是我国首次编制全国性、综合性的国家城市基础设施规划。2017年5月，经国务院同意发布实施。2019年承担"十四五"全国城市基础设施建设规划，规划作为国家层面引导全国城市基础设施行业在"十四五"时期发展建设的顶层设计，有力指导各地编制与实施符合本地区特点和实际需求的行业发展建设规划。2022年7月，经国务院同意，住房和城乡建设部、国家发展和改革委员会正式印发《"十四五"全国城市基础设施建设规划》，为推进现代化城市基础设施高质量发展制定了时间表和路线图。

2019年至2022年间，受住房和城乡建设部、国家发展改革委、应急管理部等相关部委及国家开发银行等机构委托，水务院全面梳理总结我国城市基础设施发展的历史成就，开展面向"十四五"及2035年、2050年远景目标的城市基础设施发展前瞻性研究，围绕建设宜居、创新、智慧、绿色、人文、韧性城市，在城市基础设施补短板强弱项、新型城市基础设施、城乡基础设施统筹发展、绿色出行基础设施、城市基础设施防灾能力提升、城市生态建设等专题研究的基础上，研提未来一段时期我国城市基础设施发展目标、重要任务和实施路径，并重点对扩大有效投资、畅通资金渠道、健全机制体制提出政策建议。上述研究获得相关部门的高度认可，并为"十四五"有关规划制定和工作安排提供了重要的技术支撑。

在城市地下综合管廊试点及有序推进地下综合管廊工作中，水务院积极开展技术咨询服务，积极参与完成"专项规划编制指引"和"规划技术导则"的编制工作，协助住房和城乡建设部相关部门开展对试点城市的技术指导培训和工作督导，为各地因地制宜有序推进城市地下综合管廊建设提供技术支撑。

十年间，水务院累计承接了近800项规划设计项目，包括传统市政基础设施规划，以及落实绿色发展、多规合一、城市更新、乡村振兴等政策背景下的市政基础设施规划。覆盖全国大部分省市，完成了一批有创新特色的项目，获得国家级、省级等多个规划设计奖项。

不断探索创新，深耕传统基础设施类规划。传统市政基础设施规划包括市政专项、城市竖向、地下空间、综合管廊等类型。其中，《贵安新区核心区城市市政工程专项规划》充分与城市总体规划协调市政基础设施布局，保证了项目可落地方案的形成，并对新建区城市防涝系统构建进行探索。《六盘水市中心城区竖向规划》研究山地城市竖向规划的模式，充分体现竖向

规划与用地布置紧密结合的理念，保证竖向规划对城市发展支撑作用的有效发挥。《三亚崖州湾科技城排水防涝及城市竖向专项规划》结合城市竖向分析，强调更多利用自然力量排水，控制泵站等灰色设施规模，提升内涝防治工程的生态、工程、经济综合效益。《通化市中心城区综合管廊规划》探索中小型综合管廊规划模式，提高综合管廊的适用性。

落实多规合一要求，统筹市政基础设施规划。在编制《北海市城市基础设施多规协同规划》中突出规划的协同编制，并以法定规划保障专项规划的顺利落实，有效指导下一步的城市建设。《海口市四网（水网、电网、气网、光网）综合规划》中尝试通过市政宏观指导性规划，统筹指导基础设施建设，保障海口市"多规合一"改革实施方案要求的落实。《济宁市城市地下空间专项规划》中提出以完善的规划组织体系，实现"多规合一和多维合一"，保障规划能用管用，进一步优化城市地上地下空间布局形态。

遵循乡村振兴理念，补齐乡村基础设施短板。为深入贯彻党的十九大报告中关于"乡村振兴战略"的决策部署，探索新时期乡村振兴路径，在编制《长垣县蒲西街道乡村振兴规划——水环境专题及市政基础设施配套规划》时，紧紧围绕乡村文化特色，结合用地布局，通盘考虑水系布置、水环境治理、人居环境改善、生态保护等多方面要素，编制高质量、有特色、能落地的村庄市政基础设施规划。

探索城市更新模式，优化市政基础设施空间质量。结合新时期空间规划背景下城市更新的新趋势，《拉萨八廓街市政工程改造和更新系列规划——市政供排水改造设计及设施更新规划》《抚州文昌里历史街区保护规划及文昌里地段城市设计——市政基础设施规划》《黄山屯溪老街历史文化街区保护规划暨综合提升工程规划——市政提升规划》《潍坊市城市更新行动规划项目》等规划中提出充分尊重和利用现有设施，并在此基础上对各项市政基础设施进行统筹规划和有机更新，在提升设施能力及品质的同时，保护街区风貌，助力实现城市的可持续发展。

（二）城市水系统

近年来，随着城市化的发展，城市水问题十分复杂且相互交织，水资源短缺、水环境恶化、内涝频发、水生态退化等问题日益突出，已成为制约城市未来可持续发展的重要因素。然而，目前我国城市涉水专项规划编制普遍存在专业分割、部门分管的现象，导致专项规划常常出现相互间不协调、内容交叉重复、系统性不强等问题；不仅影响到规划本身的实施效果，也不利于解决复杂的城市水问题。水务院从整体的视角去认识城市水系统，在国土空间规划（原城市总体规划）和涉水专项规划之间，创新性地增加一个综合性规划的层次——城市水系统综合规划，采取系统的思维、统筹的方法应对城市水问题，实现城市水系统各子系统之间的统筹协调及整体优化，并进而向下指导协调各涉水专项规划。

城市水系统是自然水循环和社会水循环在城市空间的复杂耦合系统，主要由水源、供水、用水、排水等子系统组成，涉及城市水资源开发、利用、保护和管理的全过程。水务院在城市水系统规划领域开展了大量卓有成效的实践与探索，先后编制完成《义乌市城市水系统综合规划专题研究》《重庆绿岛新区水系统专项规划》《常州水系统发展研究》《贵安新区核心区城市水系统综合规划》《兰州新区水循环系统综合规划编制暨兰州新区给水、排水、中水专项规划调整》《合肥市水系统综合发展战略》《资阳临港新城水生态系统综合规划》等综合性城市水系统规划，有力地支撑各地构建健康循环的城市水系统。此外，还编制了《山东聊城阳谷县城区水系规划修编》《丹阳市城市水系专项规划》《北川新县城水系专项规划》《北海市城市蓝线与水系专项规划》《鹤壁市城市水系专项规划》《海南博鳌乐城国际医疗旅游先行区控制性详细规划修编——水系安全专题》等，助力各地构建绿色宜人活力城市水空间。

《义乌市城市水系统综合规划专题研究》，借鉴国内外先进理念和先进经验，在整合水资源、水环境以及水安全各子系统分析的基础上，提出系统性的应对策略，并通过构建水系统全过程的水量配置模型以及相关专业模型的模拟与量化计算，预测水资源供需平衡和水环境达标的实现情况，通过多方案的对比与反馈调整，确定优化方案。

《贵安新区核心区城市水系统综合规划》，在水环境高度敏感的地区，通过系统研究和整体优化，协调处理新区发展与环境保护的关系，提出水资源优化配置、水环境防治提升、涉水设施统筹配置等规划策略，并为总体规划合理确定发展规模、科学选择建设用地、推进绿色建设模式等提供基础性支撑。在内涝防治方面，国内首次提出蓝绿空间概念，旱季为绿、雨季为溪，为洪水留出一条通道，进而构建"碧水—清溪—绿谷"的三级水系有效应对城市洪涝。规划在低影响开发模式、雨水径流污染控制、蓝绿空间保护等方面的积极探索，为贵安新区在2015年成功入选第一批国家海绵城市建设试点城市奠定坚实基础。

（三）供水与节水

城市供水事关人民群众身体健康与切身福祉。中规院水务院坚持以人民为中心的发展思想，长期以来深入开展与供水安全保障相关的科学研究与政策咨询，为行业持续发展做出了重要贡献。

开展规划研究与政策咨询。开展《全国城镇供水设施改造与建设"十二五"规划及2020年远景目标》编制研究以及"十三五""十四五"供水设施建设规划研究，为《关于加强城市供水安全保障工作的通知》《关于加强城市节水工作的指导意见》《关于加强公共供水管网漏损控制的通知》《国家节水型城市申报与评选管理办法》等政策文件的制定提供技术支撑。参与《节水型社会建设"十四五"规划》《国家节水型城市申报与评选管理办法》等有关节水规划、政策研究与咨询，协助开展国家节水型城市评选等工作，为城市节水高质量发展提供技术支撑。

服务供水行业长远发展。自2004年起，组织国家和地方城市供水水质监测网的技术力量，采取交叉互检的方式，协助城市供水主管部门组织的城市供水水质抽样检测。自2014年起，协助城市供水主管部门组织城镇供水规范化管理考核实施情况监督检查，为行业主管部门提供了科学可靠的数据支撑。作为国家城市供水水质监测网的中心站，协助行业评审组开展44家国家站资质认定的组织实施、初审等工作，并自2009年起组织了6次全国城市供水水质监测机构质量控制考核，为国务院行业主管部门和市场监督管理部门依法认定、评价许可提供了技术支持。

为供水应急提供全面技术支持。2014年起，承担住房和城乡建设部、国家发展改革委设立的"国家供水应急救援能力建设项目"建设任务，集合行业优势力量，开展供水应急救援装备技术攻关；在华北、华东、华中、华南、东北等8个区域建立国家供水应急救援中心，并设置区域性保养基地，每个基地配备了7台供水应急救援装置，其中包括1台应急保障车、4台移动式应急净水车和2台水质监测车，协助主管部门首次建立国家供水应急救援体系。继为汶川、玉树地震等自然灾害、水质突发事件提供水质检测技术支持之后，先后参与河南郑州"7·20"特大暴雨灾害后城市应急供水、恩施应急供水救援等多项任务，以及有关供水应急突发事件的信息整理、处置技术支持和水样采集分析工作。

开展供水立法研究。2021年，受住房和城乡建设部委托，开展《城市供水条例》立法条文修订和立法支撑研究工作，牵头编写《城市供水管理体系专题研究报告》《城市供水水源专题研究报告》《城市供水监管专题研究报告》《城市供水应急管理制度专题研究报告》《城市供水水质检测专题研究报告》五个立法专题研究报告。

深入开展城市节水宣传与政策研究。坚持"节水优先"，将"以水定城、以水定地、以水定人、以水定产"的要求落实到涉水相关研究与规划之中。协助城市节水主管部门开展"全国城市节水宣传周"工作，与有关单位共同制作"城市节约用水宣传册""节水小胖哥"节水宣传漫画等宣传材料，收集、整理、宣传城市节水典型案例。

十年来，从宏观到微观，水务院始终在城市供水、节水领域赓续前行。在城乡总体规划中，根据产业、人口和用地科学预测城市用水量、统筹供水设施布局；在控制性详细规划中，精准预测片区用水量，落实相关供水设施；在供水工程专项规划中，对供水系统规划建设的各个环节进行具体细致的经济技术比较论证。水务院先后承担了《济南市城市供水专项规划（2010—2020年》《哈尔滨市水资源优化配置及城市供水工程专项规划》等项目，因地制宜确定规划方案，为城市解决了迫切的供水问题，保障了供水安全，取得了显著的社会、经济和环境效益。近几年，水务院在保证城市高品质供水领域进一步拓展市场服务，陆续承接了《保定市生活饮用水水质标准（地方标准）制订研究》《广州市优质饮用水标准体系建立》等地方标准制订项目；《广州市优质饮用水行动计划》等实施方案类项目，协助25个城市开展了《公共供水管网漏损治理实施方案》编制工作。在节水方面，承担了《鄂州市申报2022年国家节水型城市技术服务》《2022年广州国家节水型城市动态管理项目》等申报及规划类项目，持续为节水型城市建设和管理提供跟踪咨询和技术支持。

（四）海绵城市建设与内涝防治

海绵城市建设是在城市水系统方面落实习近平生态文明思想的关键举措，是新型城市发展方式的转变，也是重要的民生工程。2015年，《国务院办公厅关于推进海绵城市建设的指导意见》（国办发〔2015〕75号），明确海绵城市建设的目标、路线。2015年起，住房和城乡建设部、财政部、水利部开展海绵城市建设试点，在技术创新、运作模式、管控制度等方面进行有益探索，为推进海绵城市建设创造有利条件。

水务院在海绵城市建设政策的制定、深耕地方等方面长期提供专业支持。2016年，配合住房和城乡建设部编制《海绵城市专项规划编制暂行规定》，指导各地通过海绵城市建设专项规划统筹全域海绵城市建设。2019年起，受住房和城乡建设部城市建设司委托，开展《全国海绵城市建设评估》编制工作，对全国31个省（自治区、直辖市）及设市城市的海绵城市建设进展及成效进行综合评估，以评促建、以评促管，有效促进全国海绵城市建设的系统化持续推进。2022年，协助住房和城乡建设部起草《关于进一步明确海绵城市建设工作有关要求的通知》（建办城〔2022〕17号）。开展《国家海绵城市建设示范城市的绩效评价及跟踪》工作，总结郑州"7·20"特大暴雨灾害教训，组织专家团队现场跟踪指导海绵示范建设工作，按照《关于进一步明确海绵城市建设工作有关要求的通知》，指导示范城市率先落实，以缓解城市内涝为重点，扎实推动海绵城市建设。

水务院持续投入海绵城市建设的科研工作中。水务院牵头承担"十三五"国家水体污染控制与治理科技重大专项《海绵城市建设与黑臭水体治理技术集成与技术支撑平台》课题与《试点区域多尺度海绵城市建设空间布局技术及海绵城市监测与管理平台方案构建》子课题，承担住房和城乡建设部研究开发项目《海绵城市建设评估与智能化监控关键技术研究》，系统开展海绵城市建设评估及智能化管控研究，持续促进海绵城市建设智慧化管控。

在海绵城市建设领域，水务院积极开展技术咨询服务，以"专项规划"和"实施方案"为切入点，为各地系统化全域推进海绵城市建设提供技术支撑。2015年以来，共主持涉及北京、天津、江苏、浙江等30个省份，杭州、苏州、南宁等50余个城市的海绵城市专项规划、实施方案编制（修编）工作。其中，《苏州市海绵城市专项规划（2015—2020年）》《遂宁市海绵城市建设专项规划》《驻马店市海绵城市专项规划（2016—2030）》《商丘市海绵城市专项规划》获得全国、省级优秀城乡规划设计奖。

为切实支撑地方政府有序推进海绵城市建设工作，针对海绵城市系统性强、涉及范围广、

参与部门多、地方技术储备弱等特点和问题，水务院率先采取"驻场工作"的形式，开创"伴随服务＋协同管理"的项目模式，为地方政府提供涵盖自规划到设计、自实施到运维的全生命周期的伴随式技术咨询。2015年4月，水务院协助16个省、22个市开展"第一批海绵城市试点城市"申报工作。2016年4月，水务院协助10个省、12个市开展"第二批海绵城市试点城市"申报工作。2021年5月，水务院协助17个省区、23个市开展"第一批海绵城市示范城市"申报工作。2022年5月，水务院协助9省区、11个城市开展"第二批海绵城市示范城市"申报工作。2015年以来，水务院先后承担了南宁、鹤壁、常德、遂宁、武汉、贵安新区、天津、固原8个城市国家级试点城市的海绵城市相关规划服务，承担了宿迁、乌鲁木齐、无锡、唐山、晋城、株洲、桂林、昆明8个国家级海绵城市示范城市，以及汝州等地市的海绵城市建设全流程技术咨询，包括海绵试点（示范）城市申报、专项规划、技术导则、施工图审查、竣工验收等工作，并结合地方政府需求，承接试点（示范）建设系统化顶层设计、样板项目设计、海绵城市建设监管平台等任务。截至目前，海绵城市建设全流程技术咨询服务工作取得显著成效，推动多个城市形成具备复制、推广价值的海绵城市建设模式，出版《南方典型海绵城市规划与建设——以常德市为例》，协助地方出版《海绵之路——鹤壁海绵城市建设探索与实践》《绽放——鹤壁海绵城市建筑典型案例》《遂宁：自然生长的海绵城市》等多部海绵城市著作。

长期以来，内涝治理是我国城市发展中的一块短板，治理城市内涝，既是重大民生工程，又是重大发展工程。水务院长期致力于防治城市内涝的科研、政策、地方实践中。2013年，水务院协助住房和城乡建设部起草《国务院办公厅关于加强城市排水防涝设施建设的指导意见》（国办发〔2013〕23号），编制《全国城市排水（雨水）防涝综合规划大纲》（建城〔2013〕98号），对解决我国城市排水和内涝问题具有积极意义。2014年，参与"全国城市排水（雨水）防涝规划"编制及地方相关规划技术审查工作。2016年，协助起草《排水防涝补短板三年行动计划》相关领域补短板任务，提出排水防涝领域3年补短板目标、任务和具体措施。2020年起，受住房和城乡建设部委托，承担《排水防涝重点城市技术服务、跟踪调研》起草工作，对纳入国务院城市排水防涝补短板范围的60个重点城市易涝点整治情况进行跟踪、联络和技术服务，为城市排水防涝补短板工作提供技术支持。牵头科技部重点研发项目《城市内涝风险防控与系统治理关键技术及示范》，牵头科技部重点研发项目中《城市超标降雨风险预控预警与蓄排联调技术》课题，系统开展防洪和内涝的统筹研究，并协助开展重点省市城市内涝评估、城市水系体检评估等工作，完善城市内涝应急处置体系。

在城市内涝治理领域，针对普遍存在的"城市看海"问题，水务院积极推进地方实践工作，充分发挥系统思维和专业集成优势，探索推动"专项规划"与"总体规划"相融合。2013以来，主持石家庄、株洲等28个城市排水（雨水）防涝专项规划、陕西省城市排水防涝规划；

2020年以来，主持海南等省级城市内涝治理实施方案，鹤壁、扬州、葫芦岛、中山、梅河口等城市的内涝治理系统化实施方案。其中，石家庄市排水（雨水）防涝专项规划、连城县排水防涝专项规划及系统化实施方案获得全国、省级优秀城乡规划设计三等奖。并以地方服务实践为契机，推动技术革新，在内涝防治数字模拟、智慧预警等领域取得积极进展。

（五）水环境治理

"十二五"以来，水务院秉承国家战略要求，参加一大批有重要影响的水环境治理领域课题、政策、标准和规划设计项目，以实际行动贯彻落实国家生态文明建设要求。2012年，为贯彻落实《三峡库区及其上游流域水污染防治"十二五"规划》，水务院深入三峡库区核心腹地奉节、巫山等县城开展调研，牵头编制县城及重点镇污水工程专项规划并指导项目实施，为改善城镇排水设施条件、消除城镇生活污染源，保障三峡库区水资源和生态环境起到关键作用。2013年，由水务院牵头的国家水体污染控制与治理科技重大专项"城市水环境系统规划关键技术研究与示范"项目通过验收，项目建立城市水环境系统的规划与管理技术体系，建成城市水环境系统综合评估、监控预警、考核调查技术平台，并在北京、天津、杭州、苏州、东莞等地完成应用示范，为系统性改善我国城市水环境奠定坚实基础。

"十三五"时期，水务院进一步深入城市水环境治理领域。2016年开始，受住房和城乡建设部委托，水务院在"水污染防治行动计划实施情况专项督导""黑臭水体治理情况专项督查""黑臭水体整治专项行动"等工作中，先后派出20余位专家参与督导，指导各地巩固治理效果，为打好污染防治攻坚战提供技术支持。2018年，水务院派出技术骨干参加《城镇污水处理提质增效三年行动方案（2019—2021年）》的起草工作，基于对全国城镇水环境污染状况、污染防治设施运行情况的深入分析，首次提出城市治污工作要以提高污水收集效能为核心、由处理能力扩增转向厂网效率提高，确立"十三五"以来城市水环境治理工作的基本原则。"十三五"时期，水务院承担、参加水环境治理工作的城市广泛分布于东部沿海、北方平原、长江流域、西南丘陵等不同地区，为总结和发展我国城市水环境治理经验、更广泛地指导国内城市水环境治理作出重要贡献，陆续出台《城市水系规划规范（2016年版）》GB 50513—2009、《城市排水工程规划规范》GB 50318—2017等一系列国家标准。

进入"十四五"阶段，水务院紧紧把握水环境治理领域的新发展、新趋势，陆续参与《"十四五"城镇污水处理及资源化利用发展规划》《污水处理减污降碳协同增效行动计划》等关键性政策、规划的起草工作，秉持"节水即治污"的理念，坚持"节水优先、空间均衡、系统治理、两手发力"的治水思路，大力推动污水处理行业由能源消耗向能源生产与资源循环转变，不断推动我国城市水环境治理工作向纵深发展。

2018—2020年，财政部会同住房和城乡建设部、生态环境部通过竞争性评审方式分三批

开展黑臭水体治理示范城市建设。2018年10月，水务院协助咸宁市成功申报"第一批黑臭水体治理示范城市"。2019年6月，水务院协助6个省、6个市开展"第二批黑臭水体治理示范城市"申报工作，并在六盘水、桂林、荆州、葫芦岛开展技术咨询服务工作。在桂林，水务院项目组基于城市黑臭水体特征与问题分析，结合国家对城市黑臭水体治理工作的总体要求和重点任务，统筹黑臭水体治理和污水处理"提质增效"，提出以污水处理"提质增效"和"厂网一体"为亮点，打好系统性控源截污"组合拳"，取得2021年度国家地表水考核断面水环境质量状况排名全国第三，城区污水集中收集处理率排名广西第一的优异成绩。2019年5月以来，水务院协助3个省、4个市开展"第三批黑臭水体治理示范城市"申报工作，并承担了昭通、荆州、呼和浩特、营口、葫芦岛、咸宁、六盘水、桂林、宿迁和晋城、昭通等多个城市技术咨询服务工作。在呼和浩特，针对北方缺水城市，城市水系径流量较小、地下水位偏低，水体黑臭的重要原因是污水处理和收集设施存在短板，水务院项目组在深入认识问题的基础上制定系统性治理方案，综合补齐基础设施短板、排水管网提质增效、推进海绵城市建设、修复河道生态系统等多种措施，兼顾排水系统源头、排水管网、设施末端、河道，系统推进黑臭水体治理工作。

（六）韧性城市建设

水务院在城市安全运行、基础设施补短板、人居环境建设等韧性城市建设的相关领域积极服务各大部委工作。2020年承担住房和城乡建设部城市建设司委托的《城市市政基础设施补短板三年行动方案》重大咨询工作，系统梳理我国基础设施存在的安全隐患问题，提出"十四五"时期城市基础设施规划建设相关建议。2022年承担住房和城乡建设部城市建设司委托的《推进新城建，打造韧性城市》专题研究工作，系统梳理我国韧性城市建设方面存在的问题，提出通过推进新型城市基础设施建设提升城市韧性的总体要求和重点任务。

紧密围绕城市综合防灾、名城保护等部重要职能，积极参与相关标准的编制与研究工作。2018年，经住房和城乡建设部批准，水务院与北京工业大学抗震减灾研究所共同主编的国家标准《城市综合防灾规划标准》发布实施。2019年承担住房和城乡建设部建筑节能与科技司委托的《历史文化名城名镇名村防灾减灾技术指南》相关研究和编制工作。相关标准的编制与出台，从规划要求、技术措施、保障条件等方面为提升我国城市防灾减灾能力提供重要的指导和支撑。

针对当前我国城市发展面临的安全韧性突出问题和行业重点领域，积极开展城市安全韧性方面的相关基础研究储备。近年来，受住房和城乡建设部、应急管理部有关司局委托，深入研究分析"十四五"时期城市安全领域面临的发展形势与趋势，提出提升城乡基础设防能力有关政策建议。2021年承担住房和城乡建设部软科学研究项目"城市韧性评价指标体系研究"，建立一套具有中国特色、可量化、可操作的城市安全韧性指标体系、评判标准和分析评价方法。2022年承担住房和城乡建设部研究开发项目"韧性城市构建顶层设计技术方法研究——中国韧性城市构建理论与基础设施韧性提升方法研究"，探索我国韧性城市建设理论。以上研究课题积累的成果，可为我国城市全生命周期各阶段增强城市韧性提供顶层设计与技术方法指引，为打造高质量的基础设施运行系统以及配套安全协同管理系统提供方法指导和理论支撑。

三、持续深化支援帮扶工作

水务院积极贯彻落实国家精准扶贫和援疆援藏工作安排与统一部署，先后开展多项精准扶贫及"援疆援藏援青扶贫"技术服务项目，独立承担了10项援疆项目、5项援藏项目及5项精准扶贫项目，参与多项扶贫类规划配合项目，全面对接援助地的实际需要、精心组织队伍、全力支持各类扶贫和援助项目，为当地解决实际问题，积极推动海绵城市、综合管廊、市政基础设施、城市安全、环境卫生、内涝治理等规划建设内容的研究和落实。

（一）援疆规划项目

2016年9月至今，新疆维吾尔自治区住房和城乡建设厅、伊犁哈萨克自治州人民政府办公厅多次发函至住房和城乡建设部申请援助编制城乡建设相关规划，受住房和城乡建设部城市建设司委托，水务院承担完成一系列援疆规划项目。

2016年5月，根据伊犁哈萨克自治州人民政府办公厅《关于商请编制伊犁州国家生态文明建设示范区规划的函》，水务院承担帮助编制《伊犁州国家生态文明建设示范区规划》的工作，组织项目组开展工作，于2017年10月编制完成，受到伊犁哈萨克自治州人民政府好评。

2016年8月，根据新疆维吾尔自治区住房和城乡建设厅《关于申请支持新疆维吾尔自治区城市地下管廊、海绵城市专项规划编制及技术指导工作的请示》，经住房和城乡建设部城市建设司同意，水务院承担编制《博乐市中心城区海绵城市专项规划（2016—2025）》《阿勒泰市海绵城市专项规划》和《库尔勒市城区综合管廊专项规划》。

2018年8月，根据新疆维吾尔自治区住房和城乡建设厅《关于申请支持编制新疆维吾尔自治区推进海绵城市建设实施意见的函》和《关于申请援助编制"新疆海绵城市建设技术导则"的函》，受住房和城乡建设部城市建设司委托，水务院承担编制《新疆海绵城市建设技术导则》，起草《新疆维吾尔自治区人民政府办公厅关于推进海绵城市建设的实施意见》，提出在新疆实施海绵城市建设的指导思想、基本原则、总体目标、加强规划引领、统筹建设管理、强化保障措施等内容。

2020年3月，新疆维吾尔自治区住房和城乡建设厅制定了《自治区住房和城乡建设管理事业高质量发展"十四五"规划编制推进工作方案》，并专程致函住房和城乡建设部，请求支持帮助开展新疆住房城乡建设事业高质量发展"十四五"规划编制工作，根据院里的统一安排，水务院承担《新疆维吾尔自治区城镇市政基础设施建设"十四五"规划》《新疆维吾尔自治区住房城乡建设领域安全发展体系"十四五"规划》《新疆维吾尔自治区城乡建设抗震防灾"十四五"规划》《新疆维吾尔自治区住房和城乡建设系统突发事件应急体系建设"十四五"规划》的编制工作。

（二）援藏规划项目

2014年9月，为落实《国务院办公厅关于做好城市排水防涝设施建设工作的通知》（国办发〔2013〕23号）和《住房和城乡建设部关于印发城市排水（雨水）防涝综合规划编制大纲的通知》文件要求，加强西藏自治区城镇排水防涝设施建设，提高城镇防灾减灾能力和安全保障水平，保障人民群众生命财产安全，经住房和城乡建设部城市建设司同意，西藏自治区住房和城乡建设厅委托我院帮助编制《西藏自治区城镇排水（雨水）防涝综合规划》。

2016年5月应西藏自治区住房和城乡建设厅《关于请支持西藏自治区设市城市地下综合管廊专项规划、海绵城市专项规划编制工作的请示》的函，受住房和城乡建设部城市建设司委托，院里"以扶贫任务协助编制拉萨市和林芝市两个城市的综合管廊和海绵专项规划任务"，水务院选派技术骨干，分别成立《拉萨市中心城区综合管廊专项规划（2016—2030）》《拉萨市中心城区海绵城市专项规划（2016—2030）》《林芝市海绵城市专项规划》及《林芝市地下综合管廊专项规划》四个项目组，积极组织开展调研和规划编制。

（三）精准扶贫规划项目

红安县属于住房和城乡建设部4个帮扶援助县之一，2017年底，受红安县人民政府委托，水务院承担《红安县"厕所革命"总体规划》《红安县城乡污水治理专项规划》及《红安县城乡生活垃圾无害化治理专项规划》的编制任务。于2018年3月份开展调研工作，同年9月初完成规划方案汇报并征求部门意见，2018年12月2日通过红安县人民政府组织召开的专家评审会，并于12月底完成项目成果章审批流程、向红安县人民政府提交了最终成果。

福建连城县属于住房和城乡建设部帮扶援助县之一，2020年7月受住房和城乡建设部委托，水务院承担《（福建省）连城县排水防涝专项规划及系统化建设方案》的编制任务。2020年8月项目组与连城县人民政府进行对接并开展调研工作，同年11月完成院内技术审查，12月完成规划方案汇报并征求部门意见。2021年6月通过连城县人民政府组织召开的专家评审会，并于2021年10月完成项目成果章审批流程、同步向连城县人民政府提交最终成果。该项目获得"2020—2021年度中规院优秀规划设计奖"三等奖。

2022年8月1日，应全国人大机关定点帮扶工作领导小组办公室来函、受住房和城乡建设部帮扶办公室委托，水务院承担《内蒙古自治区锡林郭勒盟太仆寺旗城镇内里治理系统化方案》的编制工作，目前该项目正在进行。

2022年10月，应中共光山县委及县政府来函，受住房和城乡建设部帮扶办公室委托，水务院承担《光山县城乡生活污水处理实施方案》《光山县城乡生活垃圾处理实施方案》的编制工作。

I

- 全国城市市政基础设施规划建设"十三五"规划研究
- "十四五"全国城市基础设施建设规划研究
- 城镇水务 2035 年行业发展规划纲要研究
- 黄河流域水资源节约集约利用与城镇污水垃圾处理研究
- 中欧水资源交流平台——中欧海绵城市建设合作项目
- 援乍得供水项目可行性研究

第一部分

综合研究篇

政策研究

全国城市市政基础设施规划建设"十三五"规划研究

任务来源：住房和城乡建设部城市建设司
起止时间：2016.3—2017.12
主管所长：龚道孝
主审人：龚道孝
项目负责人：张 全 张志果
主要参加人：邵益生 刘冬梅 伍速峰 林明利 牛亚楠 陆品品 邓武功 池利兵 陈岩 白桦 胡应均
　　　　　　李昂臻 黄悦 覃光旭 丁戎 杨芊芊 由阳 陈战是 赵一新 洪昌富 莫霏 姜立晖
　　　　　　刘广奇 黄继军 王家卓 周长青 等

一、研究背景

党中央、国务院历来高度重视城市基础设施工作，党的十八大和十八届三中、四中、五中全会，中央城镇工作会议，中央城市工作会议均提出了加强城市市政基础设施建设的相关要求。"十二五"期间，中央做出加强城市基础设施建设、排水防涝设施建设、海绵城市建设、地下综合管廊建设、城市黑臭水体治理等一系列重大决策部署，推动了城市市政基础设施的提质升级，各类市政基础设施服务能力和服务水平得到大幅提升，促进了我国城镇化的快速发展。

2016年3月，受住房和城乡建设部城市建设司委托，中国城市规划设计研究院城镇水务与工程研究分院开展《全国城市市政基础设施规划建设"十三五"规划》编制研究。2017年5月17日，经国务院同意，住房和城乡建设部、国家发展改革委印发《全国城市市政基础设施规划建设"十三五"规划》（以下简称《规划》），这是我国首次编制国家级、综合性的城市市政基础设施建设规划，对于构建布局合理、设施配套、功能完备、安全高效的城市市政基础设施体系，扎实推进新型城镇化、确保"十三五"时期全面建成小康社会具有重要意义。

二、需求分析

"十二五"期间，城市市政基础设施建设取得了巨大进展，但仍面临诸多挑战，由于投入不够、总量不足、发展不均、标准不高、水平偏低、管理粗放等原因，城市内涝、水体黑臭、交通拥堵、"马路拉链"、垃圾围城、地下管线安全事故频发等各类城市病呈现出集中爆发、叠

加显现的趋势，严重影响城市人居环境和公共安全。一些城市由于长期忽视市政基础设施建设，造成城市市政基础设施老化严重，距离绿色、低碳和循环理念仍有差距。总体来看，与扎实推进新型城镇化进程的发展需求相比，城市市政基础设施依然是影响我国城市健康发展的短板，"十三五"期间亟待加强。

▨ 三、技术要点

1.总体思路

中央城市工作会议要求，城市工作要树立系统思维，从构成城市诸多要素、结构、功能等方面入手，对事关城市发展的重大问题进行深入研究和周密部署，系统推进各方面工作。因此，市政基础设施建设也应树立系统思维。在对市政基础设施各专业统筹的基础上，《规划》将市政基础设施各专业整合为交通、地下管线、水、能源、环卫、绿地及智慧设施7个子系统。以子系统为单位，在子系统内部充分协调各类设施发展方向和建设任务。同时，加强各子系统之间的统筹，最大限度地使城市市政基础设施作为整体发挥最大的社会效益和生态效益。在此基础上，提出了"系统规划、分类施策""补齐短板、安全运行""绿色低碳、提质增效""统筹协调、开放共享""机制创新、多管齐下"的基本原则。

2.规划目标

本次研究提出《规划》应全面贯彻落实党的十八大和十八届三中、四中、五中、六中全会精神，深入贯彻习近平总书记系列重要讲话精神以及中央城镇化工作会议和中央城市工作会议精神，落实《国民经济和社会发展第十三个五年规划纲要》《国家新型城镇化规划（2014—2020年）》《中共中央、国务院关于进一步加强城市规划建设管理工作的若干意见》《国务院关于深入推进新型城镇化建设的若干意见》（国发〔2016〕8号）、《国务院关于加强城市基础设施建设的意见》（国发〔2013〕36号）及大气、水、土壤污染防治行动计划等系列国家规划、文件的要求，按照"五位一体"总体布局和"四个全面"战略布局的要求，把市政基础设施建设作为深化供给侧结构性改革的重要举措，作为支撑"十三五"城镇化健康发展和国家基础设施建设的优先领域，绘出未来五年市政基础设施的发展蓝图，提出到2020年，建成与小康社会相适应的布局合理、设施配套、功能完备、安全高效的现代化城市市政基础设施体系，基础设施对经济社会发展支撑能力显著增强。同时，围绕基本民生需求充分保障、城市人居环境持续改善、城市安全水平显著提升、绿色智慧引领转型发展、城市承载能力全面增强等方面细化了目标要求和发展指标（图1）。

3.主要内容

在《规划》确定的目标基础上，本次研究对各子系统的规划任务进行进一步整合，提出了

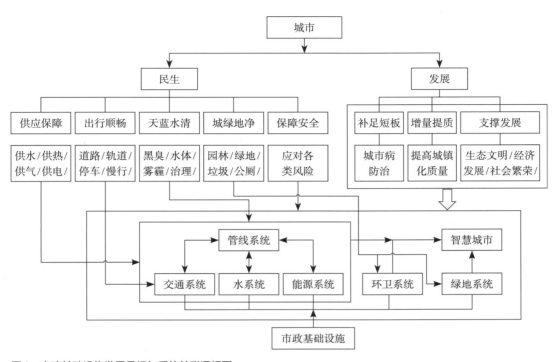

图1 市政基础设施发展目标与系统关联逻辑图

12项综合性的规划任务，分别为：①加强道路交通系统建设，提高交通综合承载能力；②推进城市轨道交通建设，促进居民出行高效便捷；③有序开展综合管廊建设，解决"马路拉链"问题；④构建供水安全多级屏障，全流程保障饮用水安全；⑤全面整治城市黑臭水体，强化水污染全过程控制；⑥建立排水防涝工程体系，破解"城市看海"难题；⑦加快推进海绵城市建设，实现城市建设模式转型；⑧优化供气供热系统建设，提高设施安全保障水平；⑨完善垃圾收运处理体系，提升垃圾资源利用水平；⑩促进园林绿地增量提质，营造城乡绿色宜居空间；⑪全面实施城市生态修复，重塑城市生态安全格局；⑫推进新型智慧城市建设，提高安全运行管理水平。

4. 重点工程

根据12项规划任务，结合各省（自治区、直辖市）市政基础设施现状及需求，本次研究提出12项重点工程，包括城市路网加密缓堵工程、城市轨道交通建设工程、城市综合管廊建设工程、城市供水安全保障工程、城市黑臭水体治理工程、海绵城市建设工程、排水防涝设施建设工程、燃气供热设施建设工程、城市垃圾收运处理工程、园林绿地增量提质工程、城市生态修复工程、新型智慧城市建设工程，并确定各项重点工程建设内容和建设规模。这些工程具有系统性强、针对性强、协调性高等特点。

5.保障措施

为保障《规划》实施，本次研究提出明确责任主体、科学实施规划、保障资金投入、加强科技支撑、强化监督管理五个方面的保障措施。一是城市人民政府是市政基础设施建设的责任主体，要切实履行职责。二是各城市应编制或完善本地的城市市政基础设施建设规划，落实建设项目，制定投融资方案和年度实施计划，建立滚动项目库。三是强化地方政府对城市市政基础设施建设的资金保障，充分发挥中央财政资金的引导作用；大力推广政府和社会资本合作（PPP），形成政府投资和社会资本的有效合力；充分调动各类金融机构的积极性，鼓励为符合条件的PPP项目提供融资支持；支持符合发债条件的企业发行企业债券；推进价格机制改革。四是建立以市政公用企业为主导的产业技术创新机制，激发企业创新内生动力；健全技术创新的市场导向机制和政府引导机制，加强产学研协同创新。五是强化监督管理，省级住房和城乡建设主管部门会同同级发展改革等有关部门，加强对本行政区域城市贯彻落实《规划》的指导和监督，建立评估考核制度，并纳入城市人民政府考核体系；依法规划建设和管理城市。

"十四五"全国城市基础设施建设规划研究

任务来源：住房和城乡建设部城市建设司
起止时间：2019.10—2022.6
主管所长：洪昌富
主审人：张志果
项目负责人：龚道孝　姜立晖
主要参加人：陶相婉　林明利　程小文　卜长志　王鹏苏　刘冬梅　梁昌征　李士翔　杨艳梅　余　忻　覃光旭
　　　　　　刘广奇　安玉敏　唐君言　赵一新　束晨阳　伍速锋　王忠杰　赵洪彬　廖璟瑒　刘宁京　谢昭瑞
　　　　　　牛亚楠　李长波　等

一、研究背景

　　城市基础设施是城市正常运行和健康发展的物质基础，是实现经济转型的重要支撑，改善民生的重要抓手以及防范安全风险的重要保障。"十三五"期间，我国城市基础设施建设取得巨大进展，但由于投入不够、发展不均、标准不高、管理粗放等原因，仍然存在系统性不足、综合效能偏低、安全韧性不足等突出问题，对城市人居环境和公共安全造成影响。

　　按照《中共中央关于制定国民经济和社会发展第十四个五年规划和二〇三五年远景目标的建议》和《中华人民共和国国民经济和社会发展第十四个五年规划和2035年远景目标纲要》（以下简称《纲要》）要求，统筹推进基础设施建设，构建"系统完备、高效实用、智能绿色、安全可靠的现代化基础设施体系"，需加快补齐基础设施、市政工程、民生保障等领域短板。《关于推动基础设施高质量发展的意见》部门分工方案提出，"建立以重大基础设施发展规划为统领，以分领域、分区域基础设施发展规划为支撑的规划体系"，并要求住房和城乡建设部等部门制定、修订相关专项规划。

　　为贯彻落实党的十九大和十九届历次全会精神，统筹推进"十四五"期间我国城市基础设施建设工作，受住房和城乡建设部城市建设司委托，中国城市规划设计研究院城镇水务与工程研究分院牵头开展《"十四五"全国城市基础设施建设规划》（以下简称《规划》）研究。

二、技术要点

1.总体思路

按照理念要新、定位要准、站位要高、研究要深、内容要实的总体要求，全面贯彻落实党中央、国务院的重大战略和决策部署，围绕构建系统完备、高效实用、智能绿色、安全可靠的现代化基础设施体系，本次研究提出"十四五"时期城市基础设施建设领域的主要发展目标、重点任务、重大行动和重大举措。《规划》编制主要考虑以下三个方面：

一是全面贯彻落实中央重大决策部署。全面贯彻落实党的十九大和十九届二中、三中、四中、五中全会精神，习近平总书记关于城市规划、建设和管理的重要指示精神。根据国家"十四五"规划《纲要》、中共中央办公厅国务院办公厅《关于推动基础设施高质量发展的意见》（中办发〔2020〕17号）等文件精神，将城市基础设施建设作为深化供给侧结构性改革的重要举措，作为支撑"十四五"城镇化健康发展和国家基础设施建设的优先领域，提出未来五年及今后一段时期城市基础设施领域的发展蓝图。

二是增强城市基础设施建设系统性。以解决人民群众最关心、最直接、最现实的利益问题为出发点和立足点，通过着力补短板、强弱项、提品质、增效益，提高城市基础设施的使用效率、运行效率、生态效率和体系化水平。做好城市基础设施建设系统协调工作，科学确定各类基础设施的规模和布局，加强区域、城市群都市圈、城乡之间的基础设施共建共享，完善社区配套基础设施，打通城市建设管理"最后一公里"。统筹城市基础设施规划建设管理，完善城市基础设施全生命周期管理机制，推进城市基础设施高质量发展。

三是明确城市基础设施建设重点方向。研究思路从"十三五"时期的"定指标、定工程"，转向"定目标、定思路、定方向、定要求"。一是对标党的十九大分两步走全面建成社会主义现代化强国的战略安排，以及十九届五中全会和"十四五"国家规划《纲要》提出的"十四五"时期发展战略目标，分阶段明确到2025年和2035年的城市基础设施建设发展目标。二是在《规划》确定的目标基础上，充分统筹系统与局部、存量与增量、建设与管理、灰色与绿色、传统与新型基础设施建设，提出了25项主要发展指标、4项重点任务、7项重大行动以及7项重大举措，全面支撑《规划》目标的顺利实现（图1）。

2.主要内容

本次研究认为《规划》应包括发展环境、总体要求、重点任务、重大行动、重大举措等几部分，总体概括为四大板块。

第一板块为"发展环境、总体要求"内容。主要是介绍《规划》指导思想、原则定位、"十三五"发展成就和存在问题、"十四五"面临发展形势。第一板块中提出到2025年，城市建

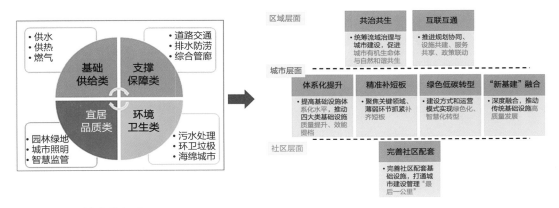

图1　规划思路与架构框图

设方式和生产生活方式绿色转型成效显著，基础设施体系化水平、运行效率和防风险能力显著提升，"城市病"问题得到有效缓解。到2035年，全面建成系统完备、高效实用、智能绿色、安全可靠的现代化城市基础设施体系，建设方式基本实现绿色转型，设施整体质量、运行效率和服务管理水平达到国际先进水平，并提出了21项"十四五"时期城市基础设施建设主要发展指标，覆盖综合类、交通系统、水系统、能源系统、环卫系统、园林绿化系统、信息通信系统等7种类别。

第二板块为"重点任务"内容。涵盖4个方面的重点任务。一是推进城市基础设施体系化建设，增强城市安全韧性能力。包括完善城市基础设施建设规划体系、系统提升城市基础设施供给能力、持续增强城市基础设施安全韧性能力、全面提高城市基础设施运行效率，以及推进城市基础设施协同建设五个方面。二是推动城市基础设施共建共享，促进形成区域与城乡协调发展新格局。包括强化区域基础设施互联互通、推动城市群都市圈基础设施一体化发展、统筹城乡基础设施建设三方面。三是完善城市生态基础设施体系，推动城市绿色低碳发展。包括构建连续完整的城市生态基础设施体系、统筹推进城市水系统建设、推进城市绿地系统建设、促进城市生产生活方式绿色转型四个方面。四是加快新型城市基础设施建设，推进城市智慧化转型发展。包括推动城市基础设施智能化建设与改造、构建信息通信网络基础设施系统、建设统筹集成的城市基础设施应用系统、推动智慧城市基础设施与智能网联汽车协同发展四个方面。系统提出了"十四五"及未来一段时期城市基础设施建设领域的发展方向与重点任务。

第三板块为"重大行动"内容。研究提出了"十四五"时期城市基础设施建设的七项重大行动，以及相关具体建设内容与工程建设规模。一是城市交通设施体系化与绿色化提升行动。重点开展城市道路体系化人性化补短板、推进轨道交通与地面公交系统化建设、提升绿色交通出行品质、强化停车设施建设改造四个方面行动。二是城市水系统体系化建设行动。包括因地

制宜积极推进海绵城市建设、加强城市供水安全保障、实施城市内涝系统治理、推进城市污水处理提质增效四个方面行动。三是城市能源系统安全保障和绿色化提升行动。包括开展城市韧性电网和智慧电网建设、增强城镇燃气安全供应保障、开展城市集中供热系统清洁化建设和改造、开展城市照明盲点暗区整治及节能改造四个方面行动。四是城市环境卫生提升行动。包括建立生活垃圾分类管理系统、完善城市生活垃圾资源回收利用体系、建立健全建筑垃圾治理和综合利用体系三个方面行动。五是城市园林绿化提升行动。包括完善城市绿地系统、增强城市绿化碳汇能力、优化以人民为中心的绿色共享空间三个方面行动。六是城市基础设施智能化建设行动。包括开展智能化城市基础设施建设和更新改造、推进新一代信息通信基础设施建设、开展车城协同综合场景示范应用、加快推进智慧社区建设四个方面行动。七是城市居住区市政配套基础设施补短板行动。包括实施居住区水电气热信等设施更新改造、推进无障碍环境建设、完善居住区环卫设施、优化"十五分钟生活圈"公共空间四个方面行动（图2）。

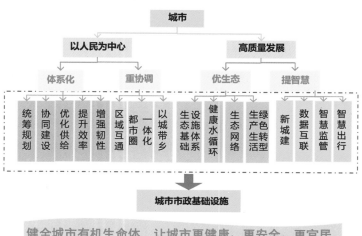

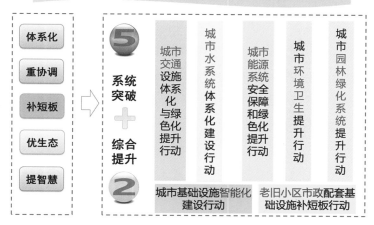

图2　规划任务与行动框图

第四板块为"重大举措"内容。为保障《规划》的顺利实施，提出了关于落实工作责任，加大政府投入力度，多渠道筹措资金，建立城市基础设施普查归档和体检评估机制，健全法规标准体系，深化市政公用事业改革，积极推进科技创新及应用等方面的综合性保障措施，作为各地政府和相关部门在"十四五"时期城市基础设施建设领域所需落实的相关重大政策举措。

三、预期成效

本《规划》是全面贯彻落实党中央、国务院重大战略决策部署的一项重大政策，是构建系统完备、高效实用、智能绿色、安全可靠现代化基础设施体系的重要指导性文件，随着《规划》的颁布实施，预期可产生以下成效。

一是有利于提升人民群众获得感幸福感安全感。城市基础设施的供给水平、服务水平与老百姓生产生活密切相关，公众感受最直接最深切。《规划》以解决人民群众最关心、最直接、最现实的利益问题为出发点和立足点，通过着力补短板、强弱项、提品质、增效益，提高城市基础设施的使用效率、运行效率、生态效率和体系化水平，将有效指导各地城市基础设施健康有序发展，提升城市基础设施供给能力和服务水平，解决城市交通改善、水电气热供给、生态环境提升等人民群众关心的身边事，有利于增强老百姓的获得感幸福感安全感。

二是有利于增强城市基础设施建设系统性。《规划》强调做好城市基础设施建设系统协调工作，科学确定各类基础设施的规模和布局，加强区域、城市群都市圈、城乡之间的基础设施共建共享，完善社区配套基础设施，打通城市建设管理"最后一公里"，统筹城市基础设施规划建设管理，完善城市基础设施全生命周期管理机制，推进城市基础设施高质量发展。《规划》的出台实施，将全面推动城市基础设施体系化建设，有利于增强城市基础设施的系统性。

三是有利于加快城市高质量发展。《规划》对标2035年基本实现社会主义现代化的战略目标，围绕基础设施的体系化、品质化、绿色化、低碳化、智慧化发展，研究推出一批重大行动和改革举措，推进城市建设方式和生产生活方式绿色转型，显著提升基础设施体系化水平、运行效率和防风险能力，有效缓解"城市病"等突出问题，有利于加快城市高质量发展。

城镇水务2035年行业发展规划纲要研究

任务来源：中国城镇供水排水协会
起止时间：2019.1—2020.10
总　　论：张志果　林明利
饮用水安全：林明利
城镇水环境：孔彦鸿　李婧
城镇排水防涝：刘广奇　周广宇
资源节约与循环利用：龚道孝　姜立晖

■ 一、研究背景

　　为了准确把握我国城镇水务行业2035年的发展目标，科学引领行业持续发展，使城镇水务行业发展能够有力支撑我国社会经济和城镇化发展的需要，满足生态文明建设与城镇百姓美好生活的需求，中国城镇供水排水协会组织编制了《城镇水务2035年行业发展规划纲要》（以下简称《规划纲要》）。《规划纲要》由中国城镇供水排水协会主编，中国城镇供水排水协会科学技术委员会为承办单位，深圳市水务（集团）有限公司、中国城市规划设计研究院、上海市政工程设计研究总院（集团）有限公司、中国市政工程华北院设计研究总院有限公司、同济大学、北控水务集团有限公司、北京市市政工程设计研究总院有限公司、中国建筑设计研究院有限公司、上海城市排水系统工程技术研究中心、北京城市排水集团有限责任公司、中国市政工程中南设计研究总院有限公司、哈尔滨工业大学、东华大学、北京建筑大学、清华大学、重庆大学、西安建筑科技大学等单位为参编单位。

　　《规划纲要》由总论和饮用水安全、城镇水环境、城镇排水防涝、资源节约与循环利用和智慧水务五个专业篇章组成，中规院水务院参与了除智慧水务之外的其他所有篇章编写研究工作。《规划纲要》从现状入手，深入分析当前的问题，对标国际先进标准，吸收国际先进经验，按照国家2035年的总体部署，明确今后15年城镇水务行业的发展目标和指标，以问题、目标和结果为导向，凝练任务，提出实施路径与方法。

■ 二、技术路线

本次研究提出"以问题为导向，科学构建水务体系""以目标为导向，科学设定发展目标""以结果为导向，探索路径与方法"的编制思路和"坚持以人为本、坚持系统治理、坚持绿色发展、坚持创新驱动"的基本原则，明确2035年城镇水务发展目标，即：全国城镇水务行业基本实现现代化。基本建成安全、便民、高效、绿色、经济、智慧的现代化城镇水务体系，建设一流水务设施、打造一流管理团队、提供一流服务保障，城镇水务行业更具创新活力、更具国际影响力、更具可持续发展能力，有效支撑基本实现社会主义现代化这一国家战略目标。同时，提出了45项发展指标以及重点任务、保障措施等。

■ 三、主要内容

本研究提出《规划纲要》包括以下主要内容：

1. 饮用水安全

全面提升城镇供水安全保障水平。建成安全、均等、高效的城镇现代化供水体系，从技术、管理、服务等不同角度建立从源头到龙头的多级屏障风险管控体系及全过程饮用水安全保障体系，确保龙头水水质优良、水量充沛、水压稳定，提升城镇供水服务效率和水平，让人民群众喝上放心水、用上舒心水。

一是重视饮用水水源保护。将饮用水安全的风险隐患前移、控制在源头。饮用水安全保障最重要的是水源保护，将风险隐患前移、控制在源头。城镇供水行业要时时关注、及时反映水源水质问题，主动配合政府相关部门加强饮用水水源保护。加快各地应急水源或备用水源建设。加强饮用水水源水质信息共享，规范突发水源污染条件下应急制度和工作程序。二是加强饮用水安全全过程保障。牢固树立饮用水安全保障工作的整体性概念，将风险管控意识贯穿于饮用水安全保障全过程，构建从源头到龙头的全过程饮用水安全保障体系，强化风险评估、应急预案制定等，准确把控和有效降低饮用水安全风险。三是强化监管与服务。应从法律法规层面进一步完善饮用水安全保障政策，明确各方的权利与责任，推动建立有利于城镇供水行业良性健康发展的财政、价格、税费、用电、土地使用等政策制度；强化城镇饮用水水源水质、全过程供水水质监督监测，加强对水量计量、水费征缴、供水服务等方面的监督监管；规范水质信息公开途径、频率、内容等，推动水质信息主动公开、主动接受社会监督，提振消费者信心；提高城镇供水行业从业人员职业能力。

2. 城镇水环境

充分发挥污水收集处理系统效能，建设完善的城镇排水与污水处理设施，力争做到污水收集处理设施全覆盖，居民生活污水应收尽收，实现污水的全面处理、达标排放；加大污泥处理处置的规模和力度；通过源头减排和系统治理措施，有效控制降雨径流污染。在彻底消除黑臭水体基础上，初步恢复城镇水体的物理、化学和生态完整性以及水体自然净化功能，全面改善城镇水环境，实现清水绿岸、鱼翔浅底，提升水体景观和游憩等功能。

一是污水收集与处理设施建设力争做到全覆盖、全收集、应收尽收。新建城区应全面实现雨污分流，适时推进老旧城区合流制排水系统的分流制改造和分流制排水管网完善，无法全面实现雨污分流改造的地区，应加强合流制排水系统完善与溢流污染控制，确保旱天污水处理厂进水 BOD_5 浓度达到150mg/L以上，并尽可能实现更高的水平。二是全面落实海绵城市建设理念，系统谋划，因地制宜，强化"源头减排、过程控制、系统治理"等综合治理理念，强化绿色设施与灰色设施的结合，采用"渗、滞、蓄、净、用、排"等方法综合施策，有效控制降雨径流污染。三是系统推进河道与水体岸线整治和修复，保障水体生态基流，恢复或维系水清岸绿、鱼翔浅底的生态环境，实现城镇水体景观游憩、娱乐健身、生态环境以及排水防涝等多功能的目标要求。四是积极推行排水源头管控、输送过程监管、处理处置、尾水排放与再生利用于一体的厂网河（湖）一体专业化运管模式，统筹规划建设与运行管理，提高系统设施建设、运行调度、养护维保的科学性与系统性，确保设施系统效能最大化。五是加大污泥处理处置设施建设规模和力度，实现污水处理系统和污泥处理处置、资源化利用的无缝衔接。

3. 排水防涝

深入贯彻海绵城市建设理念，适应新型城镇化发展，全面提升城镇排水防涝能力，有效应对气候变化导致的极端降雨天气对社会管理、城镇安全运行和人民群众生产生活的影响，建立完善的灰、绿、蓝耦合的现代化城镇排水防涝设施体系，实现小雨不积水、大雨不内涝、暴雨不成灾的城镇排水防涝目标。

一是构建完善的现代化城镇排水防涝体系。城镇内涝防治体系实现超大城市能有效应对100年一遇暴雨、特大城市能有效应对不低于50年一遇暴雨、大城市能有效应对不低于30年一遇暴雨，中小城市能有效应对不低于20年一遇暴雨的标准要求。构建由河湖水体、绿地、洼地、道路等公共空间与蓄排设施组成的排涝除险系统，做好源头减排设施、市政排水管渠、排涝除险系统与防洪（潮）系统的有机衔接，使城镇达到内涝防治设计重现期的标准。二是加快补齐市政排水管渠设施短板。对于城镇雨水排水系统未能覆盖的城镇规划建成区，特别是城中村、老旧城区、城乡接合部等空白区，应按照当地的地形地貌和水文条件，采取绿灰结合、管渠结合的方式控制雨水，在2025年前基本实现城镇建成区雨水排水系统覆盖率达到100%。对于雨水排水系统不满足现有标准的已建城区，城镇更新时应在统筹规划的基础上，结合易涝点整治、道路改造或城区整体更新改造逐步进行提标改造。加强管道健康性检查、功能性维护和结构性修复，保障雨水管渠的排水能力。三是充分发挥源头减排系统对雨水径流的控制作用。对新开发、既有城镇更新改造项目要按照海绵城市建设规划确定的径流总量控制要求，通过源头减排设施，对雨水就地消纳、利用和控制。源头减排系统应保证开发地块建成后，适应城镇排水防涝分区的自然水文特征，在雨水管渠设计重现期和内涝防治设计重现期条件下，径流峰值均不超过开发前。四是提升排水防涝设施系统的运行维护管理水平。运用地理信息系统建立集设施资产管理、管网规划与分析、运营管理、信息共享于一体的数据库，实现地下排水设施可视化、建设运维数据可追溯。完善常态化标准化的日常养护管理制度。建立应对突发事件和极端强降雨的排水防涝应急体系。

4.资源节约与循环利用

遵循生态文明理念，走绿色低碳发展道路，通过探索形成以"四定原则"节水理念为核心的城镇节水管理和技术体系，使城镇节水工作迈上新台阶。一是坚持以创建节水型城市为突破口，使城镇节水工作再上新台阶，从资源节约、环境友好发展战略的高度认识节水工作。落实"四定原则"的时代新要求，合理控制城镇人口与社会经济发展规模，使城镇社会经济发展与资源环境承载力相适应，实现城镇的良性运行和可持续发展。到2035年，水资源紧缺的城市（人均水资源量小于1000立方米/年）应全面达到国家节水型城市标准的要求，其中极度缺水城市（人均水资源量小于500立方米/年）应在2025年以前达到国家节水型城市标准的要求。二是严格控制水资源开发利用强度，进一步提高城镇用水效率。三是加大城镇污水资源化应用力度，探索包括再生水用于城镇河湖水体生态补水在内的循环与循序利用新途径，加大再生水用于城镇市政杂用水、工业用水的力度，进一步提高再生水利用率。

要进一步降低城市水系统运行能耗。一是要提高供水系统水处理药剂利用效率，推广绿色净水处理工艺，提高水处理药剂有效使用率（理论投加量/实际投加量）至85%以上。研究开发推广净水效率高、少药剂或免药剂的绿色给水处理工艺，减少化学药剂的消耗以及水中消毒副产物的生成。推进供水系统节能改造与全流程节能运行。借助大数据、在线水力水质模型、人工智能技术等构建供水智慧化运行系统；在机泵更新改造提升效率的基础上，通过准确的水量预测和高效的水泵组合运行控制，实现从原水输送到净化、输配、二次加压的全系统协同节能优化运行。二是要有效推进城镇污水处理系统节能降耗，以2020年为基础水平，城镇污水处理厂污染物削减单位电耗降低30%、削减单位总氮的碳耗降低30%以上、削减单位总磷的药耗降低20%以上。三是提升污泥能源回收水平，大幅提升污泥资源循环利用率，提升污泥处理处置及管理的智慧水平，完善污泥资源化利用标准体系建设，推动污泥处置的绿色生态可持续发展。

黄河流域水资源节约集约利用
与城镇污水垃圾处理研究

任务来源：国家发展和改革委员会资源节约和环境保护司
起止时间：2021.1—2021.12
主管所长：龚道孝
主审人：洪昌富
《"十四五"黄河流域城镇污水垃圾处理实施方案》负责人：程小文　陶相婉
主要参加人：李　宁　王宝明　刘彦鹏　祁祖尧　卢　静　孙广东
《推动黄河流域水资源节约集约利用重大政策研究》负责人：姜立晖　陶相婉
主要参加人：蒋艳灵　吕金燕　李　宁

034

■ 一、研究背景

近年来，党中央、国务院高度重视建设资源节约型、环境友好型社会。习近平总书记明确提出"节水优先、空间均衡、系统治理、两手发力"的新时期治水思路。"十四五"时期，是深入打好污染防治攻坚战的关键窗口期，也是促进水资源节约集约利用、全面推进节水型社会建设的重要机遇期。

2021年6月，国家发展改革委、住房和城乡建设部联合印发《"十四五"城镇污水处理及资源化利用发展规划》。2021年8月，国家发展改革委、住房和城乡建设部联合印发《"十四五"黄河流域城镇污水垃圾处理实施方案》。2021年10月，国家发展改革委、水利部、住房和城乡建设部、工业和信息化部、农业农村部联合印发《"十四五"节水型社会建设规划》。2021年12月，国家发展改革委、水利部、住房和城乡建设部、工业和信息化部、农业农村部联合印发《黄河流域水资源节约集约利用实施方案》。2022年1月，推动长江经济带发展领导小组办公室印发《"十四五"长江经济带城镇污水垃圾处理实施方案》。

受国家发展和改革委员会资源节约与环境保护司委托，中规院水务院开展黄河流域水资源节约集约利用与城镇污水垃圾处理研究，形成《"十四五"黄河流域城镇污水垃圾处理实施方案（建议稿）》《推动黄河流域水资源节约集约利用重大政策研究》《"十四五"长江经济带城镇污水垃圾处理实施方案（建议稿）》研究成果，参与《"十四五"城镇污水处理及资源化利用发展规划》《"十四五"节水型社会建设规划》（城市节水部分）研究起草，为相关政策的出台提供技术支撑。

二、城镇污水处理高质量发展

1.现状与需求

污水收集处理及资源化利用设施是城镇环境基础设施的核心组成，是深入打好污染防治攻坚战的重要抓手，对于改善城镇人居环境，推进城市治理体系和治理能力现代化，加快生态文明建设，推动高质量发展具有重要作用。"十三五"以来，城镇污水处理设施建设加速推进，污水收集处理能力水平显著提升。但目前，仍然存在发展不平衡不充分问题，短板弱项依然突出，特别是污水管网建设改造滞后、污水资源化利用水平偏低、污泥无害化处置不规范，设施可持续运维能力不强等问题，与实现高质量发展还存在差距。

对于重点流域，如黄河流域、长江经济带，生态环境保护形势依然严峻，亟待以城镇污水处理为切入点，推进水环境质量稳步提升。

2.思路与框架

"十四五"时期，应以建设高质量城镇污水处理体系为主题，从增量建设为主转向系统提质增效与结构调整优化并重，提升存量、做优增量，系统推进城镇污水处理设施高质量建设和运维，有效改善我国城镇水生态环境质量，不断提升人民群众的幸福感、获得感和安全感。

"治理黄河，重在保护，要在治理"。《"十四五"黄河流域城镇污水垃圾处理实施方案》（以下简称《处理实施方案》）在理清现状问题的基础上，充分考虑上中下游差异，坚持因地制宜、分类施策，着眼于流域整体性、关联性、系统性，加强城镇污水垃圾处理设施建设，提升污染物削减效能，推动改善流域生态环境，防范化解环境安全风险，加快推进生态文明建设。同时，鉴于黄河流域是我国重要的能源基地，《处理实施方案》还注重推动减污降碳协同增效，在城镇污水垃圾处理领域推广节能低碳的工艺和装备，推行物质能量回收利用，减少能源消耗、降低环境影响，助力实现碳达峰、碳中和（图1）。

3.构建黄河流域城镇污水垃圾处理新格局

（1）坚持因地制宜，完善环境基础设施网络

一是既注重补齐短板，又注重均衡结构。《处理实施方案》提出分级分类的差异化目标，推动构建由城市向建制镇和乡村延伸覆盖的环境基础设施网络。例如，提出地级城市基本建成生活垃圾分类投放、分类收集、分类运输、分类处理系统，具备条件的县城基本建立生活垃圾分类处理系统，建制镇逐步健全生活垃圾收集转运体系。

二是既注重做好增量，又注重做优存量。《处理实施方案》围绕存量提质与增量结构调整并重，有力有序推进实施。例如，提出补齐污水收集管网短板，推进污水管网全覆盖，同时以黄河干流和汾河、渭河、湟水河、涑水河、延河、清涧河、湫水河、三川河等沿线城市和县城

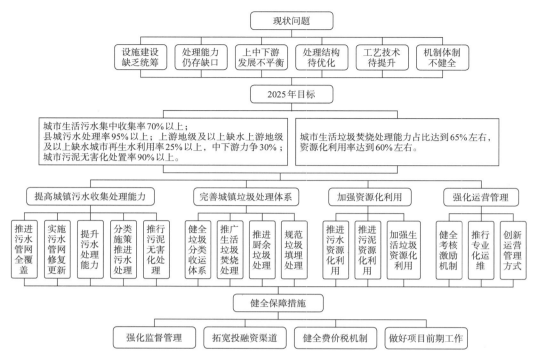

图1　黄河流域城镇污水垃圾处理发展目标与逻辑关系图

为重点，实施老旧破损管网修复更新。

三是既注重科学适用，又注重经济可行。《处理实施方案》综合考虑上中下游自然地理条件、经济发展水平、治理需求和财政能力，推动城镇污水垃圾处理。例如，提出分类施策推进污水处理，实施差别化精准提标，上游高海拔地区选取适用于高寒缺氧气候的处理工艺和模式，建制镇设施建设按需而定、量力而行等。

（2）坚持系统观念，统筹建设运营管理

一是明确统筹推进机制。《处理实施方案》提出，各省级污水垃圾处理主管部门合理明确本地区目标任务，各市县人民政府履行主体责任，做好项目谋划储备、明确建设时序，开展动态监测和定期评估。推广整县推进工作机制，统筹设施建设运营。完善跨区域跨部门联合执法机制，严厉打击直排、偷排、乱排行为。

二是推行一体化运行维护。《处理实施方案》指出，推行污水处理、管网收集和河湖水系"厂—网—河（湖）"一体化，垃圾收集、分类运输、分类处理"收—运—处"一体化运行维护管理，保证城镇污水垃圾处理的系统性和完整性。鼓励将不同规模、不同营利水平项目综合打包授予特许经营权。

三是强化设施共建共享。《处理实施方案》明确，鼓励跨区域统筹建设焚烧处理设施和飞灰协同处置设施等。按照"城旁接管、就近联建、独建补全"原则，合理有序推进建制镇污水处理设施建设。建制镇与县城污泥处置应统筹考虑，或与邻近市县联合处置。

（3）坚持绿色低碳，大力推动资源化利用

一是推进污水资源化利用。合理布局污水再生利用设施，推广再生水用于生态补水、工业生产和市政杂用等。到2025年，上游地级及以上缺水城市再生水利用率达到25%以上，中下游力争达到30%。推动污水资源化利用示范城市和资源能源标杆再生水厂建设，推广污水源热泵技术和屋顶分布式光伏发电。

二是推动污泥资源化利用。鼓励污泥经无害化处理满足相关标准后，用于改良盐碱地、沙漠化土地等，以及荒地造林、苗木抚育、园林绿化和农业利用等，土地资源紧缺城市可选用"生物质利用＋焚烧"模式。推广将污泥焚烧灰渣建材化利用。到2025年，城市污泥无害化处置率达到90%以上。

三是加强生活垃圾资源化利用。统筹推进生活垃圾分类网点和废旧物资回收网点"两网融合"。鼓励生活垃圾焚烧余热梯级利用，考虑区域热负荷需求，优先采用热电联产模式。鼓励填埋气收集利用，推广焚烧炉渣、厨余垃圾等资源化利用。到2025年，城市生活垃圾资源化利用率达到60%左右。

▍三、节水型社会建设

1.现状与需求

水资源严重短缺是我国基本水情，是经济社会发展的重要瓶颈制约。推进节水型社会建设，全面提升水资源利用效率和效益，是深入贯彻落实习近平生态文明思想的具体行动，是缓解我国水资源供需矛盾、保障水安全的必然选择，对实现高质量发展、建设美丽中国具有重要意义。"十三五"时期，我国节水用水效率明显提升，设施能力稳步强化，节水政策进一步完善，节水管理体系进一步健全，但水资源短缺形势依然严峻，集约节约利用水平与生态文明建设和高质量发展的需要还存在一定差距。

以黄河流域为例，黄河保障了全国12%的人口、17%的耕地以及流域内50多座大中城市的供水安全，还承担了河北、天津、胶东半岛等地区的供水任务。但是，黄河流域现状水资源开发利用率已达80%，远超一般流域40%的生态警戒线。沿黄河部分地区节水意识不强、用水行为粗放，个别地区甚至不顾实际，以调蓄为名，引黄河水挖人工湖、建人造水乡，统筹发展和安全面临着水资源短缺的瓶颈制约。

2.思路与框架

新发展阶段对节水型社会建设提出新要求，应全面落实"以水定需、量水而行"，坚决遏制不合理用水需求，加快形成节水型生产生活方式，高质量建设节水型社会。同时，黄河流域生态保

护和高质量发展等国家重大战略的实施，对节水型社会建设提出更高要求。习近平总书记强调，"沿黄河开发建设必须严守资源特别是水资源开发利用上线，用强有力的约束提高发展质量效益。精打细算用好水资源，从严从细管好水资源。高度重视水安全风险，大力推动全社会节水"。

《黄河流域水资源节约集约利用实施方案》（以下简称《利用实施方案》）在全面梳理现状问题的基础上，以节水基础设施建设为抓手，以农业、工业和城镇生活节水为重点，以推进非常规水源利用为突破口，以节水科技创新和市场机制改革为动力，全面强化水资源刚性约束，提高水资源利用效率，以节约用水扩大发展空间，提高水资源安全供给能力（图2）。

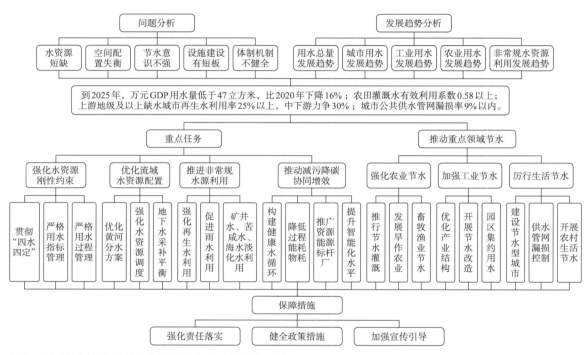

图2　黄河流域水资源节约集约利用发展目标与逻辑关系图

3.以水资源节约集约利用促进生态保护和高质量发展

（1）坚持以水为纲、量水而行

一是要求全方位贯彻"四水四定"。为强化水资源作为稀缺资源的刚性约束，做到"有多少汤泡多少馍"，《利用实施方案》提出，优化国土空间格局，结合水资源禀赋，合理确定黄河流域经济、产业布局和城市发展规模。科学引导人口流动，推进农牧业生产向水资源优势地区集中，推进工业企业向园区集聚。从严控制建设引黄调蓄工程，坚决遏制"造湖大跃进"。

二是致力于全面提升水资源配置效率。《利用实施方案》提出，优化黄河分水方案，推动省内黄河分水指标细化和跨市县河流水量分配。强化流域水资源调度，建立健全干流和主要支流生态流量监测预警机制。强制推动将非常规水纳入统一配置，并严格考核。加强黄河流域地下水开发利用管控，做好地下水采补平衡，推动实现地下水位回升。

三是以强有力的约束提高利用效益。为强化统筹兼顾、集约使用，严格落实水资源消耗总量和强度双控指标，《利用实施方案》提出，县级以上人民政府制定年度取用水计划。健全省、市、县行政区用水总量和强度管控指标体系。推动将用水总量控制指标落实到具体河流和水源。强化用水定额在规划编制、取水许可方面的刚性约束作用。

（2）强化统筹推进、重点突破

一是注重协同推进节水开源、减污降碳。《利用实施方案》一方面强化需求管理，提高用水效率、抑制不合理用水需求，一方面推进非常规水源利用，推广再生水用于工业生产、市政杂用和生态补水等，推进将海绵城市建设理念融入城市规划建设管理各环节，推动矿井水、苦咸水、海水淡化水利用。"十四五"时期是推动减污降碳协同增效的关键时期，《利用实施方案》提出，坚持"节水即治污""节水即减排"，落实全过程节水，减少新鲜水取用量、污水产生处理量，探索"供—排—净—治"设施建设运维一体化改革。

二是推动做好重点领域深度节水控水。《利用实施方案》聚焦重点领域提出措施要求。在农业节水方面，推行节水灌溉，调整种植结构，发展旱作农业，开展畜牧渔业节水。在工业节水方面，优化产业结构，严控高耗水项目盲目上马，开展节水改造，提高水重复利用率，推广园区集约用水。生活节水方面，建设节水型城市，实行供水管网漏损控制，开展农村生活节水。

三是对水资源短缺和超载地区提出更高要求。《利用实施方案》提出，在此类地区限制新建各类开发区和发展高耗水服务行业，不搞中小城镇"摊大饼发展"，压减高耗水作物规模，原则上不再扩大灌溉面积和新增灌溉用水量。水资源超载地区制定水资源超载治理方案，按规定要求暂停新增取水许可。年均降雨量小于400毫米地区，严格限制大规模种树营造景观林。

（3）强调压实责任、宣传引导

一是强化政府责任落实。为全面加强党和政府对节水工作的领导，《利用实施方案》强调，坚持正确政绩观，准确把握保护和发展的关系，打好深度节水控水攻坚战。按照省级统筹、市县负责要求，系统谋划实施。将节水作为约束性指标纳入当地党政领导班子和领导干部政绩考核范围，建立健全监督考核和责任追究制度。

二是两手发力倒逼节水效果提升。推动有效市场和有为政府更好结合，要创新水权，用好财税杠杆，发挥价格机制作用。《利用实施方案》提出，推进区域水权、取水权、灌区用水户用水权交易。实行居民用水阶梯水价和非居民用水超定额累进加价制度，深入推进农业水价综合改革。推广合同节水管理模式，积极培育节水产业。

三是多措并举营造良好节水氛围。大力增强水忧患意识、水危机意识是落实节水优先的前提。《利用实施方案》提出，加大节水宣传力度，普及节水知识，组织宣传实践，引导广大群众增强水资源节约与保护的思想认识和行动自觉，形成全社会节水的良好氛围。

国际合作研究

中欧水资源交流平台

——中欧海绵城市建设合作项目

任务来源：水利部　荷兰环境与基础设施部
起止时间：2018.11至今
项目负责人：孔彦鸿　龚道孝
主要参加人：陈利群　李婧　刘广奇　刘曦　程小文　周广宇　凌云飞　雷木穗子　陈诗扬　等
合作单位：常德市海绵城市建设领导小组办公室　常德市住房和城乡建设局　北京市水务局　北京市水利科学研究院

■ 一、项目概况

中欧水资源交流平台（China Europe Water Platform，CEWP）是由中国水利部和欧盟共同建立并开展水资源交流合作的重要官方平台。2012年在法国马赛第六届世界水论坛期间，中华人民共和国水利部部长和欧盟理事会轮值主席国代表、丹麦环境部部长签署了联合声明，标志着中欧水资源交流平台正式成立。2018年7月，国务院总理李克强同欧洲理事会主席图斯克、欧盟委员会主席容克共同在北京签署《第二十次中国欧盟领导人会晤联合声明》，双方领导人确认在中国欧盟水资源政策对话框架下加强水资源合作的重要性，以及中欧水资源交流平台在支持实施与水资源相关的可持续发展目标方面的作用。

中欧水资源交流平台旨在促进水行业的政策对话、合作研究和商务发展。平台涉及流域管理、水生态安全、农村水与粮食安全、水与城镇化等四大重点领域。中规院为"水与城镇化"重点领域的中方牵头单位，在与欧方的合作中发挥着重要作用，并肩负着科研成果把关和推广应用等重要任务。

中欧海绵城市合作项目为水与城镇化重点领域最为关键的项目（图1）。该项目围绕海绵城市建设主题，对中国海绵城市建设试点城市（北京和常德）以及欧洲参考城市（阿姆斯特丹、哥本哈根、哥德堡和图尔库）的城市特征和海绵建设展开分析。通过中国与欧盟的知识和经验的对比交流，总结和传播能有效实施的、充分体现海绵城市概念的政策建议，以支持海绵城市在中国和欧盟的实施和推广。

项目的正式产出成果包括：①政策简报，政策简报中的内容将提炼为政策建议，提交部

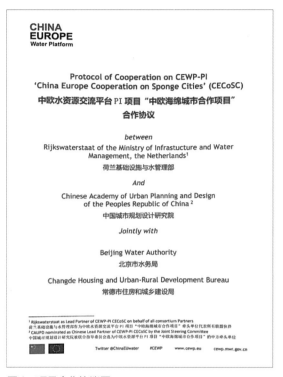

图1 项目合作协议图

长级对话会审议,为各国制定相关政策提供参考。②政策简报背景文件,该背景文件为政策简报的支撑文件,详细介绍了2018年至2022年期间中欧海绵城市合作项目中举行的各种研讨会和网络研讨会的详细成果,包括中欧海绵城市建设方式的对比,以及技术、政策、治理等方面的建议。③中欧海绵城市建设相关领域九个专题报告。

二、需求分析

在全球范围内,城市在适应迅速变化的社会经济、气候以及生态环境方面,面临着越来越大的压力。各国政府在考虑城市水资源挑战的同时,也要应对其他相关的新挑战,包括气候变化、社会包容性不足、基础设施老化、融资和文化遗产传承。极端天气事件发生频率和强度的增加,正促使城市制定长期战略规划,建设安全、韧性的基础设施,使其能够适应变化的气候、经济和人口条件。

在城市水管理方面,近年来,中国和欧洲的重点都已经从传统的"灰色基础设施"转向基于自然的解决方案,这些解决方案在提高城市应对洪涝风险韧性的同时,同步增强城市的宜居性。与中国的"海绵城市"建设理念相似,欧洲及其他地区提出可持续城市排水系统(SUDS)、低影响开发（LID）、水敏感城市设计（WSUD）和综合城市水管理（IUWM）、蓝绿色基础设施（BGI）以及最近的基于自然的雨水管理解决方案（Stormwater-nbs）。在中国与欧洲，各类研究项目、示范项目、试点工程产生了一系列的新认知与应用工具，为雨水管理的设计与施工提供了实践基础。在这种情形下，中欧之间学者和实践者之间的知识共享和协作十分必要。

本项目分析了与海绵城市建设相关的协作和知识交流的六个关键领域：

（1）海绵城市的决策支持工具，重点是蓝绿色基础设施的解决方案与传统灰色基础设施的选择工具。

（2）蓝绿基础设施的经济评估，重点是衡量长期的、隐性的成本及收益。

（3）蓝绿基础设施和海绵城市的融资，包括商业案例和融资模式（以及公私合作伙伴关系）。

（4）蓝绿基础设施和海绵城市的长期监管，重点是性能指标和反映蓝绿色基础设施和海绵城市解决方案总体价值的指标。

（5）共创和社区参与，其中的关键问题是如何更好地让公民以及其他利益相关者参与海绵城市项目。

（6）政府治理，特别关注跨部门协作，以及将蓝绿基础设施和海绵城市建设纳入各类规划与政策。

三、技术要点

1.关键措施

本研究认为，为实现海绵城市建设的系统性，中欧海绵城市建设中可实施以下关键的措施。

（1）采取跨空间、跨部门尺度的系统视角

一些海绵城市项目侧重于个别（部门）项目、水系统的特定组成部分和城市的特定社区，导致项目的碎片化和系统之间的连接不紧密，缺乏地方、区域和国家层面的水系统要素之间的一致性以及生态和经济系统的协同作用，缺乏对人与自然关系更广泛的社会效益考虑。

（2）采取长期视角

目前，海绵城市建设规划的实践往往是基于稳态条件以及既有项目的经验，忽视了气候变化、城镇化以及经济技术方面的变化和不确定性。海绵城市建设项目的设计寿命很长，意味着有必要从战略上规划应对长期变化的方案，并避免建设缺乏灵活性的设施。

（3）提高利益相关者的参与度

利益相关者的参与和多学科视角是海绵城市建设有效实施的关键，但在实践中较难落实。当地居民和当地企业的代表，以及来自各个学科和部门的专家都应参与共同制定海绵城市计划，特别是在规划的早期概念阶段。他们的参与向相关设计人员传达本地经验和专业技能，并提高利益相关者对拟采取的海绵措施的认识和支持程度。

（4）倡导蓝绿基础设施

建设蓝绿基础设施是解决气候适应性问题、改善城市生活质量和增强生物多样性的有效途径。蓝绿基础设施是一种应对风险的有效方法，同时也是一种利益最大化的方法，但蓝绿基础设施的规划建设还未成为城市基础设施规划和投资的主流。蓝绿基础设施可以作为达成多个目标的一个途径，它已经被证明是成本效益较高的解决方案。

（5）为蓝绿基础设施融资建立伙伴关系

蓝绿基础设施提供了广泛的益处，在评估这些效益并确定相应的受益方后，可以与各个领域的利益相关者建立伙伴关系，将多种资金来源（公共和私人）结合起来，用于海绵城市的建设和维护。到目前为止，这些资金主要来自政府部门的预算，但由于蓝绿基础设施的预算要求与其他部门的预算有竞争关系，目前这些预算受到限制和压力。

（6）衡量影响

海绵城市建设的效益评估通常仅评估其是否满足设计标准。然而，这些技术标准并没有涵盖间接、无形的收益，而这些收益随着时间的推移会产生深远的影响。衡量海绵设施的效益和系统性影响需要新的监测方法以及定量和定性的方法。

2.政策建议

以下政策建议将帮助决策者把主要研究结果转化为行动。

（1）采用三点方法（3PA）规划韧性城市水系统

雨水管理的整体方法建立在规划和设计韧性水系统的三点方法上。三点方法（3PA）提供一个整合的框架，以帮助决策者在设计和决策过程中更好地管理雨水。点1代表传统的规划实践，通过技术优化与设施设计以达到设计降雨量时的排水设施水平。当极端降雨事件发生时，点1的设施设计将过载并失效。第二项规划目标（第2点）是在这种极端降雨情况下减少损失。正常降雨的范围代表日常情况。韧性的排水设施不应该成为阻碍，而应该每天为社会提供附加价值和服务。第三个目标是规划一个有弹性的"海绵城市"供水系统（第3点）（图2）。

3PA的基本原则适用于每个城市，然而，这三个领域的范围或位置因城市而异，取决于降雨、干旱和淹没深度的重现期。因此，标准和解决方案需因地制宜，城市排水基础设施的设计标准需要有一定的灵活性，①因地制宜，并从长远的角度考虑；②考虑这些基础设施在更广泛的环境、社会、文化和经济方面的价值。

（2）使用蓝绿基础设施升级现有（灰色）基础设施

大多数现有的城市排水系统存在以下几个问题：采用雨污合流制，存在溢流污染风险；存在不符合现行标准（如设计降雨标准）的管段等。建设蓝绿基础设施将有助于通过管理城市地表径流，即通过保留、滞留和渗透，减少进入排水管道的水量。

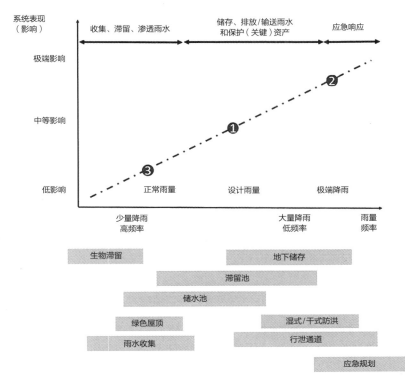

图2 韧性水系统规划的三点方法

蓝绿色基础设施在实现良好的雨水管理中发挥着重要作用，因为设施可以为应对设计暴雨而设计，最小化极端降雨的损害，并最大限度地提高生态系统服务的附加价值。同时，蓝绿基础设施的建设需要经过细致的规划和设计，以实现在城市空间、地面、地下和建筑中的整合。

蓝绿基础设施的使用降低城市排水系统的建设和运营成本，同时实现环境和社会的共同效益最大化。越来越多的证据表明，使用灰色解决方案、更新或升级现有灰色基础设施比使用蓝绿基础设施更昂贵。评估这种成本效益平衡的工具日渐增多，这些工具的使用需要根据城市情况调整。

（3）让公民和其他学科的专家参与蓝绿基础设施的实施

蓝绿基础设施对我们很多人来说都是新鲜事物，社区、公民和其他学科的专家都亟须了解蓝绿基础设施及其益处。蓝绿基础设施的成功应用，要考虑他们的需求、想法以及邀请他们参与到规划过程中。为了推广蓝绿基础设施，地方政府可以鼓励社区参与蓝绿基础设施的示范项目。各种（创造性和可视化的）技术和工具可用于促进政府决策者与其他利益相关方的对话。

蓝绿基础设施的规划、设计、实施和维护也需要不同学科的知识，包括土木工程、景观建筑、城市规划、城市生态学、社会科学、经济学和金融专业知识。因此，让相关部门参与到蓝绿基础设施的规划、实施和维护中来，是每一个项目成功的关键。

（4）完善战略、战术和经营性资产管理

为实现高效的资产管理，决策者往往需要一个定量工具以持续评估基础设施的性能，评估对象可以是从每一个具体设施再到整个水系统，并且需要定期监测设施及系统的性能和影响，以指导维护运营工作。

战略和战术资产管理通过战略构建得到支持，即探索不同的替代方案，以应对未来的不确定性，例如气候变化和不同的经济情景。通过情景分析，可以更好地了解短期和长期决策、转机点和既有选择的影响。可以识别适应性路径，从而能够探索多种适应性措施，并阐明措施的适应路径。使得决策者能够及时地采取适应性措施，保障现在和未来几代人的安全。

（5）建立各城市重要海绵城市技术资产登记制度

这种资产管理的一个先决条件是，城市对涉水相关的资产有一个标准化的（由法规或指令实施的）和可访问的登记册—数据库和数字地图。这个系统的数据应该是可靠的，并定期加以核实。资产登记的信息包含海绵城市各要素、蓝绿基础设施和灰色基础设施的基本信息，其绩效指标和记录，以及其运维信息。

（6）创建支持横向与纵向互动学习的治理方式

促进国家和地方政府、规划师、设计师、建造师和生态学家之间的知识交流，促进政府组织、从业者、多个学科的研究人员和广泛的利益相关者之间的交流，以促进蓝绿基础设施的实施。促进在实践中学习，并允许错误。公民都可以从中学习，并在社区中分享知识，将自上而下和自下而上的方法结合起来，且考虑不同地域公民的主动性差异。为了促进这些交流，可以在城市、省和国家级别的组织管理和交换数据的开源工具和标准。

（7）寻求与其他部门的协作

海绵城市规划者往往需要拥有跨越空间尺度和学科的系统性视角。规划者需要在规划中融入多方面的要素和目标，而不仅仅局限于水管理领域，并确保其他部门的相关规划中将海绵城市建设纳入考量。政府决策者日益认识到水资源、供水、水环境与能源、运输、建筑和资源回收等其他部门之间的内在联系，逐渐建立与基础设施有关的决策协作机制。这种跨部门的合作是具有挑战性的，因为在工作方式、流程、技术等方面存在差异，将海绵城市建设与其他目标和策略（如低碳、循环和智慧城市）相结合可以促进跨部门合作的开展。

四、实施效果

一是搭建中欧长期对话平台。中欧海绵城市合作项目成功搭建了中国与欧盟在海绵城市建设领域长期交流合作的平台，在为期四年的合作期间，不断提出新的中欧长期合作交流的计划与机制（图3）。

046

图3　中欧海绵城市交流合作现场图

二是系统梳理比较中欧海绵城市建设思路。中欧海绵城市合作项目系统梳理中欧海绵城市建设制度及技术上的异同，以及共同面临的挑战。通过对推动海绵城市建设六个关键问题的专家研讨，首次系统提出中欧达成共识的海绵城市建设政策需求。

三是进行多层级的案例分享。中欧海绵城市合作项目通过两项中国示范城市与四个欧洲典型城市的海绵城市建设经验深入的交流分享，直接展示双方实际的建设成效。如中国常德海绵城市建设的成效在研讨会中进行了细致的分析和积极的推广，其建设经验在中欧平台上得到广泛的宣传。

四是合作成果多次被纳入中欧重要会晤文件。中欧海绵城市合作项目成果为中欧水资源交流平台项目的重要组成部分。自2012年成立以来，中欧水资源交流平台已举办八次部长级高层对话会，丹麦、芬兰、葡萄牙、法国、荷兰、意大利等近20个欧洲国家参与，本项目成果之一的政策建议报告被纳入中欧领导人会晤文件。在平台的推动下，中欧通过人员互访、合作研究、商业发展等形式，促进了中欧海绵城市建设领域的技术交流，商务活动和政策对话。

援乍得供水项目可行性研究

任务来源：国家国际发展合作署
起止时间：2017.12—2020.5
主管所长：龚道孝
主审人：洪昌富
项目负责人：姜立晖　刘广奇
主要参加人：程小文　林明利　史志广
合作单位：北京市市政工程设计研究总院　华北有色工程勘察院

一、项目概况

为落实中非合作论坛约翰内斯堡峰会对非合作举措，经中华人民共和国政府和乍得共和国政府商定，中国政府同意开展援乍得供水项目。受中华人民共和国商务部委托，中国城市规划设计研究院城镇水务与工程研究分院开展援乍得供水项目可行性研究任务工作，旨在提高乍得饮用水获得率，改善当地民生，促进当地农牧业发展，推动中乍两国关系发展。2017年12月，中规院联合北京市市政工程设计研究总院、华北有色工程勘察院成立项目工作组，前往乍得开展调研，详细了解本项目的目标与需求，区域的人畜供水现状、存在问题，收集项目区域的自然地理、基础设施、人工材料等信息；在此基础上，综合分析所汇集的技术资料，结合现场踏勘情况，对项目建设的必要性、技术可行性、经济合理性等进行综合分析，提出项目基本方案；协助我国驻乍得使馆经商参处与乍得水利部签订《现场考察会谈纪要》，基本明确援助项目的建设内容和技术指标；回国后，项目组编制完成《援乍得四区域供水项目可行性研究报告》。

二、需求分析

1.乍得概况

乍得地处非洲中北部，位于撒哈拉沙漠南缘，属于内陆国家。国土总面积128.4万平方公里，排名世界第21位、非洲第4位。总人口约1400万，北部撒哈拉地区的人口密度约每平方公里0.1人。首都恩贾梅纳为最大城市，人口约110万；其他主要城市有蒙杜、阿贝歇、法亚等。乍得全国可分为三个主要的地理区域：北部的沙漠地区，属热带沙漠气候；中部干旱的萨赫勒地区，属热带草原气候；南部较肥沃的苏丹草原地区，属热带雨林气候。除北部高原山地外，大部分地区年平均气温27℃以上，北部可达29℃。

2.需求分析

乍得境内大部分地区水资源严重短缺，且缺乏必要供水设施，民众清洁饮用水率极低，农牧业发展受到限制，缺水和饮水水质不达标成为阻碍该国经济社会发展十分突出的瓶颈问题。乍方需求包括在努比亚地区砂岩区进行水资源储量勘察，在萨拉马特、提贝斯提和芒杜尔三个地区进行供水设施的新建和维修工作，主要设施类型包含手压井、小型供水设施、中型供水设施、公共厕所、传统厕所、排水管道等（表1）。

乍方需求分析一览表

表1

项目需求	项目内容
努比亚地区砂岩含水层勘探开发项目	—确定项目区域内的30处勘探点。 —建造完成深井，可转换成勘探井。 —完成能后续对岩层进行改善的各项工程（测压）。 —进行物化细菌分析，检测水质。 —进行同位素分析，了解岩层污染度并确定表层水和地下水的分界
萨拉玛特地区饮用水及农牧业发展项目	建设160口新的人工手压井，38处小型供水站，利用SEMPLAT板对18500座传统厕所进行重建，新建23170座新型厕所、化粪池和冲水装置，新建3处下水道，新建35口乡村井，翻修13口旧的乡村井，新建67处方位标志
提贝斯提地区饮用水及农牧业发展项目	钻70眼新井，配有泵（手压泵），修建10个小型供水站，钻20眼井，修建小型移动站，修复3眼井和泵站，钻20眼新水井，修复10眼水井，修建10个小型水库，修建10个公共厕所，修建200个改进型厕所，修复350个传统厕所，修建350个化粪池，修建300个洗手池
芒杜尔地区供水项目	钻350口新井，配手压泵，在区域首府建设19个饮用水供应站。设立（新工程）并更新（旧工程）委员会来跟踪监测人工打水井及饮用水的供水工作，更新人工打水井及饮用水供水的维修及维护系统

3.供水概况

乍得境内供水设施主要有以下几种类型：一是城镇集中式供水厂，规模为数百立方米每日，多为国外援助建设；二是村落集中供水点，可供应数千人饮水，有专人管理，水价为50西法/100升；三是手压井，可供应数百人饮水，有专人管理，25西法可购4盆水；四是乡村井，井深20米左右，用于人畜饮水，无人管理，免费使用；部分村落没有供水设施，依靠天然的蓄水坑塘，人与牲畜共饮（图1～图3）。

4.工作思路

项目组经研究提出供水项目的工作思路：

（1）重点解决人畜饮水问题，改善当地民生。

人畜饮水设施缺乏是乍得当前的突出问题。人畜饮水困难，需要远距离运水，对于没有牲口劳力的百姓，只能就近饮用牲畜饮水，水质较差。手压井、小型集中供水设施是符合实际的

供水设施。乍得人口相对分散，集中居住区人口仅有数千人。项目组提出千人以内的村落，可考虑手压井；千人以上的村落，考虑小型供水设施，太阳能动力的小水泵；人口相对较多的城镇，配套柴油发电、太阳能供电等（图4）。

图1　集中供水点图

图2　手压井图

050

图3　牲畜饮水井图

图4　太阳能供水站图

（2）优先开展地下水资源勘探，为下一步开采奠定基础。

乍方目前对努比亚地区含水层状况尚不了解，很难立即实现开采利用地下水的目标，应首先开展地下水资源勘探，积累水文地质数据，研究地下水的形成机理，评价其地下水补给资源量、地下水储存量、允许开采量。

■ 三、项目建议

在认真分析乍方需求基础上，综合考虑实施难易程度、现场施工条件及人员安全保障等因素，项目组建议优先启动芒杜尔地区、萨拉马特地区的人畜饮水项目和努比亚砂岩区水资源勘察项目，项目建成后，将为芒杜尔地区、萨拉马特地区每天提供6万吨人畜饮水，水质满足世卫组织水质准则和中国水质标准。

项目1.努比亚砂岩区水资源勘察项目

项目组建议通过水文地质调查、地面物探和水文物探测井、水文地质钻探、抽水试验、水质分析、地下水动态观测及渗水试验等手段，基本查明可能富水地段主要含水层的空间分布、水力联系、导水性、水质特征、地表入渗条件、地下水边界条件，基本掌握地下水补给、径流、排泄条件，采用抽水试验资料和地下水位动态等资料，计算水文地质参数，选择补给量法、补偿疏干地下水储存量法等初步计算地下水资源量，评价地下水可采资源量，采用降水量频率评价地下水的保证程度，对地下水的开采方案进行优化和评选，提出技术上可行、经济上合理的开发利用方案，改善乍得Borlou和Ennedi地区人畜饮水条件，促进其农牧业发展。

项目2.萨拉马特地区人畜饮水工程项目

该项目可满足萨拉玛特地区37.34万居民生活用水，并兼顾当地牲畜饮水需求；规划建设160个手压井、23座小型供水站、15座中型供水站等供水设施。在学校、医院、政府机关等公共场所建设129座厕所及相应卫生设施，提高人群集中区域的卫生水平。新建67组方位标志（桩），引导当地牛羊等牲畜饮水。

项目3.芒杜尔地区人畜饮水工程项目

该项目可满足芒杜尔地区63.7万居民生活用水，并兼顾当地牲畜饮水需求；规划新建手压井350个，含水井、手压泵等附属设施；新建集中供水站19个，含水井、泵站、蓄水池、管道、太阳能、柴油发电机等附属设施。

■ 四、项目实施

2018年1月，中国驻乍得使馆经商参处与乍得水利部在乍首都恩贾梅纳签署《援乍得供水项目可行性研究工作现场考察会谈纪要》。2020年1月，中国驻乍得大使与乍得水利部部长就援乍得供水项目在恩贾梅纳办理换文（图5）。目前，各项正在顺利推进，实施项目具有重大意义，可以提高项目所在地居民饮用水获取率，促进当地农业、畜牧业发展，改善民生。

图5　签订现场考察会谈纪要

II

- 四川省城镇体系规划（2013—2030年）——生态专题研究
- 海南省总体规划（空间类2015—2030年）——生态与基础设施专题研究
- 南昌市国土空间总体规划（2021—2035年）——生态格局优化专题研究
- 哈尔滨市国土空间总体规划（2020—2035年）——生态系统保护修复专题研究
- 赣江中游（峡江库区）生态保护与绿色发展专项规划——生态保护修复专题研究
- 江西省国土空间规划（2021—2035年）——国土空间生态修复专题研究
- 美丽福建·宜居环境建设总体规划（2014—2020年）——生态环境治理专题研究
- 无锡市城市总体规划（2016—2035年）——河网地区生态空间与建设用地协调专题研究
- 昆明2050城市发展战略规划——城市综合承载能力与城市规模控制专题研究
- 延安市南泥湾景区总体规划（2017—2030年）——南泥湾景区水资源利用及生态修复专题研究
- 常州经济开发区发展战略规划——绿色生态园区建设专题研究
- 长垣县蒲西街道乡村振兴规划——水环境专题及市政基础设施专题研究
- 低碳生态理念下城乡规划技术标准再梳理——生态环境与市政工程规划专题研究

第二部分

专题研究篇

四川省城镇体系规划（2013—2030年）
——生态专题研究

起止时间：2013.4—2016.8
项目负责人：刘继华
专题负责人：姜立晖　吕金燕
专题主要参加人：刘明喆　吴　松　江　瑞　田　川　王真瑧

■ 一、项目概况

四川省位于我国西南地区，面积48万多平方公里，是我国长江上游重要的生态屏障，生态安全战略地位极为突出，生态重要且敏感。四川省地震及地质灾害等自然灾害多发，城镇安全问题也较为突出。四川省面积辽阔、地理分区明显，地区之间自然生态条件和经济社会发展阶段差异很大，高山高原区生态退化严重，龙门山沿线、安宁河谷城镇生态安全问题突出，城镇相对密集的成都平原和川南大气污染和水污染严重，资源环境压力凸显。在全面推进生态文明建设与扩大内陆开发的国家战略要求下，为科学制定四川省城镇发展战略，优化城乡空间布局，按照生态优先的原则，中规院水务院开展四川省城镇体系规划生态专题研究。

■ 二、规划思路

针对四川省生态重要且敏感，地区差异大的特点，本次生态专题从"面—片—点"三个层次上给予城镇体系规划支撑。在面上，构建生态安全格局，明确需要保护的骨架和重点发展地区，为省域空间战略提供支撑；在片上，研究分区重点生态环境问题和资源承载力，为分区发展指引和资源利用策略提供支撑；在点上，分析重点关注城市自然发展条件的相对差异，为城镇等级结构提供参考。

三、技术要点

1."一带六片六廊多斑块"的生态安全格局

"一带"为龙门山及安宁河谷安全控制带,灾害高易发,要引导人口疏解,控制建设。"六片"为若尔盖湿地、川滇森林、秦巴山区、大小凉山、峨眉山、川南山区等六大片生态保护片区,是盆周和川西地区重要生态功能区"六廊"为长江、岷江、沱江、涪江、嘉陵江、渠江六大流域生态廊道。"多斑块"为龙泉山、长秋山、都江堰精华灌区等重要生态斑块,要加强保护和规划管控。

2.差异化的空间发展战略

在生态环境分析的基础上提出"优化平原、提升丘区、特色盆周、保育川西"的差异化空间发展策略。

优化平原:成都平原优化发展带要严格保护耕地,加强大气和水环境治理,吸引高端产业集聚,以都市圈战略推动区域优化发展,构建城镇、生态环境、基础设施一体化发展格局。

提升丘区:盆中丘陵重点发展区要加快人口与产业集聚,强调本地城镇化和就近城镇化,以增长极战略推动大中城市发展,形成以城镇群为主体形态的发展格局。

特色盆周:川西、攀西、川南南部、川东北北部四片特色发展区要以特色产业和休闲旅游为主要发展动力,以安全防灾为前提,因地制宜推进中小城市和小城镇建设,注重生态保护和扶贫开发,提高公共服务和基础设施建设水平。

保育川西:加强和完善生态补偿机制,合理调控农牧业与资源开发,特色城镇促进全域旅游和民生发展,完善交通基础设施和公共服务体系,推进生态保护和扶贫开发。

3.城市自然发展条件分析

综合考虑地质灾害、建设用地、水源条件,采用综合评分法,对44个重点关注城市发展的自然条件进行分析。根据分析结果,本次研究明确攀枝花市、万源市、雅安市、康定县、马尔康县、巴中市、华蓥市、西昌等多个城市的制约因素并提出等级规模调整的建议。比如,攀枝花市位于金沙江峡谷,地形起伏大,用地局促,且处于地质灾害高易发区,用地和安全制约大;万源市处于地质灾害高易发区,城区水源后河枯期缺水严重;雅安市处于地质灾害高易发区;康定县受建设用地局促和地灾威胁双重制约;马尔康县受用地制约、巴中市位于巴河两岸狭长地带,用地局促,城区水源巴河枯期缺水严重,化成水库集雨面积小,水源受限;华蓥市处于地质灾害高易发区;邻水县水源不足;西昌受地震断裂带影响等。

四、特色创新

1.突出安全底线，关注地质安全对城镇建设的影响

城镇体系规划及城市总体规划的生态专题研究一般以生态要素分析、生态敏感性分析为主。本次四川省城镇体系规划的生态专题在"生态优先"的基础上，突出了"安全底线"的要求。根据四川省地质条件复杂、地质灾害多发的省情特征，重点关注地震断裂带、地质灾害等对城镇建设安全的影响，明确提出龙门山及安宁河谷为安全控制带，这些地区灾害高易发，要引导人口疏解，控制建设。

2.深入关键节点，分析重点城市的自然发展条件

生态专题研究一般以面上的分析为主，本次生态专题研究为支撑四川省城镇体系确定不同城市的等级规模，对44个重点关注城市发展的自然条件也进行深入分析，综合考虑地质灾害、建设用地、水源条件，采用综合评分法，对每个城市分别给出评价意见，并明确制约因素。

海南省总体规划（空间类2015—2030年）
——生态与基础设施专题研究

起止时间：2015.3—2016.6
项目负责人：胡耀文　缪杨冰
专题负责人：刘广奇
专题主要参加人：曾有文

058

■ 一、项目概况

2013年12月，习近平总书记在中央城镇化工作会议上指出："要建立统一的空间规划体系、限定城市发展边界、划定生态红线，一张蓝图干到底"；"按照促进生产空间集约高效、生活空间宜居适度、生态空间山清水秀的总体要求，形成生产、生活、生态空间的合理结构"。2015年初，海南省正式委托中规院开始编制《海南省总体规划》。海南省委、省政府通过编制和实施《海南省总体规划（空间类）》，旨在积极推进省域"多规合一"改革试点，以国际旅游岛建设为总抓手，把海南作为一个整体进行规划。本次规划编制从战略、空间、实施管控三个层面搭建框架，形成以战略规划为引领，以空间规划为主体，以实施管控为支撑的内容体系。

本次规划中，水务院承担了其中生态保护和基础设施方面的工作内容。规划以习近平生态文明思想为指导，明确海南省健全生态文明制度体系、加快生态安全屏障建设、划定并严守生态红线、构建全岛生态安全战略格局以及巩固提升海南生态环境质量等重点任务。创新性提出海南全岛五网（路网、光网、电网、气网、水网）基础设施体系，明确规划目标与建设要求，并从智慧城市、海绵城市、垃圾处理、地下空间、生态修复和绿色化改造等方面，补齐城镇基础设施短板，完善城镇支撑设施建设（图1）。

■ 二、需求分析

海南省是全国唯一的热带省份，主要生态环境指标全国领先，拥有阳光、空气、水、沙滩、雨林等丰富的自然资源。但海南岛降水分配不均，沿海地区水资源短缺，部分城镇供水管网系统存在管材低劣、管网老化等问题，导致供水压力不足、管网漏损率高、爆管事故频发等

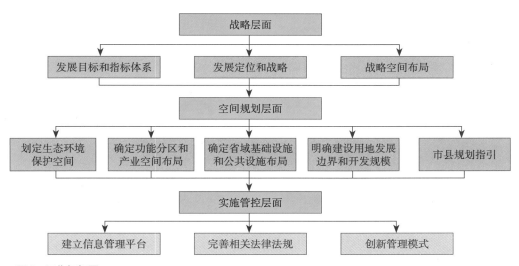

图1 工作框架图

供水安全问题。

　　海南省具有较好的能源设施体系，但产业结构尚待优化，重点耗能行业占比较大，能源消费总量、碳排放强度、环境容量等能源发展的约束凸显。集中式光伏电站、分布式光伏电站、陆上风电、生物质资源、地热能、海洋能、天然气水合物的开发利用尚不完善。

　　海南省信息基础设施建设位于全国中下水平。光网覆盖率偏弱，8M以上宽带用户占比处于全国落后水平，宽带速率指数排名靠后，WLAN的建设情况尚不完善，出岛、出国际等骨干光缆资源和冗余能力不足，岛内光缆建设的互联互通问题突出。

　　空气质量方面，海南省各市县的局部时段出现轻度污染或中度污染，环境空气质量受远距离输送影响。全省主要河流水质总体为优，部分集中式饮用水水源水质不达标，局部河段和城市内河受到一定污染。海南岛近岸海域水质总体为优，部分城市和港口海域水质污染长期未得到改善，部分滨海旅游区海域水质存在超标现象。生物多样性保护体系不完善，特有生态系统、物种资源保护不足。

三、技术要点

1.目标愿景

　　规划提出到2020年，与全国同步全面建成小康社会，基本建成国际旅游岛，谱写美丽中国海南篇章。其中生态环境质量持续巩固提高，主体功能区布局和生态安全屏障基本形成；森林覆盖率稳定在62%以上，大气、水体和近海海域水质持续优良，生态环境持续保持全国一流。能源资源开发利用效率大幅提高；清洁能源占能源消费比重达到40%，能源和水资源

消耗、建设用地、碳排放总量得到有效控制，主要污染物排放总量严格控制在国家下达的计划目标之内。建立起产权清晰、多元参与、激励约束并重、系统完整的生态文明制度体系。

到2030年，建成全省人民的幸福家园、中华民族的四季花园、中外游客的度假天堂。国际化水平显著提升：以国际化的视野、国际化的理念、国际化的方法、国际化的标准，努力将海南打造成为布局合理、功能完善、环境优美、特色鲜明、协调发展的世界一流的国际旅游岛。经济发展水平极大提高：全省人均生产总值、城乡居民收入和生活质量达到国内先进水平，产业结构优化，实现经济发展方式根本转变。生态环境质量优良：保护好海岸线、自然山体、河流、湖泊、湿地、森林等自然资源，形成点、线、面相结合的完善的生态保育体系，生态环境质量继续保持全国领先水平；绿色城镇、绿色社区、绿色乡村、绿色产业、绿色基础设施等建设取得显著成效，实现人与自然的和谐发展，成为全国人民的四季花园。

2.生态环境保护

（1）生态空间结构

基于山形水系框架，以中部山区为核心，以重要湖库为节点，以自然山脊及河流为廊道，以生态岸段和海域为支撑，构建全域生态保育体系，总体形成"生态绿心＋生态廊道＋生态岸段＋生态海域"的生态空间结构。

生态绿心：生态保护与水土涵养的核心空间，包括五指山、霸王岭、黎母山等40个重要山体、5456平方公里热带天然林和11个自然保护区。

生态廊道：海南岛指状生长、山海相连的生态骨架，包括38条生态水系廊道和7条自然山脊生态廊道。

生态岸段：包括河流入海口、基岩海岸、自然岬湾、潟湖、红树林等重要海岸带类型。

生态海域：包括珊瑚礁、海草床、红树林海洋保护区、水产种质资源保护区等近岸海域。

（2）生态功能分区

本岛生态功能区包括一级生态功能区（即一级生态空间）、二级生态功能区（即二级生态空间）和近岸海域生态保护功能区。

一级生态功能区（禁止开发区域）即生态保护红线区，包括Ⅰ类红线区和Ⅱ类红线区；Ⅰ类红线区内禁止与生态保护无关的开发建设，Ⅱ类红线区内实行严格的空间利用管控。Ⅰ类红线区包括自然保护区的核心区和缓冲区，陆域野生近缘种分布区，其他极重要生物多样性保护红线区，饮用水源一、二级保护区，极重要水源涵养红线区，极重要水土保持红线区，海岸带自然岸段保护区等。Ⅱ类红线区包括自然保护区的实验区，水产种质资源保护区，其他重要生物多样性保护红线区，饮用水源准保护区，重要水源涵养红线区，湖滨带保护红线区，河滨带保护红线区，重要水土保持红线区，风景名胜区、地质公园、森林公园、湿地公园，海岸带自然岸段生态缓冲区和核电安全缓冲区等。

二级生态功能区（限制开发区域）指进行生态指标管控的区域，区内实行严格的指标控制，面积指标可实施占补平衡。二级生态功能区主要包括一级生态功能区以外的耕地、林地、水域以及其他重要生态空间。

（3）资源利用底线

明确耕地、林地、湿地、海岸线和岸段的保有量。明确永久基本农田面积、森林覆盖率、湿地保有量、海南岛自然岸线保有率、自然岸段保有量的利用底线。

（4）资源消耗上限

明确水资源、能源和森林资源的消耗上限。明确海南省2020年和2030年用水总量上限；万元工业增加值用水量；农田灌溉水有效利用系数。2020年全省能源消费总量，清洁能源占能源消费比重，单位国内生产总值二氧化碳排放强度比2005年下降，年均森林采伐限额的上限值。

（5）环境质量底线

保持现状空气质量水平不降低并进一步改善，持续保持国内领先水平。地表水体水质明显改善，饮用水源地水质全部达标，城镇内河、内湖等水体逐步消除劣Ⅴ类、Ⅴ类水质，近岸海域水质保持优良。耕地土壤环境质量持续改善，明确符合或优于土壤环境质量二级标准的比例。

3. 基础设施（五网）空间布局

（1）路网

贯彻落实"一带一路"倡议和国际旅游岛建设发展要求，推动全省"海陆空立体化交通系统"的一体化，增强海南与国内外的互联互通水平。形成分工合理、干支协调的机场体系和布局科学、分工明确的港口体系；打造"快速客运+特色旅游+大能力货运"的多层次交通体系，提升琼州海峡的通行能力和效率；以海口、三亚为枢纽，构建干支成网、辐射全岛的公路交通运输体系（本部分由中规院交通分院负责完成）。

（2）光网

到2020年，实现全省城乡光纤网络和高速移动通信网络全覆盖，主要城市和重点园区宽带接入能力达1000M，其他区域达100M，光纤宽带用户占比达到80%，8M以上宽带用户占比达到80%；2030年，光纤宽带用户占比达到95%，信息基础设施建设水平全国领先，全面提高全岛数字化、智能化水平和网络安全水平。推进电信网、广播电视网、互联网"三网融合"工程，构建海南省"三纵（西线、中线、东线）三横（洋浦—琼海、昌江—万宁、乐东—陵水）"的网格状干线传输光缆网络。在海口和三亚重点规划两个共建共享的省级信息枢纽，建设海口、三亚、临高三大出省光缆通道。

（3）电网

建设全岛智能电网系统。构建以清洁煤电、核电为主力电源，以燃气和抽水蓄能为调峰电源，以可再生能源为补充的电源结构，2020年全省电力总装机达到1150万千瓦左右，清洁能源装机的比例达到50%。加快推动昌江核电二期，配套建设三亚羊林抽水蓄能电站，打造全岛智能电网。继续加强海南电网220kV主网架结构建设，实现全省"双回路跨海联网、双环网沿海覆盖、三通道东西贯通"的电力主网架格局。

（4）气网

实施"气化海南"工程，2020年城镇和乡村燃气普及率分别达到90%和60%，2030年城镇和乡村燃气普及率分别达到95%和80%。加快海南管辖海域的天然气开发，建设琼粤天然气管线、年供气能力40亿立方米的洋浦LNG接收终端和海南LNG仓储转运中心。2020年建成环岛天然气管网，配套燃气门站和高中压调压站。2030年，沿万宁—洋浦公路建设中部天然气管线，环岛天然气管网向中部市县城区延伸。

（5）水网

构建全岛协调均衡生态的"水网"，着力建设防洪抗旱减灾、水资源合理配置和高效利用、水资源与水生态环境保护三大体系。全面构建"布局合理、规模适度、功能全面、效益显著、调度灵活、安全可靠"的海南岛水系连通工程。加快建设天角潭水利枢纽、迈湾水利枢纽及灌区工程，推进南渡江、昌化江、万泉河等重要江河水系综合整治工程，实施松涛灌区、大广坝灌区及中型灌区续建配套和节水改造任务，开展城市内涝治理与内河水系生态修复建设，完善城乡供水安全保障体系。

四、特色创新

本项目为省域层面的总体规划，也是全国首批多规合一规划的试点，因此项目的创新点之一是省域层面对多部门、多专业规划的融合，识别空间要素的冲突，并协调目标指标的一致；其次，本项目紧扣生态文明思想，以国际旅游岛建设为总抓手，实施生态立省战略，在省域层面划定生态红线，并提出分级管控要求；再次，创新性提出支撑全岛可持续发展和高质量发展的"五网"基础设施体系，构建覆盖全岛的路网、光网、电网、气网和水网，并以此搭建海南省全岛发展的网络框架。

南昌市国土空间总体规划（2021—2035年）
——生态格局优化专题研究

起止时间：2019.10至今
项目负责人：林永新　李　刚
专题负责人：田　川　李　宁
专题主要参加人：程小文　孙广东

▨ 一、项目概况

　　南昌是江西省省会，国务院批复确定的中国长江中游地区重要的中心城市，位于赣江、抚河下游，鄱阳湖西南岸，有"襟三江而带五湖"之称。南昌生态区位重要，需明确生态重要区，构建重要生态屏障、廊道和网络，形成连续、完整、系统的生态保护格局，维护生态安全和生物多样性，为国土空间规划提供有力支撑。

　　2019年，南昌市委托中国城市规划设计研究院编制《南昌市国土空间总体规划》（2021—2035年），由水务院承担南昌市国土空间规划生态格局优化专题研究，为响应江西省建设生态文明示范区的战略方针，助力"打造美丽中国'江西样板'标杆城市"的总体目标及"高水平保护"的基本要求，深入研究南昌市生态安全格局及要素管控策略。

▨ 二、问题分析

　　南昌生态系统存在的主要问题如下：①生态要素分布零散，如林地资源相对破碎、局部林地质量低，未产生规模效应，导致生态服务功能较差。②生态要素保护力度不足，存在坑塘湿地消失、内河内湖断流、鄱阳湖敏感生态系统退化等风险。

▨ 三、技术要点

1.规划目标

①落实高标准规划：加强对生态屏障、极重要的生态空间及生态廊道的保护，构建完善

的生态网络。②实施高效能治理：强化山水林田湖草等各种生态要素的协同治理，提升重点区域生态服务功能。③开展高水平保护：建立生态空间管控体系，加强生态环境分区管治，系统推进生态保护和修复，实现"打造美丽中国'江西样板'标杆城市"的总体目标（图1）。

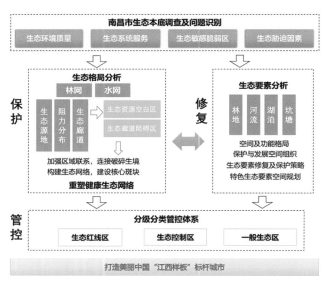

图1 技术路线图

2.技术思路

结合南昌市生态本底特征，分析生态环境重点区域、存在的关键问题。以目标为导向，通过生态系统特征及要素分析，识别重要生态源地、分析阻力分布特征、构建生态网络，加强核心斑块生态建设；以问题为导向，针对中心城区生态资源空白区及廊道阻碍区，提出"引绿入城"，建立生态廊道实现破碎生境的有效连接及生态网络格局重塑。分析重要、敏感生态要素的主要生态功能及特征，提出相关要素的修复治理策略及管控指标。基于生态格局优化完善的目标，提出分级分类管控体系构建的相关要求。

3.主要内容

（1）构建生态安全格局（图2）

林网构建：结合城市绿地及公园建设相关方案，在生态资源空白区构建"踏脚石"类小斑块，增加景观的连接度。结合区域自然生态空间分布，提取九岭山屏障、怀玉山—玉华山屏障区的部分林地集中斑块作为南昌市域外区域性林网源地，构建"两屏三片、两环五楔，内外相通，有机融合"的林网格局。

水网构建：基于潜在水网分析结果，结合水域城镇、农业、水利设施布局方案，构建"一鄱三脉、百湖千塘，河湖互济，湿地广布"的生态水网格局。

生态格局构建：融合林网、水网格局，结合城镇建设、农业生产格局，构建"一湖三脉，

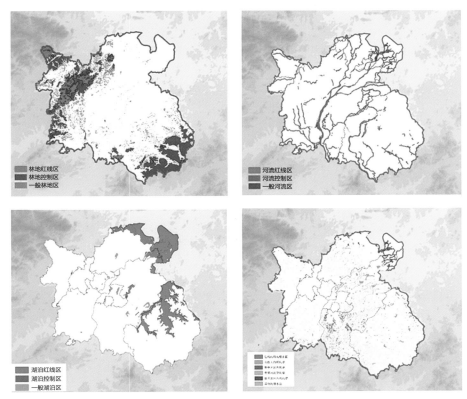

图2 生态安全格局保护图

两屏多廊，蓝绿交织，人鸟共生"的整体生态格局。"一湖三脉"指南昌"一鄱两区、三脉五网，湖泊坑塘，点缀其中"的水网，"两屏多廊"指南昌"两屏三片、两环五楔，内外相通，有机融合"的林网，林网与水网绿蓝交织共同构成南昌人鸟共生的生态格局。

（2）制定生态要素保护提升策略

在林地要素保护修复方面，利用"两屏三片"等林地资源集中区及关键生态廊道，积极融入区域生态系统，开展生态林建设。在河流要素保护修复方面，针对性开展保护修复工作，人类干扰较小区域重点保障其通道的唯一性，城市内河重点保障其连通性和流动性。在湖泊要素保护修复方面，加强湖泊及原生湿地保护和生态功能提升。鄱阳湖主湖区加强生物多样性及湿地生态环境的保护，青岚湖、军山湖区保护独特的湖汊生态系统。在坑塘要素保护修复方面，按现状坑塘形态分为集中连片坑塘、零散大面积坑塘、重要河流型坑塘以及生态极重要区内的坑塘，分级分类加强保护和利用（图3）。

（3）形成生态管控体系

对接自然保护地、生态红线、双评价成果及生态安全格局分析成果，明确建立生态空间三级管控体系，分别为生态红线区、生态控制区及一般生态区。生态红线区主要对接自然保护地

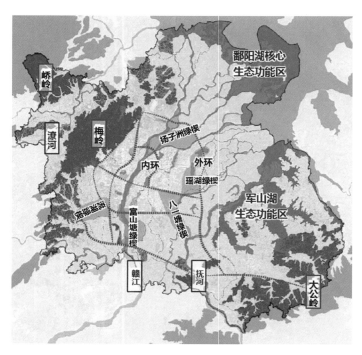

图3 南昌市重要生态要素分级分类图

及生态红线最新成果,按禁止开发区域要求进行管理。

生态控制区主要对接生态安全格局分析成果及双评价极重要区,指需要重点保护的重要生态源地、踏脚石斑块、重要生态廊道、水系廊道等,控制区内的管控目标类似于生态保护红线,管控方式和手段可灵活处理。一般生态区,指其他林地、河流湖泊及湿地等,采用数量管控。

■ 四、特色创新

1.实现陆域、水域生态网络的科学构建

基于斑块—廊道—基质模型开展生态网络构建,开展源地识别、阻力面及潜在生态廊道分析等,实现生态安全格局空间落位。从林网、水网不同视角审视南昌市生态资源特征,强调从陆域、水域生物多样性维护的"初心"认识生态网络;根据待联通的生态系统类型,遵从自然生态系统内在规律,明确适宜的方式进行廊道建设。

2.衔接区域生态,完善引绿入城的生态格局

注重与区域地理单元衔接,从较大的空间维度分析自然生态资源和人类活动的互动关系。统筹市域外九岭山屏障、怀玉山—玉华山屏障,对南昌市生态结构进行优化,通过林网廊道建立连接,引入优质生态资源并保障生态可持续性。另外,本研究注重协调生态廊道和城市发

展空间的关系，从生态学角度提出在中心城区等生态资源空白区构建"踏脚石"类小斑块，构造生物迁徙过程中的栖息场所，增加景观的连接度的同时，实现将生态资源引入城区，提升城市生态系统的健康性及稳定性。

3.注重因地制宜，提出特色生态要素保护修复策略

针对南昌特色的流域分布、湖汊区域及坑塘水面，创新分析方法，因地制宜制定管控目标指标，提出保护、修复及重塑等建设需求并制定相应管控策略。以坑塘要素为例，构建坑塘密度指标，识别区域水文调节效应显著的集中片区并加以保护；从历史演进的角度出发，将重点区域内古河道演进形成的河流型坑塘进行识别，根据所处地域及主要生态功能，进行重点恢复；从现存遗留空间保护的角度出发，对面积较大的坑塘水面进行判读并实施保护。通过各类特色要素的系统分析，实现系统管控、全域提升，更好地服务于南昌生态保护及城市发展。

哈尔滨市国土空间总体规划（2020—2035年）
——生态系统保护修复专题研究

起止时间：2019.3至今
项目负责人：曹传新　田文洁
专题负责人：田　川　祁祖尧
专题主要参加人：徐秋阳　王召森　杨　芳　程小文　孙增峰　芮文武

■ 一、项目概况

　　哈尔滨位于我国东北北部、黑龙江省中南部，松花江两岸，所处区域有小兴安岭生物多样性保护重要区、长白山区水源涵养重要区、三江平原农产品提供功能区等多个全国重点生态功能区。哈尔滨生态资源优质，具有森林覆盖率高、水资源及湿地资源丰富、耕地资源优质等特点，是我国重要的生态安全屏障以及国家"大国粮仓"根基所在。

　　2019年，中国城市规划设计研究院承担哈尔滨市国土空间规划工作，按照《中共中央国务院关于建立国土空间规划体系并监督实施的若干意见》（中发〔2019〕18号）、《自然资源部关于开展全国国土空间规划工作的通知》（自然资发〔2019〕87号）的要求，开展生态系统保护修复专题研究，进一步识别生态空间问题及特征，构建生态保护格局，并提出生态系统保护策略。

■ 二、问题分析

　　通过系统开展生态特征及要素分析，总结哈尔滨生态系统存在的主要问题如下：①哈尔滨所处的松嫩平原整体上存在耕地质量下降，湿地面积萎缩与功能退化，河流水质污染等问题，存在区域生态系统退化风险；②由于城市开发、农业开发以及上游生态退化等原因，哈尔滨湿地退化情况明显；③哈尔滨水土流失严重，主要分布在坡耕地上，黑土地流失风险较大。

三、技术要点

1.规划目标

哈尔滨全域生态要素得到有效管控，山水林田湖草沙一体化生态系统得到保护和提升，自然生态格局得到稳定和强化，生态屏障更加牢固，沿江湿地生态系统得到保护和恢复，黑土地保护水平大幅提升，水土流失面积稳步下降，生态廊道连通性和稳定性得到提升，生物多样性保护得到较大提升。

2.主要内容

（1）生态系统特征分析

①山林大格局：哈尔滨东面被小兴安岭和张广才岭围合，林地资源丰富，林地面积占比约45%，森林覆盖率位列全国省会城市第三名，高于国家森林城市标准；②江河大通道：松花江干流流经哈尔滨市区，哈尔滨段年均径流量约380亿立方米，河流两岸形成丰富的湿地；③东北大平原：哈尔滨西部为松嫩平原，东部为三江平原，所处区域是世界三大黑土区之一。

（2）明确"两屏三区多廊、两带多点"的生态安全格局

"两屏"指小兴安岭、张广才岭两个生态屏障；"三区"指松嫩平原农田生态区、大青山低山丘陵生态区和三江平原农田生态区；"多廊"指松花江及其14条支流生态廊道和2条生物迁徙通道，"两屏三区多廊"是维持哈尔滨生态系统功能稳定的基底。

"两带"指哈尔滨牡丹江冰雪历史文化景观带、松花江魅力生态景观带；"多点"指多个魅力核心节点，通过将市域生态魅力地区和历史文化地区串联成带（图1）。

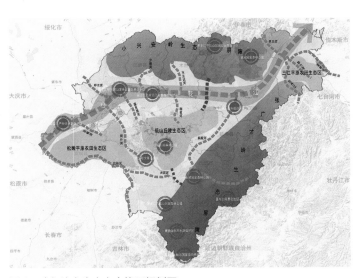

图1　哈尔滨市生态安全格局规划图

（3）加强核心生态要素的保护

分析识别生态亟须保护的区域，重点突出哈尔滨水源涵养、水土保持、生物多样性等生态功能，识别出哈尔滨市重要生态功能区域。加强张广才岭、小兴安岭生态保护和修复，强化以生物多样性保护、水源涵养、水土保持等生态功能为核心的森林资源体系，发挥国有林场在生态保护中的主体责任，全力构筑区域重要生态安全屏障。以黑土地保护为重要抓手，加强平原农田生态区、大青山低山丘陵生态区和三江平原农田生态区三个生态区的生态修复与保护，因地制宜开展退耕还林还草还湿，提升生态系统稳定性。

完善水系廊道为主体的生态廊道体系。以沿线湿地保护修复为抓手，提升松花江及14条支流廊道系统多样性和稳定性。加强生物迁徙通道建设，推进张广才岭——大青山通道、大青山——小兴安岭等两条生物迁徙通道的保护和提升，对廊道核心障碍点开展生态修复（图2）。

■ 四、特色创新

1. 识别并构建区域生物迁徙通道，增强生态系统连通性

基于用地、距城市/村落距离、距水源地距离、距公路铁路距离等要素，识别鸟类、哺乳动物核心栖息地，即生态"源"。各生态"源"之间通过土地覆盖、海拔高度和植被覆盖度指数等构建景观阻力模型，识别生态指示物种潜在迁徙廊道。基于分析的空间廊道及障碍点，提出区域生物迁徙通道构建措施。一方面提出加强小兴安岭南坡、张广才岭等核心栖息地保护；另一方面提出通过加强生物迁徙通道建设、加强廊道穿越高速公路等核心障碍点修复等实质性举措，增强生态系统连通性。通过以上措施，提升生物多样性系统的完整性（图3）。

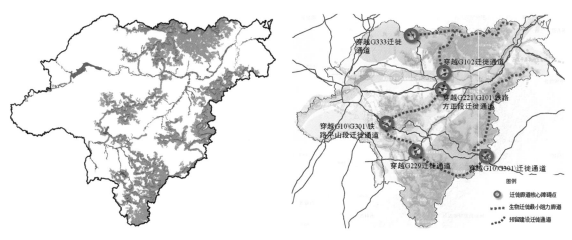

图2 生态廊道分析图　　　　　　　　图3 生物迁徙廊道的完善与构建

2.系统治理黑土地流失风险区域，夯实大国粮仓根基

哈尔滨水土流失问题严重，直接影响区域粮食产量稳定。哈尔滨水土流失主要发生在山区、丘陵区，流失区域与缓坡耕地分布高度正相关。提出将水土流失治理聚焦于坡耕地治理，通过进行坡耕地指数分析，识别坡耕地治理重点区域、次重点治理区域。提出通过沟坡兼治、工程及植物措施合理配置的坡耕地治理模式，保护条件良好的耕地（图4、图5）。

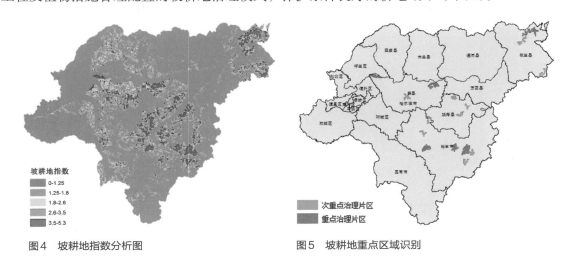

图4　坡耕地指数分析图　　　　　　　　图5　坡耕地重点区域识别

3.从哈尔滨都市圈角度分析生态特征及问题，构建区域生态安全格局

哈尔滨都市圈生态系统完整性高，重要生态空间集中连片，是我国重要的生态安全屏障、生态源地及商品粮基地。都市圈在经济发展、城乡融合中发挥的作用越发重要，但同时也存在着生态保护不协调的情况，影响区域可持续发展。本次研究识别了哈尔滨都市圈生态系统存在沼泽湿地退化显著、土壤退化风险加大、跨界区域水环境质量差异明显等问题，提出构建"两屏、一原、一带、多节点网络"的山水城与自然融合的区域生态安全格局，系统推进哈尔滨都市圈生态系统建设，促进湿地恢复、水土流失治理，解决生态空间破碎、生态要素功能发挥不充分等问题。并提出加强区域生态共治共保，联动解决生态共性问题，推动生态系统一体化保护。

赣江中游（峡江库区）生态保护与绿色发展专项规划
——生态保护修复专题研究

起止时间：2019.1—2022.1
项目负责人：胡　晶
专题负责人：王巍巍
专题主要参加人：徐秋阳　李　宁

■ 一、项目概况

　　赣江是长江主要支流之一，也是江西省最大河流。赣江源起武夷山，汇于鄱阳湖、流入长江，是通山达湖的重要生态廊道。赣江中游地区以山为屏、以水为脉，集生态功能重要区、农业主产区和城镇建设密集区于一体，是重要的生态绿心、文化核心和区域社会经济发展重心。吉安市位于赣江中游段，下游为南昌市。

　　为贯彻落实国家生态文明建设要求，打造美丽中国"江西样板"，响应坚持"共抓大保护、不搞大开发"的长江流域发展战略部署。吉安市于2019年委托中国城市规划设计研究院编制《赣江中游（峡江库区）生态保护与绿色发展专项规划》。该规划是《吉安市国土空间总体规划》（2020—2035年）下的流域保护和规划发展协调性专项规划。中规院水务院主要承担了流域生态保护修复相关规划内容。

　　规划以吉安市域内赣江流域为对象，研究范围为264千米赣江中游干流全段，两侧各2千米至3千米纵深范围，面积约1500平方千米（图1）。

■ 二、需求分析

1.现实困境

　　吉安市面临赣江流域自然生态环境有待治理和城乡发展质量有待提升等问题与挑战。其中，流域生态环境面临的突出问题为：一是水环境污染负荷逐年增大。吉安市现状水环境质量均优于三类标准，符合水环境功能区要求，但近年污染指标总体呈恶化趋势。二是流域水土流失问题突出。吉泰盆地红壤抗腐蚀性差，季风气候带来较高的水力侵蚀风险。随着人为活

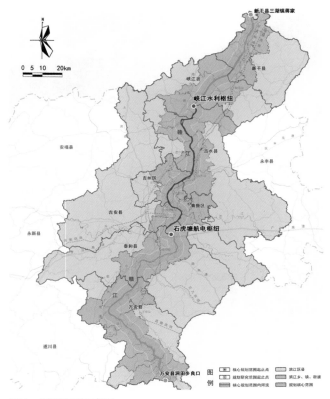

图1 规划范围示意图

动增加，林地和草地面积逐年减少，水土流失风险提升。三是鱼类和鸟类等生物多样性资源破坏严重。鱼类资源被严重破坏，区域内27个产卵场，一半以上已经功能性退化或者严重退化，保留的产卵场集中分布在吉水县、峡江县、新干县，气候变化和人类活动也导致鸟类种群的类型和数量大幅减少（图2）。

2.城市发展要求

（1）国家要求：大力推进生态文明建设、建立国土空间规划体系

把生态文明建设列入"五位一体"总布局，是国家层面的重大战略部署，赣江流域的专项规划是"五级三类"国土空间规划体系的重要组成部分，也是推进生态文明领域国家治理体系和治理能力现代化，全面深化改革的重要组成部分。

（2）区域责任：建设国家生态文明试验区、推动长江经济带发展

作为首批全境列入国家生态文明试验区的省份之一，需要围绕建设富裕美丽幸福江西，积极探索大湖流域生态文明建设新模式，培育绿色发展新动能，开辟绿色富省、绿色惠民新路径，构建生态文明领域治理体系和治理能力现代化新格局，努力打造美丽中国"江西样板"。

作为长江主要支流之一和鄱阳湖水系第一大河，赣江流域也肩负着推动长江经济带发展的

图2 赣江中游鱼类产卵场变化情况

区域责任，推动长江经济带发展是党中央做出的重大决策，是关系国家发展全局的重大战略，对实现"两个一百年"奋斗目标、实现中华民族伟大复兴的中国梦具有重要意义。

（3）人民期盼：共建"美丽吉安"

应该坚定走生产发展、生活富裕、生态良好的文明发展道路，建设美丽吉安，满足人民日益增长的美好生活需要。

■ 三、技术要点

1.规划目标

以"山水画卷、吉泰福地"为目标，以生态优先为核心价值观，提升流域治理能力，共塑美丽国土空间，将赣江中游地区建设成为高质量发展的绿色增长极和高品质生活的诗意栖居地。

2.技术思路

作为"五级三类"国土空间规划体系的重要组成部分，赣江中游（峡江库区）生态保护与绿色发展规划定位于特定流域的专项规划，对赣江中游地区空间开发保护利用做出针对性的规划。规划采取问题导向和目标导向相结合的方式，系统梳理全域现状特征与发展基础，综合判断地区目标愿景与战略部署，重点关注统筹自然资源保护和倡导绿色生产生活两个方面，明确国土空间保护与开发的管控要求和政策措施。同时，通过行动指引和分区传导等方式，达到任务可分解、管控可传导、规划可实施的目标（图3）。

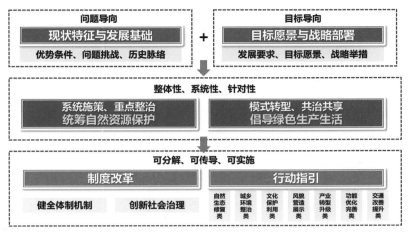

图3 技术路线图

3. 规划内容

（1）理水塑洲，修复自然生境

通过上下游水库联合调度，保障洄游鱼类全生命周期水文条件。峡江水电站下游分布四大家鱼水质种质资源保护区和鲥鱼中心产卵场。赣江峡江段四大家鱼国家级水产种质资源保护区成立于2012年12月，该保护区主要保护对象为四大家鱼（青、草、鲢、鳙）等物种，这些物种为赣江峡江段主要经济鱼类和特有的水产种质资源。赣江中游峡江库区具备实现基于鱼类保护的生态调控基础。充分发挥水利工程的生态调节功能，创造利于四大家鱼生存繁育的自然水文条件，减少工程运行对关键物种和重要生境的不利影响。具体策略包括：保障不同生命周期下的最低生态流量。保障繁殖期每年不低于两次的下泄流量。基于鱼类产卵适宜温度，调节库前水位（温度）（图4）。

合理管控河道采砂。吉安市采区局部地区超采现象仍然存在。无序采砂对河势稳定、防洪安全、生态环境、通航安全皆会产生不利影响。依据《吉安市赣江最美岸线建设实施意见》和

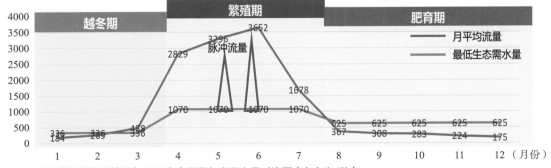

图4 峡江多年平均月流量与不同生命周期鱼类需水量对比图（立方米/秒）

《吉安市中心城区砂场—混凝土搅拌区一体化建设实施方案》要求，结合赣江沿岸10公里范围内山体修复，规划建议整治废弃堆砂场，清运废弃砂堆，取缔沿线的非法码头，恢复自然岸线和滩涂洼地，加快标准化砂石码头建设。

恢复与营造鸟类生境。吉安市现状鸟类生物多样性较高，珍稀鸟类种类较多。规划建议逐步恢复赣江沿岸湿地，选择适宜鸟类栖息的岛构建"洲链"，形成鸟类保护系统。塑造多样化的鸟类栖息生境，如河漫滩、洲滩、河口滩涂等；构建鸟岛或者鸟类保护区，区域内严禁对鸟类资源破坏较大的生产活动，开展鸟类科研调查，提高鸟类生物多样性。以白鹭、牛背鹭为代表的涉禽和以赤颈鸭、绿头鸭为代表的游禽都主要栖息于稻田、河岸、沙滩、泥滩及沿海小溪流等水域、湿地空间，深浅不一的水深、曲折蜿蜒的岸线、多种多样的生境利于涉水鸟类的栖息，可采取相应措施满足其生存要求（图5，图6）。

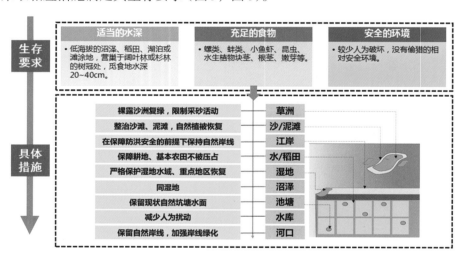

图5　鸟类栖息生境构建思路图

（2）封山育林，保护水土资源

加快破损矿山生态修复。赣江（吉安段）两岸3公里范围内待整治修复的废弃矿山数量为64块，总面积为204.78公顷。规划建议优先加快赣江沿线3公里范围内未治理废弃矿山的生态修复。

逐步腾退与生态敏感地区冲突的采矿用地。赣江（吉安段）两岸3公里范围内，采矿权范围与生态红线、生态敏感重要区冲突问题突出。规划建议调整与生态红线及生态敏感重要区冲突的采矿权范围。近期应提高新矿山的准入审批标准；远期应对与生态红线冲突的矿山逐步搬迁腾退。

严禁破坏沿岸林地，优化与美化林种结构。吉安市森林资源质量仍然不高、结构仍然不合理。规划通过采取人工造林、补植补造、封山育林、森林抚育等营造林方式，做到宜封则封、

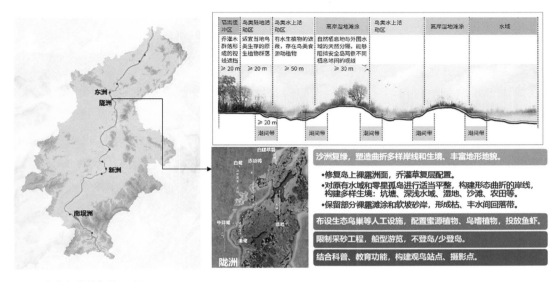

图6　鸟岛与岸线塑造示意图

宜改则改、宜造则造，精准提升城市森林质量。大力推广珍贵乡土阔叶树种造林，营造针阔混交造林。此外，结合"吉安市赣江最美岸线建设"，实施沿江各区县赣江沿岸外堤可视范围第一重山美化、彩化、珍贵化工程。培育材质优良、景观优美、效益显著、前景广阔的珍贵、彩叶用材树种资源，建设高等级、高品质森林，全面增强生态功能、提升景观形象和提供更多优美生态产品。同时，森林与赣江河道共同构成生态廊道及鸟类迁徙通道，提高区域生物多样性（图7）。

多措并举控制城镇污染源头排放，强化城镇生活污水治理。规划建议从源头减少城镇污水

第二部分　专题研究篇

图7　第一重山美化、彩化、珍贵化工程意向图

向河流的排放。深入开展节水型城市建设，积极推进城镇生活污水管网建设，重点关注城中村、老旧社区和城乡接合部的污水截留、收集、纳管，提高污水管道覆盖率，实现沿江污水全收集、全处理，持续保持县城、城市污水处理率达到85%、95%以上。

重点加强工业污染防治。规划建议应优化工业产业结构和布局，加快布局分散的企业向工业园区集中，实施技术、工艺、设备等生态化、循环化改造，按要求设置生态隔离带、建设相应的防护工程；有序推进工业园区污水集中处理，力争工业园区污水处理率达100%。

推进农村污水整治和农村面源污染治理。规划建议加强农村分散生活污水的收集处理，依据村庄空间位置、散落程度、与城镇距离、人口密度、经济条件等，综合考虑造价和管理成本、处理效果等，按照纳入城镇污水处理系统、村组收集处理/小型污水处理站、就地收集处理/庭院式或街道式三种途径完善农村污水处理体系。采用适配技术，源头减少农药化肥用量，实现化肥农药使用量负增长。加强农村沟渠—水塘—河道的复合水系湿地的生态修复，增强自然净化能力。结合农村面源污染汇集全路径，构建农村沟渠—坑塘—河道复合湿地系统，加强沟渠水系自净能力。在汇集初期，结合农村沟渠建设自然护坡，在汇集中期，结合水塘建设人工湿地，在汇流末期，赣江及支流两侧，可种植沉水植物和滨水湿地缓冲带（图8）。

图8　农村复合湿地系统示意图

四、特色创新

赣江中游（峡江库区）生态保护与绿色发展规划定位于特定流域的协调保护和发展的专项规划，是"五级三类"国土空间规划体系的重要组成部分。本规划以流域生态环境保护和周边城镇绿色发展为主线，对赣江中游地区空间开发保护利用做出专门安排，通过统筹赣江中游全域要素配置，发挥国土空间规划的战略引领和刚性管控作用。同时，以流域水生态环境改善为目标，重点研究制定水域及水陆过渡地区生态系统修复、生物多样性保护和水环境治理的策略和行动计划，是协调沿江各区县发展和保护的纲领性指导文件。

因此，本规划具有两大属性：一是对沿江空间资源的分配和用地布局安排具有长期的刚性管控作用，如规划建议优先调整赣江周边3公里范围内与生态红线及生态敏感重要区冲突的采矿权范围。二是针对特定流域问题，提出生态保护和绿色发展具体的行动计划，以指导协调沿江各区县的相关工作，具有实施层面的指导价值。

江西省国土空间规划（2021—2035年）
——国土空间生态修复专题研究

起止时间：2019.8—2022.3
项目负责人：李　昊
专题负责人：桂　萍　郝　天
专题主要参加人：宋陆阳　王真臻

080

■ 一、项目概况

　　生态文明建设是千年大计，事关国家安全，事关永续发展，事关民族未来。编制实施国土空间生态修复规划这一创新举措，加大力度推进山水林田湖草生命共同体的全方位系统综合治理是加快推进生态文明建设的重要举措。国土空间生态修复专题研究围绕江西省生态核心问题和国土空间生态修复总体目标，研究明确江西省国土空间生态修复工作的重点区域、重点任务和重点工程。

　　江西省界与鄱阳湖流域集水区域基本重合，独特的地貌形态导致江西省的生态系统相对封闭独立，物质能量流动局限于系统内部，因此，江西生态系统受外界影响较小，其生态环境具有完整性和独立性的本底特征。封闭生态本底给江西省良好的生态环境创造了基本条件，山、水、林、田、湖、草构成生态系统的核心要素，保护生态要素的完整性和生态系统的完整性是江西国土空间生态修复工作的主要内容（图1）。

■ 二、问题分析

　　1.生态空间核心要素质量、生态服务功能有待提高

　　全省森林中幼龄林面积比重超过87%，树龄结构有待优化。水土流失较为严重，侵蚀面积是中华人民共和国成立初期的2.6倍多（图2）。

　　2.农业空间土地利用效率较低、存在面源污染问题

　　全省人均耕地面积仅为全国人均耕地面积的三分之二，农田基础设施总体有待提高，耕地产能有待提升。农村建设用地出现人数减少、用地增加的现象，农村建设用地利用效率较低。

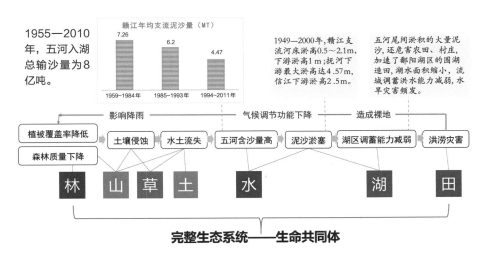

1955—2010年，五河入湖总输沙量为8亿吨。

赣江年均支流泥沙量（MT）

7.26 [1959~1984年]
6.2 [1985~1993年]
4.47 [1994~2011年]

1949—2000年，赣江支流河床淤高0.5~2.1m，下游淤高1m；抚河下游最大淤高达4.57m，信江下游淤高2.5m。

五河尾间淤积的大量泥沙，还危害农田、村庄，加速了鄱阳湖区的围湖造田，湖水面积缩小，流域调蓄洪水能力减弱，水旱灾害频发。

影响降雨 —— 气候调节功能下降 —— 造成裸地

植被覆盖率降低 → 土壤侵蚀 → 水土流失 → 五河含沙量高 → 泥沙淤塞 → 湖区调蓄能力减弱 → 洪涝灾害

森林质量下降

林　山　草　土　　水　　　湖　　田

完整生态系统——生命共同体

图1　江西省生态系统关联分析示意图

江西省70年森林覆盖率和水土流失面积变化

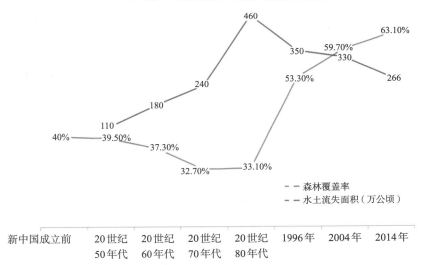

460
350　　59.70%
　　　330　　63.10%
240　　53.30%
180　　　　　　266
110
40%　39.50%
　　37.30%
　　32.70%　33.10%

- - - 森林覆盖率
—■— 水土流失面积（万公顷）

新中国成立前　20世纪50年代　20世纪60年代　20世纪70年代　20世纪80年代　1996年　2004年　2014年

图2　江西省森林覆盖率变化和水土流失关系图

3.城镇空间土地闲置低效利用、人居环境质量不高

城镇空间土地利用效率有待提高。建成区内存在较多的空闲土地、闲置土地和低效利用土地，生活用地与工矿仓储用地相互掺杂，居民生活区内分布着一些工矿企业，土地利用结构布局尚待优化。

4.矿山地质生态环境问题严峻、综合治理难度较大

研究统计全省尚有历史遗留废弃露天矿山的数量、废弃矿山累计占用及损坏土地的面积，及其中尚需治理的面积。

■ 三、技术要点

国土空间生态修复规划突出强调"山水林田湖草生命共同体"系统思想，在规划编制中应遵循以维护和提升区域生态系统服务功能为核心，实现保护生态系统原真性、完整性和生态服务功能的目标，平衡生态环境保护与经济发展、资源利用的关系。国土空间生态修复应统筹设计山水林田湖草生态系统整体保护、系统修复、区域统筹、综合治理的有效途径；统筹管理自然资源与环境、污染治理与生态保护、水—土—生物等要素；统筹处理好整体与局部、当前与长远、保护与修复措施选择等方面的关系，在科学识别重点修复区域、重要生态系统等基础上，合理设定规划任务措施（图3）。

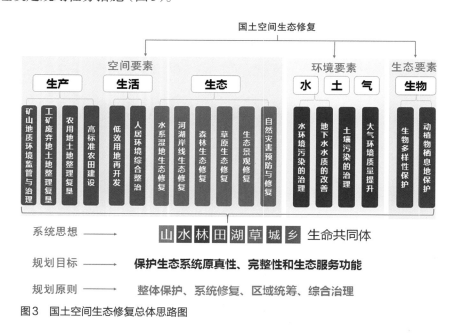

图3　国土空间生态修复总体思路图

■ 四、规划策略

1.构建"一带双核三屏多廊"生态安全格局

"一带"，即长江生态保育与修复带。重点加强岸线控制、污染治理和生态堤防建设，建设美丽长江岸线江西段，保护长江江豚、候鸟及水生生物资源。

"双核"，即鄱阳湖、赣江源—东江源等核心生态保护区，严格保护鄱阳湖生态系统，保障长江流域水生态安全。赣江源—东江源提升林地质量，加强水源涵养、水土保持功能。

"三屏"，即赣东—赣东北、赣西—赣西北和赣南三个山地森林生态屏障。赣东—赣东北山地森林生态屏障，重点加强水土保持和生物多样性保护功能；赣西—赣西北山地森林生态屏障，重点保护生物多样性、水源涵养功能及其独特的生态系统；赣南山地森林生态屏障，重点加强水源涵养、水土流失防治和天然植被保护，巩固赣江及东江水生态功能。

"多廊"，即依托赣江、抚河、信江、饶河、修河等主要河流构成的跨区域生态廊道。重点加强"五河"源头水土保持、生态堤防建设、污染治理，保护恢复河道生态系统及功能，维护水域内生物多样性，保障鄱阳湖水源供给和水质安全。

2.自然生态系统功能提升

按照保护优先，自然恢复为主的原则，采取有效措施切实加强全省自然生态系统保护。重点加强林地、湿地、湖泊水系、自然保护地等生态空间的保护和功能提升。加强国土空间生态用地管控，为水源涵养、气候调节、洪水调蓄、生物多样性保护留足合理的空间，推进各类孤立分布的保护区、绿色斑块有效衔接与贯通，解决生态系统破碎、各要素功能发挥不充分等问题。减少人为干扰，保护自然生态系统演化发展的动态平衡，保障流域生态系统和全省生态屏障安全，提升生态系统功能价值和服务水平。

3.退化生态系统保护修复

以"山水林田湖草"生命共同体为理念推进全省统筹退化生态系统修复治理。重点开展水土流失治理、污染土地修复等退化生态系统的治理与修复。强化对退化生态系统的人工修复引导作用，增加人与生态环境的有益互动，以生态设计、生态工程等必要的工程技术手段，修复原有系统的完整性，并加强生态修复的后期跟踪和维护管控，以不断提升生态系统的稳定性，解决生态系统破碎、各要素功能发挥不充分等问题，使国土空间退化生态系统"通经络、强筋骨"，让退化生态系统的"疮疤"得到全面修复，充分发挥系统的整体功能，促进人与自然和谐共生。

4.全域国土空间综合整治

全域国土空间综合整治主要对象是在强烈的人类活动或自然干扰下已经受到严重改变或损坏的生态系统，具体针对城镇空间、农业空间和矿山地质环境开展综合整治，通过土地利用空间配置方式上的调整，优化区域内生态空间安全格局。开展城镇低效、闲置用地综合整治，提高城镇建设用地集约节约利用效率；针对农村腹地和农田集中区农业基础设施建设水平不足、农村生产生活条件差、农村建设用地格局散乱、生态环境污染等重点问题，通过高标准农田建设、农村建设用地整理、城乡建设用地增减挂钩等措施，改善农业农村生产生活条件；推进矿山地质环境恢复治理，加大损毁土地修复力度，重点开展历史遗留矿山生态修复，实现矿山土地生态系统可持续发展。

5.美丽江西生态修复样板建设

按照建设美丽中国的总体要求，提升国土空间生态功能，进行生态文明建设的展示。大力

推进江西省全域建设山水林田湖草系统生态修复示范区，建设赣州市和德兴市两个生态绿色矿业发展示范区和200个生态绿色矿山，建设环鄱阳湖和赣南国土综合整治示范。通过一批生态修复试点示范工作，打造全省山水林田湖草系统生态修复样板区、生态绿色矿山样板区、国土综合整治样板区。以国土空间生态修复样板区建设引领全省国土空间生态修复，促进美丽江西国土空间建设。

美丽福建·宜居环境建设总体规划（2014—2020年）
——生态环境治理专题研究

2015年度全国优秀城乡规划设计一等奖
起止时间：2014.5—2016.3
项目负责人：张　娟
专题负责人：李　婧
专题主要参加人：栗玉鸿　李昂臻　范　锦　柳克柔

一、项目概况

福建省地处中国东南部、东海之滨，境内峰岭耸峙，丘陵连绵，河谷、盆地穿插其间，山地、丘陵占全省总面积的80%以上，素有"八山一水一分田"之称。福建省自然资源丰富，地貌特征鲜明，森林覆盖率为65.95%，连续36年保持全国第一，拥有以闽江、九龙江为首的"六江两溪"主要流域水系，拥有众多风景优美的海湾，岸线曲折度全国第一，大陆海岸线长度全国第二。

党的十八大提出把生态文明建设放在突出地位，努力建设美丽中国，实现中华民族永续发展。2012年底，习近平总书记视察福建时曾提出："生态资源是福建最宝贵的资源，生态优势是福建最具竞争力的优势，生态文明建设应当是福建最花力气的建设"。2014年11月，习近平总书记到福建考察，提出建设"机制活、产业优、百姓富、生态美"的新福建。

为贯彻落实国家关于生态文明建设的相关要求，促进美丽福建科学式发展跨越式发展，2014年启动美丽福建宜居环境建设总体规划的编制工作，规划建立了以人为本的可持续发展目标，根据省、市、县经济基础、发展阶段、城镇化特征等，提出不同建设路径要求和建议。中规院水务院受委托开展福建省生态文明建设模式专题研究、生态系统与微观环境治理两个专题研究，旨在通过非建设用地管控、流域水环境治理及生态补偿、微观生态环境治理等方面的研究，在宏观战略、微观技术两个层次，与总体规划全过程融合，形成生态引领伴随式的支撑关系，助力美丽福建宜居环境建设。

二、需求分析

本次规划启动编制之前，福建省域层面推进宜居环境建设相关工作已经开展了将近四年，尤其是2013年以后，省政府以"点线面"攻坚计划为抓手，不断加强实施力度，取得明显成效。但是，这项省域层面开展的城乡建设工作因其复杂性和广泛性，现有工作组织方式已经面临一系列问题和挑战，迫切需要在全面梳理既有工作成效与问题的基础上，调整工作机制，创新工作方法，编制总体规划系统性指导2020年前全省宜居环境建设工作。

同时，建立高效的工作机制、提高管理效能也是本规划的重要目标。既要理顺"自上而下"的工作机制，明确省、市（县）责任和工作重点，充分发挥政府执行力和资源整合优势；同时也要构建宜居环境建设政策平台和沟通平台，探索并激发"自下而上"的积极性和社会创新力，最终实现政府、市场和社会各方力量的有效整合，共同建设和维护美丽的福建、宜居的家园。

三、技术要点

1. 目标及技术路线

在总体规划编制全过程，进行生态伴随、反馈、引领，生态方面的研究与分析不只是作为规划的本底条件前置。在战略层面，识别战略性目标及问题，引导有序、可持续的城镇化、工业化、农业现代化的进程。在方案层面，省域以流域、城镇化进程中人口的转移、沿海密集带发展为线索，提出保护的系统性及发展的协同性策略和指引；市县以城乡全域发展带来的非建设用地侵占为线索，提出三生空间的协调策略和指引；乡村提出环境卫生基础设施建设指引。在空间层面，明确空间功能、限制要素、管控要求、技术分类指引。在保障层面，提出行动计划、分类技术、时序、资金、机制、政策体系等（图1）。

2. 主要内容

（1）省域非建设用地管控

构建省域生态安全格局与绿色服务体系，重点协调福建省城镇建设、产业发展与生态保护间的关系，兼顾发展与保护的双重要求。重视生态文明制度建设，实现生态环境的保护、修复与动态监测；强化区域协同治理，共同维护好福建省最宝贵的核心生态资源，实现可持续发展。

强化山区生态敏感区域管控要求。山区位于福建省主要河流的上游，研究提出应着重加强对饮用水源保护区、水源涵养区、水土保持区、生物多样性保护区、重要山体及水系等的保护

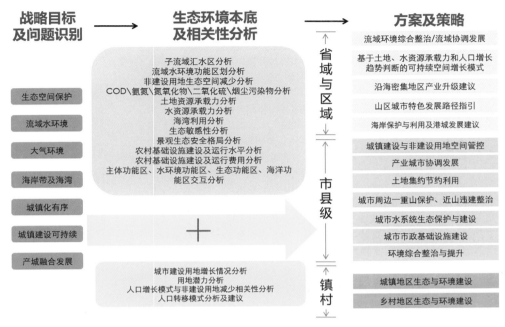

图1 技术路线图

力度。应着重改善产业发展与生态保育之间的关系，重点降低污染排放、缓解环境冲突，鼓励发展绿色农业、林产加工、食品加工和旅游产业等，逐步退出资源采掘、冶金、建材、化工、造纸等易造成生态破坏、水及大气污染的产业。针对山区城镇建设占用浅山区的行为应加强管控，并制定特殊标准。

完善沿海生态敏感区域管控体系。沿海地区应重视对山海通廊、连绵发展隔离带区域、河口、港湾等生态敏感区域的保护及影响控制。严控城市建设对沿海一重山的侵占、山海通廊的阻隔。严格保护沿海防护林带、承担重要生态功能的自然保护区、具有地方特色生物物种与重要经济生物的资源区等生态敏感斑块。以生态保护为前提，协调港城发展和湾区临港重型工业园区建设，严控填海区域范围和总量。

建立省、市、县（市）三级生态红线管控体系（表1）。启动编制《福建省生态红线区域保护规划》，明确各级生态红线的划定原则、精度、范围及保障机制。省级生态红线应对省域重要生态屏障及廊道、近岸海域及海岸带、流域水系、绿道网络等提出重点管控与保护要求，协调跨区域的流域、湾区、沿海城镇密集地区的红线衔接。市、县（市）生态红线应分全域（规划区）、中心城区两个层次，各级城市的中心城区范围和沿海城镇密集地区的全域范围内红线划定应达到1:2000比例尺深度，作为城市控制性详细规划编制的直接依据。生态红线一旦划定，要保证保护面积不减少、保护性质不改变、生态功能不退化、管理要求不降低。确需调整的，应依法依规进行。

省一市一县三级生态红线管控体系　　　　　　　表1

层级		差异化的生态底线要求	区域
省级协调		江西：加强福建与江西之间的跨界山体及林地保护，重点强调铜钹山—武夷山—马头山、岩泉—峨眉峰、尖峰—白石顶等武夷山脉等跨界地区的山体保护。 浙江：加强福建与浙江南部地区的跨界山体和林地保护，特别是南雁荡、乌岩岭、凤阳山—百山祖、乌溪江—九龙山等跨界地区的山体保护；加强东溪、西溪等跨界水体、水源保护区、水源涵养区、蓄滞洪区的保护控制；加强浙江、福建相邻地区大陆架—近海海域水环境保护，提高入海水体的环境质量和水量，减少排放。 广东：加强福建与粤东地区的跨界山体和林地保护，特别加强大芹山—凤凰山、博平岭—丰溪—阴那山、皇佑笔、上举龙文等跨界地区的山体保护；加强汀江—韩江等跨界水体、水源保护区、水源涵养区、蓄滞洪区的保护控制；加强广东、福建相邻地区大陆架—近海海域水环境保护，提高入海水体的环境质量	福建省与江西省、浙江省、广东省
省内协同	沿海密集带地区	严控城市建设对沿海—重山的侵占、山海通廊被阻隔。严格保护沿海防护林带、重要生态意义的自然保护区和具地方特色的生物物种与重要经济生物资源区等生态敏感斑块。以生态保护为前提协调港城发展、湾区临港重型工业建设，各县市深化要求，编制《沿海密集地区生态空间保护与建设规划》	福州、厦门、莆田、泉州、漳州、福清市、长乐市、平潭县、惠安县、石狮市、晋江市、南安市、东山县、龙海市
	生态屏障山区	严控散落在山区的各类石化、水泥、石材等资源型、能源型企业，重点降低产业能耗、缓解环境冲突，改善产业发展与生态保育间关系。健全山区生态监控措施，全面普查建立污染企业名录，逐步展开企业腾退，缓解山区生态资源保护压力	南平、三明、龙岩、连城县、上杭县、武平县、漳平、长汀县、建瓯、浦城县、松溪、闽清县、永泰县、永定县、光泽县、柘荣县、周宁县、永春县、德化县……
	城市之间	严控城市间形成绵延发展态势，侵占原有的区域重要自然生态阻隔。通过原始村落保护、生态斑块保留、休闲旅游观光农业等形式的空间形态保障城乡生态空间	—
县、市	城市内部	严控城市摊大饼式过度连绵发展，维护城市生态系统，打造城市绿心、绿隔及水系通廊，"蓝绿空间"的划定，应结合城市的空间结构与功能组织，但应避免简单地以景观化取代生态化	—

（2）生态文明机制建设

构建生态环境管控台账。基于地理信息系统平台构建全省生态环境管控台账体系，所有区域经济发展与开发规划、建设项目，在环境决策咨询、项目选址、环境影响评价和环评审批时，都必须上报台账系统进行校核。各地、各部门制定的国民经济和社会发展规划、主体功能区规划、国土空间利用规划、环境保护与生态建设规划以及各类专项规划，应注意与平台要求相衔接。

完善生态补偿机制。构建含流域生态补偿、生态公益林生态补偿、重要水源地生态补偿、矿产开采生态补偿、水土保持生态补偿等多种形式的生态补偿体系。探索建立货币补偿、科技补偿和政策补偿相结合的流域上下游综合生态补偿机制，通过流域产业协作、流域综合治理基金、流域资源交易、流域排污权交易等多种形式实现。省市政府及相关部门制定完善相应配套政策，积极推动《福建省重点流域生态补偿管理办法》出台实施，研究建立汀江跨省流域生态补偿机制。

探索水权制度。完善现代水资源管理制度，通过水权制度探索市场经济条件下资源优化配置路径。在水资源使用权确权登记、水权交易流转、相关制度建设等方面率先取得突破，为全国层面推进水权制度建设提供经验借鉴和示范。充分认识水资源使用权确权登记的复杂性，确权登记应突出重点、循序推进。采取切实措施，避免"圈水"和"炒水权"等投机行为。

加强山海协作，促进流域协同发展。协调组织流域内各市县共同编制流域协调发展规划，制定产业协作、生态环境保护、流域水资源调配等统筹方案，完善合作形式、分配方式、生态及环境保护、管控监督等相应体制机制。推进以流域为单元的山海协作，积极共建产业园区、建立山海产业转移项目的利益共享机制、完善山海对口帮扶制度、健全生态补偿机制、加大山区人才队伍建设和山海干部交流力度、加强山海劳务合作、健全山海协作组织保障。

（3）乡村环境治理技术

垃圾整治。深化家园清洁行动，推动生活垃圾资源利用。省、市、县统筹，健全村庄保洁制度，完善处理设施。按2人/千人标准配足保洁人员，市、县、镇、村共同保障卫生保洁资金投入。加快乡镇垃圾转运系统建设，到2020年，沿海城镇密集地区实现乡村垃圾城乡一体化处理，其余地区所有乡镇建设1座以上生活垃圾压缩式转运站或实现压缩直运。所有县（市）以上单元都应建有满足全域垃圾无害化处理的设施。

污水整治。坚持集中与分散相结合的方式开展污水处理，城镇周边村庄，可通过延伸管网集中处理；居住集中、规模较大、管网施工条件较好的村庄，可建设污水管网收集后集中处理；污染程度小、人口分散的村庄，可通过几户合并或分户处理；排放水质要求更高的村庄，可采用化粪池加人工湿地、微动力生态处理、生物滤池等处理方式。推进规模化畜禽养殖区和居民生活区的科学分离，做好畜禽粪污综合治理和生态化利用。

■ 四、特色创新

本次规划与传统空间规划不同，探索新常态下的新规划样式，属非空间扩张途径的发展型规划。不仅强调管控，更重在动员性和参与性；探索用宏观规划解决重大项目选址布局、城乡空间品质提升和治理模式等微观问题的方法。生态专题研究旨在从宏观战略、微观技术两个层次，与总体规划全过程融合，形成生态引领伴随式的支撑关系，助力美丽福建宜居环境建设。

1.分类分析省域山海城空间特征，提出非建设用地生态管控要求

根据国土部门提供的数据资料，分类分析2009年至2012年全省分类生态用地变化情况、

剩余可开发用地估测情况，将传统坡度的简单要求，转变为浅山地区分区管控，针对区域特征，提出差异化的沿海密集带地区、生态屏障山区管控要求。

2.打破行政区划限制，从省域层面构建良性协同治理模式

明晰省、市（县）两级事权并建立上下互动机制，有效解决跨区域、跨流域的协调问题。省域层面协调岸线、近岸海域、海湾等资源环境，制定港城协调策略；针对环境风险现状及趋势，结合流域生态补偿，制定山海协作策略。

3.探索新常态下的新规划样式，有效指导各区域建设方式

本次规划研究没有建立一个涉及宜居环境各方面的总指标体系，而采用逐年推进一批试点示范项目，对具体建设的单项指标提出要求的方式，突出务实推进具体项目，扎实解决重点问题的工作思路，避免宜居环境建设落入"指标化陷阱"，通过宏观方面战略问题识别、战略空间管控、体制机制建设、建设策略指引、建设技术引导，有效体现对微观工作的指导。

无锡市城市总体规划（2016—2035年）
——河网地区生态空间与建设用地协调专题研究

起止时间：2016.7—2018.7
项目负责人：王　昆
专题负责人：周广宇
专题主要参加人：刘海龙　孙广东　罗义永　白　桦　徐秋阳

一、项目概况

2016年7月至2018年7月，中规院水务院受委托开展无锡市河网地区生态空间与建设用地协调专题研究。无锡位于太湖水网平原地区，水系发育、河道密集，是我国经济最为发达的地区之一，但在"十一五""十二五"期间，太湖无锡水域多次暴发蓝藻，城市水环境质量下降、生态空间逐步退化，制约了社会经济的进一步发展。

本次专题规划范围为无锡市域范围，重点是无锡市辖区范围。项目基准年为2016年，规划期限为2016—2035年。

二、问题分析

无锡城市河网存在的主要问题包括以下三点：

一是河道水系逐年减少。项目根据相关遥感资料分析发现，1960年至2010年间，随着城市化进程的发展，无锡市河网水系不断被填埋，水网特征退化较为严重。主要表现在河网结构发生明显改变，河网密度、水面率全面下降（图1）。

二是中小河道水质较差。2014年，市辖区内省级、国家考核断面达标率偏低、市级考核河道断面水质达标率较差，中小河流水质状况普遍堪忧。

三是太湖水域水质目标尚未实现。受流域内城市影响，太湖水体仍处于轻度富营养状态，COD、总氮、总磷指标长期居高不下，太湖藻型生境未有实质性改变，实现太湖无锡水质总体Ⅲ类水平的目标压力较大。

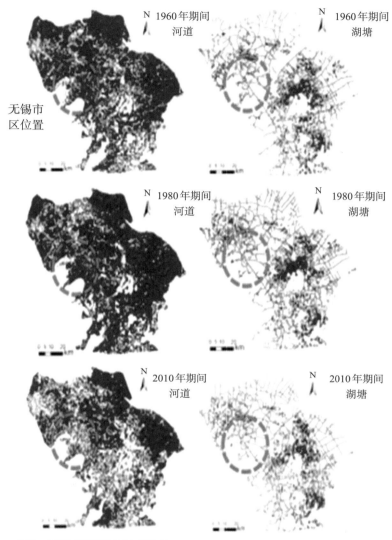

无锡市
区位置

图1　近50年区域河网水系变化

■ 三、技术要点

1.项目目标

依据地形地势、历史水脉，结合水系规划、环境提升相关要求，改善河湖连通关系，促进城市建设与河网生态空间保护相适应；

研究建立城市入河污染排放测算方法，基于水环境承载力约束，提出水环境可承载人口规模，保障城市健康可持续发展；

治理河道污染，推动形成城市清水河道，加速城区水体交换，促进城市水环境长期向好改善。

2.技术思路

基于上述目标，项目主要技术思路包括：

首先，立足河道功能定位以及水功能区划要求，健全河网格局、保障河道功能，因地制宜新开河道、实施河道卡口疏浚，实现河网多源互补、水流畅通。

其次，坚持"以水四定"，根据各市（县）区水功能区水质达标率要求，核算入河污染物排放总量限值，提出水环境约束下的可承载人口规模，确立配套治污工程措施。

最后，构建流域"清水河道"，引清水入城，清水功能河道与排水功能河道共同发挥作用，加速城区水体循环，改善弱水动力河网水流条件，多措并举控制入河排污，促进河网水质长期向好改善。

3.主要内容

1）健全河网格局

研究提出的河道主要功能包括行洪、排涝、航运、供水、景观、引水、排水七大功能，同一条河道通常有多种功能，引水功能和排水功能主要服务于调水改善区域水环境，河道功能汛期优先服从防洪排涝，其他时段以供水、水环境为主（图2）。

项目依据市区地形地势、历史水系，结合水系规划，水环境提升的相关要求，通过逐段识别河道问题，采取对应的工程措施，以改善河湖连通关系。主要措施包括：一是打通阻断河道，主要是三级以下河道，通过新开河道将其与同级别或者高级别的河道进行连通，提高河道水系的循环连通，二是疏通局部淤塞河段，识别市辖区内出现河道淤泥堆积、沿岸建筑挤占、河宽中途变窄等卡口段，提出针对性措施，基于以上两项措施，共规划新开辟及疏浚河段226条（图3）。

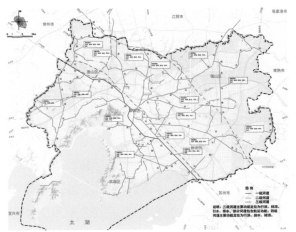
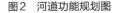

图2 河道功能规划图

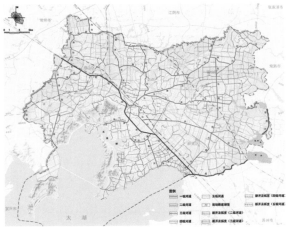

图3 河网结构完善图

2）测算承载能力

（1）建立入河污染测算方法

入河污染排放类型包括点源、面源污染排放，污染排放总量由两者构成。点源污染排放包括城镇、乡村地区的工业、生活废水污染排放。城镇工业废水、生活废水排放量根据城市综合用水量乘以城市污水排放系数确定，城市废水污染物浓度参考相似地区污水厂进水污染物浓度并与计算基准年实际污染物排放量校核后确定。乡村地区只考虑生活污水排放，综合用水量指标取城镇地区一半，污水排放系数按《城市排水工程规划规范》GB 50318—2017较低值取值。面源污染包括城镇建设用地和非建设用地面源污染排放量，单位面积污染负荷与计算基准年城镇建设用地和非建设用地负荷一致。

采用上述方法计算全市入河污染排放总量如表1，通过将计算结果与校核数据相比，相对误差小、计算结果准确，能够进一步开展规划年环境承载能力分析。

2009年全市污染物排放量测算　　　　　　　　　　　　　　　　　　　　　　表1

序号	污染物		COD			NH_3-N		
	来源	类型	排放量（t/a）		相对误差	排放量（t/a）		相对误差
			测算数据	校核数据		测算数据	校核数据	
1	城镇生活、工业废水	点源	111640	117516	5%	7263	7895	8%
2	农村生活污水	点源						
3	农业面源	面源	10218	10218	/	4228	4228	/
4	城镇面源	面源	29791	29791	/	1936	1936	/
合计			151649	157525	3.7%	13427	14059	4.5%

（2）计算排污总量限制，确定可承载人口总量

依据《无锡市政府办公室关于下达2020年和2030年实行最严格水资源管理制度控制指标的通知》（锡政办发〔2017〕36号），确定到规划期末，全市各市、区水功能区水质达标率应达到95%。认为污染物入河量一旦突破入河控制量，则水功能区划所确定的水域使用功能将丧失，根据这一原则，计算全市入河污染排放总量限制值。按照全市入河污染排放总量限制值，进一步确定全市可承载城乡人口规模，并提出相应配套城乡污染治理措施。

3）提升河网水质

污水处理尾水提标。建立复杂河网水动力模型，根据污水处理厂尾水受纳河道流量与污水排放量关系，以受纳河道水质不降低为原则，确定各污水厂尾水排放标准；根据全市水环境承载力约束要求，进一步修正各厂尾水排放标准，依据市辖区水环境承载力要求。即以受纳河道水质约束、水环境承载力约束两者中较严格的要求，作为污水处理厂尾水排放标准（图4、图5）。

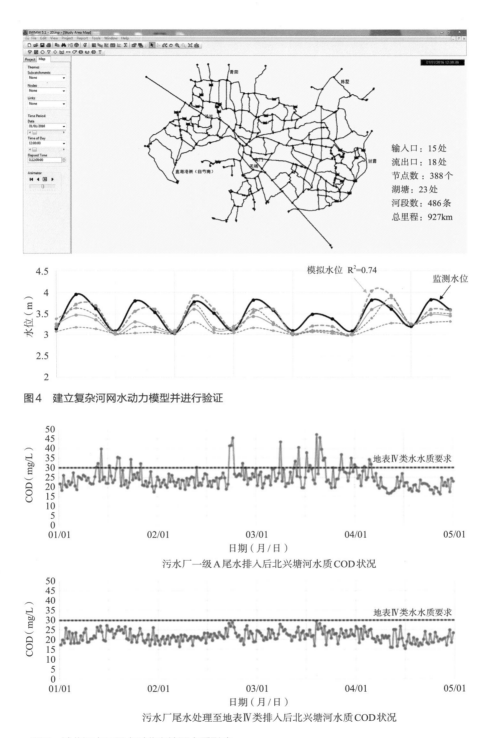

输入口：15处

流出口：18处

节点数：388个

湖塘：23处

河段数：486条

总里程：927km

图4　建立复杂河网水动力模型并进行验证

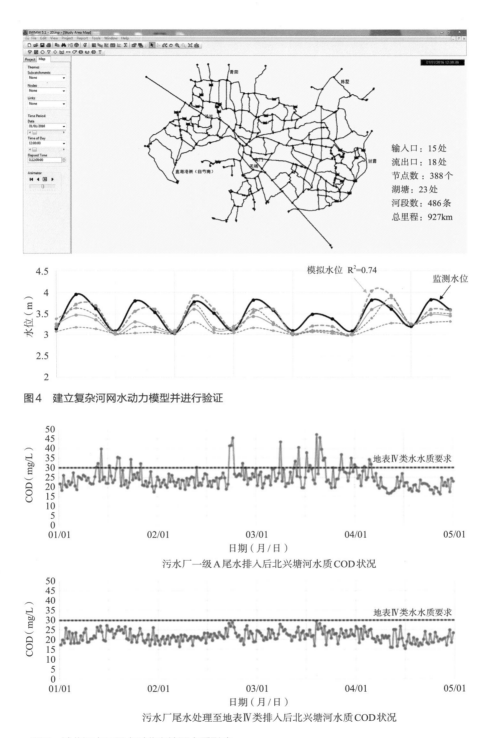

污水厂一级A尾水排入后北兴塘河水质COD状况

污水厂尾水处理至地表Ⅳ类排入后北兴塘河水质COD状况

图5　城北污水厂尾水对北兴塘河水质影响

项目综合相关规划，提出构建自长江引水，并以望虞河、新沟河—直湖港、白屈港为清水通道，实现清水入城，同时，以锡澄运河、走马塘河为主要排水通道，与清水河道相互配合，协同发挥作用（图6）。

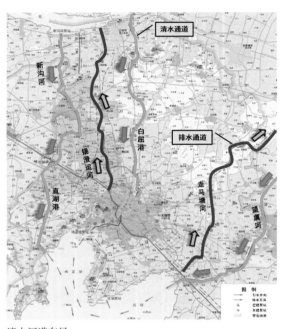

清水河道布局

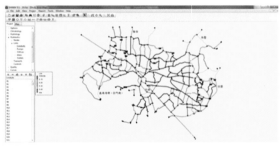

河网原始流速分布

推荐方案河网流速

图6　科学建设清水河道

为确定清水河道设计规模，需要考虑不同引水规模对河网水体循环状况改善的效果，基于项目建立复杂河网水动力模型，研究对比了三个方案。

方案Ⅰ：引水规模300立方米/秒（西线50、中线50、东线200），河网水体更新周期由23天缩短至20天，对比现状，河网弱水动力改善并不明显。

方案Ⅱ：引水规模500立方米/秒（西线130、中线70、东线300），河网水体更新周期由23天缩短至14天，对比现状，河网弱水动力改善明显，更新周期缩短了39%，引水规模和工程效益达到平衡。

方案Ⅲ：引水规模680立方米/秒（西线180、中线100、东线400），河网水体更新周期缩短至12天但对比方案Ⅱ，引水规模增加了180立方米/秒、更新周期仅缩短2天，新增工程效益并不明显。

综合比选结果，选方案Ⅱ为推荐方案。在推荐方案运行时，配套以必要工程控制系统，实施科学调度，能够实现河网运行引排有序、污净分离，加速城区水体交换，促进水环境整体改善。

四、特色创新

在复杂河网地区系统治水方面，针对弱水动力河网特点，从水系功能、河网格局、承载能力评估、污水厂提标、引排调度等多个方面，系统性提出改善提升河网地区水生态环境的方式方法与实施路径，突出优化河网结构与约束人口规模、强调严控入河污染与促进水体循环，形成系统完整的治理策略，为河网地区水生态环境治理提供良好范例。

在为空间规划提供可靠支撑方面，基于水环境约束，量化全域可承载人口规模，本项目作为总体规划下设专题，项目成果对规划人口、水环境保护等重要指标、重大策略的确立，提供关键性支撑。

在创新应用新技术新方法方面，项目基于城市河道手册、河道地形、城市水文站水文监测数据，建立复杂河网地区河网水动力模型，将模型用于论证清水河道引水规模、提出全域污水厂整体实施提标改造等重大工程，到2020年4月，市区已有11座污水厂完成提标改造。2021年12月，江苏省地方环境保护标准《城镇污水处理厂污染物排放标准》征求意见，提出，新建大于等于5000立方米/天污水处理厂，出水COD_{cr}、NH_3-N执行标准与地表水Ⅳ类标准值相同，新建小于5000立方米/天污水处理厂，与地表水Ⅴ类标准值相同，这与专题提出的污水厂提标方案高度吻合，专题成功创新运用新技术新方法，并使成果极具科学性和前瞻性。

昆明2050城市发展战略规划
——城市综合承载能力与城市规模控制专题研究

起止时间：2016.10—2018.12
项目负责人：卢华翔　张　璐
专题负责人：王巍巍　唐　磊
主要参加人：卢　静

■ 一、项目概况

党的十八大报告提出"两个一百年"奋斗目标，国内中心城市依据国家要求陆续开展2050远景规划研究。作为云南省省会，我国西南地区中心城市之一，昆明具有"东连黔桂通沿海，北经川渝进中原，南下越老达泰柬，西接缅甸连印巴"的独特区位优势，昆明市提出要高瞻远瞩，通过编制《昆明2050城市发展战略规划》，从立足长远和着眼当前的双重需求出发，重新审视城市的定位和发展路径，探索城市发展的新理念、新机制，并以独特的视角和眼光对城市的形态和城市的轮廓等进行设计，打造特色鲜明的城市景观。

为科学合理地预测资源环境承载力下的合理城市人口规模和城镇发展规模，中国城市规划设计研究院城镇水务与工程研究分院受委托开展《昆明2050城市发展战略规划》研究，并设置昆明市城市综合承载能力与城市规模控制研究专题，从充分保护和利用滇池的角度，对昆明市及滇池流域所能承载的人口规模、城市空间形态、提升城市生态品质等重大城市发展战略问题进行研究，以实现滇池流域人水和谐、城湖共生，使昆明市成为一座更加健康宜居的城市（图1）。

■ 二、需求分析

1.合理确定流域及城市承载的适宜人口规模

昆明市城区三面环山，南濒滇池，由于建设用地较为缺乏，滇池坝子地区成为昆明市主要建设用地的承载空间，滇池流域用昆明19%的土地资源承载了65%的人口和78%的经济总量，是昆明城市发展与生态保护矛盾最突出的地区，滇池流域优越的生态环境孕育并促进了区域的

图1　昆明市区位图

城市发展，而城市和经济的快速发展又对滇池生态环境产生很大的影响。人口与经济的快速增长、产业结构与布局不合理、土地利用方式不适宜是滇池水质难以改善的根本原因。专题通过研究资源与生态环境承载力，合理确定滇池流域及城市承载的适宜人口规模。

　　2.科学谋划生态本底约束下的湖城关系

　　总体来看，昆明的湖城关系经历了大湖小城—北岸集聚—环湖发展等多个阶段，城市建设对湖泊的影响日益显著（图2）。滇池的保护与昆明城市发展面临一定的矛盾与冲突，生态本底约束下的湖城关系问题亟须破解。通过专题研究，建立湖城和谐、湖城共生的城市空间发展模式，控制城市建设对滇池的影响，确保滇池流域内的生态安全。

三、规划内容

　　1.以水定人——控量提质，引导精致适宜的人口发展

　　适宜的人口规模，是生态可持续的基本要求，也是有限资源条件下，舒适宜居生活品质的

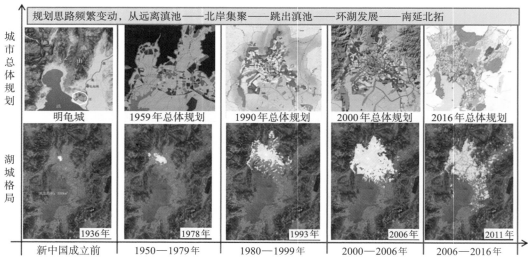

图2 滇池流域湖城关系演变示意图

保障。规划从水资源、水环境和土地资源三个角度对昆明市域、昆明都市区及滇池流域的承载力进行综合评价（图3）。

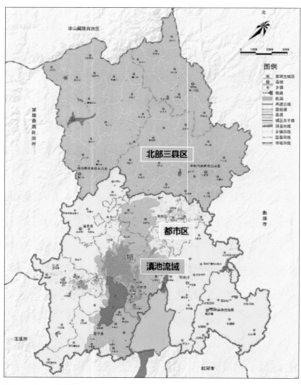

图3 昆明市域、昆明都市区及滇池流域范围示意图

水资源承载力评价。结合昆明全市骨干水源工程建设、民生水利工程建设及非常规水资源利用情况，考虑滇中引水工程等外流域调水因素，根据2050年全市农业、工业、生态用水量的预测，参考发达城市用水规律，考虑未来生活水平的提升以及节水技术和居民节水意识的提高，确定昆明城镇人均综合生活用水量。在不同发展水平和节水水平情景下预测昆明市2050年人口规模。

水环境承载力评价。昆明市河流的水环境目标参照《云南省地表水水环境功能区划》确定，滇池水环境的目标参考《水体污染控制与治理科技重大专项》以及《云南省滇池保护条例》确定。根据昆明市排放污染现状及各分区水环境容量，采用情景模拟法对滇池流域以及昆明市域水环境承载人口规模进行测算。

土地资源承载力评价。选取地形高程、坡度、起伏度、地质灾害易发区、地震断裂带、地质公园、河湖水系、基本农田及各类保护区、生态保护控制区域等多个因子进行叠加分析。根据建设用地适宜性评价结果，在保证生态底线的前提下，评估昆明市实际可开发规模。

综合资源环境承载评价结果，最终确定昆明市、都市区和滇池流域三个尺度下的人口规模。其中水环境承载力是城市人口规模的最主要限制因素，在昆明市发展过程中亟须进一步优化城镇布局和土地利用方式，并持续推进水环境治理工程。

2. 以水定形——构建"半山半城，北聚南疏"的湖城共生模式

（1）水环境安全视角下的开发空间选择

流域开发空间选择的首要前提便是最大限度地减少对滇池水环境的影响。由于滨湖地区的平坝用地河流水系密集，生态敏感性及生态价值高于外围的山间平地；同时研究发现在一定水体缓冲距离范围内房屋建设用地与道路交通用地与河流各水质指标表现为正相关，加剧水体水质污染，而超过该缓冲距离的范围各土地利用类型对水体各水质指标影响逐渐减弱。基于此，以滇池范围为缓冲边界，分析得到水环境影响下的用地选择评价图（图4）。评价结果显示，宜采用先外后内的方式，即优先选择外围山地间用地再选择滨湖地区平坝用地，对削减流域的城市面源污染最为有利。

（2）三种滨湖城镇开发与建设模式

基于滇池流域建设用地总量控制和环滇地区总体城市风貌与形象要求，规划提出"半山半城，北聚南疏"的湖城共生模式，形成以下三种滨湖城镇开发与建设模式（图5）：

主城段"城伴湖"——北倚主城，紧密互动。城市与湖体景观紧密融合，湖城融为一体，紧邻滨湖地区布局城市公共活动空间，城市开发强度较高，形成滨湖CBD等城市形态（图6）。

呈贡段"城退湖"——东临呈贡，保持距离。城市与湖体景观保持适度的距离，通过一定的滨湖湿地等自然空间与城市柔和过度。滨湖地区以自然空间为主，但适度布局城市郊区型活动空间。

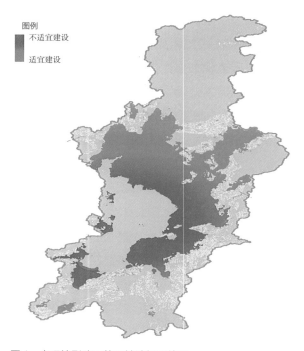

图4　水环境影响下的用地选择评价图

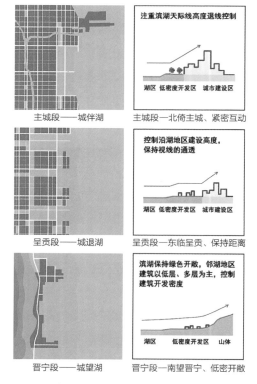

图5　三种滨湖城镇开发与建设模式图

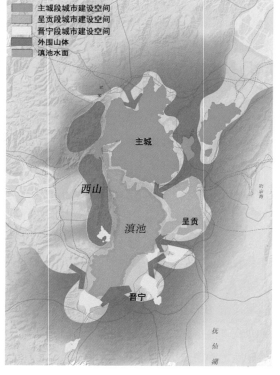

图6　湖城共生模式图

晋宁段"城望湖"——南望晋宁，低密开敞。湖体与山体之间的较大范围内宜以自然空间为主，控制城镇的开发，保持低密度的开发与建设。滨湖地区以湿地自然公园等生态涵养空间为主，少量布局郊区型活动空间。打造自然型滨湖岸线，以原生态自然空间为主，确保湿地等自然空间的安全。

3.以水兴城——打造人水和谐生态宜居的美丽城市典范

（1）恢复和建设滨湖湿地，提升滇池的服务功能和生态效益

滇池湖滨带是水陆交错地区，对滇池生态环境保护发挥重要作用，长期以来围湖发展，造成大量滨湖湿地的退化。通过对滇池湖滨带进行系统评估，选择适宜恢复湿地地区，为滇池湖滨湿地恢复提供支撑（图7）。综合考虑滇池流域水系分布、水体流动性、地形地貌、管控要求、地块距离水体的距离、地面与水面的高差等，研究选取高程、坡度、滨湖距离、滇池保护线、入滇河道5个核心因子进行评价。将湿地适宜恢复性评价结果，综合入滇池河流水质及滇池周边湿地分布现状，提出滇池湖滨生态湿地恢复方案建议（图8）。

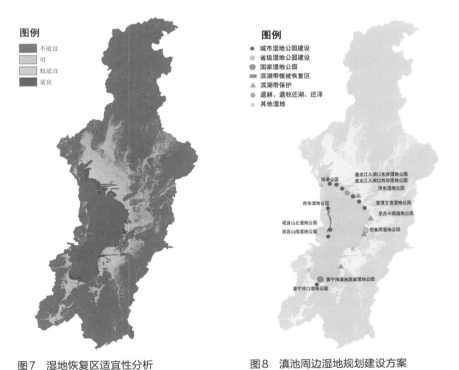

图7　湿地恢复区适宜性分析　　　　图8　滇池周边湿地规划建设方案

（2）重塑自然景观格局，构筑可观可游的山川美景

为更好体现生态文明发展理念，秉承昆明传统"山水营城"手法，规划重点修复昆明市区范围内五座自然山体，使其成为城市外围生态安全屏障。结合山体建设长虫山、金马山、棋盘山、西山、宝象山生态郊野公园，重塑山城交融的城市风貌特色，同时引山入城，构建城市内

部重要生态廊。疏通和修复昆明市区海源河、大观河、盘龙江、五甲河、宝象河、马料河、洛龙河、捞鱼河八条重要的河流水系，形成蓝绿穿城的城市景观廊道网络（图9）。

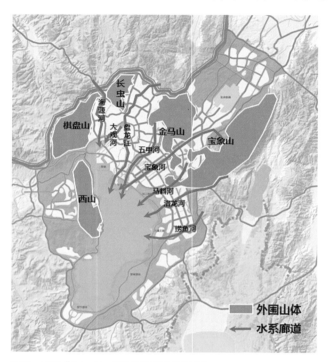

图9　昆明"山、水、城"空间格局示意图

■ 四、特色创新

1. 以历史的视角审视和研究远景战略问题

专题对滇池水环境污染及治理的历程，滇池流域经济人口及城湖关系的发展变化过程等进行了细致的梳理和研究。滇池在过去的20年间经历漫长的环境治理，取得不俗的成绩，但要从根本上改变滇池环境恶化的趋势，必须建立基于湖泊保护为前提的湖城共生开发模式。

2. 落实以水四定原则，在重要刚性指标和用地布局方面为规划提供支撑

专题以滇池与流域城镇共生为发展目标，牢固树立"绿水青山就是金山银山"的理念，坚持保护优先，严守生态安全底线及国土安全底线，促进城镇发展由外延扩张向内涵提升转变。以滇池保护利用为核心，在人口规模指标和用地发展及布局等方面为战略规划提供坚实的支撑。

3. 通过地理信息系统工具分析和评价提高规划方案的科学性

专题中大部分空间研究分析内容使用了地理信息系统工具，分析得出水环境影响下的用地选择评价图、滇池周边湿地恢复适宜性评价图，建设用地适宜性评价图等，为规划提供更为科学和精准的支撑。

延安市南泥湾景区总体规划（2017—2030年）
——南泥湾景区水资源利用及生态修复专题研究

2018—2019年度中规院优秀城乡规划设计奖三等奖
起止时间：2017.6—2018.5
项目负责人：苏　航
专题负责人：王巍巍
专题主要参加人：徐秋阳　祁祖尧　芮文武

一、项目概况

在"两个一百年"奋斗目标、实现中华民族伟大复兴中国梦的征程中，习近平总书记指出："要把理想信念的火种、红色传统的基因一代代传下去，让革命事业薪火相传、血脉永续"。《2016—2020年全国红色旅游发展规划纲要》明确：突出强调红色旅游的理想信念教育功能、脱贫攻坚作用，强化内涵式发展。在红色旅游快速发展的时代背景下，2017年延安市南泥湾管委会委托中规院编制《延安市南泥湾景区总体规划（2017—2030年）》(图1)。其中，为加强南泥湾景区的水资源配置以及生态环境评价等方面内容的研究，由水务院开展南泥湾景区水资源利用及生态修复专题研究。

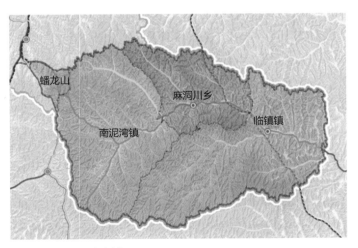

图1　南泥湾景区规划范围

研究范围包括"三镇一山",即南泥湾镇、临镇镇、麻洞川乡3个乡镇全域及蟠龙山区域,总面积1353平方公里。水资源评价部分除南泥湾景区规划范围外,还增加对南泥湾核心景区范围的研究,南泥湾核心景区范围为南泥湾镇范围(不含松树林川)。规划期限为2017年至2030年。

《延安市南泥湾景区总体规划(2017—2030年)》提出以全域旅游为发展理念,以大生产运动、军垦、农垦文化和自然生态资源为依托,以红色教育、文化旅游、生态农业和特色小镇为主导,建设集红色文化游、自然生态游、乡村农业游等功能于一体的南泥湾旅游经济区。

■ 二、问题分析

1. 水资源特征与问题

南泥湾景区多年平均人均水资源量为823立方米,略高于延安市和汾川河流域平均水平,但仍低于陕西省和全国平均水平,属于缺水地区。景区内部不同乡镇水资源分布不均,乡镇供水设施建设标准低,主要采用浅层地下水供水,供水水源水质和水量保障能力较差,管道漏损率较高。当前的供水设施建设能力无法支撑南泥湾景区的长期可持续发展。

2. 生态环境特征与问题

南泥湾景区森林、矿产资源较为丰富,南泥湾景区森林覆盖率超过80%,与湖库共同构成陕北少见的"江南风光",但是景区水系景观和亲水性较差,水环境污染问题突出,威胁到城镇饮用水安全。自然资源开发利用程度较低,需要系统统筹景区生态环境的保护与景区的开发利用。

■ 三、技术要点

1. 景区水资源优化配置方案

(1)总体思路

景区开发建设首先应积极挖掘本地地表水水资源,加强再生水的利用,提高供水设施建设标准。水资源承载能力是南泥湾景区未来人口规模确定的重要前提,应根据可开发利用的水资源来确定未来景区人口容量和用地规模。

(2)南泥湾核心景区的水资源配置

采用多情景评估模型,对南泥湾核心景区不同保证率(50%、75%、95%)水资源供需进行平衡分析,明确景区整体发展的要求下,南泥湾镇本地水资源可承载的常住城镇人口。

对核心景区生态用水进行细化分析,通过对比不同用地类型单位用地的耗水量,发现景观水面单位面积耗水量远超其他类型用水量。从水资源高效节约利用角度来看,核心景区景观水面不宜过大。针对核心景区适宜水稻田面积和景观水体面积进行多方案评价研究，研究主要结论为：在保障1000亩水稻田种植的前提下，适宜的景观水面面积约为15公顷，适宜水深为0.6米，如要实现2000亩水稻田种植规模，可通过采用高效节水灌溉技术，提高水稻田用水效率来实现。

（3）南泥湾景区水资源配置

综合考虑南泥湾景区其他乡镇的生产、生活用水，进行景区范围内各乡镇水资源综合配置。主要结论为：在75%保障率下，缺水率为9.6%，考虑到景观用水及市政浇洒用水等未来可以通过再生水进行补充，则缺水率约为5%，区域水资源基本可实现供需平衡。

2.生态空间规划方案

（1）综合生态格局构建

本次研究为突出景区的生态安全、生物多样性和景观多样性的高标准要求，探索尝试基于三个维度——保障生态安全的生态敏感性、维护生物多样性的生态维育度及构建生态景观稀缺性的生态结构，去构建山、水、林、田、湖一体的南泥湾景区综合生态安全格局。

生态敏感性分析是保障生态安全的测评维度。通过对坡度、水体、林地、农田、地质灾害等生态要素进行赋权重、地理信息系统综合叠加进行规划区的生态敏感性分析。

生态维育度分析是维持生物多样性的测评维度。通过识别规划区内重要生物栖息地，通过栖息地之间的连接度分析，明确要保护及恢复的重要生态廊道，使维护生物多样性所需生态网络具有完整性。基于景观生态学理论，利用地理信息系统构建生物迁徙最小成本生态廊道，选取处于生长成熟阶段，郁闭度较高的林斑组团作为核心、代表性生态斑块组团依据土地利用类型的地类进行景观阻力重分类（参考相关文献并结合实际情况赋值），得到生态廊道的分布区域，结构化得到生物潜在迁徙生态廊道。

生态结构维度分析是构建生态景观重要性测评维度。将南泥湾景区划分为农田、林地及果林田综合片区三种类型生态基质。除保留、提升现状生态廊道、斑块及节点以外，依托蟠龙山优质的山地森林资源，在柳林镇蟠龙山新建蟠龙山国家森林公园、延安市植物园；为满足供水需求，在姚家坡构建姚家坡水库；此外，结合南泥湾核心景区现状稻田景观、川道河流，构建农邦生态园、苹果种植基地等集生态、生产、观光效益与一体的生态节点（图2）。

综合生态敏感、生态维育和生态结构三个维度，构建"三片、六块、多廊、多点"的综合生态空间格局。"三片"指的是川道农田片区、山体林地片区及塬梁果林田综合片区；"六块"指的是丘陵山地上处于生长成熟阶段，郁闭度较高的六大块核心林地斑块；"多廊"指的是连接多块林斑的潜在生物迁徙通道及河流水系生态廊道；"多点"指的是重要的水库、湿地、森林公园生态节点。其对改善区域小气候、提供旅游、休憩空间具有重要意义，可作为重点生态、景观节点打造（图3）。

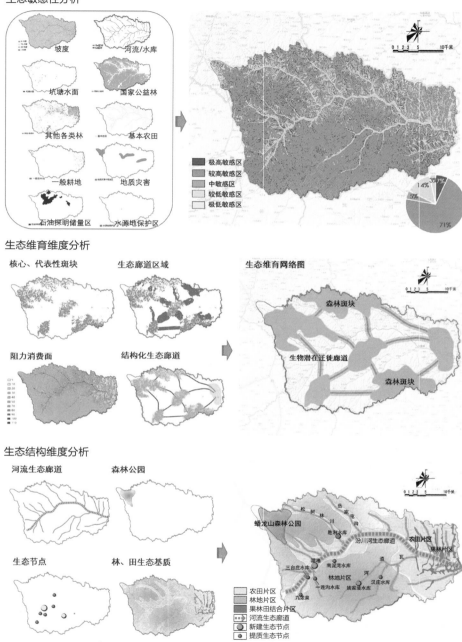

图2 综合生态格局多维度分析评价图

（2）生态功能分区划定及管控

在综合生态格局的基础上，按照区域协调、主导功能、流域完整原则划定生态管控分区。将南泥湾景区划分为5片生态功能分区，分别是汾川河上游山林水源涵养功能区、松树林川生态修复功能区、森林资源及生物多样性保持功能区、黄土梁状丘陵水土保持功能区和黄土塬梁沟壑旱作农业生态功能区（图4）。针对各分区现状特征与问题，分区制定保护和修复策略。

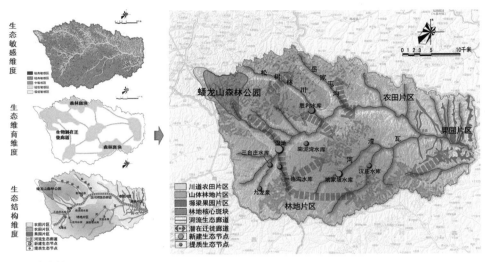

图3 生态格局图

图4 生态功能分区图

四、特色创新

1.结合景区可持续发展需求，深化细化生态用水需求分析

立足于本地水资源，按照景区可持续发展的用水需求，在满足城镇生活和景区旅游发展的

基础上，对景区水稻田面积和核心景区景观水面面积进行多方案比选，为景区制定合理的水稻田规模和景观水面提供量化参考依据。

2. 多维度构建综合生态空间格局，为景区用地规划和生态保护提供决策依据

基于景区对于生态安全、生物多样性和景观多样性的高品质要求，本次研究从生态敏感维度、生态维育维度及生态结构维度三方面出发，探索生态格局的多维度构建技术方法和生态功能分区管控方案。该研究内容为景区空间管制规划、生态景观的保护和修复提供决策依据（图5）。

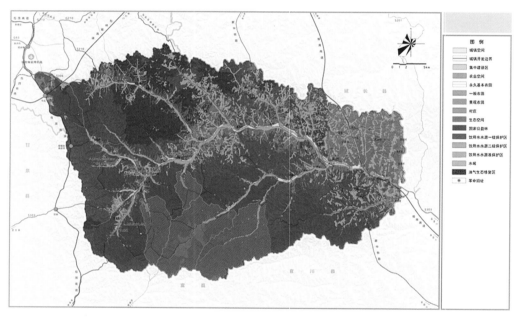

图5　景区空间管制规划图

常州经济开发区发展战略规划
——绿色生态园区建设专题研究

起止时间：2015.7—2016.11
项目负责人：王新峰
专题负责人：徐一剑
专题主要参加人：王巍巍　莫　雁　徐秋阳　张金库　王艳珍
合作单位：常州市规划设计院

一、项目概况

1.规划背景

2015年5月，常州市成立常州经济开发区（以下简称"经开区"）。常州东部地区长期面临的戚墅堰区与武进区各乡镇多头发展、难以整合的核心矛盾面临着破题。常州市委、市政府对常州经开区的发展要求明确、寄予厚望：以打造国家级经济开发区为目标，坚持高起点规划、高标准建设、高效能管理、高层次招商、高水平服务，力争通过5年左右的努力，建成全市体制机制创新先行区、高新技术产业集聚区、生态文明示范区、产城融合样板区。

2.常州经开区概况

常州经济开发区由原戚墅堰区、武进区的横山桥镇、横林镇、遥观镇组成，面积181.3平方公里，占全市面积的4%。2014年，经开区的常住人口38.9万人，城镇化率为71.3%。经开区的三次产业结构为0.5:60.6:38.9，第二产业占比显著高于全市和市区平均水平。

二、需求分析

经开区以占常州市4%的面积支撑全市8.3%的人口，产出了9.8%的GDP，生产效率较高，但人地关系相对紧张，生态环境压力极大。经开区环境质量总体较差，污染排放大大超出环境容量，环境污染治理任务艰巨；工业污染排放量大，排放强度高，产业亟待升级改造与生态转型。

经开区的"横山绿楔"在常州市生态格局中有着重要地位，区域生态格局对经开区的空间开发与生态建设提出较高的要求。经开区独特的"湖、河、塘、田"江南水乡特质正在逐渐消退，需要在新的大开发形势下进行重新梳理与塑造。同时，经开区地势低洼，随着城镇化进程中下垫面的巨大变化，防洪排涝压力与日俱增，传统的圩区排涝模式面临着新的严峻挑战。

三、技术要点

1.专题目标

中规院水务院受委托开展绿色生态园区建设专题研究，旨在以下五个方面为经开区的战略规划提供支撑：

（1）开展建设用地适宜性评价，支撑城镇空间布局。

（2）开展环境承载力分析，科学确定发展规模。

（3）提出水系湿地保护与恢复策略，开展水系空间构建。

（4）提出环境改善策略，提升城市环境品质。

（5）确定产业绿色发展策略，引导产业生态转型。

2.技术思路

112

通过开展生态适宜性评价和灾害因子评价，明确城市适宜建设空间，支撑经开区的空间布局。基于城市洪涝安全、生态环境等，开展水系空间构建，提出水系湿地保护和恢复的方案，支撑经开区的生态网络构建。基于污染源解析，进行环境承载力分析，提出大气和水环境改善策略，为经开区的建设规模限定提供支撑，为生态环境改善提供依据。开展产业绿色度评价，确定产业绿色发展的路径，引导产业生态转型，为经开区的生态园区建设提供支撑（图1）。

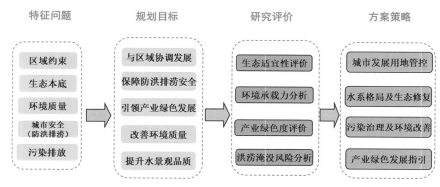

图1　技术路线图

3.主要内容

（1）基于生态与安全的建设用地适宜性评价

选择自然生态、工程地质、地形地貌、洪涝安全及人为管控等5个方面共9个因子，对经开区进行基于生态与安全的建设用地适宜性评价。

对9个因子的单因子评价结果,进行因子叠加及综合评价。采用成对比较法,在各个层次分别建立判断矩阵,邀请专家对各层次的因子进行逐对比较。分别计算判断矩阵的最大特征根值及相应的特征向量,并进行一致性检验,以确定层次分析所得结果是否基本合理。

最后,基于各因子对生态保护和城镇建设的影响大小,进行权重叠加,得到综合评价结果,为经开区发展战略规划的空间布局提供支撑。

(2) 水系空间构建与海绵城市建设

对于经开区低洼的平原河网地区,在排水河道下游,建设湿地水面,以有效缓解城市排涝压力,增强水资源利用效率。

- 城市水系规划布局模式:城市河道+景观水体+排涝河道+防洪外河(图2)。
- 农村水系规划布局模式:镇村河道+水田湿地+排涝河道+防洪外河(图3)。

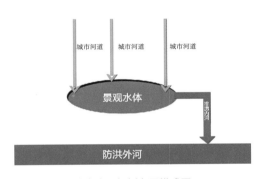

图2 经开区城市水系规划布局模式图

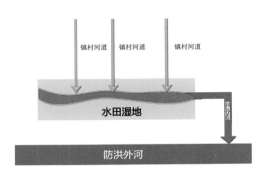

图3 经开区农村水系规划布局模式图

结合经开区目前的"防洪河道+圩区泵站"的排水模式,确定"强骨干、理水网、补海绵"的水系构建策略,为经开区发展战略规划的生态网络构建提供支撑。

- 强骨干:拓宽京杭大运河、三山港、武进港、采菱港、丁塘河等5条骨干河道,增强骨干河道的防洪排涝、引清活水以及河道航运能力。

- 理水网:加密次级河道水网密度,联通断头浜。河网密度按照600~800米进行控制。绿地系统与河网的布局要相协调。距离河网300米以上的区域应适度增加绿地比例,降低场地综合径流系数。

- 补海绵:恢复和建设湖、池、湿地等水系调蓄空间。在充分保留原有河塘、水池、水田等的基础上鼓励新建或扩建调蓄水体。通过海绵体的构建,可显著提高城市河道的排涝标准。

(3) 承载力分析与环境改善策略

构建水环境承载力分析模型,采用情景分析的方法,计算经开区在不同的经济、技术和污染治理水平下的水环境承载力。情景的设定,通过对决策变量选取不同的数值组合而成。模型以人口和用地规模为目标，以水环境容量和人均建设用地为约束条件，分为工业、城镇居民、农村居民、农业生产、城镇面源和内源六个部分。

设定水环境污染治理低、中、高3种情景，对经开区发展的水环境承载力进行分析。综合各情景实现的难易程度等，建议经开区按污染治理中方案的48万人、建设用地84平方公里进行规划，远景按污染治理高方案的85万人、建设用地108平方公里进行预留。计算结果为经开区发展战略规划确定人口与建设用地规模提供支撑。

在经开区水环境治理上，提出城乡一体的水环境综合治理策略（图4），为经开区发展战略规划提升城市环境品质提供支撑：

图4　城乡一体的水环境综合治理策略图

控源截污：是根本性的措施。对工业点源、城镇生活点源、农村生活点源、农业面源、城镇面源、内污染源等各类污染源开展全方位的控制和拦截，以减少进入水系的污染物，从根本上保证水环境质量的改善。

活水扩容：是辅助性的措施。通过联通水网、生态修复、引清活水、曝气复氧等措施，增强水体的流动性，提高水体的自净能力和环境容量。

（4）产业生态转型与绿色发展指引

针对COD、氨氮等水污染物及SO_2、氮氧化物、烟粉尘等大气污染物，细致分析行业与企业的污染特征，包括各行业、各企业的污染占比及地均污染排放等，从污染排放总量及排放强度等不同维度，筛选出经开区需要重点控制的行业与企业。制作企业污染排放空间分布图，将污染的数量属性与空间属性集中表达，提示污染可能的影响范围与风险，从而为经开区发展战略规划中不同类型用地的开发利用与空间布局提供依据。

采取多维度管控的策略，引导经开区的产业升级，实现产业生态转型和绿色发展，为经开区发展战略规划进行产业结构调整提供支撑。对于现有的和新增的行业与企业采取不同的策略。

现有行业企业：达标排放为底线，排放占比为重点，排放水平作参考。

新增行业企业：遵循总量控制原则，进行地均排放管控，开展负面清单管理。

四、特色创新

1.开展系统完整的水环境承载力分析，为科学确定经开区发展规模提供支撑。

构建水环境承载力模型，运用情景分析方法，计算不同的技术、经济与治理水平条件下，经开区所能承载的人口与建设用地规模，为经开区确定不同发展阶段的发展规模提供科学的依据。与传统的水环境承载力模型相比，本研究加入城镇降雨径流污染的影响，并考虑其丰枯季的特性，从而更加系统、完整与科学。

2.提出"控源截污为本、活水清源为辅"的水环境综合治理策略，助力经开区环境品质提升。

在国家全面开展黑臭水体治理之前，就较早地提出"控源截污为本、活水扩容为辅"的水环境改善策略。并提出：不但要使水环境在短期内得到恢复，而且要能够得到持久改善；不但要关注传统污染物，而且要关注新型污染物；不但要对各类点源进行全面的治理，而且要对各类面源和内源进行全面的治理；不但要加强传统的灰色基础设施建设，而且要大力推行新型的绿色基础设施；不但要有各种传统的工程措施，而且要有各种生态措施。

3.采用经济–环境耦合的分析方法，引导经开区产业生态转型与绿色发展，为产业结构调整规划提供支撑。

采用经济–环境耦合分析方法，开展产业绿色度评价，通过对行业、企业的污染排放总量与强度的深入细致分析，确定污染控制的重点行业和企业。在此基础上，结合污染源的空间分布图，制定了经开区产业生态转型的政策与绿色发展的路径。

长垣县蒲西街道乡村振兴规划
——水环境专题及市政基础设施专题研究

起止时间：2019.1—2019.12
项目负责人：周学江
专题负责人：沈　旭
专题主要参加人：凌云飞

一、项目概况

1. 规划背景

为深入贯彻党的十九大报告中关于"乡村振兴战略"的决策部署，落实国家新型城镇化试点、"城市双修"试点、"三块地"改革试点等相关要求，探索新时期长垣的乡村振兴路径，切实按照中央对乡村振兴提出的"产业兴旺、生态宜居、乡风文明、治理有效、生活富裕"的总体要求，改善长垣县的农村风貌、农村产业和农民增收问题。长垣县积极开展围绕乡村振兴的系列工作部署，2018年10月，长垣县蒲西街道办事处在大广高速以西蒲西街道乡村地区启动并初步完成《长垣县蒲西街道乡村振兴规划》（以下简称《规划》）方案征集。中规院受长垣县蒲西街道办事处委托，在整合多方案基础上，取长补短，深化细化，明确乡村振兴规划和村庄共同缔造的方式和路径，科学指导蒲西街道西部地区实施乡村振兴的建设、管理工作。

2. 规划区概况

长垣县地处黄河下游，河南省东北部，新乡市东部，因"县有防垣"而得名。蒲西街道位于长垣县西部，总面积27平方公里，地理位置优越，交通发达，新菏铁路、大广高速、省道213、308线贯穿全境。先后被授予"中国最具发展优势的城镇""中国最具投资潜力的城镇""国家级生态乡镇"等荣誉称号。蒲西乡村振兴示范区东起大广高速，南至山海大道，西至高青路，北至新菏铁路，总用地面积约8平方公里，范围共涉及云寨、米屯、玉皇庙、太子屯、宋庄、杨寨、大张七个行政村（图1）。

区域海拔60~64米，处于黄河冲积平原。属温带大陆性季风气候，全年四季分明，春季干燥多风，夏季炎热多雨，秋季凉爽，冬季寒冷少雪。多年平均降水量573.9毫米，年际变化大。

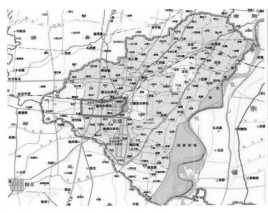
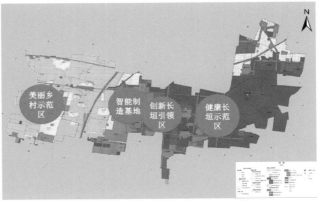

图1　蒲西街道及美丽乡村示范区位置示意图

二、需求分析

1.水环境专题研究的核心问题

长垣县蒲西街道属黄河流域金堤河水系，地处金堤河上游浅平洼区。现存的水网坑塘是千百年来黄泛平原城市治水实践的积累，具有显著的人工河道特征，但近年随着环境的变化，水量、水质也都出现不同程度的问题（图2）。

图2　规划区河道实景照片

（1）多为人工建设的排灌一体的输水渠道，景观价值较低。

（2）大部分河道无稳定基流，呈季节性有水。

（3）河道水环境质量达到V类，有待进一步提升。

（4）个别坑塘、洼地水体流动性差。

本次水环境专题需分析论证规划应标方案中普遍采用的大面积水景观组织的可行性，为规划方案确定水系的空间布局、水景观的规模与组织方式提供支撑。

2.市政基础设施配套规划需求

蒲西街道围绕"小城智谷、精致蒲西"的总体定位，在长垣县全域27平方公里范围内确定

"创新长垣引领区、健康长垣先行区、美丽乡村示范区和智能制造产业基地"分区发展思路。本次规划设计的范围为美丽乡村示范区，应充分发挥厨乡、文化、生态、区位等优势，功能近期服务于长垣近域地区，实现环县城绿色游憩服务体系中的田园风貌型绿色服务节点；远期融入黄河生态文化景观带，乃至郑州大都市区的休闲康养旅游带。配套市政基础设施规划既要满足新时代人民对美好生活的需求，又要发挥对全县乡村振兴的带动辐射作用。

三、技术要点

1.技术思路

充分利用规划区紧邻长垣县城的区位优势，考虑乡村和城市市政基础设施的差异性，从黄河流域生态保护、高质量发展的角度出发，坚持以水而定、量水而行，统筹规划区开发和保护、协调存量设施提质和增量设施建设、积极推进市政基础设施城乡一体化建设，兼顾设施功能性和规划区景观要求，确定规划区水系的空间布局、水景观规模与组织方式，结合乡村振兴策略和用地功能布局市政基础设施。

1）水环境专题研究思路

根据蒲西街道乡村振兴示范区整体建设要求，制定规划目标。通过现场踏勘、资料收集、座谈咨询等调研工作，了解规划区地形、地貌、水系、气象、植被、防洪排涝、污染物排放等情况，分析现状水系布局、水量和水质等方面存在的问题。目标导向与问题导向相结合，尊重自然水系机理，根据防洪排涝要求、规划空间布局等要素，确定规划区水系布局方案、功能定位和防洪排涝标准。结合区域供用水现状和规划水景观需要，提出规划区水系水量保障措施。根据区域水环境现状和规划水系功能定位，提出水系水质保障措施。分析滨水地区场所特征与居民活动类型的关系，构建水系景观格局，给出滨水景观分区、水系景观类型、护岸形式等建议，对部分重点地区的水系景观做出设计指引。

2）市政基础设施配套规划思路

坚持把水资源作为最大的刚性约束。统筹好生活、旅游、农业和生态等不同行业之间的水量配置关系，依据水资源承载能力测算规划区接待游客规模。充分依托长垣县城市政基础设施体系，结合规划区功能定位、居民点和游览设施的布局，优先接入长垣县城市政基础设施网络，推动市政基础设施城乡一体化建设。蒲西街道乡村作为县城近郊村庄，现状水、电、气等市政基础设施配套齐全，同时也具有一定的提升完善空间，建设宜居社区的基础良好。对标宜居社区建设标准，有序推进基础设施系统有机更新，提高规划区基础设施的建设标准和运维管理水平，并做好存量与增量设施、乡村与城镇设施的衔接。考虑到规划区厨乡文化特色的转化与利用，市政基础设施还要结合厨乡风土人情，在不影响设施功能的前提下提升设施的艺术效果。

2.主要内容

1）水系布局方案

融入长垣县水网结构。依托甄太沟、文明南支2条水系，融入长垣县纵横交织的河网沟渠水系结构，延续长垣县城水系与城市互相交融渗透的特点，实现水系与乡村的交融渗透。

传承历史水系文化。规划区水系均为新中国成立至今70年来人工修建的河道，为田间灌溉、排水工程配套，分为支、沟、斗、农四级。规划延续这四级水系划分，实现长垣县水文化传承。

延续历史水系格局。规划在维持现状水系沟渠的基础上，增强水系连通性，延续豫北渠网格局，恢复水包村、水包镇、阡陌纵横的水网肌理。

规划通过方案比选，结合规划区功能定位、用地规划及区域绿道规划，确定以甄太沟为规划区主要来水河道，引甄太沟来水至规划区西南部高清沟处，而后自南向北、自西向东流经整个规划区，为规划区其他河道补水，最终通过文明南支排出。该方案在规划区现状水面面积25.81公顷的基础上，新增水系面积5.1公顷，水面率达到3.75%。优点是径流在规划区内充分循环，惠及地区面积大，能提升现状河道水量难以得到保障的宋庄北斗、高清沟、张庄北斗等水系品质。共设置4处闸堰作为调节点，其中园林沟、宋庄北斗处高清沟以西处建议设置固定式闸堰，其余2处建议设置可调节式闸堰。通过闸堰的运行管理，保障高清沟、宋庄北斗、长马沟的河道径流量（图3）。

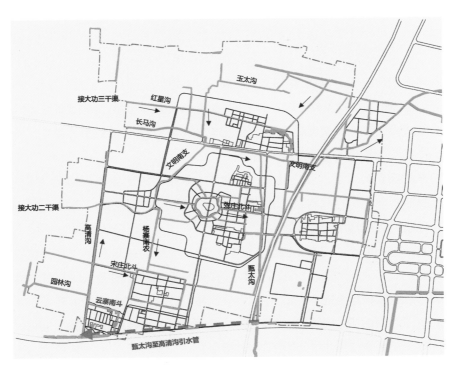

图3 规划区水系总体布局图

2）水景观规划

遵循环境保护和生态修复优先原则，将景观格局和景观节点相耦合，强调以人为本的亲水性，按照自然化原则，提出构建"双环三支五点"的水系景观格局（图4）。

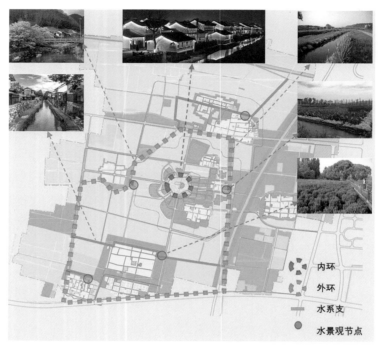

图4 规划区水系景观规划图

双环中内环为厨乡小镇中央水系环，结合厨乡小镇功能分区和用地布局，营造环境优美，可供人们游览、休闲、娱乐的水景观，体现厨乡小镇特色，满足游客需求；外环由甄太沟、甄太沟引水至高清沟管渠、高清沟、文明南支组成，是规划区水系的主要骨架，规划打造为自然条件良好，具有长垣特色的景观水系。

三支指云寨北部无名水系、宋庄北斗、玉太沟3条兼有排水功能和景观功能的村庄紧邻水系。结合水系的现状条件、自然特征，根据村庄自身的气质和特点，采用不同的断面形式、护岸形式，提升村庄的居住环境和品质。

五点指5处由生态湿地、河流交汇点、村庄坑塘水面组成的景观节点，点缀镶嵌在规划区水系当中。河流交汇点利用周边良好的自然环境提升景观功能，打造规划区滨水步道的休憩空间。生态、景观功能兼顾的生态湿地，可作为节能减排教育示范、体验的重要景观节点，向游人展示再生水循环利用的垂直流人工湿地–自然湿地–中央水系的生态补水过程。村庄内部坑塘水面在村庄景观要求的指引下，与村庄景观相融合，充分体现长垣本地村庄水系的特点，强化村庄建筑景观、公共空间的亲水性和标志性。

3）市政基础设施配套规划

　　具体包括给水工程、排水工程、电力及通信工程、燃气工程、供热工程和环卫设施规划（图5）。市政基础设施配套规划充分利用规划区紧邻长垣县城的区位优势，将给水排水、电力、燃气等工程设施接入县城管网系统。并紧密结合规划区功能定位，结合接待游客规模测算市政基础设施能力，积极对标村镇宜居社区建设标准，具体包括：

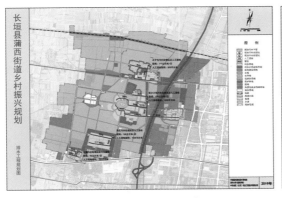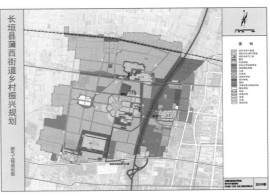

图5　规划区市政基础设施规划图（部分）

　　（1）提高社区入户三网普及率：电话、电视、互联网；近期提高宽带带宽，远期开展光纤入户。

　　（2）提升社区污水收集处理率：确保每户厨房、厕所的生活污水接入社区污水管网，进入污水处理站处理后达标排放。

　　（3）优化邮寄快递网点布局：合理布置邮寄快递网点，方便社区居民和游客。

　　（4）提高太阳能利用率：结合村居改造和建设，将太阳能利用与建筑节能技术相结合，降低天然气、电等能源消耗，满足部分难以负担管道天然气成本的村民需求。

　　（5）提高防灾减灾能力：按《消防给水及消火栓系统技术规范》GB 50974—2014标准布设消火栓，建立村义务消防队。

　　（6）推广垃圾分类：结合厨乡小镇餐厨垃圾产生量较多的特点，推广两分和三分垃圾分类方法，设置垃圾堆肥站，实现垃圾分类回用利用（图6）。

四、实施效果

　　近些年，蒲西街道办依据规划全力推进美丽乡村建设（图7，图8）。在宋庄、云寨、米屯实施了垃圾分类制度，垃圾量减少了70%以上。投资200万元完成规划污水处理站4座，投资2370万元修建污水管网46.6千米。夯实了乡村振兴的市政基础。

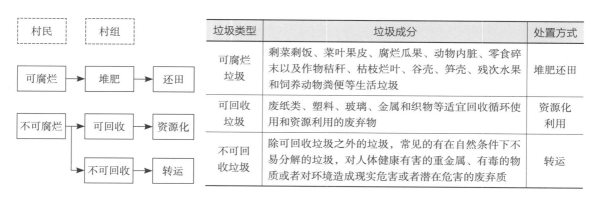

图6　规划区垃圾分类模式和处置方式示意图

垃圾类型	垃圾成分	处置方式
可腐烂垃圾	剩菜剩饭、菜叶果皮、腐烂瓜果、动物内脏、零食碎末以及作物秸秆、枯枝烂叶、谷壳、笋壳、残次水果和饲养动物粪便等生活垃圾	堆肥还田
可回收垃圾	废纸类、塑料、玻璃、金属和织物等适宜回收循环使用和资源利用的废弃物	资源化利用
不可回收垃圾	除可回收垃圾之外的垃圾，常见的有在自然条件下不易分解的垃圾，对人体健康有害的重金属、有毒的物质或者对环境造成现实危害或者潜在危害的废弃质	转运

图7　云寨村道路实景照片

图8　云寨村坑塘实景照片

蒲西水系建设也在积极谋划中。已将甄太沟引入乡村绿道区，确保乡村振兴示范区水源充足。帽铺、苏坟、宋庄北斗等关键水系节点已确定了水文生态景观效果（图9）。4座节制闸、1座提灌站、4条主渠和12条支斗毛渠已全面开始施工。

图9　帽铺水景观节点效果图

五、特色创新

1.紧扣乡村振兴主题，挖掘地方特色

产业兴旺是乡村振兴的"牛鼻子"，生态宜居是乡村振兴的关键。规划紧紧围绕长垣县蒲西街道厨乡文化特色，结合用地布局通盘考虑水系布置、水环境治理、人居环境改善、生态保护等多方面要素，编制高质量、有特色、能落地的实用性村庄规划。

2.顺应水系本底条件，杜绝"挖湖造景"

通过深入梳理区域水源条件，分析水历史水文化，构建模型论证分析，对应标方案中普遍采用的大面积水景观组织的可行性提出了明确建议，依据补水来源和换水周期确定规划区水面率，保留原始水系肌理和风貌，杜绝"挖湖造景"。

3.深入了解群众意愿，关切村民诉求

项目团队驻扎现场，与村干部、乡贤、村民开展多轮座谈调研，规划编制过程中反复征求村民意见，尤其关注燃气、热力设施运维费用等问题，积极回应村民关切和诉求。

低碳生态理念下城乡规划技术标准再梳理
——生态环境与市政工程规划专题研究

起止时间：2015.6—2019.12
专题负责人：桂　萍
专题主要参加人：郝　天　魏锦程　杨　芳　李萌萌　冯一帆

124

■ 一、研究背景

　　《城乡规划技术标准体系》是城乡规划法律法规体系的支撑，是编制城乡规划的基础技术依据，也是依法规范城乡规划编制以及政府和社会公众开展监督检查的重要依据。随着我国改革开放的深入、城镇化发展以及城乡建设的需求不断变化，对标准体系提出了持续动态更新的要求。

　　党的十八大以来，我国坚持创新、协调、绿色、开放、共享的新发展理念，大力推进生态文明建设，生态文明建设和生态环境保护从认识到实践发生历史性、转折性、全局性变化。党的十八大首次把生态文明建设提到中国特色社会主义建设"五位一体"总体布局的战略高度，党的十九大将坚持人与自然和谐共生纳入新时代发展中国特色社会主义的总体方略，将"绿水青山就是金山银山"写入党章，第十三届全国人民代表大会将建设"美丽中国"和生态文明写入《中华人民共和国宪法》，生态文明建设被提高到空前的历史高度和战略地位，生态文明建设和国家高质量发展对城乡规划技术标准提出新的要求。

　　为更好地贯彻国家有关生态文明建设、低碳发展的方针政策，更好地发挥标准对城乡规划建设行为的规范和指导作用，科学推进城乡规划标准化工作，在世界银行的资助下，开展低碳生态理念下城乡规划技术标准再梳理研究。

■ 二、需求分析

　　生态环境保护及市政工程规划标准是城乡规划体系的重要组成部分，直接体现生态文明和高质量发展理念对实际工程工作的指导，制定科学的生态环境与市政工程规划标准直接影响低碳生态理念在城市规划与建设中的落实。随着生态文明理念、美丽中国建设、高质量发展等政策要求的提升，亟须对现行生态环境和市政工程标准进行梳理，对现有的标准体系层级结构、协调呼应及单项标准内容中的存在问题进行识别，对低碳生态理念在现行标准中的体现与作用进行评价，对标准规范内容之间的协调性和具体规定的一致性及标准体系架构的完整性、合理性进行判断，并在充分借鉴和参考国外相关领域的标准制定和规划实践经验的基础上，对生态环境和市政规划标准体系以及单项标准分别提出具体的修订建议。

■ 三、技术要点

1. 研究目标

对我国城乡规划技术标准体系中生态环境保护及市政工程规划类的标准进行系统的梳理，对其中低碳、生态理念的贯彻及可实施程度进行评估比较，并通过国外标准经验借鉴等形式，对现有标准体系衔接覆盖的矛盾及单个标准的问题进行识别，最终对现有标准体系提出修改完善的建议，以使体系适于实施、管理和监督。

2. 研究范围

生态环境保护与市政工程规划标准包含城乡规划技术标准体系中涉及环境保护及市政工程内容，以及影响或决定环境保护及市政工程规划工作的所有标准，其范围不仅包括直接涉及规划工作的各类标准，还包括对生态环境保护与市政工程规划工作有影响的各类标准。本研究的工作重点从我国现行城乡规划技术标准中的79项标准出发，并在研究工作中进行适当扩展和延伸。研究范围为截至2016年8月之前颁布实施的规划标准。

3. 技术路线

通过对生态市政规划技术标准的制修订历程进行梳理，理清现行标准体系的现状及发展水平，分层级分专业对现有标准体系存在的问题进行系统整理，明确标准体系本身存在的结构问题及标准间不协调的问题点；通过对比生态理念在标准体系中的体现状况，国内外生态理念的新发展以及各专业规划的新要求，针对标准体系及单项标准修改分别提出建议。

4. 主要内容

课题详细梳理城市建设中生态理念的缘起与发展，分析从古代聚落到现代城市发展进程中人与自然的相互关系以及生态环境和市政工程在城市功能中发挥的作用，将生态环境和市政基础设施作为纳入统一的生态基础设施本底的范畴进行研究，并划分为生态空间、水系统、能源系统、防灾系统等四个子系统，其标准体系相应解构为生态环境规划标准体系、水系统规划标准体系、能源系统规划标准体系和防灾规划标准体系四个板块。分别以板块单元和系统整体对标准体系进行解析并提出重构建议（图1）。

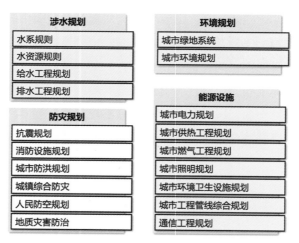

图1 生态市政工程规划标准体系结构图

（1）环境规划标准体系重构建议

对现有各部门涉及生态环境的各类规划进行整合，以城乡生态环境总体规划为引领，以主体功能区规划、生态红线控制为主要手段，在多规合一的基础上建立绿色基础设施、生态环境管控及乡村环境相关规划的规范，新编或补充修订完善水系统规划规范在内的8个技术规范，构建新的城乡生态环境规划体系（图2）。

126

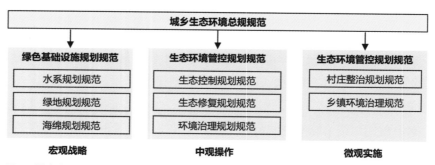

图2 城乡生态环境规划标准体系重构图

新的标准体系将水、大气、土壤、生态系统等全要素目标指标纳入管理，同时将山水田林湖、城市绿地和水系等作为绿色基础设施体系进行统筹，同时将主体功能区规划、生态保护红线、城乡规划的禁建区和限建区，城市开发边界，水利、环保、林业、国土等各类需要保护的区域和地质灾害、蓄滞洪区等需要控制区域的边界和管控要求进行统一协调，并纳入山水田林湖生态系统的修复和环境治理的内容。

（2）城市水系统规划标准重构建议

健康水循环是科学编制水系统规范的重要依据，正在修编的单项涉水规范从保障水安全、改善水环境和资源节约利用方面的标准得到较大提升，《水资源规划规范》GB/T 51051—2014、

《城市给水工程规划规范（报批稿）》《城市排水工程规划规范（征求意见稿）》在一定程度上体现健康水循环的内涵，建议把城市水系统综合规划作为城市规划体系中的一个综合性的专项规划予以明确，将《城市水系统综合规划规范》的编制纳入修编计划（图3）。

图3　健康水循环的要求

（3）能源系统规划标准重构建议

将传统能源规划的"供多少"转变为"用多少"是生态理念下城市能源规划的关键思路之一，在此基础上从城市能源结构的合理调整、城市能源系统的相互协调与高效利用以及城市能源系统的优化管理三个方面入手，从城市发展战略规划、总体规划和控制性详细规划三个层面进行重构（图4）。

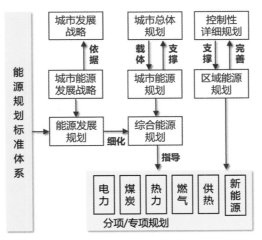

图4　城市能源规划类标准体系重构图

战略规划阶段着重明确经济社会发展目标和能源利用约束条件，从战略层面优化能源利用结构，并提出依据能源约束条件确定城市发展模式。

城市总体规划阶段着重针对能源规划的基本原则和目标的细化，重点对低碳和清洁能源的利用提出明确要求，从能源总量和能源结构两方面平衡能源供需预测城市能源需求，落实能源保障措施及空间布局规划，落实节能技术措施和政策措施。

控制性详细规划阶段根据上层次规划要求，完成区域内具体基础设施的配置，提出详细的用地规模和用地界线，在各级城市建设规划中以法律形式确定基础设施建设的地位，使城市能源基础设施建设科学有序地得以具体落实。

（4）防灾规划标准重构建议

将对自然灾害的简单防御，转变为对自然灾害、生态环境、基础设施等要素所构成风险的综合管理，实现人与自然的和谐共生。标准体系的重构遵循优先对生态系统影响较小的防灾措施、防灾措施与城市基础设施各个方面统筹协调，提高防灾空间和设施的利用效率、综合防灾是对自然环境灾害和其他因素所构成风险的综合管理为主要原则，重构防灾规划标准体系（图5）。

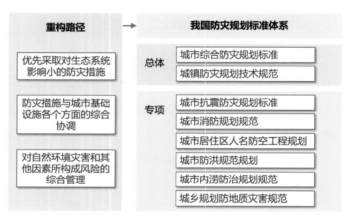

图5　防灾规划类标准体系重构图

补齐综合防灾规划标准的缺口，尽快编制完成由《城市综合防灾规划标准》GB/T 51327—2018和《镇村防灾规划技术规范》组成的防灾总体规划标准；完善和更新专项防灾规划标准，按照生态理念对现行规范进行修编。将生态理念贯穿落实到各个专项标准；纳入新型灾害防治规划标准，将《城镇内涝防治技术规范》GB 51222—2017等与城市防灾相关的内容纳入防灾规划体系，将海绵城市建设规划标准相关内容和理念纳入标准体系，在标准对接和协调上充分体现新型城市防灾工作的发展趋势。加强标准间的协调统一，构建包含防灾总体规划标准和专项防灾规划标准的两级标准体系。

5.政策建议

（1）划分规划专业，完善系统专业的规划标准体系

研究建议按照标准针对的主要对象将生态环境和市政工程规划类技术标准划分为四大体系：①生态环境规划类标准体系，包括环境保护、生态空间、蓝线、绿线、紫线等与生态环境空间相关的规划标准；②水系统规划类标准体系，包括城乡供水、排水、再生水等所有与健康水循环相关的规划标准；③能源规划类标准体系，包括城乡电力、燃气、供热、照明、新能源、综合管线等与城乡能源工程规划相关的规划标准；④防灾规划类标准体系，包括综

合防灾、防洪、抗震、消防、人防等与城乡防灾先关的规划标准。

在四大标准体系划分的基础上，完善体系内部架构。优先制订或修订统领标准体系的总体（综合）标准。同一规划类型，优先综合规划标准统领协调，例如涉水规划用水系统综合规划统领，安全防灾规划用综合防灾规划统领，工程管线用工程管线综合规划统领。通过总体（综合）标准的制订或修订将生态、低碳理念贯彻落实到规划工作中，并指导各单项标准的制订和修订，最终形成涵盖指导总体工作的综合标准以及指导具体工作的单项标准的完整体系。统一各标准间的语言体系与具体技术内容，形成结构清晰、详略得当、统一协调的标准体系。

（2）区分规划对象，构建覆盖城乡的分级标准体系

建议完善标准体系在行政层级的覆盖范围。对于城市生态环境与市政工程规划标准，在内容上科学论证、结合实例，充分考虑城市规模对不同技术参数的选择，尤其针对特大城市和城市群的基础设施配置提出较为明确的标准指导。对于农村生态环境与市政工程规划标准，在各专业方向制订或修订针对村镇基础设施规划的相关标准，例如，《镇（乡）能源工程规划规范》《镇村防灾规划技术规范》，对各类基础设施的城乡统筹、城市延伸、模式选择提出较为明确的指导标准。增加村镇基础设施规划标准的开放性，并且充分衔接相关工程技术类指南。最终形成覆盖城乡、区分规模的分级分层立体标准体系。

（3）提高体系更新能力，增强生态低碳理念对规划工作的指导意义

建议增强标准体系的开放性和自我更新能力，提高标准修订频率。定期对标准中与生态理念相关的标准原则、规划方法、技术参数等内容进行回顾，并根据最新研究进展对标准体系本身进行修订和更新，提高生态理念对实际规划工作的指导意义。

■ 哈尔滨市城市供水工程专项规划（2010—2020年）

■ 哈尔滨市城市排水及再生水利用专项规划（2011—2020年）

■ 济南市城市供水专项规划（2010—2020年）

■ 贵安新区核心区城市水系统综合规划（2013—2030年）

■ 兰州新区水循环系统综合规划编制暨兰州新区给水、排水、中水专项规划调整（2014—2030年）

■ 拉萨市排水工程专项规划（2018—2035年）

■ 连城县排水防涝专项规划及系统化实施方案

■ 梅河口城市内涝治理系统化实施方案

■ 陕西省城市内涝治理实施方案

■ 新余市两江黑臭水体整治方案

■ 北海市城市基础设施多规协同规划（2013—2030年）

■ 贵安新区核心区城市市政工程专项规划（2013—2030年）

■ 六盘水市中心城区竖向规划（2015—2030年）

■ 三亚崖州湾科技城排水防涝及城市竖向专项规划（2019—2035年）

■ 拉萨八廓街市政工程和更新规划的十年历程——市政供排水改造设计及设施更新规划

■ 抚州文昌里历史街区保护规划及文昌里地段城市设计——市政基础设施提升规划

■ 黄山屯溪老街历史文化街区保护规划暨综合提升工程规划——市政提升规划

■ 海口市四网（水网、电网、气网、光网）综合规划（2016—2030年）

■ 通化市中心城区综合管廊规划（2015—2030年）

■ 济宁市城市地下空间专项规划（2017—2030年）

第三部分

专项规划篇

水系统规划

哈尔滨市城市供水工程专项规划（2010—2020年）

2013年度全国优秀城乡规划设计二等奖
起止时间：2010.5—2013.5
主管总工：杨明松
主管所长：宋兰合
主管主任工：莫 罹
项目负责人：孔彦鸿 姜立晖
主要参加人：孙增峰 程小文 朱 玲 陈利群 常 魁
合作单位：哈尔滨市水务科学研究院

一、项目概况

　　哈尔滨地处松花江中游江畔，自古以来穿城而过的松花江为这座城市的工农业发展和城市建设提供充足可靠的水源保障，因此被誉为哈尔滨的"母亲河"。2005年松花江水污染事件后，哈尔滨市建成磨盘山水库供水工程，但仍面临着单一水源供水隐患和水资源供需矛盾的双重问题。

　　2011年5月，国务院批准实施新一轮的《哈尔滨市城市总体规划》，在"北跃、南拓、中兴、强县"战略指导下，哈尔滨市亟须一套针对性强、系统完整的供水专项规划，用以支撑新一阶段的城市发展。

二、技术要点

1.规划构思

　　针对哈尔滨市现状供水水源单一，江南、江北独立供水，部分区域地下水超采严重，城市供水安全保障面临严峻挑战的实际状况，规划从实际出发，遵循"节流开源、优水优用、分类用水"原则，立足当前、谋划长远，统筹城乡发展需要，规划在对哈尔滨市城市供水、用水现状及存在主要问题进行深入研究分析基础上，按照区域供水设施共建共享、合理布局、高效利用、近远结合原则，以满足哈尔滨市城市经济社会可持续发展对城市用水需求和保障城市供水安全为总目标，通过对不同规划方案进行深入细致的经济技术比较，因地制宜地提出哈尔滨市

区范围内的供水水源、供水厂、输配水管网和应急供水安全保障方案，以及具体的近期供水设施改造与规划建设内容。

2.规划内容

规划内容主要包括城市需水量预测、供水水源定位与配置、供水设施布局与优化、近期建设规划四部分。

（1）城市需水量预测

在哈尔滨市近十年用水量趋势分析与东三省省会城市横向对比研究的基础上，采用多种预测方法相互验证，预测城市用水需求。综合考虑年均增长率法、分类用水预测法和人均综合用水指标法三种不同方法的预测结果，确定2015年城市最高日用水需求量为165万立方米/日，2020年为200万立方米/日；并根据不同区域的人口规模和用地布局情况，进行水量分配（表1）。

规划期哈尔滨市区用水量预测表 表1

规划期	预测用水需求量（万立方米/日）			
	合计	主城区	呼兰区	阿城区
2015年	165.0	141.0	12.0	12.0
2020年	200.0	163.0	22.0	15.0

（2）供水水源定位与配置

规划对磨盘山水库、西泉眼水库、松花江、地下水、再生水等可利用水源进行全面分析，重点研究松花江水质情况。通过对松花江流域42个国控断面、哈尔滨江段4个取水口和原有2个水源地近10年来的水质状况进行综合评价分析，研究表明发现实施跨省联合治污等一系列措施后，松花江水质呈明显改善趋势，高锰酸盐指数、氨氮呈现降低趋势，溶解氧逐年升高，水质类别以Ⅲ类为主。松花江具备重新恢复城市供水水源的条件。

综合分析水源水质、可供水量、取用条件等因素，确定哈尔滨市供水水源战略格局为：以磨盘山水库、松花江为主水源，以西泉眼水库为补充水源，以地下水为补充及应急水源，以再生水为辅助水源（图1）。在通盘考虑城镇、农业和生态用水的基础上，遵照水资源可持续开发利用原则，进行供需水量平衡，并对供水水源进行优化配置（表2）。

（3）供水设施布局与优化

结合本地区地形起伏大、南北高差显著、供水服务范围大的特点，确定哈尔滨市采用多水源分区环网模式；并从管网区块化角度出发，划分了11个二级区（图2）。基于哈尔滨市现状管网特点，在管网计算软件WaterGEMs基础上，二次开发城市供水规划决策支持系统。模拟分析系统运行工况，实现供水系统仿真运行，实时反映管网流速、压力、水龄等参数。以满足水量、水压和经济运行为目标，对规划方案中的厂站位置与规模、干管走向与管径进行优化，

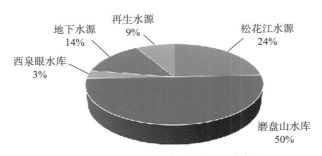

再生水源
9%

地下水源
14%

松花江水源
24%

西泉眼水库
3%

磨盘山水库
50%

图1　规划远期供水水资源优化配置方案图

规划远期哈尔滨市区供水水资源优化配置方案表　　　　　　　　　　表2

规划区	总需水量（亿立方米）	水资源优化配置方案（亿立方米）		
		水库水源	地下水源	再生水源
主城区	4.96	磨盘山水库：3.00 松花江水源：1.18	0.40	0.38
呼兰区	0.62	松花江水源：0.27	0.28	0.07
阿城区	0.39	西泉眼水库：0.19	0.15	0.05

图2　供水分区划分图

获得最优方案。

（4）近期建设规划

结合城市总体规划和"十二五"相关规划，编制近期建设规划，重点包括老旧管网改造、现有松花江水厂工艺升级等内容。

▓ 三、技术创新

1.水系统理论指导下的现有闲置供水设施解决方案

2009年，哈尔滨市主城区主水源由松花江转换为磨盘山水库。新建的磨盘山供水设施取代原有松花江供水设施，原有松花江供水设施全部闲置。在哈尔滨市主城区城市供水供过于求，但却又存在单一供水水源的情况下，现有松花江水源水厂应作为城市应急供水和备用供水设施；在磨盘山供水系统正常检修期，以及应对磨盘山输水管线、供水系统出现故障和其他突发性供水安全事故时，要保证现有松花江水源供水设施能够即启即用，确保城市供水安全。

规划将供水、再生水和景观水系作为一个整体考虑，将水资源的合理配置与水环境的优化提升相结合，实现"水系统"及"水循环"理念在工程规划层面的落实。结合哈尔滨市正在进行的"三沟"水系整治工程，对景观补水需求进行预测；此外，将再生水作为供水水源的一部分参与水资源平衡，采取以需定供的原则，针对性地调研用户需求，以此确定再生水的用途和水量。最终形成包括松花江闲置供水设施利用、水系景观补水和再生水利用的综合规划方案。近期，利用闲置的松花江供水设施为景观水系补水；远期，景观用水由再生水提供，现有松花江供水设施作为区域供水的重要组成部分。

2.基于系统模拟技术的供水管网规划方案优化

依据供水管网微观模型建模理论，利用先进的供水系统分析评价工具，结合哈尔滨市供水管网管道阻力实测结果，构建哈尔滨市供水管网微观模型，通过多方案、多工况模拟计算，分析评价不同规划设计方案中管网压力与管道流速分布，优化调整各供水厂的供水规模、出厂压力及服务范围，从而选择最优的设计方案（图3）。

在本规划方案设计过程中，从系统节能减排与管网漏失控制的需求出发，采用人工智能算法—多目标遗传算法相结合的方法，实现供水管网管径优化设计，并将管网水力计算结果与城市地形、重要设施分布相结合，实现供水管网分区设计，最终确立一级分区5个，二级分区11个，有效均衡了管网服务压力。

运用该方法完成的供水管网规划方案最大限度地发挥现有供水设施供水能力，提高系统运行效率。例如供水管网水力停留时间由120小时降至80小时，极大地减少管道对供水水质的影响；管网平均压力由36.0米降至34.4米，管网最低压力由10.0米提高至20.8米，供水能耗

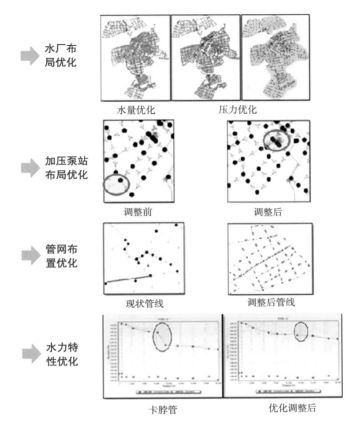

水厂布局优化 　　　水量优化　　　　　压力优化

加压泵站布局优化 　　　调整前　　　　　　调整后

管网布置优化 　　　现状管线　　　　　调整后管线

水力特性优化 　　　卡脖管　　　　　　优化调整后

图3　供水系统优化图

降低了4.3%，管网漏失率降低了5.4%，系统运行成本有效降低，供水可靠性与供水服务水平显著提高（图4）。

供水系统运行的模拟和评价	规划方案优化设计	规划方案综合评价
地形分析与设施布设 ｜ 现状工况动态模拟 ｜ 综合评价与现状调整	设施布局与设计规模 ｜ 管网系统优化布置 ｜ 规划方案模拟分析	技术性、经济性、安全性、可操作性 —— 压力流速 ｜ 基建能耗 ｜ 应急调控 ｜ 专家评估

图4　基于供水管网微观模型的供水系统规划方法框图

3.多目标水资源调度方法的优化与应用

规划确定的哈尔滨市重要水源地之一为多年调节水库，由于多年调节水库具有调节周期长、水库蓄水期或供水期可持续若干年的特点，常规的典型年法难以准确计算多年调节水库的水量年际动态变化情况，计算结果误差较大。为科学测算西泉眼水库的可供水量，项目组在研究过程中对多年调节水库的多目标供水计算方法进行有益探索，提出"修正典型年法"这一

新方法，并进行实践应用。该方法的主要特点是将承担多年调节水库的调节库容分两部分进行考虑，即一部分为调节各年径流量的多年调节库容（$V_多$），另一部分为调节年内径流量的年调节库容（$V_年$）。对于设计标准为P的年份，尤其是特旱年份，$V_年$年内调节为完全调节，其调节的水量为水库的来水量，多年调节库容（$V_多$）可当作一次运用水库。$V_多$调节水量的计算较为复杂，涉及用水量的计算，而用水量又与多年调节库容（$V_多$）相关。因此，采用试算法计算参数 α 和 $V_多$（图5）。

在研究计算过程中，结合来水频率为P=95%的典型年水库年末蓄水动态变化情况，初步设定$V_多$，采用试算法确定$V_多$，并确定水库的调节水量。通过计算设计保证率P=75%的农业灌溉需水量，再采取补偿计算法，计算设计保证率（P=75%）水库的农业灌溉供水量，在此基础上，采用缩减法，计算出P=95%的农业灌溉蓄水量，最后计算得到保证率P=95%的水库可供城镇用水量。实践表明，采用该新方法计算得出的西泉眼水库可供城镇用水量情况与该水库当前的实际运行状况较为符合，测算结果较为科学、可靠。

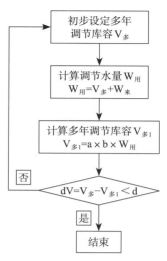

图5　试算法流程图

四、实施效果

规划方案中关于松花江水源的定位受到社会普遍关注，多家媒体进行转载，帮助消除市民对于饮用松花江水的顾虑和担忧。哈尔滨市于2013年启动"松平"输水管线工程，重新启用原有松花江水源供水设施。此外，规划江北松花江水厂的前期论证工作也已开展。

规划方案明确将西泉眼水库作为阿城区（地下水严重超采）的主要供水水源。目前，西泉眼水库供水工程全面启动，保护区划界立标和除险加固工程已经完成、灌区节水改造工程正式启动。水库已经基本具备城市供水条件。

规划确定的呼兰区第三水厂、利民开发区第二水厂扩建、阿城区第三水厂以及哈西加压泵站、进乡街加压泵站等规划供水厂（站）工程顺利实施，老城区供水管网改扩建工程与新城区供水管网建设工程有序推进。

规划提出的江南、江北统一联网供水方案，已纳入哈尔滨市过江隧道工程论证中，考虑预留供水通道的需要，相关的前期工作也在开展中。

哈尔滨市城市排水及再生水
利用专项规划（2011—2020年）

起止时间：2010.5—2013.8
主管总工：杨明松
主管所长：孔彦鸿
主管主任工：莫 雁
项目负责人：王召森　龚道孝　刘广奇
主要参加人：陈 岩　朱 玲　由 阳　徐一剑　李 婧　祁祖尧　范 锦　王 晨　曾有文　周飞祥　周影烈
　　　　　　欧阳力　盛家宝

■■ 一、项目概况

　　《哈尔滨市城市总体规划（2011—2020年）》于2011年5月17日获国务院批复。为落实《关于加强城市污水处理回用促进水资源节约与保护的通知》等要求，巩固松花江水污染防治的实施效果、提高水资源的可持续利用水平，切实支持哈尔滨市委市政府"北跃、南拓、中兴、强县"发展战略，支撑国家环保模范城市的创建，受哈尔滨市水务局委托，由中国城市规划设计研究院城镇水务与工程研究分院开展《哈尔滨市城市排水及再生水利用专项规划（2011—2020年）》编制（图1）。

　　哈尔滨2008年主城区实际居住人口为380.8万人，其中常住户籍人口338.5万人，流动人口42.3万人；城市建设用地323.1平方公里，人均城市建设用地面积84.8平方米。

　　本专项规划共包括城市雨水排除与利用、污水收集与处理、再生水利用三大方面的内容，其中再生水利用规划的范围为主城区2020年规划建设用地范围，面积约458平方公里；雨水排除与利用、污水收集与处理规划的范围为江南老城区和平房老城区以外的主城区建设用地范围，面积约为279平方公里。江南老城区和平房老城区约179平方公里单独编制《老城区雨污分流排水系统规划》，本规划对其进行技术协调与规划对接。

■■ 二、需求分析

　　本次规划核心需求是：以满足合理控制水污染物、提高城市排水安全、加强污水资源化

图1 哈尔滨主城区总体规划图（2020年）

利用等要求为基础，通过深入量化分析，进一步细化排水厂站及管网等的规划控制要素，为规划管控和项目建设提供系统指引与依据。

项目的主要难点，是探索如何破解规划编制期限与设施使用寿命差异悬殊带来的用地预留不足、管网能力难以满足长远需求而在一定程度上导致"拉链"式建设的问题。

三、技术要点

1.规划目标

专项规划确定的整体目标是：完善哈尔滨市城市排水系统，提高污水收集和处理率，加强雨污水资源化利用，保障城市排水安全，提升城市环境品质，促进经济、社会、环境健康可持续发展。

2. 技术思路

规划的总体思路是：以城市总体规划为依据，以提高水资源综合利用与水环境综合治理水平为目标，以解决城市排水系统建设与运行中的主要问题为出发点，以提高支撑和保障能力为核心，研究确定城市排水系统规划方案，为城市排水设施和再生水利用设施的统筹规划、分步实施和可持续发展提供指引和依据。

项目问题导向与目标导向相结合的具体技术路线如图2所示。

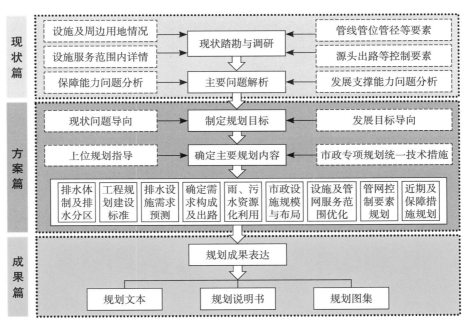

图2　技术路线图

3. 主要内容

1）雨水排除与利用

规划哈尔滨主城区采用雨污分流制和截流式合流制并存的排水体制，其中除呼兰老城中心区采用截流式合流制外，其余区域均采用分流制。按照受纳水体，主城区分为沿江、马家沟、何家沟、信义沟、阿什河、呼兰河6个雨水排水分区（图3）。

雨水采用重力流与泵站强排相结合的方式就近排入地表水体，一般地段雨水管道的设计重现期取1年，部分重点地段重现期取3年。呼兰河、马家沟、何家沟、信义沟沿岸的雨水排出口管内顶标高不低于10年一遇洪水位，松花江沿岸的雨水排出口管内顶标高不低于50年一遇洪水位，其他沟渠雨水排出口管内底标高应高出河底标高30厘米以上，不满足上述要求时，设置雨水强排泵站。

呼兰铁东工业区东北片区、群力西四环以东片区、哈南工业新区南部片区雨水系统应考虑

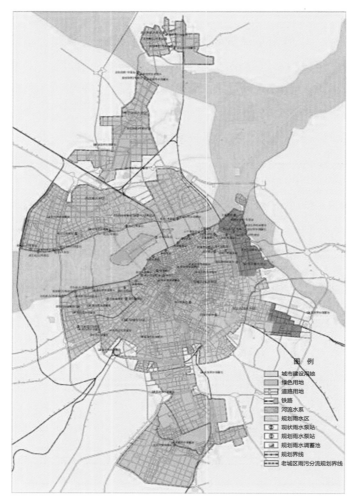

图3　雨水系统规划图

上游远景城市新增建设用地的雨水排除需求；主城区其他远景新增建设用地，应按雨水就近排放的原则单独组织雨水排除系统。

规划雨水主干管渠主要沿垂直于地表水体的道路布置，根据各管段汇水分区的面积及其相应的标准和参数等，对规划各雨水管渠进行水力计算，并给出经水力计算优化后确定的雨水干管管径、管道坡度、管底控制标高等规划指标。

通过方案比选，确定到2020年，规划范围内共设置雨水泵站24座，并分别明确提升能力和规划用地面积；同时，也分别明确改造、新建雨水管渠的长度等工程量。

规划主城区雨水采用增加入渗和蓄滞为主、处理回用为辅的综合利用方式。推广透水地面和低洼绿地的建设，并结合绿地、水系等公共开敞空间加强雨水蓄渗设施的建设，尽量维持水的自然循环状态，减少建设区域内雨水径流量和外排水量的增加，有效降低城市内涝和下游防洪压力等。示范性进行小区和公园雨水的收集和处理回用，主要用途包括景观补水、绿化浇灌、道路浇洒和洗车等。

规划雨水减污措施主要包括：建设生态型河道，增加水体自净能力；采用环保型雨水口，在雨水汇集阶段初步截污，减少初期雨水的悬浮物等部分污染物质；规划保留截流式合流制管道收集部分初期雨水进污水厂处理；考虑到群力片区雨水直接排入松花江对二水源的影响，规划群力雨水主干渠穿松花江大堤后，通过明渠沿河漫滩地向东排入松花江，入江口在松花江二水源下游不小于500米处。

2）污水收集与处理

主城区规划为11个排水分区，分别为沿江排水分区、何家沟群力排水分区、何家沟平房排水分区、马家沟上游排水分区、马家沟下游排水分区、信义排水分区、公滨排水分区、呼兰排水分区、利民排水分区、松北排水分区和太阳岛排水分区（图4）。

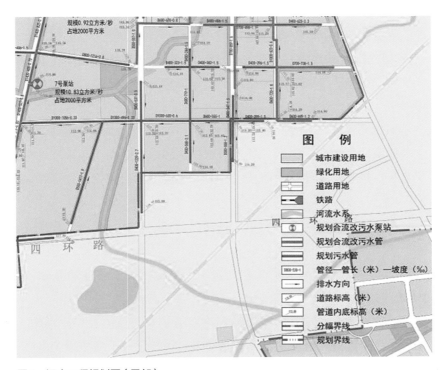

图4　污水工程规划图（局部）

规划期末主城区污水处理厂站的尾水出水水质应达到《城镇污水处理厂污染物排放标准》GB 18918规定的一级A标准。呼兰老城区污水截流主干管的截流倍数取1.5。

呼兰、利民、松浦、群力、公滨、信义沟6个分区应考虑远景上游城市新增建设用地的污水收集和处理需求；主城区远景其他新增建设用地应另行组织污水的收集与处理系统。

江南主城区规划污水主干管主要沿松花江、马家沟、何家沟、信义沟方向布置，江北主城区规划污水主干管沿主要街道布置，根据地形地势采取单侧收集或双侧收集。

预测规划期末主城区集中处理的污水量总计约170.3万吨/日，其中规划区内居民生活污水量约为111.7万吨/日，工业及仓储污水量约为36.5万吨/日，规划区外污水量约为22.0万吨/日；预测主城区远景新增污水量约为44.9万吨/日。2020年和远景主城区含水率为80%的污泥产生量分别为1278吨/日和1615吨/日。

通过方案比选，确定主城区规划设置污水处理厂11座、污水处理站6座，主城区保留平房、集乐、金水河污水处理厂（站），升级改造太平、文昌污水处理厂，扩建群力、松浦、利林、利民、呼兰、信义污水处理厂（站），新建公滨、朝阳、月亮湾、金星、万宝河、万乐污水处理厂（站），并分别明确规划期末、远景处理能力与规划用地面积。

规划在各污水处理厂配建污泥处理设施，其中金水河、金星、万宝河、万乐、集乐和月亮湾污水处理厂（站）的污泥集中到松浦污水处理厂统一处理。2020年和远景主城区含水率为80%的污泥处理能力分别为1335吨/日和1675吨/日。

到2020年，规划范围内共设置污水泵站30座，并确定各泵站的提升能力、规划用地总面积；同时，也分别明确改造、新建污水干管的长度等工程量。

144

3）再生水利用

2020年规划主城区再生水利用率达到20%（图5）。

主城区再生水主要回用于工业用水、景观河道补水和市政杂用。集中式的再生水回用优先选择电厂和工业园区、景观水系等集中用户，分散式的再生水回用就近选择小区景观补水、绿地和道路浇洒等用户。

主城区再生水系统规划分为呼兰、利民、松浦、前进、群力、哈东、平房7个再生水供水分区。

预测主城区2020年非冬季再生水需求量为36.6万立方米/日，冬季再生水需求量为18.5万立方米/日。再生水设施规模按非冬季需求设置。

再生水厂出水水质需满足相应用途的水质标准要求；对于再生水厂出水作为多种用途的，该再生水厂出水水质标准以最高要求确定，即出水满足各类用水水质要求。

规划2020年主城区设置再生水厂9座、再生水站3座，其中保留现状松浦再生水厂1座，新建再生水厂8座、再生水站3座，并分别确定各再生水厂站的建设规模。各再生水厂规划与相应的污水处理厂合建，用地由污水处理厂统一考虑。

再生水管道分为景观再生水管道和工业再生水管道两类。市政杂用水不单独敷设管网，规划在工业再生水管道上设置加水点，供市政及环卫车辆就近取水；景观水系沿岸的绿地从水系直接取水浇洒。

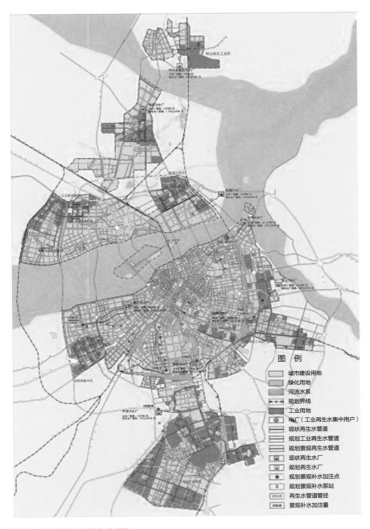

图5　再生水系统规划图

景观再生水管道末端加注点控制水压为5米，各再生水厂出厂水压力为15～25米；工业再生水管网最不利点控制水压为10米，各再生水厂出厂水压力为15～58米，并给出详细的管道水力计算结果。

通过方案比选，确定到2020年主城区景观再生水管道、工业再生水管道的规划新建工程量等。

四、特色创新

本规划研究通过远景协调规划，探索工程设施在规划期限与使用年限上存在"时差"问题

的解决方法：即依据自然地势，分析远景新增建设用地排水系统与当前规划范围内排水系统的关系，将新增建设用地区分为"关联片区""独立片区"两类，其中"关联片区"是指其雨水或污水将来会汇入到当前规划排水系统的新增建设用地；"独立片区"是指其雨水或污水将来不会汇入到当前规划排水系统的新增建设用地。规划在确定厂站、主干管网、排水通道等规模与空间需求时，量化计入"关联片区"的影响，就可以有效避免上述"时差"导致的用地预留不足、管网"拉链"式建设等问题，实现当前规划刚性与远景规划弹性的有机结合（图6）。

图 例

｜﹍﹍｜ 规划期内建设用地

┆┄┄┆ 规划远景新增建设用地界线

▨ 关联片区建设用地

▨ 独立片区建设用地

◩ 主城区规划污水处理厂

▤ 河流水系

说明：
关联片区是指污水汇入规划期内主城区污水处理厂的远景建设用地区域。
独立片区是指污水不汇入规划期内主城区污水处理厂的远景建设用地区域。

图6　远景污水系统规划协调示意图

济南市城市供水专项规划（2010—2020年）

2010—2011年度中规院优秀城乡规划设计奖一等奖
起止时间：2010.1—2011.12
主管总工：杨明松
主管所长：孔彦鸿
主管主任工：龚道孝
项目负责人：孔彦鸿　莫　罹　刘广奇
主要参加人：郑　迪　周影烈　由　阳　王　晨　常魁
合作单位：济南市规划设计研究院

一、项目概况

1.规划背景

2009年，第十一届全运会的举办及京沪高铁济南新客站的建设，给济南的发展带来重大机遇，"十二五"时期是济南市继续推进全面建设小康社会的关键时期。城市供水是城市发展的命脉，济南市委市政府对编制供水专项规划高度重视，2009年11月成立由市委常委、主管常务副市长担任组长、由市市政公用事业局、市发改委、市建委、市财政局、市国土资源局、市规划局、市水利局、市环保局等组成的城市供水专项规划编制工作领导小组。2010年2月正式委托中规院水务院和济南市规划设计研究院承担专项规划的编制工作。

2.城市概况

济南市是山东省省会，著名的泉城和国家历史文化名城，环渤海地区南翼和黄河中下游地区的中心城市。位于鲁中山地之西北，居太沂山地北麓和鲁北平原南部之一角，属暖温带半湿润季风气候，多年平均降水量636毫米。

全市总国土面积8154平方公里，市区面积3257平方公里，2009年全市总人口603万人，市区人口约为340万人，建成区面积330平方公里；2009年实现国内生产总值3351亿元，人均GDP为50376元。

3.规划范围及期限

规划基准年为2009年，近期为2015年，远期为2020年。

规划范围为中心城区（包括主城区和东、西辅城）。按城市总体规划，2020年规划人口

430万人，规划建设用地410平方公里。

4.项目需求

（1）济南作为闻名世界的"泉城"，随着供水需求的增长，"保泉"与地下水资源的合理利用之间的矛盾凸显；迫切需要协调"保泉"与地下水资源的合理利用。

（2）2013年南水北调工程建成，长江水也将成为城市水源之一，面临着如何实现黄河水、地下水及长江水三大水源的优化配置的问题。

（3）城区地形起伏大、高地势地区供水不足、现有设施能耗高，系统布局与功能有待于进一步优化提升。

（4）依据新城市总规，旧城功能将提升，新区建设将向东西两翼展开，供水系统面临着统筹区域、完善配套设施的新任务。

■ 二、技术要点

1.规划目标

落实和深化新版城市总体规划发展目标和相关要求，优化多水源配置和供水设施布局，更新改造输配水管网，提高供水处理能力；提高供水系统的利用效率，提升供水服务水平，支撑城市社会经济的未来发展。

2.规划思路

（1）节水优先、优化配置，提高水资源的综合利用效率。

（2）保泉与供水并重，合理开发利用地下水。按宽备窄用的原则，保留现有全部地下水源作为应急备用水源。

（3）坚持补齐欠账、适度超前、近远结合、统筹兼顾、重点突出、分步实施的原则。

（4）坚持合理布局、系统优化、技术创新、节能降耗的原则。

3.技术路线

（1）研究城市水资源可持续及高效利用策略，提出黄河水、长江水、地下水、再生水等多水源的优化配置方案。

（2）预测各区各类用水需求，进行水资源供需平衡分析。

（3）划分供水分区，优化城市供水系统空间布局，确定各供水厂的水源、布局、规模、用地以及服务范围。

（4）确定供水与再生水管道的走向及管径等参数。

（5）研究集水源保护、管网优化、应急供水、水质安全等多要素为一体的城市供水安全保障措施。

（6）确定各类水源与厂站设施的占地及保护范围。

（7）编制近期实施规划，重点讨论加压泵站的改扩建、二次供水设施的改造、管网改造及新建、高地势和低水压片区的供水保障、分质供水及数字供水系统建设等的近期建设方案。

（8）提出规划实施的保障措施。

技术路线如图1所示。

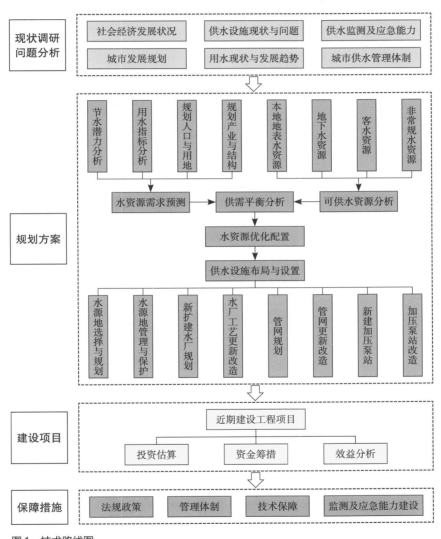

图1　技术路线图

4.规划方案

（1）需水量预测

依据总规和控规采用人均综合用水量和分类用水量指标法两种方法，对分区分类的需水量

进行预测。

（2）多水源配置方案

结合水源的水量水质及空间分布等因素，兼顾各区的人口密度、开发强度及工业布局等影响因素，按优水优用、就近供给的原则，协调和优化多水源的配置格局（图2）。

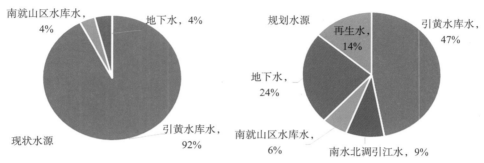

图2　现状水源组成图

降低黄河引水的比例，避免对单一水源的过度依赖；控制地下水开采量不超过补给量，限制主城区的开采，充分利用济西地下水。置换城区现状工业自备井用水，地下水优先主供生活片区；保留现有地下水源及水厂作为应急备用，水源的备用率达到35%；东部新区水源不足，以生产用水为主，可利用黄河引水和南水北调长江水。鼓励再生水回用，规划回用率达到30%，再生水用于绿化浇洒用水、大型工业低质用水及市政杂用水等（图3）。

（3）系统布局及设施规划

根据本地区地形起伏、高差显著、供水区大的特点，采用分区的环网供水模式。首先，根据现有设施布局、规模及地形条件等因素分为三大片区；其次，结合南北地形高差、厂站设施及供水压力的分布，将每个片区进行南北分区（图4）。

应用基于管网水力学计算（WaterGEMS）二次开发的城市供水规划决策支持系统，作为管

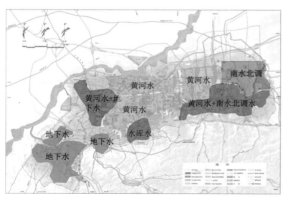

图3　多水源空间优化配置方案示意图

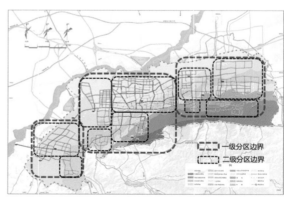

图4　分区环网供水系统布局示意图

网水力计算和方案比选优化的模型工具。收集现有管网GIS数据，并根据调研核实重要节点的拓扑关系，根据各泵站的运行记录单对厂站运行工况进行梳理，在此基础上进行供水系统建模和模型校核，并通过供水规划决策支持系统，对多个方案进行水力学计算和模拟分析，以满足水量水压要求、经济可行、安全可靠为目标，对不同的规划方案进行综合比选，最后确定推荐的优化方案（图5，图6）。

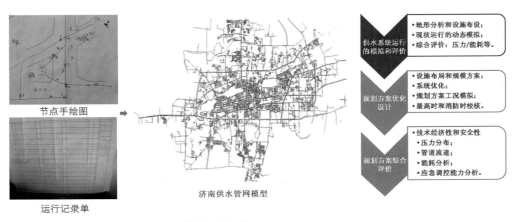

节点手绘图

运行记录单

济南供水管网模型

供水系统运行的模拟和评价
• 地形分析和设施布设；
• 现状运行的动态模拟；
• 综合评价：压力/能耗等。

规划方案优化设计
• 设施布局和规模方案；
• 系统优化；
• 规划方案工况模拟；
• 最高时和消防时校核。

规划方案综合评价
• 技术经济性和安全性
• 压力分布；
• 管道流速；
• 能耗分析；
• 应急调控能力分析。

图5　城市供水系统建模及规划方案优化技术流程图

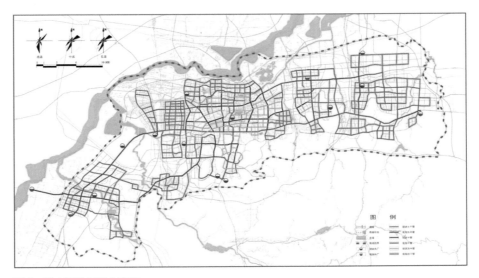

图例

图6　供水系统规划方案图

（4）近期建设规划和投资估算

结合旧城改造和道路建设，确定近期管网更新改造规划方案；提出现有水厂的工艺改造、水厂新建、新区的管网建设等近期建设项目及投资。

▧ 三、实施效果

（1）规划指导了济西二期供水工程、东区水厂、黄河水源地表水厂等供水设施的建设和改造。

（2）提出的应急调控方案为城市应急供水提供有力指导。2009年济南承办全运会期间，东部片区供水需求增加，应急调控方案为保障供水安全发挥了积极作用；2010年大旱时期、山区水库全部干枯，水厂停运，调控方案保障了南部高地势地区居民用水。

（3）推动城市供水的信息化建设，济南启动数字化供水的建设，支撑规划的动态实施。

▧ 四、特色创新

（1）研究提出分区层次化的环网供水模式。结合济南地形起伏等特点，采用分区联网的供水模式，常规时各区独立供水，应急供水时各区之间互通互调；实现压力的分层管理，降低整体能耗、减少漏损并改善水质。

（2）在传统管网水力计算的基础上，基于GIS平台研发供水规划决策支持系统，建立供水系统模型，通过对多方案多工况的水力学计算模拟及多目标综合评估，优化提出规划方案，提高了规划的科学性。

（3）提出全流程供水安全保障体系的建设策略。针对不同类型水源地，提出相应的污染防治和环境保护规划；构建多水源互调互备、统一供水的系统，采用分区联网的供水模式，通过设置各分区及水厂之间的联络主干管和泵站，实现各分区及水厂之间的联合调度；针对济南可能发生的事故风险，提出了城市应急调控规划方案建议。

贵安新区核心区城市水系统综合规划（2013—2030年）

起止时间：2012.1—2013.12
主管总工：杨明松
主管所长：孔彦鸿
主管主任工：洪昌富
项目负责人：张 全 莫 罹
主要参加人：王召森 程小文 王巍巍 顾晨洁 徐一剑 朱 玲 常 魁 周飞祥 贾书惠 宋蕊贞

一、项目概况

1. 规划背景

2014年1月，贵安新区正式设立，建设贵安新区是深入实施西部大开发战略、探索欠发达地区后发赶超路子的重要举措。

按照贵州省委、省人民政府关于加快推进贵安新区规划建设的总体部署，受贵州省住房和城乡建设厅与贵安新区管理委员会的委托，由中规院和贵州省城乡规划设计研究院共同承担《贵安新区总体规划（2012—2030）》的编制工作，并同步启动《贵安新区核心区城市水系统综合规划（2013—2030）》等相关专题和专项规划的工作。

2. 新区概况

贵安新区地处贵州省域地理中心地带，大致位于贵阳市环城高速和安顺市环城高速之间，东至贵阳城区，西至安顺城区，北至斯拉河，南至长江水系与珠江水系分水岭。包括贵阳、安顺下辖清镇市、花溪区、西秀区、平坝县的18个乡镇，行政总面积约1895平方公里，现状常住人口约65万人，城镇化率约为42%，2010年的地区生产总值约75亿元。

按新区总体规划，核心区面积约200平方公里，规划人口130万。规划近期至2015年，中期至2020年，远期至2030年。

二、项目概况

贵安新区多年平均降水量1096毫米，由于山高坡陡、河谷深切、喀斯特岩溶发育强烈，

水资源时空分布不均、开发利用的难度大，属于水资源相对短缺、工程性缺水的地区。规划区分布有"一湖两库"，即红枫湖、花溪水库和松柏山水库，其中红枫湖水域总面积为57.2平方公里，蓄水量可达6亿立方米，深达100米左右，有"高原明珠"之誉，为贵州高原人造湖之最，同时是贵阳市的重要饮用水水源，新区约72%的面积位于红枫湖流域内，保护水环境的需求强烈。本区"天无三日晴、地无三尺平"，区内中小河流较多，且多为季节性河流。降雨形成的径流水量小、季节性强，但汇水快、排水压力小，对末端排放出口的排水能力要求较高，需要预留充分的、通畅的排水通道以保障排水安全。

综上，水资源是本地区发展的重要约束条件，且由于新区承担的水源保护功能至关重要，水环境质量高度敏感，在新区总体规划工作伊始，迫切需要解决如何在未来开发建设中协调发展与水资源保护的关系。本规划项目旨在遵循"人水和谐"的原则，借鉴国内外先进理念、先进经验和适用技术，通过分析研究和系统优化，提出城市水系统建设的总体方案，并为新区总规合理确定发展规模、用地布局及建设模式提供科学支撑。

■ 三、需求分析

1.规划目标

以保障水质安全和改善水环境为核心，以排水排涝安全为前提，通过水资源优化配置与高效利用、污染有效防控、涉水设施建设、工程措施与生态修复的综合应用、人水和谐特色景观文化的打造等规划措施，实现贵安新区在水资源保护前提下的合理开发，落实新区建设生态文明建设示范区的目标要求。

2.主要任务

本项目包括城市水系统综合规划以及供水工程、污水收集与处理工程、再生水利用工程和雨水工程等4项专项规划。

3.技术思路

为实现生态文明新形势下的人水和谐，转变传统的开发建设模式，新区提出低冲击、微循环的开发建设模式，提出构建水系湿地网络，分散式的城镇组团及设施布局，点面结合、工程与生态措施结合的污染源防治策略，推行可持续的排水系统和梯级水资源利用等规划思路。

4.规划方案

（1）基于水质目标的水污染控制策略

水质目标：河流湖库各断面水质达标，进入二级水源保护区断面水质达到Ⅲ类水质；鉴于新区水环境的高度敏感性，除按常规达标外还须考虑水质的稳定达标和安全风险最小。

污染控制策略论证：污染负荷不增加是维持现状水环境质量不恶化的基本前提和底线目

标，据此目标对各类污染源的控制措施进行情景分析和方案论证（以COD和总氮计）（表1）。情景三和五可基本实现污染负荷不增加的规划目标，据此规划提出各类污染源的污染治理模式（图1）和分片区的水污染防治规划策略。

表1

各情景下污染排放量估算结果（以COD计）

情景\内容	情景一：污水厂一级A处理	情景二：污水厂一级A+初雨截留60%	情景三：污水厂一级A+初雨截留60%+再生水及湿地20%	情景四：污水厂一级A+跨流域排放	情景五：一污水厂一级A+跨流域排放+初雨截留30%
工业源	2738	2738	2190	/	/
生活源	2555	2555	2044	/	/
城市面源	10520	4208	3366	10520	7364
负荷增加率	109%	26%	1%	39%	-2%

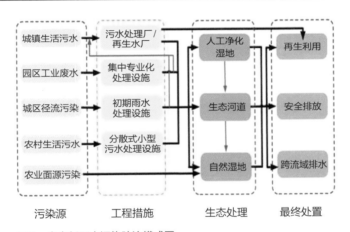

图1 贵安新区水污染防治模式图

核心区水系水质的模拟及评估论证：根据贵安新区现状水系及实测资料，选用一维稳态模型对枯水期水质进行初步的模拟分析，提出各河流水系断面的水质控制要求（图2）；通过河流水质模型计算排放口处最大的允许排放量及环境容量；并对城镇污染处理厂尾水方案的进行综合论证。从保障水源水质安全、尽可能地减少水源水质风险的角度出发，统筹考虑流域上下游，经多次论证，规划近期暂时采用方案一跨流域排放的方案，建设条件具备后建议采用方案二（表2）。

（2）构建水系湿地网络

新区"一湖五库四河多点"的水系湿地空间格局：①水源保护为核心，保留自然河道岸线，利用河湖湿地的生态净化功能；②道法自然：遵从现状水系的疏蜒等形态特征，保留原有河道的自然形态和宽度，尽量减少人为设计与干扰；③弘扬文化：传承人与水和谐的原生

断面编号	所在河流	COD (mg/L)	氨氮 (mg/L)	TP (mg/L)
I-1	车田河	20	1	0.2
I-2	东门桥河	20.5	1.05	0.2
I-3	马场河	20	1	0.2
I-4	凯掌引水渠	20	1	0.2
II-1	车田河	20.17	1.02	0.201
II-2	车田河	20.32	1.04	0.202
II-3	车田河	20.64	1.09	0.205
II-4	车田河	20.70	1.10	0.206
II-5	车田河	20.72	1.11	0.206
II-6	车田河	21.05	1.18	0.210
II-7	车田河	21.27	1.20	0.212
II-8	冷饮河	20.51	1.05	0.203
II-9	冷饮河	20.84	1.08	0.205
II-10	冷饮河	21.12	1.12	0.207
II-11	刘家庄水库下游河流	20.25	1.04	0.203
II-12	凯掌引水渠	20	1	0.2
II-13	马场河	20.14	1.02	0.201
II-14	马场河	20.41	1.07	0.204
II-15	马场河	20.64	1.12	0.207
II-16	东门桥河	20.68	1.08	0.202
II-17	东门桥河	20.75	1.09	0.203
II-18	东门桥河	21.05	1.14	0.206
II-19	东门桥河	21.29	1.18	0.209

图2　核心区各河流水系控制断面布局及水质控制要求图

核心区污水处理厂尾水排放方案综合比选　　　表2

	方案一：跨流域排放	方案二：本地深度处理后就地排放
水质稳定达标	对水源地影响较小	对水源地存在一定的水质风险
技术成熟度	较高	有一定的不确定性
负荷削减	污染负荷削减量有限	本地尽可能地削减污染负荷
水资源再生利用	区域外污水资源利用	便于本地污水资源再利用
基建和运行费用	建设长距离的尾水排放管道和污水泵站；提升动力费用较高	用于深度处理设施，其建设运行费用较高
可操作性	受南明河环境容量限制；需要区域协调	—

态文化，保留和恢复原有村寨引排水设施。新区水系湿地网络的构建模式、功能分区和空间布局如图3所示。

核心区"四河六湖多湿地"的水系湿地格局：不恰当的建设方式，包括对自然水系的占用、破坏，及对河道水系采取修堤筑坝、固化渠化等措施，使自然水系统丧失泄洪蓄洪等功能，是城市产生内涝问题的重要原因之一。

新区建设中为避免和减轻对自然水文循环过程的干扰，按大排水系统重现期50年至100年一遇的标准，应用GIS水文分析技术，通过无洼地DEM生成，汇流累积量、水流长度计算，河网提取、流域分割、汇水区分级等，构建了"碧水—清溪—绿谷"组成的三级水系以有效

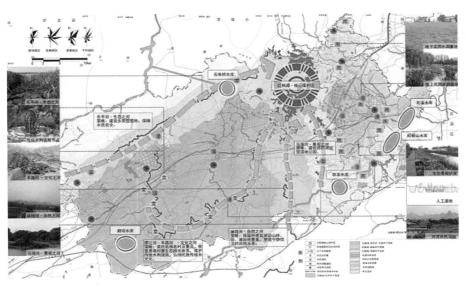

图3 贵安新区水系湿地系统规划图

应对洪涝。结合用地功能和降雨/水系水位的动态变化，借鉴国外蓝绿空间（Blue-green space）的概念与规划方法，提出了三级水系以蓝绿空间的规划表述。整合河湖水系湿地的水质控制、排涝安全及景观文化功能提出了核心区的水系湿地布局方案（图4）。与传统布局模式不同如图5所示。

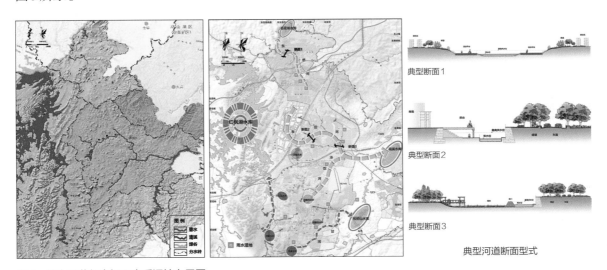

图4 核心区蓝绿空间及水系湿地布局图

（3）专项规划方案要点

按保证水源水质和排涝安全优先、统筹协调、因地制宜、近远结合的规划原则，确定各项涉水设施的规划目标为：城市集中供水普及率达到100%，污水收集处理率为100%；严格控

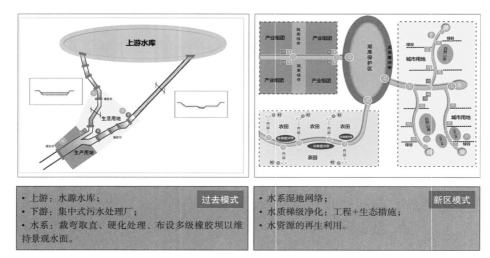

- 上游：水源水库；
- 下游：集中式污水处理厂；
- 水系：裁弯取直、硬化处理、布设多级橡胶坝以维持景观水面。 过去模式

- 水系湿地网络；
- 水质梯级净化：工程＋生态措施；
- 水资源的再生利用。 新区模式

图5 城市水系湿地空间布局模式对比图

制初期雨水污染，中后期雨水以安全排放为主，"渗、蓄、滞、用"相结合；污水再生利用率为40%。

四、实施效果

本项目与新区总体规划同步编制，提出的蓝绿空间布局在新区总规中得以落实；规划为贵安新区城市水系后续的设计建设提供了技术指导，规划在低影响开发、雨水径流污染控制等方面的探索及规划实践，为未来贵安新区成功申报国家海绵试点城市奠定了基础。

五、特色创新

（1）结合贵安新区生态文明示范区的发展目标，以及流域水资源的约束条件，借鉴国内外先进理念，提出了人与水、水与城和谐发展的、低冲击微循环的开发建设模式。

（2）统筹新区水环境、水安全和水资源的问题挑战，通过系统优化，提出多尺度多功能的水系湿地网络布局方案，以及工程措施与生态治理相结合的污染防治策略。

（3）结合新区降雨水文及地形等特征，基于新区排水防涝安全保障的需求，通过水文模型模拟优化，创新提出三级水系—蓝绿空间的布局方案。

兰州新区水循环系统综合规划编制暨兰州新区给水、排水、中水专项规划调整（2014—2030年）

起止时间：2013.10—2016.6
主管所长：张　全
主管主任工：郝天文
项目负责人：莫　罹　徐一剑
主要参加人：罗义永　常　魁　王宝明　祁祖尧　周飞祥　芮文武

▦ 一、项目概况

1.规划背景

2010年5月，《国务院办公厅关于进一步支持甘肃经济社会发展的若干意见》（国办发〔2010〕29号）出台，明确提出要积极推进兰州新区发展。2012年8月，根据《国务院关于同意设立兰州新区的批复》（国函〔2012〕104号），兰州新区的发展定位为西北地区重要的经济增长极、国家重要的产业基地、向西开放的重要战略平台、承接产业转移的示范区。

兰州新区地处秦王川盆地，属于西北干旱地区，本地水资源极度紧缺，今后的发展用水将主要依赖引大入秦工程的外调水资源；新区范围内无常年性天然地表径流分布，水环境容量十分有限，尾水排放受到一定程度的限制；为此兰州新区提出构建水资源高效循环利用系统，建设国家级节水城市和西北干旱地区水资源循环利用示范城市的目标，亟需借鉴国内外先进理念做好新区水循环系统的顶层设计。

此外，《兰州新区总体规划（2011—2030年）》对石化园区的选址、机场周边空间协调等问题进行优化，建设用地及路网也进行了调整和优化，现有专项规划已不完全适用，基于上述背景，兰州新区管委会及城乡建设管理局委托中规院水务院开展《兰州新区水循环系统综合规划编制暨兰州新区给水、排水、中水专项规划调整（2014—2030年）》的研究编制工作。

2.城市概况

新区位于秦王川盆地，属黄土梁峁间盆地地貌类型，距兰州市区38.5公里。多年平均降水量218毫米，年蒸发量约1880毫米，降水时空分布极不均匀，多以暴雨洪水为主，经冲沟流入黄河，含沙量大、矿化度高、难以利用。新区范围内现有大小自然沟道约63条，其中承

担洪水外泄作用的较大沟谷有碱沟、龚巴川和沙沟。

新区范围涉及永登县和皋兰县，规划面积为806平方公里，2014年人口约22万人。根据修改后的新区总规，2020年规划人口60万人，建设用地约80平方公里；2030年规划人口100万人，建设用地约为170平方公里。本项目的规划范围与期限与总规一致，近期至2020年，远期至2030年。

二、技术要点

1.规划目标

结合新区的水资源条件和用水特征，构建由给水系统、排水系统与回用系统组成的新区水循环系统，实现水资源的循环利用和高效配置，降低新鲜水需求；加强污水回用、减少尾水的排放量；落实海绵城市建设模式，构建立体的城市排水防涝体系，保障城市排水防涝安全。

2.水循环系统规划

水资源优化配置：结合新区各类用水的需求预测，充分考虑技术经济可行性、安全性、可操作性以及发展的阶段性，近远结合提出水资源优化配置方案；充分考虑水资源环境承载力，坚持以水定城的原则，严格控制高耗水行业的发展，加强石油化工工业用水的重复利用；促进再生水利用，市政杂用、工业低质用水优先使用再生水，不断推进再生水回用于工业用水的比例；新鲜水优先且主要用于居民生活用水；鼓励经济可行的雨水收集利用，主要用于景观补水。

规划提出低回用模式（传统模式）、中回用和高回用三种不同的水循环系统模式，随着新区自身发展逐步推进水循环系统模式的升级，同时保留新鲜水的供应能力和尾水排放通道（图1）。

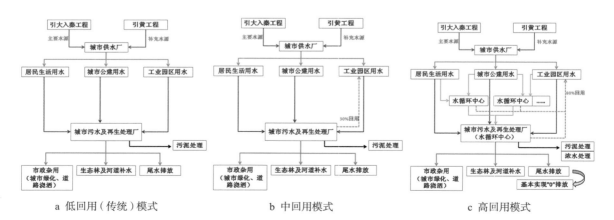

a 低回用（传统）模式　　b 中回用模式　　c 高回用模式

图1 新区水循环系统的三种模式

低回用模式下，再生水回用于市政杂用，再生利用率仅为12%；中回用模式下，再生水将替代约30%的工业新鲜水取用量，再生利用率接近40%；高回用模式下，城市污水通过集中式污水处理厂或分布式的水循环利用中心，处理后全部回用于市政杂用和工业用水，再生利用率达到80%，尾水接近于零排放，新鲜水取用量约为传统模式的1/2。

排放及回用水质分析：新区无常年性地表径流、无稀释容量，且土质松软，易下渗。考虑到污水一级A处理后直接排放存在细菌等卫生学指标超标，总氮（硝酸盐）高，景观补水易发生富营养化，易下渗污染地下水等问题。建议根据不同回用特点采用不同的处理工艺，当回用于低质工业用水、城市杂用水时，以满足一级A水质标准的污水厂出水为原水，采用混凝沉淀、物理过滤和消毒的工艺；当再生回用有更高的水质要求时，可根据实际采用超滤、纳滤、反渗透、反硝化滤池等工艺（表1）。

不同的污水回用类型及推荐工艺　　　　　　　　　　表1

回用类型		回用特点	推荐工艺
工业	直流冷却、洗涤	对水质要求不高，需求量巨大，可作为回用的重点。主要考虑防止腐蚀、结垢、微生物滋生	一般地，一级A出水经混凝沉淀、过滤、消毒后即可回用
	敞开式循环冷却水、锅炉补给水、工艺与产品用水	对水质要求相对较高	需要根据具体情况采取相应的处理工艺
市政杂用		应加强对大肠杆菌、浊度、TSS、色度等的监控。回用于园林绿化的，不必控制营养盐	一般地，一级A出水经混凝沉淀、过滤、消毒后即可回用
景观用水		应注意营养盐（氮、磷）的去除	若景观用水全部或主要采用再生水，则需采用反硝化滤池、反渗透等工艺
地下水回灌		不建议此类用途	—

布局模式：（1）常规的布局模式，根据新区组团式布局，规划设置6个污水及再生水处理厂；（2）分布式的布局模式（远景），考虑方案实施的不确定性、分期建设和可能的供排水风险，保留常规的污水及再生水处理厂，适时建设水循环利用中心20～40个，各水循环中心根据各自的用户水质需求确定处理工艺，并满足规划提出的布局要求。

3.给水工程

规划目标：2030年集中供水普及率达到100%，工业用水重复利用率达到97%以上，公共供水管网漏损率控制到8%以内。

需水量预测：按主城区用水量、石化产业片区用水量及飞地经济片区用水量分区分类预测。

供需平衡分析及水源规划：考虑水库检修、调蓄水库建设及可供水量的不确定性，提出四个供需平衡方案，比选后建议采用以引大入秦工程为主、引黄提水工程为辅的双水源供水格局，同时再生水作为补充水源。近期以引大入秦工程为主要水源。

供水分区及设施布局：扩建新建4座水厂，总供水能力达到95万立方米/日。结合用地布局布置一级供水分区，包括重力供水分区和加压供水分区；在一级供水分区的基础上再划分二级供水分区。通过双水源及水厂之间的联络管线形成供水厂之间互联互备的供水形式，供水分区之间由主干管连接，形成双源多厂的一体化供水格局，实现应急条件下分区之间协调调度（图2）。

4.污水工程

规划目标：遵循因地制宜、集中与分散相结合、近远期结合原则，建立完善的污水收集、输送、处理和排放的基础设施系统。

2030年城市生活污水及工业废水集中处理率达到100%，污水管网覆盖率达到100%，污泥无害化处理处置率达到100%。城市污水处理厂实现一级A排放标准，且满足相应受纳水体对于排放量的限制要求。

规划新区排水体制采用雨污分流制。预测污水排放总量为50万立方米/日，结合用地布局及竖向条件划分为6个污水分区，规划建设6座污水处理厂，总处理规模为56万立方米/日；新建污水提升泵站8座。

尾水排放通道：第一污水处理厂尾水输送至大西沟水库，第二、三、四、五污水处理厂的尾水通过龚巴川、沙沟尾水排放通道输送至黄河，石化污水处理厂的尾水通过龚巴川、沙沟尾水排放管道输送至黄河（图3）。

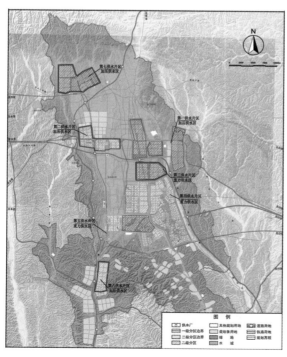

图2　供水分区规划图

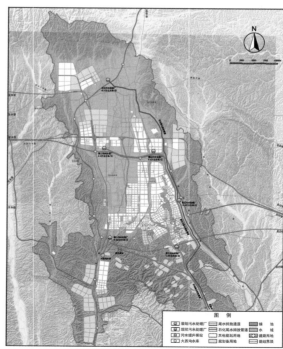

图3　污水尾水排放通道规划图

5.雨水工程

规划目标：建设低影响开发设施，促进雨水下渗，补充地下水；优化流域排水分区，按《室外排水设计规范》GB 50014—2021的要求，完善雨水管网系统建设，对雨洪水通道进行梳理，预留预控完善的雨洪水排除通道系统，保证雨洪水排除通畅（图4）。

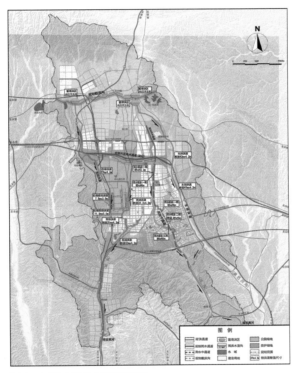

图4　雨洪水排放通道规划图

规划指标：雨水管网的设计重现期标准为一般地区2～3年，重要地区3～5年，地下通道和下沉式广场等特别重要地区可采用10～20年。年径流总量控制率目标不低于70%，综合径流系数为0.55，可渗透地面面积比例不低于40%（自重湿陷性黄土和高含盐土等特殊土壤地质区域除外）。

规划新区划分为五大雨水分区25个雨水子分区，雨水收集后按分区分片原则就近排入东排洪渠、雨水中通道、西排洪渠、机场西排洪渠及其他水系。

6.中水工程

规划目标：完善污水处理及再生利用系统，不断提高污水再生回用率。2030年回用率达到40%，远景再生回用率约为80%。再生水厂出水水质应满足《城市污水再生利用 城市杂用水水质》GB/T 18920—2020、《城市污水再生利用 工业用水水质》GB/T 19923—2005等相应水质标准的要求。

中水用途和需求分析：市政杂用水和工业用水应积极利用中水，特别是工业用水中水质要求不高的冷却水；景观环境用水要优先利用中水。新区每年3月至10月为浇灌季节，中水主要回用于绿地、道路浇洒、工业等；11月至次年2月为非灌溉期，中水主要回用于工业、道路浇洒和生态林补水。预测2030年中水需求量5137万立方米。

中水处理设施及布局：中水处理厂与城市污水处理厂统一布局合并建设，中水处理设施总规模为18万立方米/日，划分为5个回用分区。统筹考虑市政杂用、景观补水及工业回用的中水需求，完善中水管网系统，建设中水厂之间的联络管，以实现水厂之间的水量调配。在各回用分区范围内，沿主要街道以及绿地、水体等敷设中水管道，并在管道上设置加水点，便于市政及环卫车辆取水。工业中水管道主要以点对点的方式敷设输配水管线，管网布置采用环状和枝状相结合的方式。

■ 三、特色创新

1. 创新理念，系统优化

统筹考虑新区本地水资源缺乏、无天然径流、暴雨集中等自然条件，结合工业用水占比较大等的特征，遵循水循环系统的新理念，基于水质水量的水资源平衡分析，通过系统优化提出城市供水、污水处理、雨水及再生水利用的统筹安排和单项方案，以提高再生回用率和水资源综合利用效率。

2. 分类施策，加强回用

对再生水回用用途、不同用户的水质水量需求进行分析，划分回用分区，分季节进行供需平衡分析，在此基础上提出再生水设施及管网的布局模式、水质处理要求和建设方案。

3. 预留排水通道，保障安全

新区范围无天然河道，规划结合自然地形地势提出污水尾水排放通道建设、雨洪行泄通道预留的规划方案，保障排水防涝安全。

拉萨市排水工程专项规划（2018—2035年）

2018—2019年度中规院优秀规划设计二等奖
起止时间：2018.9—2019.9
主管总工：孔彦鸿
主管所长：龚道孝
主管主任工：莫 罹
项目负责人：刘广奇　周广宇
主要参加人：孙广东　徐丽丽　吴 爽　芮文武
合作单位：天津大学　核工业西南勘察设计研究院有限公司

■ 一、项目概况

　　拉萨市是西藏自治区首府城市，是国务院首批公布的24个历史文化名城之一，平均海拔3650米，属于独特的高原温带季风气候，年均降水量443毫米，夏秋两季降雨量占全年的80%至90%，干湿季节分明。2017年，中央第六环保督查组进驻拉萨，2018年1月，向西藏自治区正式反馈拉萨城市水污染的严峻形势，包括：城区污水处理能力尚有较大缺口、城市存在明显的污水直排入河现象、排水管道雨污混接情况突出、已建成污水厂运行效能偏低等问题。

　　2018年9月至2019年9月，中规院水务院牵头承担拉萨市排水工程专项规划及主城区地下排水管网普查项目，项目规划期限为2018—2035年，其中2018—2025年为近期，远期至2035年。

■ 二、问题分析

　　拉萨主城区排水管道混错接问题较多，75公里分流制污水管道普遍沿线接有雨水篦子、133公里分流制雨水管道中123公里有小区污水接入，由此带来75处雨水排放口中40处曾出现旱天污水流出现象、内河进入建成区时水质优良而流出城区时水质明显降低。

　　拉萨主城区共有5座污水厂、总处理能力20.9万吨/日，但服务范围内实测旱天污水量约24万吨/日，缺口明显，同时，污水厂进水COD、氨氮浓度不足设计值一半，严重影响污水厂正常运行。

按照《全国重要江河湖泊水功能区划（2011—2030）》，拉萨河城区段水质应分段达到地表Ⅱ、Ⅲ类，受污水厂尾水排放等因素影响，河道水质稳定达标尚存一定困难，污水厂尾水需要深度处理后进行再生回用。

▨ 三、技术要点

1.项目目标

排水体制方面：近期，主城区以外组团，全部按雨污分流体制推进改造及建设，主城区内既有排水管道保留现状排水体制，新建道路工程预埋分流制雨水管道；远期，主城区实施雨污分流改造，现状排水管道保留作为污水管，新建雨水排放系统。

排水能力方面：主城区既有合流制区域排水能力应达到3年一遇、合流制系统截流倍数不低于2.0，新建雨水管道设计标准达到3年一遇，主城区外各组团雨水排放标准达到2年一遇。

处理要求方面：按照《西藏自治区水污染防治行动计划工作方案》，近期，城区污水处理率达到95%、远期达到全处理；近期，拉萨市再生水回用规模不小于2万立方米每天，远期，拉萨市各污水处理厂出水全部具备道路浇洒、绿化、生态回补条件。

2.技术思路

一是系统诊断、全面体检。规划与主城区地下排水管网诊断，城市内河及排水系统水量水质检测同步开展，通过内外结合的全方位手段，溯源过去若干年以来城市建设中排水系统累积的复杂问题，在制订规划方案之前，先对城市排水体系做一次全面体检，彻底摸清城市排水的真正问题。

二是突出重点、因地制宜。基于排水管网诊断结论，针对拉萨城市排水面临的"污水厂进水浓度偏低、排水管网建设缺乏系统性、污水深度处理需求迫切"问题，结合高原气候、地质、水文条件以及经济社会发展状况，制订近远期建设方案，确保规划的可实施性。

3.主要内容

1）管网普查

以市政管网为主，向上游探测至小区出口、向下游探测至污水处理厂入口、沿河排放口或其他出口，探测分流制小区排水管线混接情况，查明主要排水管道水流流向等信息，普查涉及雨水、污水管道总长约800千米，普查过程中，采用"勘测结果与管网流量水质监测数据对比、勘测图与既有项目竣工图对比、本次勘测成果与前次勘测成果对比"等方式，确保成果可靠。

项目向市自然资源、住房和城乡建设、水利等部门分别提供不同坐标系的多套成果，有效衔接、指导各部门建设中的项目。项目配套开发了地下排水管网信息化平台，已交付住房和城乡建设、城市综合管理、环境保护等市直部门及各区（园区）排水管理部门共10余家单位使用，极大推进了城市排水的一张图管理。

2）管网诊断

针对城市污水厂进水浓度偏低突出的问题，项目开展对河道、管网排口与管道井、城市地下水、建筑小区居民排水等处的持续性流量与水质检测，共检测231处点位。项目创新性研发"特征离子法"筛选生活污水、地下水、地表水等的标志性理化指标，结合流量水质平衡分析，逐段解析管道水的水质组分，最终锁定主要外水侵入位置与侵入水量并制订针对性措施（图1）。

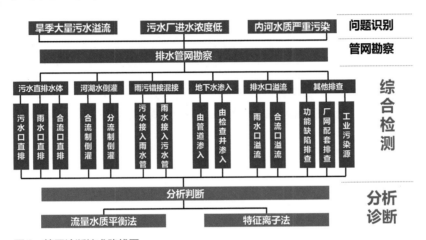

图1 管网诊断技术路线图

根据管网水质监测结果（表1），对管道或河道中各种成分的占比进行推算：利用管道水中化学物质质量平衡关系计算管道水中地下水占比，及河水、地下水、生活污水各成分所占流量（图2）。

部分指标日检测结果范围（单位：mg/L）　　　　　　　　　　　　　表1

	河道清水	建筑小区生活污水	地下水
COD	6～19	124～449	5.1～14.3
Mn	0.01～0.13	0.02～0.08	8.69～47.91
LAS	未检出	1.6～2.54	未检出

3）污水、雨水、再生水系统规划

（1）污水系统规划

实施主城区雨污分流是污水规划的重点。

规划首先对主城区排水系统进行了能力评估（图3）。采用美国环保署EPA-SWMM模型对城市北郊、东郊、西郊以及城市中心现状合流制排水管道进行建模评估。根据评估结果发现：当发生1年一遇降雨时，主城区内26%主干道将产生积水，发生3年一遇降雨时，主城区43%主干道将发生积水。评估结果证明：主城区雨污合流管网已无法满足城市排水需求。

图2　管道各处检测点河水侵入比例图

管道排水能力不足路段　————　管道排水能力充足路段　————

图3　主城区管道排水能力评估图（3年一遇降雨）

　　项目针对主城区建成区东西长达20公里、南北宽仅2公里，并且历史城区位于带状建成区中部特点，采取"上改、中优、下扩"的合流制排水系统改造方案，"上改"，是在主城区上游增加内河水系、减轻中游压力，"中优"，是在主城区中心细化排水分区、均衡排水负荷，"下扩"，是建设主城区下游排水干渠、实现快速疏解，系统、彻底地破解主城区排水困局（图4）。

　　（2）雨水系统规划

　　拉萨中心城区范围内水系形态丰富多样，包括河流、湿地、水渠、公园和广场的人工水面

下扩：建设排水干渠　　　　中优：细化排水分区　　　　上改：增加内河水系
　　快速疏导疏解　　　　　　均衡排水负荷　　　　　　减轻中游压力

图4　主城区雨污分流改造示意图

以及其他坑塘、洼地和山体冲沟等，形成"两河、三廊，水成网、湖密布"的结构。

　　项目提出，结合拉萨中心城区位于河谷地带，城区南北两侧山洪沟发育的特点，完善山洪沟防洪治理工程，雨洪行泄标准达到30年一遇，同时，完善坡面洪水拦截、疏导、排放工程，治理标准达到20年一遇；在中心城区内恢复重要排水通道，优化排水出路，增强湿地生态调蓄空间，主要修复布达拉宫周边历史水系，最大程度还原中干渠、南干渠和北干渠水系功能，新建纳金水系、新建及改扩建一系列水景公园，最大程度利用自然的力量排水。最终形成城市内、外统筹，山洪、内河、管道共同发挥作用的雨水排放系统（图5）。

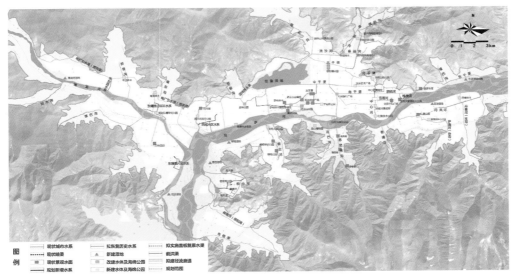

图5　规划水系布局图

（3）再生水系统规划

　　根据《全国重要江河湖泊水功能区划（2011—2030）》，雅鲁藏布江属于西南诸河，拉萨河

为雅鲁藏布江的5大支流之一，其水功能区划及水质目标见图6。为保证拉萨河水质稳定达标，本规划在西郊油库以上拉萨河段不设置任何排口，同时采纳拉萨市、各区（园区）以及相关市直部门等意见，提出全域配套再生水回用工程，污水处理厂再生水逐步回用于达孜城区、百淀组团、柳梧组团、顿珠组团、慈觉林组团以及南山公园、柳梧滨河公园的道路浇洒、绿化等城市杂用用途，剩余再生水作为城市湿地的生态补水。

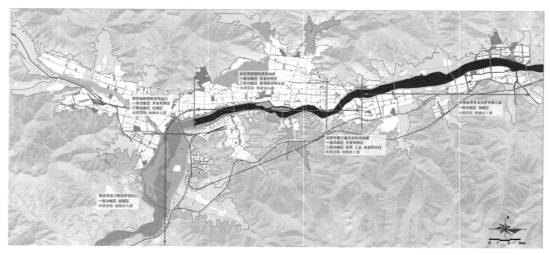

图6 拉萨河城区段水功能区划示意图

▊ 四、实施效果

项目编制中，恰逢《城镇污水处理提质增效三年行动方案（2019—2021年）》文件处于起草阶段，项目编制过程中多次与住建部城建司交流，项目提出的"管网普查前置、厂网河系统诊断"做法，在《城镇污水处理提质增效三年行动方案（2019—2021年）》中得以纳入并全面推广，项目实施后，拉萨城市污水厂2020年1月至6月进水浓度相对前一年同期提高了60%～70%，成效显著（图7）。

本项目得到拉萨市委市政府高度重视，2019年4月至6月，市委书记、市委常委会生态工作专班召开多轮工作部署会，将项目提出的一系列重大工程列入《拉萨市国民经济和社会发展"十四五"规划和二〇三五年远景目标纲要》，有力指导"十四五"期间拉萨市城市建设发展，2022年4月，项目内的中心城区水系修复及生态治理工程完工，包括布达拉宫周边水系在内的五个城区水系被连通，有效改善城区排水条件、提升城市水生态环境（图8）。

项目还与《拉萨市国土空间总体规划（2019—2035年）》紧密衔接，使一大批工程迅速落地。2021年，在西藏和平解放70周年大庆前，藏大路雨污分流及排水防涝工程、城关区安居

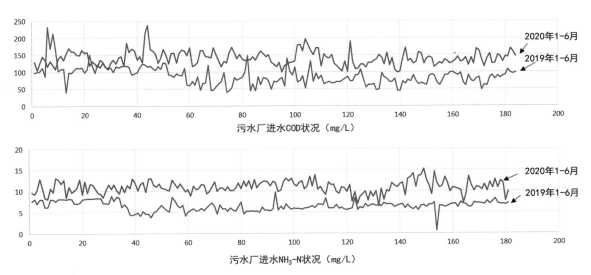

图7 项目实施前后拉萨市污水处理厂进水水质状况图

图8 项目实施前、后的城市水环境状况图

苑等一批雨污分流改造工程陆续完工，柳梧南7.5万吨/日处理能力污水厂及配套主管工程、拉萨河南岸3座污水厂尾水再生利用（总规模14.5万吨/日）项目相继进入建设阶段。

五、特色创新

一是突出系统治污理念，项目不仅完成排水设施布局、标准、规模等传统规划内容，更加注重提高排水系统运行效能和高水平发展，首次将管网普查、管网水量水质诊断等纳入项目内容，打破了传统排水工程规划的局限，用普查、诊断与污水、雨水、再生水协同规划方法，解决复杂的城市水污染治理问题。

二是创新研发技术方法，项目创新研发"特征离子法"，区分管道水成分类型，采用流量

水质平衡分析，逐段解析管道水成分比例，形成能够精确溯源管道外水侵入问题的技术方法，在项目内同时用于分析河流污染成分、衡量各类污染贡献、定位入河排污位置，为"十四五"期间，全国各地深入推进污水处理提质增效工作提供可借鉴可参考的技术范例。

三是注重指导工程实施，项目在工作期间，获得拉萨市委市政府高度重视，与拉萨市"十四五"规划、国土空间总体规划、"十四五"城建计划密切衔接，项目既注重系统研究，又针对当前城市生态环境保护的突出问题，同时紧密结合先期完成的管网普查，使项目内工程方案具有极强的针对性、时效性，保障了工程实施效果良好。

连城县排水防涝专项规划及系统化实施方案

2020—2021年度中规院优秀城乡规划设计奖三等奖
起止时间：2020.8—2021.11
主管所长：龚道孝
主管主任工：桂　萍
项目负责人：胡小凤
主要参加人：周飞祥　杨映雪　袁　芳　马　帅

一、项目概况

近年来，国家高度重视县城内涝治理"补短板"工作。2020年国家发展改革委、住房和城乡建设部联合印发了《关于做好县城排水防涝设施建设有关工作的通知》和《关于印发县城排水设施建设实施方案的通知》，要求"各省在汇总形成全省县城排水防涝设施分批建设方案的基础上，根据系统化方案编制质量和当地各项建设条件优劣等情况，选择2020年率先实施的县城"。连城县是闽西著名的革命老区，一直以来饱受洪涝灾害之苦，特别是2015年"7·22"、2019年"5·17"特大洪灾均发生严重淹水的情况，人民群众的生命财产遭受了巨大损失。2020年7月中规院水务院受委托开展连城县排水防涝专项规划及系统化建设方案编制研究。

连城县，别名"莲城"，位于福建省西部，武夷山脉南端东侧，县城区呈盆地地形，东南部为玳瑁山脉的梅花山中山区，西部为松毛岭高地，属海洋性季风气候，多年平均降雨量为1687.4毫米，降雨主要集中于5月至9月梅雨期及台风期，约占全年降雨量的56.7%。连城县境内有闽江、汀江、九龙江三大流域，其中穿城而过重要的河流——文川河属闽江流域，其西侧汇水量较大，集雨面积约43.6平方公里；其他河流如黄九垄溪、张坊溪、林坊溪、隔川溪、水南溪、五寨溪等6条溪流自西向东汇流进入县城，平均坡降达10.23‰。

连城县是福建建设海峡西岸经济区纵深连片发展重点区域，也是内地连接沿海的重要交通枢纽，总人口34.8万人，建成区总面积为27.56平方公里，规划将2025年作为近期年；远期和连城县国土空间规划时间保持一致，为2035年。

■ 二、问题分析

连城县历史上汛期洪涝灾害频发，根据县志记载，文川河流域历史上平均十年就会发生一次大的洪涝灾害。中华人民共和国成立七十多年来，全县局部或较大范围出现的水灾计13次，近期以2015年7月22日的洪水为最大，全县共有34个站点雨量超过100毫米，8个站点雨量超过200毫米，洪水频率超过100年一遇，"7·22"暴雨洪水创连城县有气象观测记录以来的历史最大值。

通过对连城县本底条件分析，造成连城内涝频发的原因主要包括以下方面：

（1）山水格局容易造成汇流集中。县域地处闽西武夷山脉南段，县城西侧及北侧为玳瑁山脉，城区呈盆地地形，黄九垄溪、张坊溪、林坊溪、隔川溪、水南溪、波洋溪等6条溪流自西向东汇流进入文川河城区段，上游支流坡降陡、汇流急，"因洪致涝"特征明显（图1）。此外，由于城区上游部分植被破坏，水源涵养能力不足，同时流域内仅有的中型水库位于城区下游，对城区基本不具有调节作用等因素，城区排涝压力较大。

（2）外围城市建设加剧老城排涝压力。老城历史上依水而生，后面发展建设的工业园区、北部新城、西部新区都位于老城上游，城市化进程使得原来的山体、农田、池塘被建设用地侵占，雨水调蓄空间减少，大暴雨情况下山洪从上游快速汇集流下，原有排水系统承担过多雨水径流，加重排涝压力（图2）。

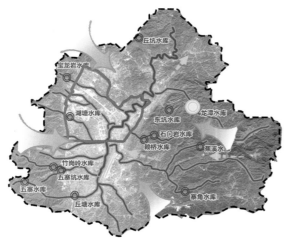

图1　盆地地形容易造成汇流集中

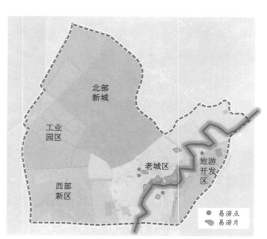

图2　城市发展加重了老城排涝压力

（3）城镇开发建设缺乏竖向统筹与管控。由于建设的先后顺序，早期规划建设中无完善的道路、竖向及排水规划进行系统性指导，出现部分低洼地块（如西门市场）周边的雨洪水顺着地势排入低洼地块，造成该区域内涝严重。此外，城市建设过程中缺乏竖向和排水河道之间的统筹衔接，老城文川河沿线已建用地部分地块竖向较低，20年一遇洪水条件下，场地内的雨水难以外排。

（4）排水防涝基础设施建设较为滞后。除了新建区域及道路，中心城区的老城、城中村、乡村结合部都是雨污合流制。管网空白区比较多，老城的管网主要是依靠暗渠和边沟排水，断面尺寸较小，雨水排水能力有限。人口最为集中的老城片区排水管网建设历史欠账较多，老旧破损情况较为严重，沿文川河分布易涝点共4处，易涝片区共8片。

■ 三、技术要点

1.规划目标

近期（2025年）目标：逐步消除县城建成区主要内涝积水点，彻底解决西门市场、西城文教片区新兴村、水南溪等处的内涝情况，实现重点区域"大雨不积水、暴雨不内涝、大暴雨不成灾"的排水防涝系统建设目标；城市雨水管渠及泵站保证设计标准以内的降雨时，地面不积水。20年一遇降雨条件下，老城雨停后能及时排干积水，历史上的严重易涝积水点基本消除。新城区不再出现城市看海现象。超过20年一遇降雨条件下，城市生命线工程等重要市政基础设施功能不丧失，基本保障城市安全运行。

远期（2035年）目标：建立基于"三个统筹"的现代化城市防洪排涝体系，统筹区域流域生态环境治理和城市建设；统筹城市水资源利用和防灾减灾；统筹城市防洪和排涝。

2.技术思路

根据连城县实际情况，规划建立基于"三个统筹"的现代化城市防洪排涝体系的总体目标，并在对降雨特征、地形地貌、水文地质、历史灾情、城市建设、下垫面等系统分析的基础上，从外因（气候条件、流域层面、区域层面）和内因（城市建设、竖向变化、排涝设施）两个角度，量化分析连城县内涝灾害成因，分别确定防洪标准、排涝标准和排水标准（图3）。

规划坚持用统筹的方式、系统的方法解决城市内涝问题，通过明确界定文川河12个桩位的排涝边界条件，加强内河、排水管网和外河在水位标高、排水能力方面的衔接。规划对老城区坚持问题导向，从排涝分区优化、行泄通道构建、排水管渠改造等方面，提出针对性的建设和改造措施；对新城区坚持目标导向，在城市开发建设过程中，强化开发及建设管控、竖向及排水管控、低影响开发管控，高起点、高标准规划排水防涝系统。

规划从管理措施和保障措施两个角度，提出规划的实施保障措施，以形成多专业协同、多部门合作、多方面参与的社会共治体系。

3.主要内容

排涝分区优化。首先就要明确内外关系，梳理外部对内部的影响程度。城区内要尽量避免山洪侵入，老城区要减少新建地区内涝风险的转移和叠加（图4）。

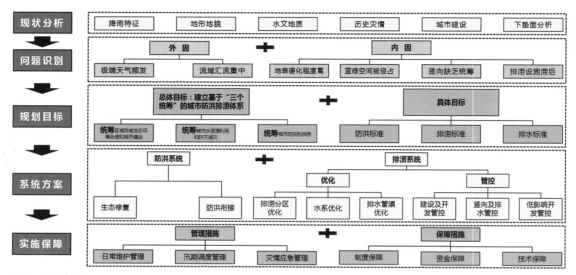

图3　技术路线图

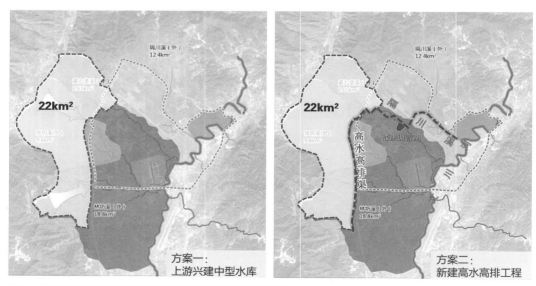

图4　外围山洪通过方案对比选择高水高排工程进行系统优化

通过建设高水高排工程，将西北部外围山洪截入北部隔川溪并调蓄，实现大排涝分区的优化。通过管网优化调整小的汇水分区，最终实现将规划区现状的7个涝片细化碎化至10个涝片，尤其老城的排涝分区大为缩减，大幅缓减老城片区的排涝压力（图5）。

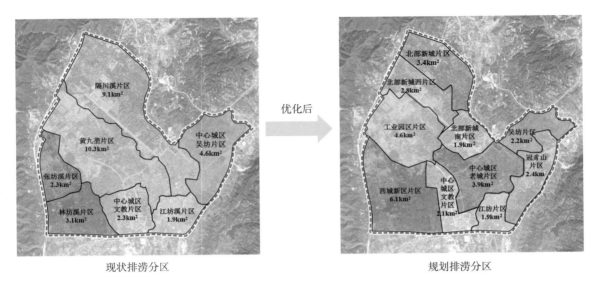

现状排涝分区　　　　　　　　　　　　规划排涝分区

图5　内部城市排涝分区优化

雨水管渠系统优化。在结合现状雨水管（涵）系统及水系的基础上，分析雨水系统的排水能力，对雨水管道进行重新定位，对不能满足设计标准的管网，在考虑与城市防洪设施和内涝防治设施衔接的基础上，结合城市改造的时序进行改造，确保排水通畅，避免内涝的发生。坚持问题导向，通过增设平行管、扩大管径等方式改造内涝问题的雨水管渠。

易涝点片整治。积水整治强调落地性，优先解决老百姓关切的积水问题。针对连城现状易涝的四点八片，根据多轮实地踏勘，详细分析内涝成因，形成"一点一策"和"一片一策"。

以老城西门市场涝片为例。该片区为棚户区，地势较低，高程为360.5米至361.5米，周边地块高程为361.2米至362.8米，涝区面积约1.2公顷，涝片内雨水汇集主要靠一条800毫米×800毫米的排水渠排向黄九垄溪，汇入水南溪，最终排入文川河，易受到河道过水断面及水位影响。黄九垄溪河道淤积，断面较窄，过水能力不足，导致排水出路不畅。涝片地势低洼，水南溪水位顶托抬高了黄九垄溪该段水位，易造成内涝。

"一片一策"方案。近期通过对黄九垄溪拓宽疏浚、污水箱涵改造，疏通排水出路。同时采取管理措施降低下游水南溪水位进行防涝。远期结合棚户区改造抬高建设用地标高，建设排水管网，将该片区雨水通过不同排水分区排向黄九垄溪，实现易涝片区彻底消除。

四、实施效果

通过本次规划编制，结合国家相关政策，连城已于2020年末成功申请国家专项投资补助，补助资金将更好地助力连城完善排水防涝治理体系，为老区苏区振兴发展提供有力保障。

随着规划的深入和部分建设项目的实施，连城县排水防涝的体系正在逐步搭建，高水高排部分工程已经开工建设，工程建设完成后，约22平方公里的山洪可以截至下游，城区治涝能力也将从2～3年一遇提高到10～20年一遇（表1）。

高排渠建设前后三大涝片排涝能力对比表   表1

涝片名称	高排前设计涝水流量（m³/s）	高排后设计涝水流量（m³/s）	涝区现状治涝能力（年一遇）	高排后涝区治涝能力（年一遇）	保护区人口（万人）
黄九垄涝片	162	31.63	3	20	4.17
林坊集涝片	79	22.77	3	10	2.1
张坊涝片	65.4	12.88	2	10	

县住房和城乡建设局正在负责实施现状易涝的四点八片治理工作，并结合易涝点片治理实施老旧小区的雨污分流改造工作，项目完成后，将进一步增强城区防洪排涝能力，保障人民群众生命财产安全。

■ 五、特色创新

践行国家"三个统筹"要求，化理论为实践，助力老区高质量发展。连城县虽降雨充沛，但是由于土壤地质及地形条件等因素，可利用的地表水资源量相对紧缺。通过规划高水高排的节点工程——滞洪调蓄湖，不仅能有效降低城区因洪致涝风险、起到削峰错峰作用，也能较好实现地表水资源的利用，优化当地供水结构。

基于新建区域落实开发管控，并对控规提出反馈。规划提出，新区建设开发过程中应尽可能保留原有河道水系，如果城市开发建设实在无法避免，应尽量将用地调整为下沉式公园、绿地及广场等，使其成为区域涝水调蓄空间。规划理念已经反馈给新城相关控规，目前北部新城和西部新城水系构建都采用这项原则。

优化调整了传统排水防涝规划大纲。传统排水防涝规划大纲对地方建设指导相对宏观，本次规划大纲结合连城县因洪致涝的盆地特性，强化防洪排涝系统衔接和排涝体系优化构建等篇章，以期更有针对性地解决当地实际问题。

梅河口城市内涝治理系统化实施方案

起止时间：2021.5—2021.12
主管所长：洪昌富
主管主任工：姜立晖
项目负责人：蒋艳灵
主要参加人：李化雨 曹 智 刘 韬 付 昊
合作单位：深圳云宁环境科技有限公司

■■ 一、项目概况

1.规划背景

近年来，我国极端降雨事件增多，造成城市内涝频发。为有效应对城市内涝问题，保障人民群众生命安全，国务院办公厅于2021年4月印发《关于加强城市内涝治理的实施意见》（国办发〔2021〕11号），明确城市内涝治理工作的指导思想、基本原则、工作目标。因此，吉林省住房和城乡建设厅迅速行动，于2021年5月印发《关于开展城市内涝治理系统化实施方案编制工作的函》（吉建函〔2021〕427号），要求各市（州）、县（市）政府和牵头部门建立工作机制、落实工作责任、按照《城市内涝治理系统化实施方案编制大纲》的要求开展城市内涝治理系统化实施方案编制工作。

2.城市概况

梅河口市属吉林省直管县级市，位于吉林省东南部、通化市北部、长白山西麓，地处松辽平原与长白山区的过渡地带，是连接长吉与沈阳两大都市圈的节点城市。梅河口市气候类型属中温带大陆性季风气候，四季分明，夏季炎热多雨。年降水量主要由雨季降雨贡献，暴雨是形成城市内涝的首要驱动原因，2020年9月，3个台风（巴威、美莎克、海神）先后13天内接连袭击梅河口市，9月1日，6小时降水121.6毫米，创历史最高；9月2日至3日，24小时全市平均降雨89毫米，过程降水量155.1毫米，突破单日历史极值。

梅河口市建成区面积60平方公里，城区常住人口约42万人。城区所在地为河谷中央的河漫滩洪积平原，地形平坦；河谷两侧为低丘分水岭，从320米抬升至两侧约360～370米。辉发河自城市主城区穿城而过，将其分为河西和河东两区域。河西区域为老城区，敷设合流制排水系统；河东区域为新城区，敷设分流制排水系统。城区现状排水管道总长度超过120公里，城区现状沿防洪堤布设4座排水泵站，雨水通过排水管道汇集后通过14个排口排向主河道，半数以上排口有闸门控制。主河道内建有拦河翻板闸和橡胶坝。城区设计洪水位高于沿岸地块，防洪堤堤顶高程高于堤后地面2～3米，排洪期对沿河排口形成顶托（图1）。

图1　城区现状地形、水系和排水设施图

▊ 二、问题分析

"十三五"期间，梅河口市通过推进排水防涝设施改造、海绵城市建设等工作持续补强城市排水短板，已经消除住房和城乡建设部排水防涝系统中的18处易涝点。但在城市建成区面积翻倍增长下，仍面临"山水入城，加重城区管网排水负担""外河顶托，管网排水不畅形成倒灌""城市外拓，挤占更多雨水调蓄行泄空间"以及"下垫面变化，大小排水系统统筹协调欠缺前瞻性"等问题。

针对2020年台风降雨期间发现的10处积水点位以及新发现的10处积水点，有必要在对"区域流域—城市—设施"综合分析基础上，进一步剖析"有多大区域的多少外水汇入？""闸、坝开闭对排水和内容影响有多大，如何调度才更为合理？""新建城区如何预留行泄空间？""老城区如何借助雨污分流改善排水能力"等问题，衡量不同内涝致因要素之间的相对重要性，诊断导致内涝的关键成因，为制定"因城施策"的系统化实施方案提供可靠的依据。

三、项目思路

本方案中，通过对梅河口市自然地理条件、城市建设情况、易涝积水点情况、涉水设施建设和日常运维管理等因素的分析，以InfoWorks ICM 水文水动力模型作为依托，系统开展现状排水防涝能力评估并进行内涝成因分析，确定梅河口市内涝治理工作目标和指标体系。在工程建设方面，从区域流域、城市、设施和社区4个尺度，构建蓝绿交织、灰绿融合的城市排水防涝工程体系，并对方案实施效果进行预测，以此，确保城市内涝治理工作取得明显成效（图2）。

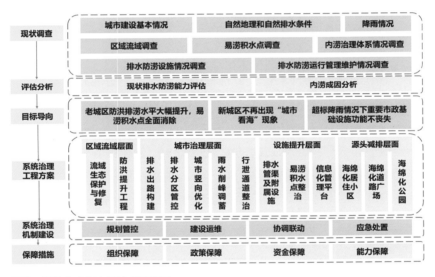

图2　系统化实施方案技术路线图

1.统筹城区流域协同治理，应对化解纵横两层洪水风险

将山水林田湖草生态保护修复和城市开发建设有机结合起来，构建连续完整的城市生态基础设施体系。

2.推动城市建设提档升级，因地制宜分片分区精准施策

老城区以问题为导向，在内涝风险较集中区域实施9个排水分区的管渠改造。在低洼片区实施人工雨水调蓄和泵站提升。新城区以目标为导向，填补新建区域"厂站网"空白。

3.加快灰绿蓝系统融合，统筹灰绿蓝排水设施衔接

结合城市更新行动，依托海绵城市建设、生态园林城市建设、打造森林城市等工作，对老旧小区实施雨水源头减排的"灰改绿"工程，健全"源头减排—过程控制—末端调控"的多元生态功能、多级安全保障的大小排水系统，挖潜城市蓝绿空间，打通各片区行泄通道。

4.统筹城市水资源利用和防灾减灾

将雨水资源利用与防洪排涝相结合，建设生态、安全、可持续的城市水系统，整体提升水资源保障水平和防灾减灾能力。

5.推动城市防洪排涝设施智能化、信息化建设

基于水位雨量传感、图像识别、预警发布等技术构建洪涝监测预警系统，通过物联网传输远程管理平台开展预警、预报辅助决策，提高信息化管理水平。

■ 四、技术要点

梅河口市城市内涝治理系统化方案编制过程中注重城镇排水防涝与流域防洪体系的统筹衔接，以流域汇水分区和城市排水分区作为分析基础，对4类内涝致因要素的影响进行对比分析，从而为系统解决城市排涝问题精准施策、对症下药提供依据。①在划分的19个自然汇水区域基础上，结合现状及规划的排水管道汇水范围、河道沟渠分布情况，对原有17个排水分区进行优化细化；②以城区管网和地形为基础，组合泵站、排口水位边界条件以及山洪入城等情况，形成六种具有特定意义的模拟情景，并通过对各种模拟情景结果的解析，比较不同因素对系统的影响程度，以及不同因素之间的差别（图3）；③对每个汇水分区的外水汇入影响、排水设施建设、受纳水体水位、堤防设计标准、蓝绿调蓄空间、设施运维管理等情况进行逐一分析，制定内涝治理方案。对于排水分区内的易涝积水点，科学提出治理方案。

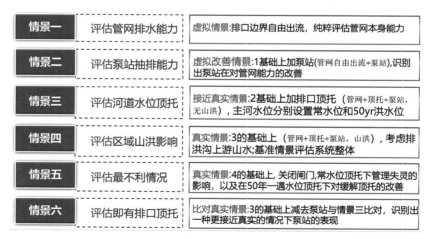

图3 六种模拟情景结果的解析比较图

1.区域流域层面，统筹区域两层洪水防控，保护"外山—内城—主河"自然生态脉络

基于宽阔平坦的浅丘河谷，林田交织、湖沼棋布的现状，针对城市建设前期未系统充分考虑区域流域的自然蓄泄关系等问题，围绕统筹区域流域协同保护，夯实主城大河防洪基础，新城布局入城山洪蓄泄空间，老城规划入城山洪外围截排（图4）。

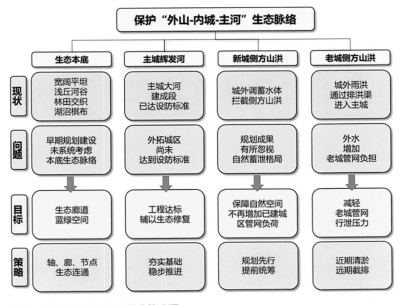

图4 区域流域层面治理思路策略图

2.城市和设施层面，统筹"源头"到"末端"全链"灰绿"措施，提升应对内涝积水风险韧性

通过调研把脉城区历史和现状易涝点，基于排水管网普查的设施底数，梳理微观层面的现状缺陷。通过内涝风险评估模拟和重要影响因素分析，针对老城区管网欠缺、竖向不足、排口顶托等问题，进行基础设施提质增效；针对新城区灰绿不统筹，仍然单一依赖管道系统等问题，重点围绕新区"蓝绿灰"设施空间融合布置（图5）。

3.以典型汇水区域为例，分析提出总体改造方案

典型汇水区域E位于地形高差几米至十几米不等的低丘。该区域以天然形成的中沟作为受纳水体，降雨时，管网排水经拦河闸上游的中沟河畔花园排口流入中沟后，排至辉发河。汇水区域城区内汇水面积3.36平方公里，城区外汇水面积3.94平方公里。根据城区内地形与管网情况，将城区内汇水面积划分为4个排水分区，分别为第2、3、4、5排水分区（图6）。其现状问题主要有：①分区内管网为合流制，现状排水能力不能满足使用需求。②排水系统不够完善，部分地区无排水设施。③辉发河堤防设计标准为50年一遇，设计洪水位约320.30～326.99米，高于主通道中沟水位。受辉发河水位控制，辉发河高水位时，为防止河水顶托进入城区造成倒灌，需要关闭排水闸门。该区域内无排水泵站，雨季时，分区内雨水无法及时排出，可能出现内涝积水的现象。

提出该汇水分区的总体改造方案：①实施雨污分流。通过雨水水力计算，对现状合流管

图5　城市及设施层面治理思路策略图

道管径按2年重现期进行流量复核，对满足排水需求的管道进行保留并作为雨水管道使用，并新建一套污水管道；对不满足排水需求的管道结合污水流量校核计算与现场实际情况作为污水管道使用，另外新建一套雨水管道，新建雨水管道管径按3年重现期进行设计。②消除排水管网空白区。在无排水管网的区域随市政道路同步敷设雨水管道，新建管道按照3年重现期进行设计。③建设排水泵站。在中沟排出口出新建星河逸景雨水泵站，规模为11.3立方米每秒。雨水通过雨水管道汇入中沟B×H=3500毫米×2000毫米排水渠后，汇入新建泵站，并经泵站提升后排入辉发河。

4.基于整体改造方案，提出"十四五"重点实施改造方案

恢复中沟排涝功能。沿中沟两岸新建截流井和截流管道，将分区内污水截流至新建截污管道。

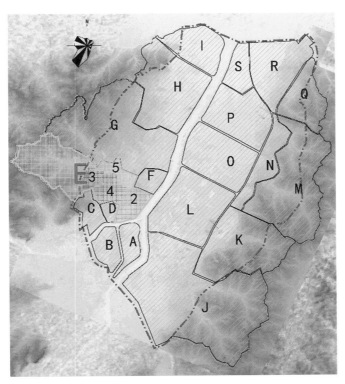

图6　E汇水区域及其所含排水分区

配套建设中沟排涝泵站。目前辉发河水位较高时，中沟雨水不能靠重力排出。同步建设中沟泵站，在辉发河水位较高时，靠泵站进行排水。

实施"一点一策"。对排水分区内易涝积水点开展"一点一策"治理，并采用源头减排措施起到削峰作用。

■ 五、特色创新

本方案与梅河口市新城开发建设、老城品质提升相结合的同时，统筹各项城市排水工作内容，构建科学合理的内涝治理系统化实施方案，完善排水防涝工程体系、保障城市排水防涝安全。

1.系统着手：由点及面、近远结合

分片分区、以流域汇水分区和城市排水分区作为分析基础，从大排水系统着手，将排水防涝相关问题，分片区、分层级对现状问题进行深度剖析，按照近远期相结合、致涝因素轻重缓急的原则合理安排项目工程。

2.因地制宜：精准施策、一点一策

通过构建不同情景、比较情景差异，"相对"诊断、评估内涝系统中各因素的影响差异程

度，而不必依赖缺乏精准率定的模型去预测系统因素的"绝对"表现，解析出的致涝差异因素，为制定针对性的区域—城市—设施系统化实施方案打好基础。

3.打通与整合：形成三层多级的排水防涝体系

从源头、过程、末端三方面构建多尺度排水防涝体系。源头方面结合各类开发建设用地地块进行雨水总径流量峰值的削减和面源污染控制，强化规划建设管控和实施技术科学性有效性指引。尤其是在城外浅丘区域雨洪被现状水体拦截调蓄，而新城拓展开发干扰自然蓄泄格局的情况下，提前构建区域蓄滞空间，在规划阶段予以保护性控制，保障高地新拓城区蓄滞空间，而不再增加低地已建城区的管网负荷。

陕西省城市内涝治理实施方案

起止时间：2021.11—2022.4
主管所长：龚道孝
主管主任工：郝天文
项目负责人：李昂臻　沈　旭
主要参加人：顾思文　赵梦阳　王　棋　韩　项
合作单位：陕西省城乡规划设计研究院

▨ 一、项目概况

1.规划背景

治理城市内涝事关人民生命财产安全，城市排水防涝设施建设既是重大民生工程，又是重大发展工程，有利于提升城市防灾减灾水平，有利于推动城市高质量发展。根据《中华人民共和国国民经济和社会发展第十四个五年规划和2035年远景目标纲要》《国务院办公厅关于加强城市内涝治理的实施意见》(国办发〔2021〕11号)、《国家发展改革委办公厅　住房城乡建设部办公厅关于编制城市内涝治理系统化实施方案和2021年城市内涝治理项目中央预算内投资计划的通知》(发改办投资〔2021〕261号)，认真贯彻习近平总书记关于城市排水防涝的重要批示精神，全面落实党中央、国务院关于城市内涝治理的安排部署和省委省政府有关工作要求，陕西省住房和城乡建设厅积极安排指导各市(区)编制城市内涝治理系统化实施方案，先后组织两次技术指导审核会，并在各市(区)实施方案基础上联合陕西省发展和改革委员会、陕西省自然资源厅和陕西省水利厅委托中国城市规划设计研究院城镇水务与工程研究分院开展《陕西省城市内涝治理实施方案》(以下简称《实施方案》)编制研究。

2.陕西省概况

陕西省地处中国腹地，具有承东启西、联结南北的区位优势。地势南北高、中间低，有高原、山地、平原和盆地等多种地形。北山和秦岭把陕西省分为三大自然区，北部为陕北黄土高原区，中部是关中平原区，南部是陕南秦巴山区。陕西省属于大陆型季风气候区。全省温度自北向南、自西向东递增。降水量由南向北递减，受山地地形影响较为显著。陕西省水系以秦岭为界，分属黄河和长江两大流域。

二、问题分析

陕西省由北向南跨越三个气候区，界定为八大流域，城市本底条件差异明显。易涝积水高峰主要发生在7月至8月。省内现存易涝积水点共计314个，受地形条件影响，大部分易涝积水点分布于关中地区，尤其是省会城市西安，内涝问题较为严重（图1）。

《实施方案》通过对全省各城市的自然资源、重点流域、水利设施、排水防涝设施现状情况调查分析（图2），精准识别出以下问题：一是流域区域层面，存在生态空间被挤占、个别城市洪水灾害风险较高等问题；二是城市层面，存在城市规划建设与水系统缺乏统筹、排水防涝设施欠账较多，精细化管理、应急联调和信息化水平偏低等问题。

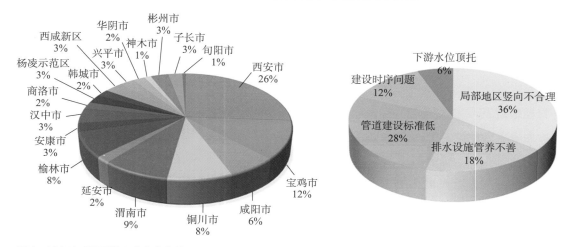

图1　城市建成区易涝积水点分布情况图　　　　　图2　陕西省城市建成区易涝积水点成因分析图

三、技术要点

1.规划目标

根据近期国家政策文件要求、国家和陕西省标准规范以及省内各城市建设管理实际情况，因地制宜从风险管控、环境提升、资源利用和智慧赋能四方面构建省级内涝治理主要指标，分别提出2025年的量化要求和属性（表1）。

2.技术思路

按照《国务院办公厅关于加强城市内涝治理的实施意见》（国办发〔2021〕11号）等国家政策文件和陕西省标准规范的要求，结合陕北、关中和陕南三大区自然地理条件和城市建设情况，开展陕西省内涝治理现状调查与研究工作，从流域区域和城市层级，精准识别内涝治理现

序号	主要指标	2025年目标	指标属性
1	城市防洪达标率（%）	≥80	约束性
2	城市内涝防治达标率（%）	10个设区市、杨凌农业高新技术产业示范区、韩城市、西咸新区≥95； 县级市≥90	引导性
3	城市应急排涝能力达标率（%）	10个设区市、杨凌农业高新技术产业示范区、韩城市、西咸新区≥95； 县级市≥90	引导性
4	易涝积水点消除比例	现状内涝点基本消除	约束性
5	新建区雨水管道密度（公里/km²）	10个设区市、杨凌农业高新技术产业示范区、韩城市、西咸新区≥9； 县级市≥6	引导性
6	新建项目可透水地面面积比例（%）	≥60	引导性
7	雨水资源化利用	基本全覆盖	引导性
8	城市排水防涝综合管理平台覆盖率	基本全覆盖	引导性

状问题。从系统协调、提质增效的角度出发，统筹区域流域生态环境治理和城市建设、统筹城市水资源利用和防灾减灾、统筹城市防洪和排涝工作。提出"四大原则"，构建"四类指标"，从区域流域层面、城市层面治理、设施提升改造层面，确定"三大层级措施"，建立多层级实施保障体系，发挥省级方案"对上、对中、对下"的作用，为指导各城市补齐城市排水防涝设施短板，推进全省内涝治理工作落地见效，国家了解掌握陕西省内涝治理工作进度和计划夯实工作基础（图3）。

3.主要内容

构建安全生态格局，提出流域保护和修复方案。坚持山水林田湖草沙综合治理、系统治理、源头治理，有效加强秦岭生态保护和修复，突出对黄河流域生态保护和高质量发展、长江经济带发展等国家重大战略的生态支撑，构建"一山两河、四区六带"的生态安全格局。结合区域特征和问题需求，分别提出陕北长城沿线风沙湿地区、陕北黄土高原、关中渭河川地湿地区、陕南秦巴低山湿地区流域保护和修复措施，充分发挥生态本底的径流控制作用，通过蓝绿空间来保障城市的内涝治理基底。

推进全省河流治理和水库除险加固整改，完善山洪灾害防治体系。加快渭河、汉江、黄河干流陕西段右岸等13条重点河流（段）堤防达标建设和河道整治。推进120条中小河流治理工作，确保河道行洪安全，避免外水入城。实施病险水库除险加固，建立除险加固长效机制，彻底消除水库安全隐患。完善全省山洪灾害监测预警系统、群测群防体系和应急保障体系，开展100条重点山洪沟治理，升级完善省级监测预警平台，加强山洪灾害预警信息社会化服务。

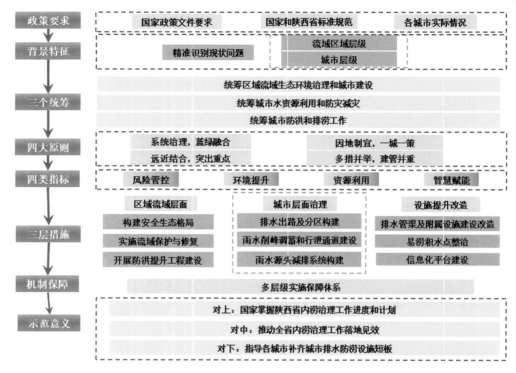

图3 陕西省城市内涝治理实施方案技术路线示意图

统筹考虑城市排水出路，系统划分城市排水分区。充分利用城市规划区范围内的江河、湖泊、沟壑、川道等自然汇水路径，按照"自然、就近、安全、稳定"的原则，明确城市排水出路。根据城市排水出路和现状排水设施情况，结合城市国土空间规划，按照"就近分散、自流排放、高水高排、低水低排"的原则，分级划分城市排水分区。

合理布局雨水削峰调蓄设施和行泄通道，因地制宜建设雨水源头减排设施。按照"绿灰结合"的原则，分区布局雨水削峰调蓄设施及其进出通道。合理设置雨水行泄通道，尽量保留利用自然的排涝路径，衔接地表滞蓄系统与涝水排放系统。根据陕北、关中和陕南三大区的实际需求，加强雨水调蓄设施与行泄通道的联合调度与管控，提出雨水源头减排设施分区建设要求（图4）。

分批分区实施雨污分流改造，按需开展排水设施提升改造。对现状雨污合流区域，统筹兼顾内涝治理、城市水环境治理、污水处理提质增效等工作要求，合理确定改造时序，科学制定改造方案。根据排水能力评估结果，对现有瓶颈管段进行提标改造；新建雨水管渠满足规范要求；局部区域实施排水泵站新建、增设扩容或更新改造工程，构建完善安全的雨水排放体系。

现状易涝点排查梳理，制定"一点一策"精准整治方案。由于局部地区竖向设置不合理导致的易涝点，打通水系附近易涝点入河通道；由于雨水管网建设标准低导致的易涝点，开展雨水管网提标改造工作；由于城市建设时序造成的雨水管"断头"等问题，应重视城市发展与基

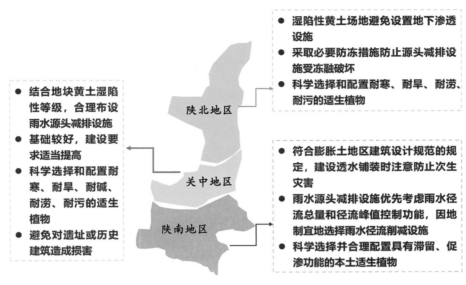

图4 雨水源头减排设施分区建设要求

础设施建设的统筹协调，新建地区排水管网建设应与道路建设同步推进；对于受纳水体顶托造成的易涝积水点，应疏浚河道，使河道过水能力达到排涝标准要求；由于排水设施管养不善导致的易涝点，应加强排水设施管理和运维力度，保障排水防涝设施日常维护和汛前检修。

构建省、市两级联动的排水防涝综合管理平台。为实现全省各市（区）排水防涝工作全方位监管和全局化调度，要求全省10个设区市、杨凌农业高新技术产业示范区、韩城市、西咸新区和6个县级市全部建立和完善城市排水防涝综合管理平台。满足部门间信息互通需求，实现一体化业务管理，强化多平台数据共享。

建立多层级实施保障体系。组织保障方面，建立健全有利于城市排水防涝系统化管理的各项工作制度，强化部门协调联动机制和奖惩考核机制。政策保障方面，强化规划引领，加大城市内涝治理项目建设用地保障，强化项目全过程监督执法。资金保障方面，加大政府投入力度和专项经费保障，多渠道筹措资金，鼓励不同经济成分和各类投资主体以多种形式参与城市内涝治理，并加强专项资金管理。能力保障方面，完善和落实排水防涝设施运维相关技术规程，加大日常维护力度，积极组建城市内涝治理和应急管理专家团队，加强应急管理。

▨ 四、实施效果

1.建设成效

《实施方案》贯彻落实以来，一是全面建立省负总责，各市（区）人民政府为责任主体的治理体系，在协调联动、工程建设、设施维护、应急演练、机制保障等方面强化行政首长负责制，

部门形成合力统筹推进防涝工作；二是摸清全省城市建成区内涝底数，形成“一图一表”的底数模型，对后续消除易涝点、动态更新台账夯实了基础；三是指导各市（区）因城施策系统治理，各市（区）对照《实施方案》编制完成内涝风险分布图、风险隐患清单和制定防控措施，并建立防抢结合体系，明确预警等级内涵，落实相关部门工作任务、响应程序和处置措施。

2. 制度模式

强化排水防涝应急演练观摩学习。陕西省住房和城乡建设厅采取专家指导和各城市间相互观摩学习的方式进行排水防涝应急演练，检验和提升现场组织指挥、队伍调度、应急救援、抢险技能和后勤保障等具体处置措施。

开展省级内涝治理示范试点县（区）申报及绩效评价工作。陕西省住房和城乡建设厅、财政厅印发《陕西省县城（城区）排防涝治理试点三年行动方案（2021—2023年）的通知》(陕建市发〔2021〕44号)，提出开展县（区）排水防涝治理试点工作，总结形成县（区）排水防涝治理工作模式，打造一批排水防涝治理标杆县（区），推进陕西省排水防涝治理工作由点到面，进一步提升全省排水防涝能力。试点县（区）给予省级财政补助，并根据绩效评价结果逐年进行动态调整。

五、特色创新

1. 自上而下、自下而上，精准识别省级城市内涝治理问题

结合陕北、关中和陕南城市易涝积水点的分布特征，从城市规划建设与水系统缺乏统筹、排水防涝设施欠账较多、排水设施精细化管理水平偏低、应急联调和信息化水平偏低等方面，精准识别陕西省城市内涝治理问题。

2. 近远结合、建管并重，体现省级指标体系的前瞻性和实操性

结合省内各城市建设管理实际情况，从风险管控、环境提升、资源利用和智慧赋能四方面构建省级内涝治理主要指标，使其既满足城市内涝治理近期需求，又能为远期推动省内城市排水防涝工程体系完善预留空间。

3. 因地制宜、突出重点，注重省级方案的刚性传导和分类指导

针对陕北、关中和陕南的实际需求和问题，分区分流域管控，重点明晰、分类指导，体现省级方案与城市方案的差异性，发挥承上启下、协调联动的作用，从而形成流域、区域、城市协同匹配，省市协调联动的高标准排水防涝体系。

新余市两江黑臭水体整治方案

2020—2021年度中规院优秀规划设计二等奖
起止时间：2019.4—2020.12
主管所长：龚道孝
主管主任工：洪昌富
项目负责人：吕金燕　吴学峰
主要参加人：沈　旭　魏锦程
合作单位：新余市规划设计院

▨ 一、项目概况

新余市是江西省中西部的一个丘陵城市，城区人口约50万人。贯早江、廖家江（以下简称"两江"）是新余市老城区的两条以暗涵为主的黑臭水体，周边建筑密集，市政管网雨污混错接严重。其中，贯早江长10.3公里，流域面积9.8平方公里，93%是暗涵；廖家江长7.2公里，流域面积11.6平方公里，67%是暗涵。两江水体黑臭严重，从2012年起经过多轮整治仍然黑臭难消，严重影响周边居民生活，被列入国家黑臭水体监管平台并被环保督查通报，要求在2020年底之前消除黑臭。2019年起，中规院水务院开展《新余市两江黑臭水体整治实施方案》编制研究，系统指导两江黑臭水体的治理。至2020年，两江全部监测点位水质达标，黑臭现象消除，环境明显改善，群众满意度达90%以上，通过了全国城市黑臭水体整治监管平台的验收和评估，实现了初见成效的阶段目标。

▨ 二、问题分析

项目目标：通过制定并实施两江黑臭水体治理的实施方案，在一年内黑臭水体治理初见成效，实现2020年底前基本消除黑臭水体的目标。项目主要有两大难点：

1.暗涵多，穿越高密度建成区

两江发源于新余市城区西部边缘的小型水库，沿东南方向穿越老城区注入孔目江。老城区建设密度高，开发强度大，86%的河段在城市建设过程中被逐渐覆盖。暗渠段长期封闭、结构复杂、排口众多，累积大量淤泥，排查、施工和维护难度极大。治理方案首先要解决是否揭

盖的问题。

2.降雨多，山水雨水污水混流

由于城市排水系统不完善，两江接纳了大量生活污水。两江既是山洪的排洪通道，又是城区雨水的主要排水通道，还是城区污水的主要排污通道。新余市降雨量大（1632毫米），降雨天数多（157天），持续时间长，导致两江沿线截流式合流制系统频繁溢流，箱涵内山水、雨水、污水混流，水体黑臭，直排外江太脏，截流到污水处理厂浓度又不够，影响污水厂效能，治理难度极大。治理方案需要解决如何清污分流的问题（图1）。

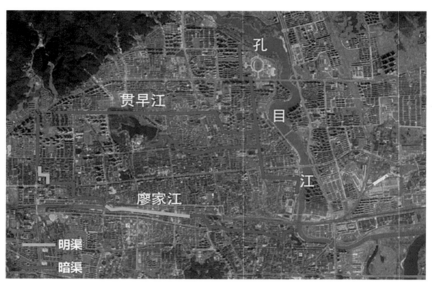

图1　新余市黑臭水体分布图

■■■ 三、技术要点

1.总体目标

在对流域内雨水、污水管网进行系统排查的基础上，统筹黑臭水体治理和污水处理提质增效，实施"控源截污、内源治理、生态修复、活水保质"等方面的系统工程，实现"污水进管网，清水走河道"，完成2020年"两江"消除黑臭的总体目标，达到"水清岸绿、鱼翔浅底"的效果，确保长制久清。

2.技术路线

本方案坚持问题和目标双导向的技术路线，基于新余"两江"黑臭水体特征与问题分析，结合国家对城市黑臭水体治理和长江大保护工作的总体要求和重点任务，统筹推进黑臭水体治理、排水防涝、海绵城市、污水处理提质增效等相关工作。在通过"洗楼、洗管、洗井"等手段对市政排水系统和重点排水户进行全面系统排查的基础上，针对性实施"控源截污、内源治理、生态修复、活水保质"等方面的系统工程；同时基于跟踪监测评估、运用模型分析等技术方法，定量开展污染源解析、水环境改善效果评估等；依据工程项目规模，估算工程量和工程投资，建立包括规划建设、运行维护、监督管理、评估考核、信息公开等方面的管理制度和运行机制，确保河湖"长制久清"（图2）。

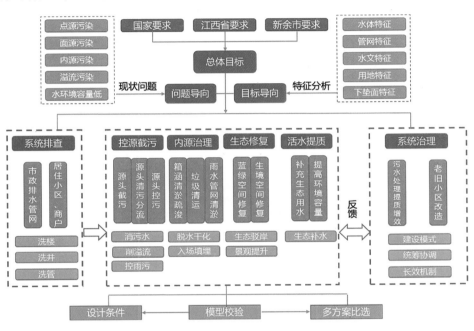

图2　技术路线图

3.主要技术内容

（1）因地制宜，选择"不揭盖"方向

针对两江位于高密度建成区且大部分位于道路下方的特点，以及水体黑臭主要是生活污水排放和底泥污染造成的实际情况，对比研究了广州中支涌和韩国清溪川等案例，研究发现新余市暗渠90%位于市政道路和建筑小区下方，并以主、次干路为主，紧邻建筑、断面局促。从两侧空间、交通组织、投资效益考虑都不具备揭盖条件（图3）。本项目实事求是、因地制宜地选择暗渠不揭盖的治理方案，以清淤和污水收集为重点，控源截污，正本清源，避免大拆大建，降低对交通的影响和降低项目投资。

（2）水量水质联合分析，多手段摸清家底

结合现场踏勘、管网普查资料和水量水质联合分析，排查污染来源，摸清家底。从上游到下游，针对暗涵和明渠段的交接节点、支渠汇入点和主要污水管汇入点等，开展沿程关键节点的流量和水质监测，通过流量及特征污染物浓度变化，确定污水排放的主要河段和排放量。针

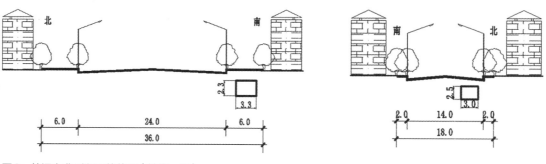

图3 箱涵在典型断面的位置（单位：米）

对排口，通过晴天和雨天的水质水量对比分析，结合管网资料对排口进行分类和污水溯源，为下一步有针对性地提出排口整治方案奠定基础（图4）。

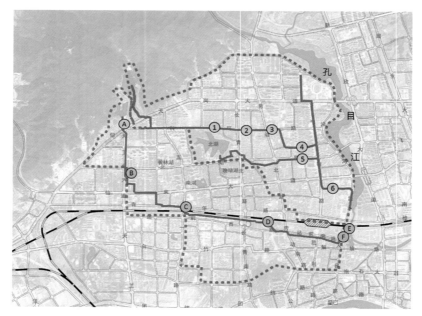

图4 沿程关键节点的流量和水质监测点示意图

（3）多目标统筹，以控源截污为重点

鉴于新余市降雨频繁、中雨以上降水天数较多、"两江"多暗涵且"不宜揭盖"，截流排水系统不能根本解决雨天溢流污染和污水处理厂进水浓度过低的问题，统筹黑臭水体治理和污水处理提质增效双目标，确定"污水进管网，清水走河道"的清污分流思路。项目按照"控源截污、内源治理、生态修复、活水保质"制定系统全面的实施方案。其中，控源截污，包括污水直排口治理、污水管网补空白、污水管网修复和混错接点改造、小区源头雨污分流改造等；内源治理包括两江主渠和支渠清淤疏浚、管道清淤、水面垃圾和漂浮物清运；生态修复主要指廖家江明渠段生态化改造，以及在生态修复段两侧进行相应的景观绿化建设；活水保质为利用源头老彰坡水库、城区水系连通工程及应急备用水源建设等项目，对廖家江实施补水。

（4）注重效益，制定近远期结合实施时序

根据国家2020年底前基本消除黑臭水体的总体要求，按照"优先系统骨干工程""投入少见效快"的原则，提出项目实施的优先次序。

第一步，进行全线清淤和排口治理，保证不翻泥和晴天污水不直排。

第二步，修复完善市政污水管网系统，进行市政污水管网补空白，整改市政混错接点、修复破损坍塌淤堵的污水干管，保证污水有出路，不再排入两江。

第三步，进行明渠段环境整治，包括垃圾清运、菜地清退、临河建筑污水收集等。

第四步，推进小区雨污分流改造，改造工作与老旧小区改造、背街小巷改造、道路大修等城市建设项目相结合，协同推进，对于近期不具备改造条件的小区可先实施截流，杜绝污水直排入江，待小区雨污分流改造完成后再取消截流措施。

（5）建管并重，提出长效机制清单和要求

项目注重工程措施和非工程措施的结合，根据新余市排水管理的实际情况，提出包括排污口排查监管、河岸垃圾及河面漂浮物清运、定期监测水质、市政管网私搭乱接溯源执法等方面的长效机制建设清单和建设要求，确保两江"长制久清"。

四、实施效果

经过治理，水体黑臭现象消除。逐月开展的水质检测结果表明，两江8个检测点位全部稳定达标。以氨氮指标为例，贯早江污染物浓度较整治前降低了95%，廖家江降低了80%。周边居民都切身感受到两江环境质量的显著提升。第三方调查机构开展的公众评议结果显示，94%以上的当地群众对整治效果感到满意（图5）。

新余市黑臭水体的整治效果不仅得到了老百姓的认可，也通过了住房和城乡建设部、生态环境部两部委专项督查组的现场检查，通过了全国城市黑臭水体整治监管平台初见成效阶段的评估，实现了2020年"销号"成功的目标。

五、特色创新

1.全程跟踪，保障实效

从方案编制到实施效果评估全过程跟踪与技术服务，施工过程多次对EPC（工程总承包）承包单位进行技术指导，为方案落地和保障实施效果提供坚强有力的支撑（图6）。

图5 新余"两江"关键节点整治效果示意

图6 全程跟踪 保障实效

2.科学诊断,快速溯源

为解决暗涵内污水排查的难题,采用水量水质联合分析,结合现场踏勘、管网普查资料等,加快污染来源排查,摸清家底。从上游到下游,针对暗涵和明渠段的交接节点、支渠汇入点和主要污水管汇入点等,开展沿程关键节点的流量和水质监测,通过流量及特征污染物浓度变化,确定污水排放的主要河段和排放量。针对排口,通过晴天和雨天的水质水量对比分析,结合管网资料,快速有效地完成排口排查、定性和溯源,为有针对性地提出排口整治方案奠定基础(图7)。

3.因地制宜、精准集约

项目在高密度建成区进行暗涵型黑臭水体治理,根据当地实际情况深入分析暗涵的位置、

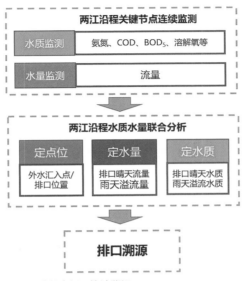

图7　科学诊断　快速溯源

两侧空间、交通组组和投资效益等，没有采用大范围揭盖的大拆大建的方式，而是选择暗渠不揭盖的治理方案。统筹黑臭水体治理和污水处理提质增效，以控源截污为重点，将排入暗涵的污水截出来，将污水应收尽收，实现"污水走管网、清水走河道"。充分利用现有设施，完善污水系统，并且按照"优先系统骨干工程""投入少见效快"的原则，制定近远期结合的项目实施次序，体现了精准集约的精神，为南方多雨地区暗涵型黑臭水体治理提供一种可复制可推广的模式。

市政专项规划

北海市城市基础设施多规协同规划（2013—2030年）

2015年度全国优秀城乡规划设计二等奖

起止时间：2013.12—2015.9

主管所长：张　全

主管主任工：郝天文

项目负责人：任希岩　司马文卉　孙道成　于德淼　张中秀

主要参加人：荣冰凌　熊　林　樊　超　胡小凤　沈　旭　谭　磊

合作单位：北海市城市规划设计研究院

▧ 一、项目概况

北海市地处广西壮族自治区南端，北部湾东北岸，是中国最美的海滨城市之一。北海与南宁、钦州、防城港所辖行政区域共同组成广西北部湾经济区，是我国沿海发展的重要战略城市。

2013年至2015年期间，国家不断加强对城市基础设施建设的要求，并提出开展海绵城市建设的要求（2015年中央城市工作会议）。此外，北海市在城市发展中面临着城市内涝、基础设施建设滞后、水生态和水环境变差等问题，为了切实解决这些现实问题和可预期的规划问题，指导北海市城市基础设施良性发展，结合北海市城市总体规划修编工作，同步编制相关一系列专项规划（图1）。

《北海市城市基础设施多规协同规划》包含《北海市城市蓝线与水系专项规划》《北海市主城区市政工程专项规划》《北海市城市排（雨）水防涝综合规划》的编制及协同规划工作。以解决实际问题为近期出发点，以完善系统为规划着力点，确定总体规划与各专项规划形成一张蓝图的规划方式和多规协同、互馈协调的编制方法，将城市基础设施、蓝绿空间管控等内容融入法定的城市总体规划中，并有效指导下一步的城市建设。

▧ 二、需求分析

北海本是一个运河贯通、水系发达的城市，随着城市的开发，水系被逐渐填埋，导致城市内涝问题愈发严重，城市安全、水系景观、运河文化均受到不同程度的破坏。城市基础设施建

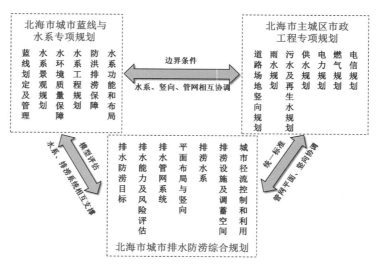

图1　北海市城市基础设施多规协同规划项目构成图

设滞后于城市发展进程，建设标准、管网系统、设施运行等方面均不能满足城市发展需求。

《北海市城市基础设施多规协同规划》以总体规划修编为契机，系统研究城市基础设施和水系空间现状，从解决城市内涝和基础设施无序发展等问题入手，采用多规协同、多规合一的方式，规划布局水系、大型绿地和公园、湿地等大海绵系统，为总体规划提供安全韧性的生态本底。同时，规划关注地上开发与地下开发相统筹，完善城市市政设施及管网系统，识别适合建设综合管廊的区域，并在总体规划中落实并预留走廊空间，对北海市海绵城市建设和综合管廊建设提出方案指引。

三、技术要点

1.技术思路

三个规划协同编制，水系蓝线规划与排水防涝系统相协调；道路系统规划与排涝超标雨水行泄通道、交通管理等方面相协调；排水管道布局与水系竖向、场地竖向、道路竖向相衔接；采用排水防涝规划的水文水力计算，为水系蓝线断面和竖向规划提供依据，为雨水工程规划和雨污合流改造提供基础（图2）。

排水防涝规划的人工湿地、调蓄水面、公共绿地与水系蓝线管控的水体保护线，以及市政专项规划提出的基础设施廊道空间，共同为总体规划绘制基础底图、提出管控要求。

2.主要内容

（1）北海市城市蓝线与水系专项规划

通过划定蓝线保护范围，建立蓝线管理体系，保证水系完整性，提高防洪排涝安全性，以

202

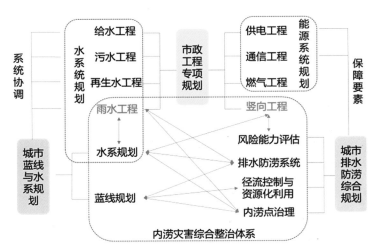

图2　三规协同关系示意图

构建"清、活、灵、动、美"的滨海城市水系，使北海成为水安全、水生态、水景观和水文化相融合的生态宜居城市为规划目标，从水系结构重建、水系功能重组、水系景观重塑以及水系的多重保障出发，构建城市水系、保障排涝安全，并通过蓝线划定和管理确保水系完整性。

规划提出重建"湖海相连"，利用城市内湖和湖海通廊水系建立湖与海的联通，形成"水水向湾"的组团式城市格局。在湖海相连的基础上，进行水系功能重组，强调利用湖海运河引入清洁的水源为城区补水，结合城市排水条件和内涝风险设置排涝水系，重点解决城市内涝问题。在水系景观重塑中，重点选择一条景观带，打造河—湖—江—海一带不同的景观，这一带包含历史文化型、生活休憩型、旅游观赏型和商务休闲型的景观功能。

为保障水系正常运行进行水系平面、水系竖向和水系断面规划。在不影响防洪排涝安全的前提下，对城市河湖水系岸线、加装盖板的天然河渠进行生态修复，恢复生态功能。新建水系护岸避免采用硬质铺装，采用生态护岸，削减降雨峰值，净化城市水体，丰富水系景观。

在水系水量保障方面，充分结合沿海城市的特点，利用自然江水、水库调蓄保持主要河道流量，并利用水库蓄水、再生水、湖海运河引水和海水补充其他水系景观用水。在水系水质保障方面，通过截污、治污及生态修复等工程及非工程措施，使水系水质得到显著改善，水生态系统稳定良好，构建健康的水系水生态环境。

在水系规划的基础上，本项目研究适用于北海市的蓝线划定方法，划定水系的水域控制线和陆域控制线，满足城市防洪排涝、景观、生态等综合需求，切实做到保护城市水系，提升城市品质，有选择性地、因地制宜地进行滨水空间的开发利用（图3）。

（2）北海市城市排水（雨水）防涝综合规划

规划结合北海市中心城区现状及历史内涝灾害情况，全面分析北海市降雨特征、河流水系、地形竖向与潮位、用地布局与下垫面条件、雨水管网系统和城市内涝防治设施等排水防涝

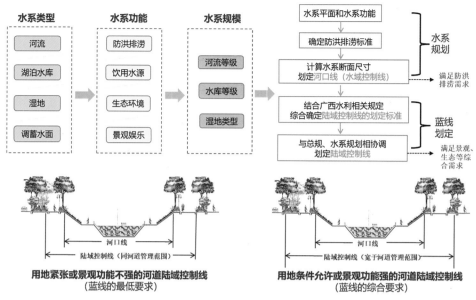

图3　北海市水系蓝线划定方法示意图

现状及内涝成因。

排涝规划通过建立城市降雨径流模型、雨水管网模型和二维地面漫流模型，对中心城区雨水管网排水能力及内涝风险进行评估。结合风险分析对水系、排水防涝设施、低影响开发设施和排水管网的规划方案进行优化调整，为近期主要内涝点治理和远期内涝系统完善提供相应要求和支撑。

规划按照统筹兼顾、因地制宜、技术综合等原则，结合内涝防治需求，提出竖向控制要求、完善排涝水系布局、构建区域调蓄空间、优化排水管网系统、确定雨水径流控制要求，最终形成水量和水质同步控制的综合排水防涝系统，有效应对30年一遇的降雨。

径流控制采取源头减排、汇流控制和末端调蓄三类措施。上游地区减少雨水径流产生，将雨水就地渗入地下，或延长其排放时间；在雨水径流输送过程中在潜在径流路径和径流交汇的低洼地区通过土壤过滤滞留、植物吸收等方式对雨水进行滞留、渗透；在城市排水系统汇水分区中下游地区对雨水径流进行收集储存，实现雨水径流的削峰、滞流及资源利用。

通过排涝模型对规划方案进行综合评估，中心城区在经历30年一遇24小时降雨后，无明显、连片地区积水，可有效地缓解城市内涝灾害。

（3）北海市主城区市政工程专项规划

规划涉及道路、竖向、供水、污水、再生水、雨水、电力、通信、燃气等8个工程专业的系统规划。在落实国家关于加强市政基础设施建设相关政策要求的背景下，系统规划城市道路及市政基础设施，提出适应城市健康发展的基础设施建设目标。在梳理现状市政基础设施的基础上，构建中心城区城市竖向系统，重点完善城市道路、供水、污水及再生水、雨水、电力、通信、燃气等基础设施布局。规划期末，实现中心城区基础设施转型升级，全面提升城市基础设施水平（图4）。

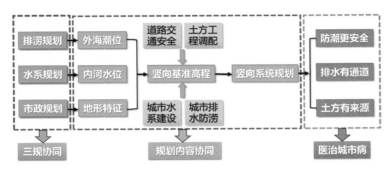

图4 竖向规划协同编制技术路线图

道路工程规划在与北海城市综合交通规划充分衔接的基础上，重点规划道路平面控制要素、设计车速、红线及横断面以及道路交叉口管控等，为下阶段道路设计施工提供依据。竖向规划综合考虑防洪、防潮、水系、排涝、土方等控制要素，通过地形重塑，科学布局城市"高低"，使城区"防潮更安全、排水有通道、土方有来源"。

供水工程规划充分利用地表水源逐步替代地下水源，实现多水源联合供水，缓解地下水超采导致海水入侵的影响。供水管网系统重点规划大型环状供水联络干管，实现多水厂相互调水，互为应急备用，以确保主城区供水安全。

污水工程规划充分利用主城区地形特征，结合城市近远期建设计划，利用现有污水泵站系统，调整远期污水收集系统，充分利用重力流降低污水排放、收集过程中的系统能耗，使系统更加合理、高效。

电力工程规划重点布局供电电源系统，结合供电电源布置架空线路高压走廊和入地线路管沟、隧道等，系统解决主城区土地紧张、景观要求高、电力选线难的问题。

通信工程规划通过通信设施系统布局规划，重点实现北海通信设施共建共享，改变北海地上、地下通信设施建设、管理混乱现状。

燃气工程规划结合北海市气源建设，将现状具有安全隐患的燃气场站搬至城市外围，以降低城市公共安全隐患。并通过管网系统布局规划，逐步完善主城区燃气供应系统。

四、特色创新

1.突出规划的协同编制，以法定规划保障专项规划的顺利落实
将基础设施布局、涝水蓄滞空间、水系蓝线、市政廊道管控等要求纳入总规，共同构成空

间管制内容，同时以法定规划来保障专项规划的顺利落实。各专项规划中的城市防洪标准、防潮标准、内涝防治标准、排水管网建设标准实现对标与衔接，水系的排涝标准满足排水防涝规划的要求。水系布局、竖向工程、雨水管网与雨水调蓄设施等共同构成北海的内涝防治体系。水系规划与市政专项规划从供水水源、雨水排出口高程、再生水利用等方面实现统一协调。

2.构建完善的水系统，为海绵城市的建设奠定基础

生态空间的保护和预留是海绵城市建设总体层面的重要内容。以水系规划、排涝规划为基础确定的带状滨河绿地和块状公园绿地作为北海市的生态空间直接纳入总体规划，同时，规划在大海绵系统的基础上提出低影响开发设施布局，为北海市海绵城市建设规划的编制提供支撑。

3.探索地下管线不同的建设模式，为综合管廊建设提供依据

规划研究了沿海地区采用深邃排水的可行性，在管线综合的基础上识别并提出北海市可实施综合管廊建设的区域范围，两者进行系统衔接，并结合地下空间开发的相关要求在竖向上进行协调，为北海市下一步的管线综合建设规划及综合管廊专项规划提供依据。

4.关注城市迫切需要解决的问题，为近期建设提供项目支撑

围绕现状内涝积水、市政系统不完善、水环境与水景观较差等现实问题，提出具体建设改造方案，为城市近期建设提供项目支撑。近期建设重点项目如大冠沙湿地生态系统，既实现了利用再生水补充景观用水，也解决了近期尾水缺少排海通道的问题。通过水系整治、管网改造、竖向衔接等工作，16个严重内涝点的整治工作已见成效。

5.加强水系统的规划管控，为建立规划管控体系提出要求

针对排涝系统的特点，提出在协调机制建设、系统维护管理、信息化建设、灾害应急保障、公众宣传等方面的管理措施，保障规划的有效落实，全面提高城市抵御内涝灾害的能力。提出蓝线分区管理的理念，并对禁建、限建区域以及禁建、限建行为类型分别进行明确而详细的规定，更便于规划管理部门对于蓝线的使用和管理。

贵安新区核心区城市市政工程
专项规划（2013—2030年）

起止时间：2012.12—2014.8
主管总工：杨明松
主管所长：孔彦鸿
主管主任工：洪昌富
项目负责人：张　全　王召森　莫　霏
主要参加人：黄　瑾　周飞祥　王宝明
合作单位：贵州省城乡规划设计研究院

■ 一、项目概况

　　开展相关规划编制、为贵安新区建设提供技术指引，是落实《国务院关于进一步促进贵州经济社会又好又快发展的若干意见》（国发〔2012〕2号）的重要举措。受贵安新区管委会委托，中规院与贵州省城乡规划设计研究院联合开展《贵安新区核心区城市市政工程专项规划（2013—2030年）》编制研究。

　　贵安新区位于贵阳、安顺之间，规划总面积约1795平方公里，现状常住人口约71万人。专项规划范围为贵安新区核心区，位于红枫湖以东，规划分为清镇职教城、贵安生态新城、马场科技新城三大片区，规划期末城市人口预计将发展到102万人，城市建设用地将发展到123平方公里。贵安新区将以核心区建设为起点，加快推进贵安新区全面、和谐、快速发展（图1）。

■ 二、需求分析

　　贵安新区核心区基本是新建区域，现状市政基础设施较少，核心需求是结合城市用地开发建设规划，协调核心区的重大市政基础设施布局，为控制性详细规划阶段专项规划的编制提供系统指引与依据。

　　本项目包括核心区的供电工程、燃气工程、通信工程、道路竖向工程、环境卫生、道路照明和市政管线综合规划共7个方面的内容；供水、雨水、污水、再生水等专项规划，在《贵安

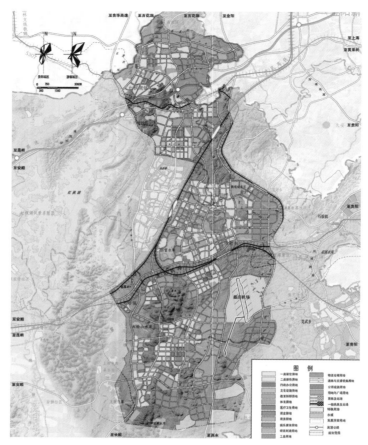

图1 贵安新区核心区土地利用规划图

新区核心区城市水系统综合规划（2013—2030）》中同步进行编制，相互协调统筹推进。

三、技术要点

1.规划目标

规划以生态文明理念为统领，结合贵安新区核心区经济社会发展状况与特点，按照充分利用存量、合理建设增量的整体思路，加强区域统筹与协调，提高基础设施的建设推动、发展支撑和安全保障能力，逐步建立安全、高效、完善的现代化基础设施体系，为贵安新区核心区的可持续发展提供支撑。

2.技术思路

结合贵安新区核心区用地开发、道路建设和地形地貌等的实际情况，在对核心区的电力、通信、燃气、竖向等现状情况进行分析的基础上，以目标导向为主，协调拟建道路市政管线的

敷设需求，并系统性确定核心区在总体规划层面市政基础设施的建设规模和用地空间需求，以支撑贵安新区总体规划中核心区的市政设施用地布局，为核心区详细规划层面的市政工程专项规划编制提供依据（图2）。

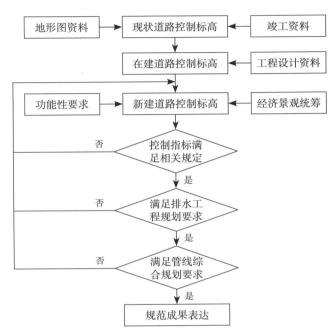

图2　道路竖向规划技术路线图

3.主要内容

（1）供电工程

规划中采用单位用地负荷密度法进行用电负荷预测，并通过人均用电量、人均用电指标法、横向比较法等方法进行校验，预测规划期末贵安生态新城、马场科技新城、清镇职教城的负荷分区符合与用电量。

规划确定核心区城网配电电压等级。电源为塘寨、蔡官火电厂以及花溪云顶和红枫风电场。

根据分区负荷预测结果，结合规划用地布局，规划至2030年，在马场片区南部设置500千伏变电站1座，核心区及周边共设置220千伏变电站12座（直接为核心区服务的为6座），核心区共设置110千伏变电站22座，并确定各变电站的容量、规划用地面积等（图3）。

规划还明确不同等级输电线路的架设形式，并给定了相应高压走廊的控制宽度要求，制定中压配电网的敷设方式、管孔数、主干线路长度、开关站及配电站等规划指引，核算主要工程量及估算投资，结合规划实施计划确定近期建设主要内容等。

（2）燃气工程

燃气用量预测均按照天然气热值计算，分居民、公建、工业、燃气汽车及未预见等预测规

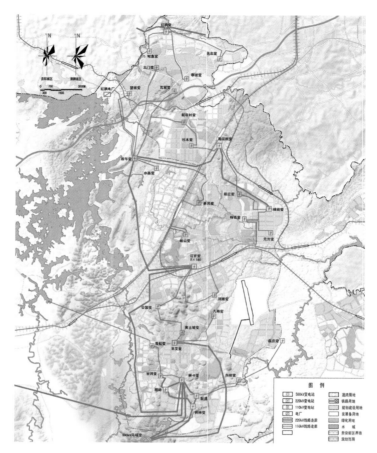

图3　变电站布局及电力走廊规划图

划期末年用气需求。

规划燃气管网采用环状和支状管网相结合的方式布置，计算确定主要管道管径，明确主要工程量、估算投资、近期建设重点，还提出现状煤气设施处置方案、燃气设施安全防护要求等（图4）。

（3）通信工程

通信用户采用分类普及率法、相关分析法、用地性质分类指标法等进行预测，分别预测规划期末固话、移动电话、宽带、有线电视等用户数。

通信基础网络架构，规划交换网采用"一级汇接"的三级网络目标结构；传输网采用环形结构；数据网分为核心层、汇聚层、接入层、宽带接入网四个层级构建；有线电视网分3级构建。

规划在3个片区各设置1座电信局，其中新建电信局1所；规划建设一个移动贵安综合生产调度管理中心、两个中心区域的核心机房；新建联通汇接局、广电枢纽、邮件处理中心各

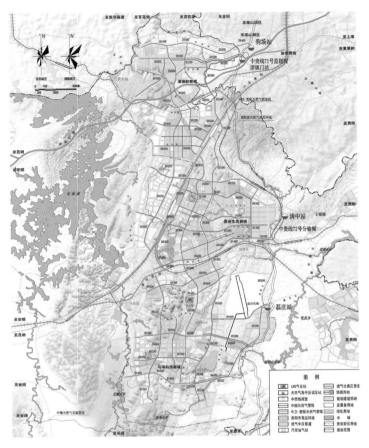

图4　燃气工程规划图

一个；并分别确定用地面积等规划指标。

通信管道遵循"共建共享"的原则建设，明确管道规格、主要工程量、估算投资、近期建设重点等。

（4）道路竖向

核心区地处山区，区内岭谷相间，除功能安全要求外，土石方量是影响竖向规划方案可行性的重要因素，因此，项目单独开展建设场地的竖向专项规划，按照尽量减少动土方量、土方量尽量就近平衡的原则，基于量化计算对城市道路及场地竖向规划方案进行优化（图5）。

两个专项规划中，均结合当地丘陵低山城市的风貌特色和景观塑造要求，采用较大的纵坡值、合理的变坡点设置，避免过于追求竖向线形的平顺而导致城市风貌特色丧失或建设成本浪费。

交通功能要求中，未规划非机动车道的道路，最大纵坡与坡长依据机动车的设计车速确定；规划有非机动车道的道路，最大纵坡与坡长依据自行车的通行要求确定，道路交叉形式、

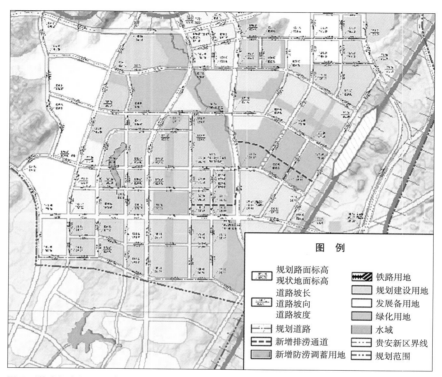

图5　道路竖向规划图（局部）

道路等级均依据总规确定。

场地使用的功能要求中，各类主要建设用地的规划最大坡度，依据不同用地性质的要求分别确定。

排水防涝功能要求中，一方面为保证重力流排水的需要，按照自然排水分区与排水方向基本不变的原则，综合确定包括路面坡向改变点在内的控制标高；另一方面，除了场地标高与防洪水位的协调外，还明确提出道路竖向要保证路面对超标径流安全汇集的功能要求，即需要系统控制城市道路的坡向，使路面的水流能够合理向预留的行泄通道或调蓄空间汇集（图6）。

通过系统的竖向规划，核心区内城市道路平均纵坡不超过2.5%的路段约606.2公里，占90.5%；平均纵坡大于2.5%小于3.5%的路段约38.0公里，占5.7%；平均纵坡大于3.5%的路段约25.5公里，占3.8%。基本落实交通服务、场地使用、排水防涝等功能性要求。

（5）环卫工程

生活垃圾产生量按人均指标法进行预测，分别预测规划期末贵安生态新城、马场科技新城、清镇职教城的垃圾产生量。

核心区生活垃圾采用转运站收运模式进行收运，就近运送至附近的贵阳市、清镇市、平坝县等生活垃圾无害化处理设施进行处理处置。

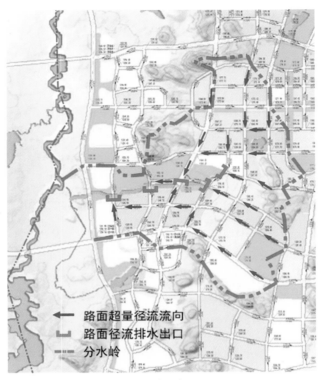

路面超量径流流向
路面径流排水出口
分水岭

图6　地表自然排水防涝系统概念示意图

城市建筑垃圾实行分类收集和分类处理,可回收垃圾进入城市废品回收系统,剩余部分运往填方区等建筑垃圾受纳场。

餐厨垃圾单独建设收运系统,根据各片区的区位关系,就近运送至附近的贵阳市、清镇市、平坝县等餐厨垃圾资源利用或无害化处理设施进行处理处置。

一般工业固体废弃物从末端治理逐步转变为全面控制,以清洁生产、循环再生为基本治理方式。规划普通工业垃圾由工厂自行收运或委托清运公司收运,由环卫部门负责处理;有害工业垃圾由相关的危险固废处理中心负责收运处理。

核心区内的医疗垃圾、危险固体废弃物,规划由贵州省危险废物暨贵阳市医疗废物处理处置中心负责统一收集、运输、处理和处置。

规划在核心区内设置6座垃圾转运站,并明确规模、用地面积等规划指标。

(6)道路照明

结合核心区山地地形及多雨雾的气候条件,根据道路的功能等级规划其光源如下:快速路、主、次干路选择节能效果好、高显色性、色温低的高压钠灯或LED光源;支路照明、小区内道路车流量人流量较少,考虑到节能及安全性,可采用新型LED、小功率高压钠灯以及LVD光源。以色温在3000K左右的光源作为城市主要交通道路照明光源。

路灯照明规划由专用10kV预装式变电所供电，电源由城市公共电网供电，明确预装式变电所、配电箱的建议控制间距。

中低压配电线路宜采用铜芯电缆。路灯配电电缆均埋地敷设，并穿保护管保护，埋深不小于0.7米。

道路照明控制系统结构采用控制中心、通讯层、采集执行层三层结构，规划在贵安生态新城设置核心区路灯管理控制中心，在清镇职教城、马场科技新城分别设置控制分区中心，并分别明确规划用地面积指标，并制定不同等级道路的照明灯具布置方案，提出眩光限制措施、灯具与灯杆选择指引等。

（7）管线综合

规划遵循安全优先、节约利用道路地下空间的原则，对电力、通信、燃气、给水、雨水、污水、再生水等市政管线进行平面、横断面综合，并对重力流的雨水、污水管线进行竖向综合。

核心区各种地下管线从建筑红线或道路红线向道路中心线方向平行布置的次序为：道路东（南）侧，电力电缆、给水管线、再生水管线、污水管线；道路西（北）侧，通信电缆、燃气管线、雨水管线。

除了所有管线的平面与横断面综合外，为保证排水系统的可行性，避免雨污水管线在竖向空间上"打架"，规划还重点进行重力流雨水、污水管线的竖向综合，逐一排查调整不满足竖向设计要求的交叉点，并反馈给雨水及污水专项规划组进行优化调整，直至所有重力流管线交叉点均满足最小垂直净距要求。

按照上述原则，规划给出具体道路的管线综合横断面图共20幅，确定了80米、44米、29米等标准管线综合横断面图共11幅，并给出所有重力流排水管线交叉点的规划控制标高。

四、特色创新

专项规划与总体规划同步编制，有利于取得最佳综合效益：本项目是新建城区总体统筹的专项规划，突出的特点是与用地布局规划同步编制，相关设施和廊道用地需求与土地利用方案有充分的统筹协调，保证综合效益最佳且可落地实施方案的形成。

结合用地布局规划，对新建区城市防涝系统构建进行探索：为使新城区经济合理地达到相应防涝标准、避免继续出现内涝积水，首先，在用地规划中将低洼地带保留为了受纳水体（日常可进行多用途综合利用），使雨水蓄排空间具有合理的密度和足够的能力；其次，在竖向规划中，对道路坡向进行系统控制，使得超出排水管道应对能力的径流能够排入受纳水体、而不会蓄积在建设用地上形成积水甚至内涝灾害，避免了开发建设后雨水径流由地表排入受纳水体的自然排水系统被破坏问题。

六盘水市中心城区竖向规划（2015—2030年）

贵州省优秀城乡规划设计三等奖
起止时间：2014.5—2016.3
主管所长：张　全
主管主任工：黄继军
项目负责人：刘广奇
主要参加人：陆品品　吕金燕　孙增峰　曾有文

一、项目概况

在《国务院关于加强城市基础设施建设的意见》（国发〔2013〕36号）、《国务院关于进一步促进贵州经济社会又好又快发展的若干意见》（国发〔2012〕2号）和《国家西部大开发"十二五"规划等区域发展战略》指引下，六盘水市提出打造国际标准旅游休闲度假城市和生态宜居城市的目标。本项目结合六盘水正在开展的第四版城市总体规划工作，进行竖向规划的编制，一方面将专项规划的成果纳入城市总体规划，提高总体规划的科学合理性和可操作性；另一方面，结合六盘水城区山地地形特点，通过竖向规划，为城市规划的落实和城市分区分片的开发建设提供指导。

中规院水务院受委托开展六盘水中心城区竖向规划的编制研究。本次中心城区竖向规划在新版城市总体规划阶段的基础上开展，充分体现了竖向规划与用地布置紧密结合的理念，保证竖向规划对城市发展支撑作用的有效发挥。本竖向规划的范围为新版城市总体规划确定的中心城区范围，总面积约703平方公里，其中建设用地面积约120平方公里。

二、需求分析

六盘水是西南地区典型的山地城市，规划区内总体趋势是西高东低，北高南低。区内海拔在1250米至2621米之间，其中建设用地海拔在1660米至2141米之间。各片区和组团内部高程变化大，场地利用难度大。其中，大坪子片区、鱼塘片区和银洞片区内的高差达到400米以上，除大河片区外，其余片区的高差均超过200米（图1）。

城市规划区内山体高大，峰峦叠嶂，河谷深邃，地貌组合多样，山地、丘陵、高原、盆谷均有分布。其中，水力和风力侵蚀形成的峰丛地貌，是本地区的特征地貌。在城市建设的过程中，部分山体未能得到有效保护，或被部分开挖取材，或被整体移除作为建设用地，带来城市景观风貌破坏、生态环境破坏以及可能造成地质灾害风险等。同时由于缺乏统一的竖向规划指引，经常会出现四周高、中间低的低洼地块，易形成内涝积水等问题（图2）。

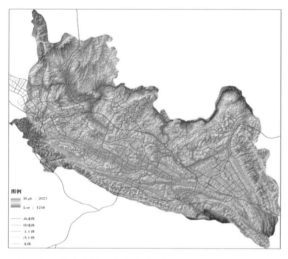

图1 六盘水中心城区高程分布图

图2 六盘水城区周边山地特征

城市用地竖向规划为城市各项用地的控制高程规划。城市用地控制高程如缺乏综合考虑、统筹安排，将造成各项用地在平面与空间布局上的相互冲突，用地与建筑、道路交通、地面排水、工程管线敷设以及建设的近期与远期、局部与整体等的矛盾，因此，城市用地竖向规划是城市规划的一个重要组成部分。

■ 三、技术要点

1.技术路线

本规划的编制，在分析六盘水市中心城区用地竖向现状和存在问题的基础上，结合城市总体规划确定的空间结构、用地布局、人口规模等开展竖向规划工作，对城市总体规划确定的骨架路网从竖向角度进行路网优化和规划落地，并与城市总体规划的用地布置进行衔接和协调，同时对总体规划确定的建设用地从竖向角度进行用地条件的分析，研究山地城市用地难易程度，提出用地开发时序。并结合国内外山地城市开发建设案例，提出山地城市建设与利用模式，对用地竖向提出规划指引，保证用地开发的科学合理和经济可行（图3）。

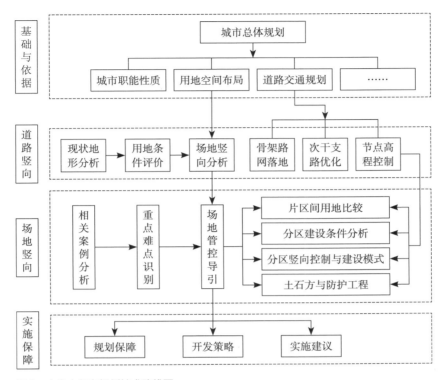

基础与依据
- 城市总体规划
  - 城市职能性质
  - 用地空间布局
  - 道路交通规划
  - ……

道路竖向
- 现状地形分析 → 用地条件评价 → 场地竖向分析
- 骨架路网落地
- 次干支路优化
- 节点高程控制

场地竖向
- 相关案例分析 → 重点难点识别 → 场地管控导引
  - 片区间用地比较
  - 分区建设条件分析
  - 分区竖向控制与建设模式
  - 土石方与防护工程

实施保障
- 规划保障
- 开发策略
- 实施建议

图3　六盘水竖向规划技术路线图

2.主要内容

专项规划系统梳理六盘水市中心城区的地形条件，衔接山体保护要求，明确规划区的竖向开发面临的主要问题。研究山地城市竖向开发案例，总结山地城市竖向规划的特点是：道路交通系统复杂、场地平整的土石方和防护工程大、山洪内涝问题突出、竖向景观变化丰富等。影响道路高程控制的因素主要有现状道路、相关规范、周边地块、城市防洪排涝、城市排水系统、管线综合、城市特殊高程控制点、城市重要景观控制点八个方面。竖向规划在满足用地功能的同时，充分利用自然地形，保障场地排水顺畅、确保工程地质安全土石方工程量尽量平衡，并形成不同用地类型的坡度指标。

在道路竖向规划方面：本规划对道路系统进行分析，识别存在的主要问题有，个别道路无法连通，部分道路坡度无法满足等级要求，道路桥隧比过高，道路布线忽视对山体的保护，极少数道路与现状用地冲突等。针对上述问题，对中心城区各道路系统进行布局优化和竖向调整，确定组团之间连接性，主要道路和组团内部骨架路网的主要控制点标高，并协调重要交叉路口的互通形式和标高控制。通过对骨架道路的平面线形进行合理优化，在确保道路连通的基础上，进一步满足转弯半径、竖向坡度、交叉口设置等方面的要求，降低道路的建设成本。在衔接场地竖向的开发管控要求的基础上，确定主要道路控制点的竖向标高，指导后续控制性详细规划的编制（图4）。

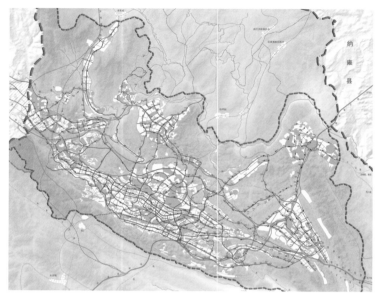

图4　六盘水中心城区道路竖向规划图

在场地竖向规划方面：本规划对城市总体规划的用地布局进一步开展竖向适宜性评价，主要选取坡度、坡向、起伏度三个指标，根据山地城市竖向开发的经验，确定各项指标的权重以及指标分类赋值标准，采用GIS空间分析技术进行叠加分析，得出竖向建设适宜性综合评价结果，提出组团优先开发次序的建议（表1）。并从场地竖向利用的角度，提出山体保护和利用的建议，划定排水分区，明确防护工程的要求，指导下位控规的编制和项目建设。

中心城区竖向建设适宜性评价指标及赋值标准　　　　表1

指标	权重	赋值			
		4	3	2	1
坡度	0.4	＜10%	10%～25%	25%～40%	＞40%
坡向	0.2	平地，或朝南	朝东	朝西	朝北
起伏度	0.4	小于30米	30～75米	75～120米	＞120米

根据竖向建设适宜性评价结果，六盘水中心城区范围内竖向建设适宜性整体较差。且集中连片的竖向适宜建设用地主要集中钟山、双水和老鹰山一带，大部分为现状建成区，其他适宜建设用地分布比较分散。因此，建议规划建设用地的选取要一并考虑适宜和基本适宜两种用地，除钟山、双水和老鹰山相对集中外，其他较分散。建议选取一些适宜建设和适度平整相对集中连片的地块，组团式发展（图5）。

以中心城区大坪子片区为例，片区规划场地整体标高在1900米至2030米之间，其中填方区、挖方区和基本保留现状标高区（填挖方高度不超过5米）的面积基本上各占三分之一。最大挖方区在片区西南角，最大挖方高度约50米；主要填方区在片区中部和西北部，最大填方深度约60米。大坪子片区整体坡向南高北低，由于现状地形坡度大，建议在下位规划（控制性详细规划等）中，细化片区内部路网的设计，并注意控制整体土方量和开发成本（图6）。

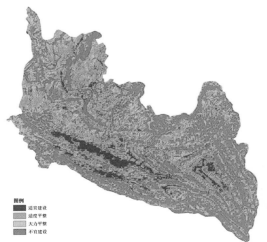

图5　六盘水中心城区竖向建设适宜性评价图

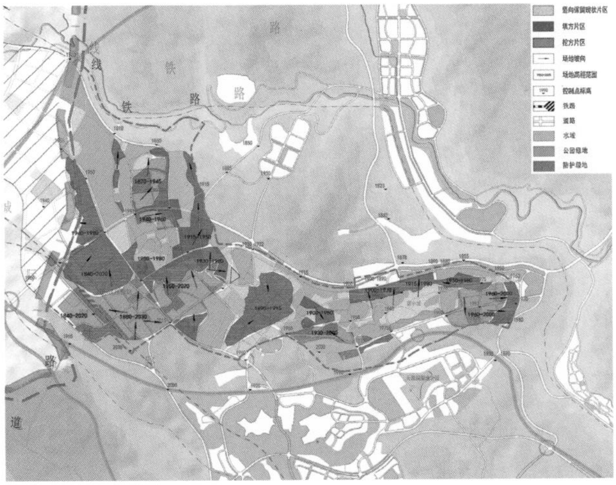

图6　六盘水大坪子片区场地竖向规划图

▓ 四、实施情况

《六盘水市中心城区竖向规划》于2016年11月11日经六盘水市人民政府批复实施。该规划在竖向现状分析与评价的基础上，提出中心城区骨架型道路的竖向标高，以及建设用地的场地标高规划控制。从竖向规划和可实施性角度对骨架道路系统提出优化调整建议及管控要求（图7，图8）。

图7　规划实施效果图（高中教育城）

图8　规划实施效果图（凤凰大道）

五、特色创新

本项目总结山地城市竖向规划的特点和技术要求，山地城市一般存在道路交通系统复杂、场地平整的土石方和防护工程大、防洪排涝问题突出、竖向景观丰富等特点。在规划方法上，可采用设计等高线法、断面法、设计标高法等方法。一般来说，平坦地使用设计等高线法居多，坡地使用设计标高法和断面法居多，作为规划阶段的竖向控制，建议使用标高法，断面法仅在对场地的重点地段有特别要求时作为标高法的补充。

项目借助地理信息系统等空间分析方法，深入分析山地城市的地形特征。从高程、坡度、坡向、起伏度、粗糙度等角度深入解析六盘水市中心城区的地形特征，识别规划区的用地特征，结合西南山地城市的竖向开发的经典案例，提出道路竖向和场地竖向的主要难点和重点。

确定骨干道路的道路竖向，确保总规组团式空间结构落地。识别各组团的道路竖向的具体问题，优化骨架路网的平面线形，对总规路网进行调整。确定主要控制点的竖向标高，明确重大工程（隧道和桥梁）的位置和范围，提出重要交叉点的设计建议。

提出各组团的场地竖向的具体开发建议，提高总规用地布局的可建设性。研究规划区的竖向建设适宜性总体评价，指出竖向开发条件较好的用地分布。对比各组团的竖向利用条件，提出各组团之间和组团内部的开发时序建议。针对主要组团，充分考虑工程可行性和建设成本，提出挖填方分区和主要的排水控制方向的建议。

充分衔接各类规划，考虑安全、经济、景观等多方面的需求。与总体规划、控制性规划、综合交通规划、排水规划、山体保护利用规划等进行充分衔接，系统考虑工程建设安全性、经济性、景观风貌协调性等多方面的需求，有效保障总规空间布局落地，指导控规编制。

三亚崖州湾科技城排水防涝及城市
竖向专项规划（2019—2035年）

起止时间：2019.1—2020.1
主管所长：刘广奇
主管主任工：洪昌富　莫　罹
项目负责人：周广宇
主要参加人：孙广东　贾书惠　卢　静　杨海燕　孙晓博　黄明阳
合作单位：北京建筑大学

▨ 一、项目概况

中规院水务院受委托开展三亚崖州湾科技城排水防涝及城市竖向专项规划编制研究。崖州区位于三亚市最西部，区域总面积346平方公里，城市建设以崖州湾科技城为主要依托，科技城覆盖国家南繁科学技术研究院育种基地、深海科技城等重点园区，是海南自由贸易港建设的关键型项目。

项目范围内城市开发边界北侧、西侧背山、南侧面海、东临宁远河，处于五指山余脉环绕的滨河和滨海地带，地势低平，确保防洪排涝安全一直是科技城建设发展中的重要工作。为科学计算汇水区域雨洪水量，准确把握区域内涝问题，项目研究区域扩展到城市开发边界的完整汇水区域，总面积178平方公里。

规划期限为2019—2035年，基准年为2019年，近期到2025年，远期到2035年。

▨ 二、问题分析

1.防洪排涝

根据现场调查，项目区域内水库主要为农灌、农饮工程，无防洪功能，项目区域内天然河流较多，大多源自山区，流经城市开发边界后汇入崖州湾、宁远河，但现状河道多数排水能力不足，河道亟须整治。

2.竖向高程

项目区域地势低平，中心渔港和镇海2个片区现状地面高程普遍在1.5～3.7米之间，汛期内河水位上升，高程较低区域排水困难，易产生内涝风险（图1）。

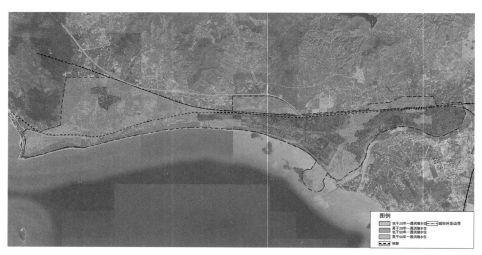

图1　区域洪涝风险图

222

3.管道设施

城市开发边界内，老城片区仍缺少完整的排水系统，排水沟渠排水能力较低。

三、技术要点

1.项目目标

项目区域的内涝问题主要由于洪、潮、暴雨"三碰头"导致，考虑到崖州湾科技城是海南自由贸易港建设的关键型项目，项目按内涝防治标准下暴雨（城市开发边界外20年一遇24小时暴雨、城市开发边界内30年一遇24小时暴雨的组合工况）遭遇宁远河50年一遇洪水并同时遭遇崖州湾50年一遇潮水的设计工况确定排涝设施建设规模，在上述设计工况下，城市开发边界内无明显积水（满足《室外排水设计标准》GB 50014—2021关于内涝防治重现期内地面积水设计标准）（图2）。

2.技术思路

项目以排涝规划为主要核心内容，排涝规划的河道、调蓄区水位计算成果，是进一步进行竖向规划的重要依据。结合区域自然条件，项目提出分区排涝策略，具体包括：

梅山、镇海、中心渔港3个组团临海，由于设计潮位与沿海地面相比相对较低，作为雨洪直排区，河道排水能力充足是保障排水防涝安全的关键。

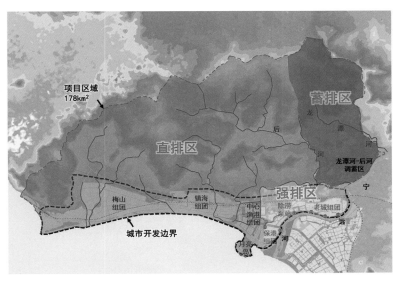

图2　排涝分区示意图

保港、老城2个组团紧邻宁远河、保港南部临海，遇有设计洪水位叠加设计大潮时，需要依靠泵站强排，泵站能力充足是保障这一区域排水防涝安全的关键。

城市开发边界外，现状后河、龙潭河之间田洋将规划作为雨洪调蓄区域，当设计暴雨、洪水、大潮同时发生时，城市开发边界外雨水，需要经调蓄、在宁远河水位下降后，再以自排方式排除，调蓄区应尽量避让现有村庄建设，减少调蓄区运用时的影响。

3.主要内容

（1）排涝规划

采用EPA-SWMM模型对项目区域内现有河道、调蓄区、泵站的排水能力进行计算，构建的模型包括河道模型、调蓄区模型、下垫面模型、降雨模型、泵站设施等。

项目首先着力解决由于河道排水能力不足而造成的河道溢流的现象，通过对水系布局进行优化，尽可能将河道溢流水量减至最低，避免布局过大调蓄区或设置过多泵站。

雨洪调蓄区集中布置于后河、龙潭河之间，主要作用为调蓄后河上游来水、减轻后河下游城市开发边界内雨洪过境压力，调蓄区域内现状以田洋为主、调蓄区边界严格避让现有村庄，根据分析，调蓄区运用后水深最高≤1.0米、退水时间≤24h，满足《治涝标准》SL723关于水田退水时间、耐淹历时要求（表1）。

项目共提出建设6座泵站，主要服务于受宁远河顶托影响的保港和老城2组团排涝，泵站设计流量共计50.7立方米/秒。此外，项目对不同的洪、潮、暴雨遭遇情况，确定相应的泵站启闭规则（在20～30年一遇暴雨，遭遇50年一遇洪、潮的罕见工况下，所设置泵站将全部启动并以最大设计能力运行，而在较低重现期、相对常见的暴雨、洪、潮事件下，逐步采用部分

泵站停机、部分泵站降速运行方式，也可以满足区域排涝要求），并依此作为安排各处泵站设施建设时序的依据之一（图3）。

部分典型河道水面线计算成果表　　　　　　　　　　　　　　　　　　　　表1

河道	断面累距（米）	河宽（米）	计算水位（米）	现状地面高程（右岸，左岸）	规划地面高程（右岸，左岸）
龙潭河	0	15	4.98	6.0，5.0	6.0，5.5
	1167	15	7.95	9.0，9.0	9.0，9.0
	3086	15	11.90	13.0，12.0	13.0，12.0
石沟溪	0	30	3.47	4.0，3.0	4.5，4.5
	1399	30	5.99	4.0，4.0	6.5，6.5
	3007	25	8.78	10.0，9.0	10.0，9.5
	3893	25	13.00	14.0，14.0	14.0，14.0
	5082	25	19.12	22.0，23.0	22.0，23.0
	7280	20	29.08	30.0，30.0	30.0，30.0
后河	0	50	2.59	2.0，3.0	3.5，3.5
	1344	50	3.28	4.0，5.0	4.0，5.0
	3187	50	4.04	5.0，4.0	5.0，5.0
	7525	50	6.46	4.0，5.0	7.0，7.0
	14927	30	39.81	42.0，40.0	42.0，40.0
	17614	30	76.03	77.0，79.0	77.0，79.0

224

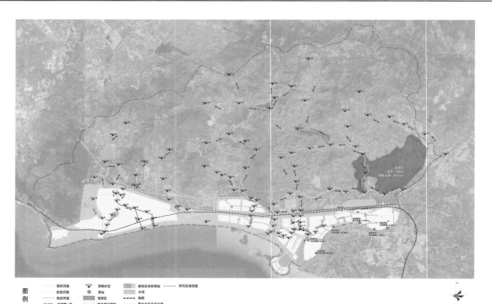

图3　排涝规划布局图

（2）竖向规划

排涝规划的河道、调蓄区水位计算成果，是进一步进行竖向规划的重要依据本项目中，新建道路路面标高原则上高于相邻河道、调蓄区最高水位0.5米以上，新建区域场地竖向原则上高于周边路面标高0.2米。

此外，道路纵坡考虑排除超标雨水的要求，并尽量坡向受纳水体。本项目基于城市开发边界内道路路面标高，在排涝规划所采用的设计工况下，对道路排除超标雨水时的情况进行模型计算（例如，梅山组团道路排除超标雨水总量约为45万方、占组团内建设用地雨水产流总量17%），结果显示，城市开发边界内道路雨水径流深度、径流深度与流速乘积均满足"道路排水的路边径流深度不应大于0.2米、径流深度与流速乘积应小于0.5平方米/秒"的规范要求（图4）。

图4　道路排除超标雨水时水深与流速

（3）管道布局

为保证良好的管道排水条件，以河道、调蓄区计算水位及规划竖向为基础，确定雨水管道布局，雨水经管道收集后优先排向河道、调蓄区计算水位较低的方向。

城市开发边界内局部地面高程与相邻河道计算水位接近，为尽量减少河道水位顶托影响，在局部地段将采取"大管径、小坡度"方式布置雨水管道，同时减少管道埋设深度。

对于既有雨水管道，项目结合河道布局及河道水位，进行细致优化，重点包括增加雨水干管及排水出口，在不对既有管网进行大规模改造基础上，将现状汇水范围较大的系统拆分成多个较小的排水系统，改善原有系统排水条件。

■ 四、实施效果

2020年，崖州湾科技城将规划中一批研究成熟、具备建设条件的道路、水系工程项目落

地实施，开展科技城水系工程项目、研学路（B段）等道路工程项目，在工程建设中，城市道路严格按规划标高控制，注重管道、河道衔接，逐步构建起包括海绵建筑、排水管网、河湖水系、调蓄空间、除涝泵站的"源头减排、管网排放、蓄排并举、超标应急"的城市内涝防治工程体系，项目区域内易涝易积水区域得以消除，2021年台风"圆规"登陆海南期间，崖州湾科技城并未发生明显积水内涝，区域暴雨内涝应对能力显著提高（图5）。

图5　项目实施水系、道路工程航拍图（2021年）

▨ 五、特色创新

在创新探索方面，项目内容及管控指标涉及海绵城市、排水管网、河湖水系、调蓄空间、泵站设施、竖向控制和超标径流排放等方面，是在《国务院办公厅关于加强城市内涝治理的实施意见》（国办发〔2021〕11号）发布前，对构建"源头减排、管网排放、蓄排并举、超标应急"的内涝防治工程体系的一次系统性探索。

在系统统筹方面，项目统筹城市防洪和内涝治理，以设计洪、潮水位为边界，布局内涝防治体系，为准确把握城市内涝问题，将研究区域扩展到城市开发边界的完整汇水区域，形成流域、区域、城市协同匹配，防洪排涝系统完整的防灾减灾体系。

在实施策略方面，项目区域滨海、邻河，区域内河流普遍发源于山区，穿流经过城市开发区域后，最终汇入崖州湾、宁远河，本项目充分结合上述水文、地理特点，依托河流优先构建高速排涝通道，提高除涝效率，依托河流形成区域排水防涝骨干网络，再配合以田洋调蓄区，有效控制泵站等灰色设施规模，在保障安全同时，使内涝防治工程的生态、工程、经济效益获得明显提高。

拉萨八廓街市政工程和更新规划的十年历程
——市政供排水改造设计及设施更新规划

保护规划项目联合延伸产出的《世界文化遗产地拉萨藏民族历史城市的整体保护
技术研究与应用》，获得2019年"华夏建设科学技术奖二等奖"
2015年全国优秀城乡规划设计奖（城市规划类）二等奖
起止时间：2012.1至今
主管所长：谢映霞　洪昌富
主管主任工：孔彦鸿　郝天文
项目负责人：祁祖尧　郝天文
主要参加人：程小文　李文杰　芮文武　孙广东　魏保军
合作单位：拉萨市设计集团有限公司

■ 一、项目概况

1.规划背景

拉萨老城区是以八廓街历史街区为核心，是集居住、商贸、宗教、旅游、文化等多功能于一体的城市中心区，保存着大量珍贵文物及历史建筑，具有很高的历史、文化、艺术、科学研究价值。但由于大部分建筑历史久远、宗教和商贸活动频繁、人流、物流急剧增加等原因，市政基础设施的建设严重滞后。拉萨市区党委、政府着眼于保护文化遗产、改善民生、完善城市功能、提升城市品质和形象，于2012年委托中规院水务院开展《拉萨市老城区供排水改造工程设计及可行性研究》编制研究。

2012—2022年，拉萨八廓街的更新建设取得一定成效，也面临新的挑战，需要新的考量与评估。作为"十四五"建设的开局阶段，加强八廓街历史文化遗产保护，提升古城功能和活力，全面提升历史文化街区的人居环境，提供囊括人口疏解、功能提升、景观风貌、市政改善、消防安全等方面的综合实施计划，将在新时期作为街区规划实施落地的新起点，引领街区保护更新工作进一步向人居环境改善的深水区扎实有序开展。2020年拉萨市城关区住房和城乡建设局委托中规院水务院开展《拉萨八廓历史文化街区保护与更新行动规划编制研究》，水务院承担其中市政基础设施更新、消防安全提升、地下空间布局研究等方面的重要工作。

2.街区概况

拉萨市是西藏自治区的首府，是具有1300多年的历史古城，文物古迹极为丰富，是国务院首批公布的24座历史文化名城之一，世界著名的布达拉宫被联合国教科文组织列入《世界文化遗产名录》。拉萨老城区是以八廓街历史文化街区为核心，包括林廓东路以西、朵森格路以东、江苏路以北、林廓北路以南的区域，面积1.33平方公里，常住人口8万人。是集居住、商贸、宗教、旅游、文化等多功能于一体的城市中心区，有大昭寺、小昭寺等著名寺庙25座，有文物古建大院56座，保存着大量珍贵文物及历史建筑，具有很高的历史、文化、艺术、科学研究价值（图1）。

图1　拉萨八廓街改造和更新范围图

二、需求分析

1.核心问题

2012年之前，拉萨八廓街市政基础设施所面临的主要问题是：给水系统不完善，供水压力不足；合流制排水管道损坏堵塞严重，导致污水外溢污染环境；强弱电线路老化和私拉乱接，存在着较大的火灾安全隐患；街巷狭窄且地下空间布局杂乱，市政管线改造敷设难度较大（图2，图3）。

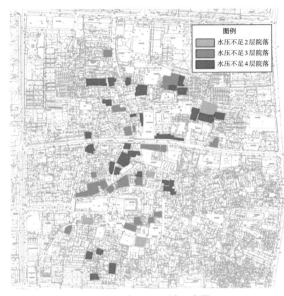

图2　拉萨八廓街供水压力不足区域示意图　　　　　　图3　拉萨八廓街排水管网问题区域图

近年来，八廓街面临全面实施改造阶段，具体的基础设施布局、管线落位、防灾空间等方面没有宏观设计引导，地面基础设施和地下管线的拆、改、建缺乏必要的依据，无法与现状设施和道路系统做好衔接，导致现有方案的指导性和控制性不强，不能满足八廓街历史文化街区市政基础设施更新、消防安全能力提升、城市环境品质改善、规划－设计衔接等方面的要求（图4）。

2. 街区高质量发展的需求

（1）落实中央城市工作会议有关指示，保护历史文化遗产的要求

八廓街更新提升工程应同时本着以人为本的规划理念，打造共建、共治、共享的社会治理新格局。另一方面，更新改造工作须以文化遗产的保护为前提，在保障文物及其历史环境安全性、完整性的基础上开展。

（2）坚持一张蓝图绘到底，制定精准施策、谋定而后动的实施策略

要求在技术管理层面，对项目实施所涉及的文物建筑保护、传统风貌建筑修缮、街巷景观风貌整治、市政基础设施专项、交通设施和管理专项等多专业进行统合，进而分类梳理实施项目库（图5）。

（3）落实统一规划，分批次推进八廓街人居环境改善、品质提升

综合提升工作复杂且头绪多，建议近期本着"好见效、好实施"的原则，开展重点问题、重点地区的整治，形成经验后推广实施。着力解决"文化景观提升、建筑风貌提升、环境整治、居住条件改善、综合交通治理、市政基础设施提升、公共服务设施提升、消防安全提升"等需求。

230

图4 现状市政消防设施问题及分析图

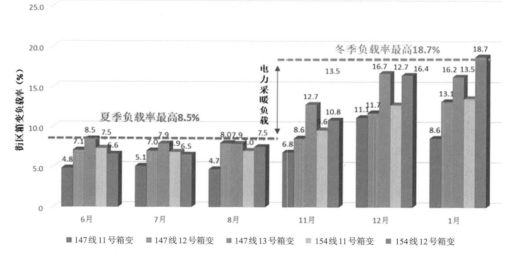

图5 整体统筹、系统施治的需求示意图

（4）局部改造到系统更新整治，提升设施标准、加强管理维护水平，是中央和区市两级党委政府的基本要求

局部的改造仅从问题导向出发，以最小化的改造方式，满足近期局部设施提升改造的需求，但是无法从根本上解决街区工程的系统性和设施品质不足的问题。系统的更新整治是从目标导向出发，通过系统改造，对地下空间进行统筹布局，同时提出架空线路的敷设标准，可以在5年实施计划中分年度分区域地逐步完成，从根本上解决街区存在的问题，提升街区居民的生活品质（图6）。

图6　八廓街市政基础设施整治改造历年变化及成效

三、技术要点

1.构思策略

八廓街保护更新规划在前序改造规划设计的基础上，对八廓街市政供水、污水、雨水、电力、通信和垃圾环卫等基础设施进行提升改造，力图通过在历史街区采用综合管廊/缆线沟等适宜性利用形式，改变八廓街传统的管线直埋方式和管线拆改破路的局面，延长市政管线的生命周期，减少设施改造对于八廓街居民生活的影响。构建八廓街消防应急安全体系，实现街区消防场站与区域外围城市消防场站的灭火救援联防联控协调机制，提出重要防护区域的消火栓布置原则以及消防水源的规划建议。在空间落位和风貌管控方面与街区保护规划和整治方案相协调，提升居民的生活品质，改善周边居住环境，同时使得市政基础设施提升改善做到充分尊重和利用现有设施，减小改造对街区传统肌理和历史遗存的破坏（图7）。

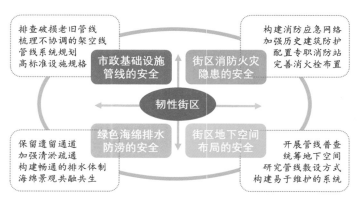

图7 八廓街市政更新改造策略图

2.技术思路

通过整体改造，提升市政设施服务功能，充分利用现有基础设施，完善并提升设施功能，改善居民生活条件，维持八廓街历史风貌，增强防灾应急能力。规划方案的制定分为调研分析，加强认知及技术积累和进行综合方案制定三个层面。基于详细的调研，以国内外基础设施改造规划的研究为基础，对八廓街市政基础设施问题进行归纳总结并提出相应的适应性技术手段，通过技术方案比选，提出适合于街区供水排水改造方案和市政改造规划综合协调的管线综合指引（图8）。

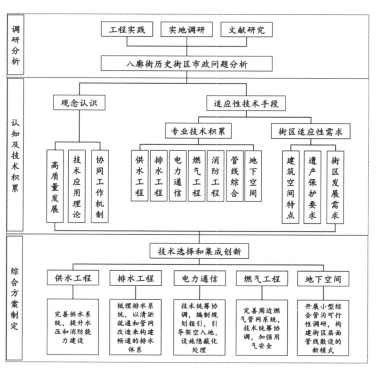

图8 技术路线图

3.主要内容

2021年是"十四五"的开局之年，站在这样的历史节点，制定明确指导街区保护与更新工作路径的方案，提供囊括人口疏解、功能提升、景观风貌、市政改善、消防安全等方面的综合实施计划，将在新时期作为街区规划实施落地的新起点，引领街区保护更新工作进一步向人居环境改善的深水区扎实有序开展。水务院本次工作重点是对街区市政供水、排水、电力、通信、燃气和消防等基础设施进行提升改造，落实市政设施的空间落位和风貌管控要求，提出分阶段、分区域的改造实施建议，提升改善居民生活品质和居住环境（图9）。

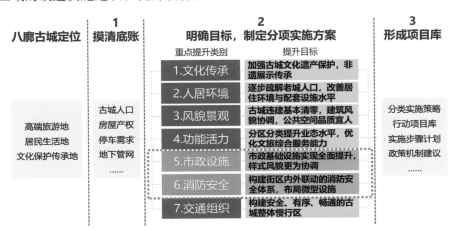

图9　八廓街更新保护重点工作内容

四、实施效果

1.制度模式

八廓街保护工程涉及面广、工程项目多、专业性强，在较短周期内要做到从规划设计到施工建设等全方面流程管控。水务院项目组受拉萨市政府委托，作为拉萨市八廓街市政基础设施规划设计的牵头单位，在工作形式上分为：技术管理—设计指引—组织配合—现场协调，工作内容表现为：自下而上，层层落地，全过程参与。首先在方案编制上采用自下而上的模式，尊重居民需求和改善期望，主要突出以居民生活改善为目的，提升生活环境和设施水平。其次突破传统规划设计单位单纯参与方案阶段的模式，作为八廓街保护工程建设领导小组成员单位，参与前期现状摸底和规划设计方案的督导协调，在编制供排水改造工程设计的基础上，统筹协调其他编制单位的设计方案，避免出现设施布置各自为政的局面，同步编制工程管线综合设计指引，保障设施入地的顺利实施。最后在建设实施阶段，与拉萨市设计院全力配合做好施工改造阶段的现场协调和设计变更等工作，实现全过程的参与，确保施工改造在一定条件下严格按照设计内容实施，保障了整体改造效果（图10）。

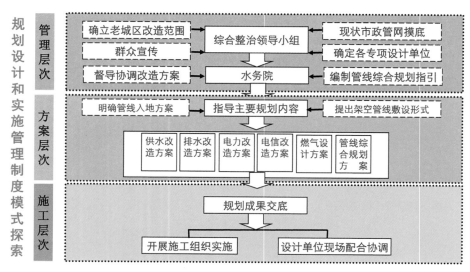

图10　多层次规划技术协调制度模式图

2.建设成效

前期成果得到西藏自治区领导、拉萨市委市政府及相关单位的高度评价，设计成果先后通过拉萨市城乡规划建设委员会和西藏自治区发展和改革委员会的审查，认为："设计方案编制出了站位高、理念新、操作性强、历史和现代的结合亮点突出的规划方案"、"做到了科学规划，有效保护，在保护中传承，在传承中发展"。

按照规划设计成果所确定的街区供排水改造及工程管线改造调整方案，新建供水主管道1.2公里，改造修复供水管线7公里。疏通排污主管道29.43公里，清理污水井1965座，疏通雨水管9.3公里，清理雨水井4004座，清运淤泥2608吨。安装消防水鹤2座，安装消防栓46座，拆除电力、通讯等各类老化、损坏和私拉乱接的线路2200多公里。排查消防安全隐患260处，清除消防通道障碍89处。新建地下综合管线、管沟31.42公里（其中，八廓街及其周边87个巷道设计为综合管线，外围主干道设计为综合管沟），浇筑电力、通讯、给排水等检查井1654座（个）。另外，通过技术协调，新建老城区供电110千伏变电站1座，敷设高低压电缆线135公里，安装箱变123台、环网箱50台、分支箱448台，安装进院入户表箱1477支、17072户。新敷设电信、移动、联通、广电等通讯光缆线路820公里，安装桥架20.7公里，安装落地式光交箱80个，分路设备1143个，安装数字电视机顶盒12213个（图11，图12）。

图11 八廓街整治保护工程竣工

图12 八廓街整治保护工程实施成效

■ 五、特色创新

1.项目特色

（1）建立一整套规划—设计—施工的统筹协调机制

针对八廓街现状供水水压不足和排水不畅、电力设施架空布置影响景观风貌、街区改造层面管线综合入地存在困难等状况，从街区改造实际出发，遵循"首先它和文物保护单位不同，这里的人们要继续居住和生活，要维持并发扬它的使用功能，保持活力，促进繁荣；其次要积极改善基础设施，提高居民生活质量；再者要保护真实历史遗存，不要将仿古造假当成保护的手段"的原则，统筹历史街区发展需要，在对八廓街供排水、电力、通信、燃气等市政基础设施现状存在问题进行深入研究的基础上，按照历史街区保护范围内基础设施共建共享、合理布局、高效利用、持续发展原则，通过对不同规划设计方案进行可行性技术比较，因地制宜

地提出八廓街保护范围内的供水压力保障、排水设施畅通、其他基础设施入地改造的综合指导方案。在此基础上制定相应工作流程，主要分为：前期调研——规划设计——施工图设计及改造实施这三个阶段（图13）。

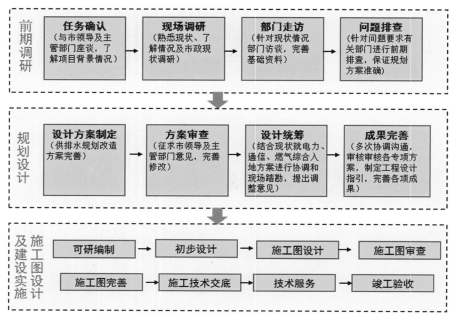

图13　八廓街市政改造规划设计工作流程示意图

（2）精准施策，强化规划引领作用

规划设计立足当前，谋划长远，统筹八廓街历史文化街区的发展需要，在对街区供排水、电力、通信、燃气等市政基础设施现状存在问题进行深入研究的基础上，按照街区保护范围内基础设施共建共享、合理布局、高效利用、持续发展原则，通过对不同规划设计方案进行可行性技术比较，因地制宜地提出历史街区保护范围内的供水压力保障、排水设施畅通、其余设施入地改造的综合指导方案。特别是在规划设计方案中明确提出的对于供水主干管改造提升区域压力、疏通现状排水管网、通过局部管线改造适当调整排水分区，很好地解决了困扰街区居民多年的供水水压不足、排水不畅造成污水外溢污染环境等问题；同时，通过对街巷特点和工程管线布局分析，编制工程管线综合设计指引，统筹协调各市政专项基础设施设计及布局，为施工建设提供有力的技术支持，强化规划设计的技术引领作用，通过现场协调配合，缩短了施工改造的建设周期，保证了八廓街保护工程的建设顺利竣工（图14）。

2.创新点

（1）受限条件下的供排水精准改造方案

供水排水的规划改造考虑到八廓街属于藏族传统城市聚居地区，其社会、历史地位较高且

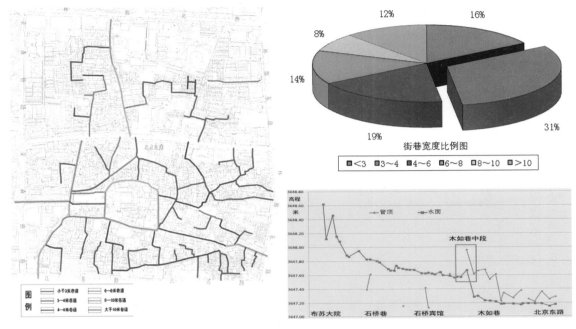

图14 重点地区管网标高及道路街巷肌理分析图

受到国内外关注，大范围的改造会破坏其历史价值，因此改造范围限定在街区保护范围内，暂不对外部市政管道进行大幅改动。但是供水排水改造工程具备系统性和完整性，单纯从局部出发很难系统解决问题，这也是本次改造的难点。

规划设计从解决民生问题出发，立足供水排水系统理论基础，针对八廓街的改造实际条件，从宏观系统规划切入微观设施改造，提出周边改造、内部加压以及内部改造三种方案，并从内部入手直切要点，在最小改造程度内提出精准改造方案，有效解决供水排水现状问题。具体如下：立足现状实现在受限条件下的供水排水精准改造，以"测"为据、以"调"为先、以"维"为主的技术思路，规划本着基于周边市政供水压力分布，立足于八廓街供水管网结构，提出采取"点到点"的专管定向直供方式，在外部改造受限、未建泵站加压的条件下，仅建设1千米供水管道，从而成功解决八廓街重点片区水压不足问题；另外，针对局部排水不畅区域，通过测量管底、管顶和水面标高进行高程分析，同时基于现状排水管网收水范围进行排水分区研究分析，建议对整个街区排水管道进行清淤疏通，通过对排水分区的调整实现局部改造排水管道流向，减小北京中路和江苏路的排水压力，使污水排放更加顺畅（图15～图18）。

（2）提出适合街区特点的工程管线设计指引

拉萨老城区以传统民居建筑为主，建筑密度大、容积率小、街道宽度小，若将各类市政管线布置于同一条街道下面，会受到路幅宽度和现状管线的影响，极大增加工程管线综合布设的难度。规划因此提出工程管线综合设计指引，针对狭窄巷道内市政工程管线实施的功能，寻求

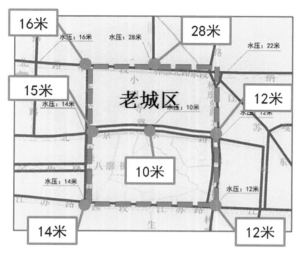

图 15　供水压力实测图

图 16　排水分区调整图

外围市政改造

内部整体加压

外围"高水"引入

图 17　供水改造规划方案比选

外围雨水分流

过境主干管改造

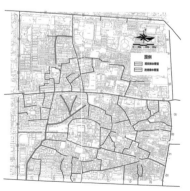

内部局部改造

图 18　排水改造规划方案比选

安全底线，突破常规规范要求，有效利用地下空间。通过指引要求，保障市政工程管线的运行安全，规范市政工程管线布置方式，对现有各类市政管线综合规划规范进行研究，结合拉萨市老城区巷道特点以及市政管线的敷设现状，在遵循各部门专项设计方案基础上，对各种市政工程管线整体布局提出综合设计要求，包括符合拉萨市老城区狭窄巷道市政管线的实施原则、设置要求、管线布置的排列顺序、最小水平净距和垂直净距以及实施过程中应采取的工程措施等（图19）。

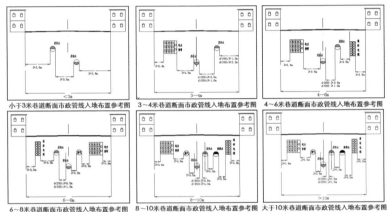

图19　市政管线布局指引示意图

（3）体现文化遗产风貌保护的基础设施选型

八廓街区域是藏民族悠久历史文化的集中展示区，因此规划设计不仅要对现有基础设施建设进行提升改造，同时也要实现设施建设与历史风貌和人文景观相统一协调。

规划设计不仅立足于基础设施改造所达到的保障民生的效果，更是在街区基础设施改造与历史景观风貌相协调的工作上做出大量研究。对于设施管线入地布局提出管控要求和风貌建议，保证大部分架空线路入地，需要架空或沿墙敷设的也明确建设形式，恢复街区通透视野和良好的景观风貌，同时在设施选型和表现形式上提出建议要求。主要表现在：①针对八廓街历史遗存多、街巷狭窄的特点，在设施选型上尽量选择地下消火栓、埋地式表井等地下设施，直埋式阀门、玻璃钢化粪池等占地小的成型产品；②在井盖的样式及图案设计中，充分应用地方文化符号，增强街区的历史感；③原有强弱电"蜘蛛网"布局基本实现入地改造，在街巷断面宽度无法实现全部入地的区域，也提出架空线路沿墙隐蔽化敷设的形式，与建筑和店招相协调统一，避免现代化设施建设与街区历史脉络相冲突，影响景观风貌（图20）。

（4）探索历史街区狭窄街巷布局小型管廊的可行性

经过多年的不断整治修补，八廓街的地下空间缺乏系统梳理和规划，导致新旧管线相互穿插避让，见缝插针式的布局形式给本身就局限的地下空间增加了设施改造的难度，导致后续

图20　市政设施规划改造与风貌协调实施效果图

"头痛医头、脚痛医脚"的局面，设施规模和布局各自为政，老旧管线偏多，一旦地下开挖，势必对现有管线造成二次破坏，存在一定安全隐患。通过对地下空间的管线设施进行重新梳理，重新规划布局管线落位，在研究现有管廊标准规范的适用性以及国内外综合管廊应用案例的基础上，更新规划探索采用小型综合管沟的方式，通过技术、经济、可行性的多重比较，可以对地下空间进行统筹布局，实施城市综合管廊在历史街区狭窄街巷的特殊应用，构建街区层面管线敷设的新模式，提升管网安全，同时便于后期管理维护，可实现高标准的建设效果（图21，图22）。

国家	所在地	长度	建设年度	容纳管线	燃气(G)是否入廊	排水(S,R)是否入廊	国家	所在地	长度	建设年度	容纳管线	燃气(G)是否入廊	排水(S,R)是否入廊
法国	巴黎及郊区	2100km	1833~1960年	W, N	否	否		东京火车站		1926年	E, N, W, G	是	否
英国	伦敦		1928年	W, S, E, N	否	是		尼崎地区	3.5km	1963~1988年	T, E, G	是	否
瑞典	斯德哥尔摩	60km	第二次世界大战以后	W, R, S, H, E, N	否	是		高抡	2.0km	1965~1966年	T, E, N	否	否
俄罗斯	莫斯科	130km		R, S, H, E, N, W	否	是		清户、金町	2.3km	1971~1975年	T, E, N, G	否	否
美国	白原市(纽约州)		1970年	T, E, W, S, N	否	是	日本	练马	2.3km	1973~1977年	T, E, N	否	否
美国	纽约市	1.5km	1970年	E, W, S	否	是		川崎	2.7km	1987~1983年	T, E, N, W, G	否	否
美国	Faihzanks(阿拉斯加州)			W, S	否	是		东寺尾	4.5km	1979~1988年	T, E, N, W	否	否
美国	诺姆市(阿拉斯加州)	4.0km		W, S	否	是		吉野町、碳子	2.6km	1990年	T, E, N, W, G, S	否	否
芬兰	赫尔辛基	36km		W, H, N	否	否		五条	1.5km	1979~1985年	T, E	否	否
日本	九段版	270m	1926年	W, N, S, E	否	否		神户	3.2km	1987年	T, E, S, G	是	是
日本	滨町金座街		1926年	N	否	否		福岛	2.4km	1982年	T, E, W, G	是	否
日本	鬼户	2.0km	1981~1989年	T, E, N	否	否		淀川	3.7km	1988年	T, E, N, G	是	否
								银座支线		1968年	T, E, N, W, G	是	否

备注：T: 电信电信，W: 给水管，E: 电力，S: 污水管，G: 燃气，N: 通信及电缆，R: 雨水管，H: 供热供冷管

图21　国外综合管廊入廊管线建设情况

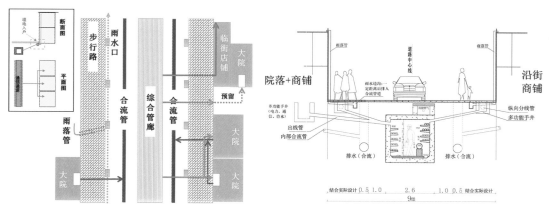

图22　管线进出线建设方式以及小型管廊布局示意图

抚州文昌里历史街区保护规划及文昌里地段城市设计

——市政基础设施提升规划

起止时间：2014.1—2015.12
主管主任工：郝天文
专业负责人：祁祖尧
主要参加人：王宝明　周广宇

一、项目概况

1.规划背景

2013年开始编制的《抚州市城市总体规划（2013—2030）》进一步强调城市发展南向拓展的方向，有利于疏解旧城区人口，缓解旧城区交通压力，客观上为文昌里历史街区的保护提供较好的基础条件，同时也对街区市政基础设施功能提升、街区活力营造、市容景观塑造等方面提出一定的挑战。

文昌里历史街区现状保护不足、设施缺乏等客观条件不符合居民日益增长的物质和精神文化需求，亟须街区层面的规划作为下一步保护更新工作的指导。即在妥善保护现有设施的基础上，对各项市政基础设施进行统筹规划和有机更新，以进一步提升文昌里历史街区的基础设施保障能力和综合防灾能力，从而改善民生，提升街区的环境品质。

2.街区概况

抚州位于我国江西省东部，紧邻南昌市，是抚河下游、进入鄱阳湖前的重要地区性中心城市与交通枢纽，是古代临川文化的代表性城市。文昌里历史街区是抚州城市文明的发祥地，也是抚州市现状历史文化遗存最集中的地区。重要遗存包括玉隆万寿宫、圣约瑟大教堂、正觉寺、汝东园明清建筑群、文昌桥、汤显祖墓等。保护规划范围北起赣东大桥，南至戴湖，东靠中洲堤路，西临抚河，总面积65.56公顷。

二、需求分析

1.核心问题

（1）现状市政管线使用年限较长，部分街巷供水管外露地面敷设，存在漏损等安全隐患问题。

（2）文昌里历史街区整体地势北高南低，东高西低，街区内部地势相对低洼，排水不畅，且现状桥东防洪墙设防标准较低，易受抚河洪水威胁。

（3）由于建筑、耕地压占，街区内的历史水系风貌正在逐渐消失，连通街区南北戴湖和尧家塘的沟渠已被堵塞，割裂了街区内水系的联系，使湖塘水体缺乏流动、更新。

（4）街区现状消防能力薄弱，建筑以木制和砖混结构居多，耐火能力低，街巷狭窄增加消防扑救的难度。

2.发展需求

规划编制的重点主要包括三个方面，即街区认知与保护、街区可持续发展、文化带动与旅游发展。市政基础设施的规划作为街区可持续发展的重要组成部分，力图通过设施的更新改造提升街区活力和居民的生活质量，保障生活和物质环境的可持续。

三、技术要点

1.规划目标

（1）对于文昌里历史街区市政基础设施进行整体提升和改造，提高市政基础设施的保障能力，改善民生，提高居民生活质量。

（2）加强与外围设施的系统协调，从市政基础设施的系统性出发，协调区域外与规划区内市政设施的联系和布局，统筹考虑，优化设施布局。

（3）着重考虑新旧城区设施建设发展不平衡、地上地下发展不协调等问题，提高文昌里历史街区市政基础设施安全保障能力，提高居民生活质量和街区形象。

2.技术思路

本项目是社会学、市政工程、古建筑保护等多专业合作，从历史文化保护、可持续研究到城市设计，从物质遗存保护到生活延续性保护的一次综合性保护规划探索。历史文化保护从历史脉络梳理出发，从用地、交通、生活延续性、公共服务设施支撑、市政基础设施支撑、实施机制等层面对街区进行可持续性研究。此外，从区域、街区到节点对街区提出城市设计控制，明确公共空间与景观系统，有序安排保护与开发在整体层面的均衡发展（图1）。

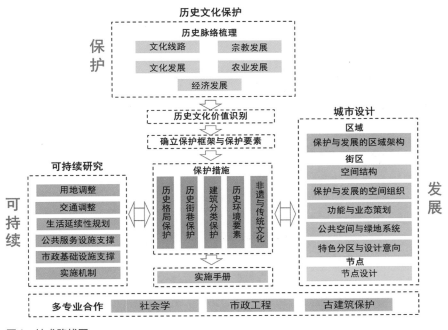

图1 技术路线图

3.主要内容

在规划层面对于街区市政基础设施，包括供水、排水、电力、通信、燃气、环卫、消防、抗震、防洪等专项的改造提出具体的规划方案及设施布局；针对街区狭窄巷道内市政工程管线实施的功能要求和管理要求，从满足功能、保障安全的前提出发，结合文昌里历史街区巷道特点以及市政管线的敷设现状，对各种市政工程管线整体布局提出综合设计要求；在满足防洪排涝、构建安全街区的基础上，重点保护与抚州城市和文昌里街区的历史沿革密切相关的内网河湖水系，恢复部分具有重要历史价值的河湖水面，使街区内部的河湖形成一个完整的系统；在规划的基础上，深化设计方案，选取五大院、汤公故里等重要节点，提出设计意向方案与建设指引；针对不同地段的独有特色、建设时序，设立保护与利用项目库，制订保护与发展控制策略与行动框架，在实现资源的合理化开发的同时完成城市设计目标（图2）。

四、实施效果

为改善老城人居环境，自2013年起，抚州市委、市政府确定将文昌里作为头号的城建项目和最大的民生工程，全力推进文昌里更新改造。文昌里历史街区环境、基础设施、公共服务得以完善，实现片区内建筑上下水、电力、燃气的全覆盖，结合传统防火墙的修复，形成有历史街区特色的消防系统（图3）。

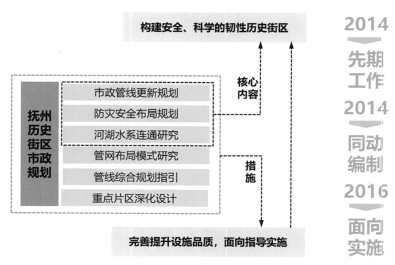

图2 市政更新规划主要内容

改造后的文昌里获得广泛的社会反响及文化认同，文昌里历史文化街区成功申报为省级历史文化街区；2018年江西省旅发大会主要活动在横街举办，第五季中央电视台《记住乡愁》栏目组在横街拍摄宣传；文昌里历史文化街区获批4A级景区，年游客接待量突破100万人次（图4）。

五、特色创新

1.项目特色

市政更新规划在抚州文昌里历史街区保护规划的基础上，以"遗存"的视角看待街区内的传统基础设施体系，尤其是排水、防洪、消防等系统，强调从更加广泛的文化背景中认知街区市政基础设施提升行为，在功能提升与文化延续的基础上，探索对传统基础设施的保护和利用，同时着重开展河湖水系连通、用地布局优化、规划延伸指引等研究工作，在提升街区基础设施水平的同时，避免对街区环境的影响、保护街区风貌的原真性，有利于实现街区的有机更新和可持续发展。

（1）市政规划从"宏观"街区到"微观"街巷的深化探索

结合文昌里历史街区保护更新要求，选取大公东路、五大院、汤公故里等重要节点，提出总体设计意向方案与建设指引。市政更新规划结合区域环境特点和街区整体风貌，以编制的市政保护规划方案为依托，以规划改造和业态调整为基础，对接街区及周边大市政系统化布局的路由和源头，加强与外围设施的系统协调，从基础设施的系统性出发，完善从"宏观"街区到"微观"社区的市政设施的管网布局和设施配备，重点完成管线布局、设施风貌、敷设方式、精准落位等相关规划工作，为开展片区施工图设计奠定规划基础（图5）。

图3　建筑及市政更新改造实施效果

图4 街区风貌总体展示

246

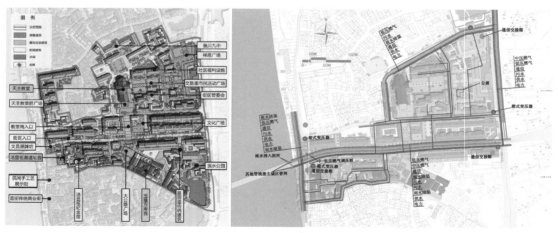

图5 重点片区节点深化的规划指引

（2）工程规划对街区保护用地布局的支撑和优化研究

健康有活力的水域空间和水景观是确保"人、水、街区、自然"协调发展的重点，是实现街区良性发展的必要条件。更新后的水系格局对研究区的影响不只是自然环境的改善，更重要的作用是引导对滨水空间用地布局的重新思考，市政规划考虑到水系更新后滨水空间价值的提升，对街区用地布局提出建议性调整。通过用地调整，研究区内自戴湖，沿新建水道，经东湖、过家塘、杨家塘至孝义港的滨水空间内，将集中分布零售商业、文化、宗教、文保、行政办公、广场等多种用地，串联起历史遗存保护、文化活动、日常生活的一系列重要节点，滨水带将成为街区内最具人气的空间、回归历史上的街区主轴地位。此外，还建议利用滨水空间内的高价值商业用地承接靠近文保单位的开发权转移项目，以有效引导历史街区合理开发，同时优先吸纳街区内居民就业，以避免居民对其历史建筑的不合理使用（图6）。

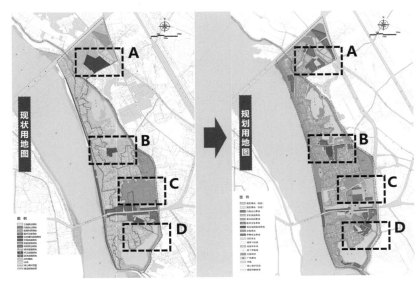

图6　街区用地调整比对图

2.创新点

（1）在保持街巷肌理的基础上穿针引线

在文昌里街区内，共有街巷40余条、总长约6.8千米，受建筑和其他历史遗存影响，街巷普遍较窄且断面宽度变化较大，街巷肌理和宽度在保护规划的框架下无法做较大的调整或拓宽，这无疑给市政管线的敷设带来难度。这就要求我们打破传统思维，有选择地构建适宜性的地下空间管线敷设方式。规划中原则上避免在一条过于狭窄的街巷内同时布置雨水、污水管线，根据街巷具体情况，可以采用"梳齿"或"对襟"两种形式，道路两侧地块面积较大、用户较多、雨水污水排放压力较大的街巷，可采用"对襟"式的雨水污水系统布局，其他狭窄街巷则可以采用"梳齿状"的雨水污水系统布置形式（图7）。

（2）历史区域传统排水体系的能力评估和恢复利用

采用传统的雨水沟渠排放形式可以取消埋地雨水管，节约地下空间，对于抚州文昌里历史街区具有很好的适应性。传统形式的雨水沟渠沿地面铺设，与常规雨水管道相比，没有覆土限制、没有与其他工程管线及与建筑物的净距等要求，而且施工及检修相对简便，特别适合于地面及地下空间紧张的历史街巷。

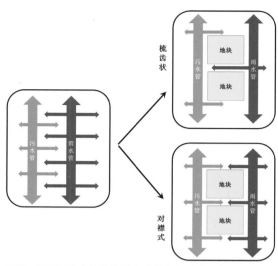

图7　适用于狭窄街巷的排水系统布置形式示意图

（3）基于内涝风险的历史水系恢复和文化传承

由于中州地势低洼，容易形成内涝，戴湖、杨家塘、孝义港等水塘起到重要的调蓄作用，但是长期的无序建设以及对环境的忽视，曾经起到重要农灌、景观、生活等作用的水面已经被破坏。为复核街区内河湖水面连通后的水面变化和水体更新情况，规划调整方案进行了水动力模拟，水面连通方案基本实现加快水循环的目标，可以"活水"促水质保障。针对补水后区内水体的水面变化情况，水位变化幅度并不显著，即补水不会导致内涝等问题、对滨水空间影响也较小，补水方案的安全性是有保障的。经过论证，基于历史水系脉络，在现状暗沟明渠基础上，进一步疏浚戴湖—东湖、东湖—过家塘—尧家塘—杨家塘，杨家塘—孝义港的孔道，使历史文化街区场地内池塘水脉贯通。同时，规划建议将街区内部水系与抚河上游、下游河道打通，有利于内外水流的调节。由于街区所在半岛地势南高北低，河渠建成后，区内水体可以重力自流方式贯通南北各个湖塘、无须人为干预（图8）。

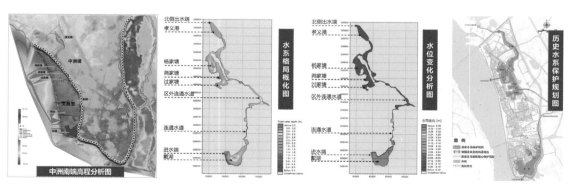

图8　文昌里历史水系研究及恢复构建

黄山屯溪老街历史文化街区保护规划暨综合提升工程规划——市政提升规划

2019年全国优秀城市规划设计奖二等奖
2019年度安徽省优秀城市规划设计奖一等奖
起止时间：2016.1—2017.12
主管主任工：莫　罹
专业负责人：祁祖尧
主要参加人：常　魁

一、项目概况

1.规划背景

1995年，建设部正式发文提出希望以屯溪老街作为样板，探索建立“国家级历史文化保护区”的方针、原则和方法，为我国历史文化名城以及历史文化遗产的保护工作积累经验。2013年的中央城镇化工作会议提出：“要体现尊重自然、顺应自然、天人合一的理念，依托现有山水脉络等独特风光，让城市融入大自然，让居民望得见山、看得见水、记得住乡愁。”安徽省提出皖南国际文化旅游示范区的构想，对区域文化遗产保护利用提出新的要求，2014年国家正式批复《皖南国际文化旅游示范区建设发展规划纲要》，提出要打造“一圈两带”文化旅游发展格局，要建设一批国际水准的旅游精品景区，推进一批旅游商品集散地、特色购物街区和专业店建设。2015年，黄山市组建老街旅游经营公司，提升老街功能业态，整体打造老街片区的文化产业，以体制改革推动老街保护利用工作走向新高度。

2.街区概况

黄山市隶属于安徽省，古称新安、歙州、徽州，地处皖浙赣三省交界处，被称为“三省通衢”。黄山古称徽州，已有2200多年的历史，既是徽商故里，又是徽文化的重要发祥地之一。屯溪老街，原名屯溪街，中华人民共和国成立前又曾名中山正街，新中国成立后改为人民路，1985年定名老街。因屯溪老街坐落在横江、率水和新安江三江汇流之处，所以又被称为流动的“清明上河图”（图1）。

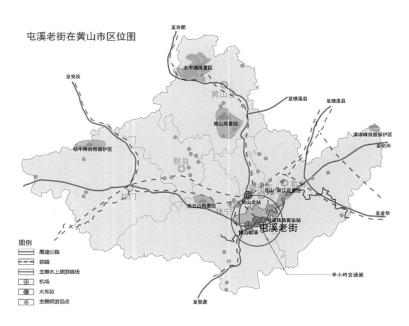

图1　屯溪老街在黄山市的区位

街区保护规划范围北至华山—珠塘—西杨梅山，南至新安江北岸，东至新安北路，西至镇海桥，总面积50.14公顷。屯溪老街地理位置优越，文化特色鲜明，山、水、街、城与古徽州文化相融相和，协调共生成就稳定了"三横三纵十八巷鱼骨形"空间格局，是我国古代商业街巷格局的典型代表（图2）。

图2　屯溪老街规划范围及主要街巷肌理图

二、需求分析

1.核心问题

黄山屯溪老街1995年被定为建设部试点保护的历史街区，经过多年的改造，街区的市政基础设施条件得到极大改善，滨江路、延安路等城市基础设施建设不仅改善沿街居民生活条件，还提高防洪标准、完善给排水系统，提高供电能力。通过前期的规划改造，内部基础设施相对完善，部分街巷的设施布局也融合了景观风貌要求。

但是屯溪老街腹地尚没有得以完善，由于老街年代久远，限于资金不足等原因，市政基础设施虽经多次改造，仍较薄弱：供水管径偏小，消防给水也不能满足需求；部分区域排污系统不完善，生活污水废水只能倾之路面或在一些无下水道连通的砖砌小窨井中流淌；由于排水不畅，暴雨期间容易导致多处路面积水内涝；沿路的架空强弱电线排列杂乱无章，且随着用电负荷增大和管线破损严重，线路老化引起的火灾风险较大（图3）。

图3 屯溪老街市政基础设施现状图

2.街区高质量发展的需求

市政工程规划建设应该在充分考虑生态环境影响和历史街区文物保护要求的前提下，提高市政管网、消防设施和垃圾处理等基础设施的建设质量、运营标准和管理水平，消除安全隐患，增强城镇防灾减灾能力，保障设施运行安全。全面落实集约、智能、绿色、低碳等生态文明理念，提高市政基础设施建设水平，优化节能建筑、绿色建筑发展环境，促进节能减排和污染防治，提升城镇和历史文化街区生态环境质量。实现山、街、水的协调，构建城镇和街区的海绵生态格局（图4）。

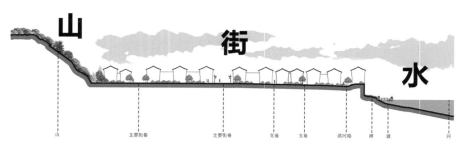

图4　屯溪老街改造景观风貌与自然协调示意图

■ 三、技术要点

1.规划目标

总体规划目标：围绕街区科学保护与可持续发展双重目标的历史文化街区保护复兴示范项目。

市政规划目标：在充分利用现有设施的基础上提高服务能力和设施品质，提升为居住生活、排洪防涝、旅游服务的能力，使之成为安全便利、设施完善的街区。

2.技术思路

本次保护规划是历史保护、交通工程、市政工程、古建筑保护、建筑设计、景观设计、业态策划、社会学等多专业合作，规划始终把公众意愿放在首位，强调全过程的公共参与，解决重点问题，形成老百姓乐于接受的方案（图5）。

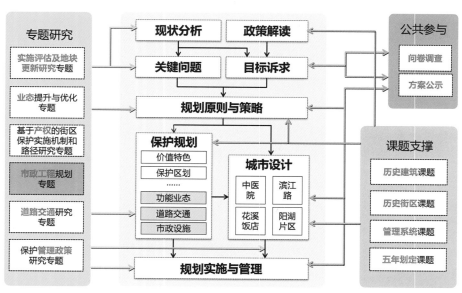

图5　技术路线图

252

对于屯溪老街的市政保护提升工作，立足保护，重在提升优化。因此，市政工程规划遵循最小化改造的原则，在关注现有遗存设施能力评估的基础上，重点研究市政规划与历史遗存保留利用、设施品质提升、景观风貌协调等方面的耦合关系，通过规划技术措施实现市政基础设施的配套完善、品质提升和景观风貌协调的目的（图6）。

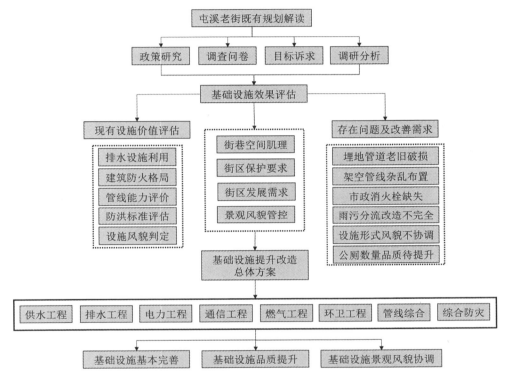

图6　市政更新规划技术路线

四、实施效果

规划结合屯溪老街改造，主要以满足居民生活需求和构建完善市政设施服务机制为目标，对于设施管线入地布局提出管控要求和风貌建议，保证大部分架空线路入地，明确管线需要架空或沿墙隐蔽化敷设的形式，恢复街区通透视野和良好的景观风貌。同时因地制宜地提出老街基础设施改造的综合指导方案，按照"源头削减、过程控制、系统治理"的原则，充分利用并恢复老街传统排水渠道，与当代排水技术相结合，构建可持续的雨水排放形式，提高老街雨水积存和蓄滞能力，改造和消除老街易涝点，实现街、路、水相协调，促进屯溪老街生态环境的可持续发展。经过多方努力，屯溪老街在2019年开展并完成部分区域的历史风貌保护和市政基础设施改造，建设成效初显，也为后续的整体实施更新提供借鉴模式（图7）。

| 街巷改造前 | 街巷改造中 | 街巷改造后 |

图7 市政更新改造部分成效展示

五、特色创新

1.项目特色

1）市政更新规划理念的转变

市政工程规划提升改造的方案尽量体现地域性，内外兼修，充分利用徽派建筑形式以及格局，因地制宜地提出适应性改造措施，避免大拆大建，为保护规划提供技术支撑。规模的保护性重建和似是而非的改造新建容易破坏屯溪老街历史格局和肌理的丰富性和真实性，借鉴于此，市政更新规划将近年来国家和住房和城乡建设部所倡导的海绵城市、综合管廊等新技术、新理念融入屯溪老街的保护措施当中，实现"就工程谈工程"向"就保护谈工程"思维的转变，提出一套相对完整的基于保护规划思维下的市政工程更新规划理念，采用渐进式的更新方式，逐步完成整个街区的整治和改造（图8）。

2）充分尊重和利用现有设施，满足生活延续性的最小化改造

市政更新规划需要充分尊重和利用现有设施，减小改造对老街肌理和历史遗存的破坏。屯溪老街保护规划中市政改造做到充分利用当地的建筑形式和排水通道等历史遗存，通过现有工程技术进行有效的修复并加以利用，包括建筑形式和格局的防火措施，沿街开敞式和内天井式的屋面/天井雨水收集利用，通过既有雨水暗渠实现雨水排放、降低内涝风险等，当然，所有设施的恢复保留都需要以价值和能力的评估为基础，对于破损严重、无法继续发挥功能的工程设施也需要进行必要的拆除或更新改造，同步引入新技术、新理念，通过新建设施和遗留设施共同作用来完善市政工程的系统功能，提升历史街区的市政基础设施建设和服务水平，保持街区的生活延续性（图9）。

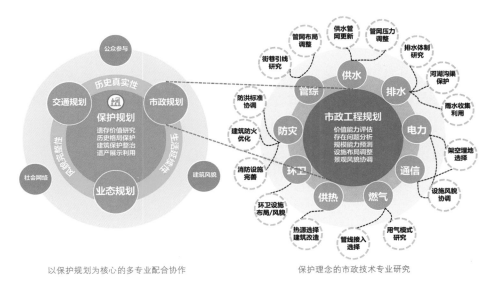

以保护规划为核心的多专业配合协作　　　　　　保护理念的市政技术专业研究

图8　多层次市政更新保护规划专业技术研究示意图

图9　历史街区典型，存在并建议保留利用的遗存设施形式

2.创新点

1）结合用地和业态布局"区别化"配套设施

（1）服务主街一般商业需求的规划布局思路

屯溪老街的建筑形式属于典型徽派民居的前店后坊、前店后仓、前店后居或楼下店楼上居的经营、生活方式。也就是说像主街这样的历史风貌完好的街道，主要以商业业态和文化展示为主，对于市政工程的需求反而不在面街一侧，主街的规划改造以"注重保护，合理改造"为主，体现在：对现状主街老旧供水管进行改造，更换管材，减少漏损；对雨水暗渠进行清淤疏通，增加排水能力；局部重点防护区域加密消火栓布置；电力通信线路结合沿街立面改造进行隐蔽化处理等（图10）。

（2）服务居民生活需求的规划布局思路

考虑到徽州地区建筑布局特点，居住区位于背街面巷一侧，因此，对于外围街道和内部街巷的基础设施规划需求以满足居民基本生活为宜，规划改造遵循"满足需求，改善质量"的原则。市政基础设施的需求来源主要依靠延安路和滨江西路延伸服务为主，结合道路改造，开展供水管更新改造、加快雨污分流改造、雨水沟渠清淤疏通、强弱电入地敷设、临街敷设低压燃气管线等；内部街巷由于宽度狭窄，考虑局部采取现行的雨污合流体制，更换并隐蔽化处理强弱电线；响应综合管廊建设与历史街区改造有效衔接的示范效应，结合滨江西路改造同步进行综合管廊的示范工程，提升地下空间的有效利用（图11）。

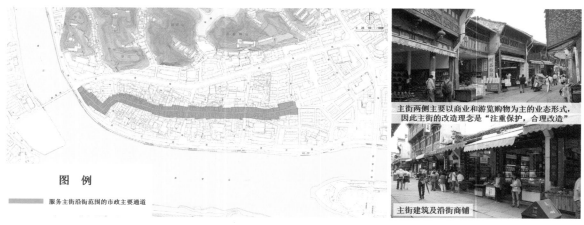

图10 主街市政基础设施规划分析示意图

图11 背街面巷一侧市政基础设施规划分析示意图

（3）服务临街及餐饮需求的规划布局思路

屯溪老街当中有着丰富的业态集中展示区域，主要以酒吧、餐饮为主，这些区域主要集中在二马路和三马路。因为道路路幅较宽，所以市政基础设施的管线布局和地下空间的利用较为有利，秉承"提升品质，保障安全"的原则，在设施完善度上尽量考虑餐饮娱乐等生活服务功能。主要依靠延安路和滨江西路延伸服务为主，按照就近接入原则完善周边设施配套，重点考虑餐厅娱乐等服务功能和业态需求，在临街敷设低压燃气管线、加密周边消防设施配备（图12）。

因此，通过对老街道路街巷以及两侧建筑、业态的功能划分，有区别、有针对性地开展市政基础设施改造，实现满足生活延续性需求的最小化改造方式，在设施布局上考虑屯溪老街特色，从主街商业需求、居民生活需求、服务临街和餐饮需求三个方面开展研究，营造老街市政工程改造的新理念（图13）。

图12 服务临街及餐饮需求的市政基础设施规划分析示意图

图13 以功能划分和业态布局为基础的老街市政基础设施规划示意图

2）传统智慧和现代技术的融合和保护利用

屯溪老街的基础设施布局和完善的理念追求"少而精"，历史街区内部的基础设施建设应该多做减法，少做加法。项目重点研究黄山当地的建筑形式和排水通道等历史遗存，包括建筑形式和格局的防火措施，沿街开敞式和内天井式的屋面/天井雨水收集利用，通过既有雨水暗渠实现雨水排放、降低内涝风险等。屯溪老街保留了相对完整的排水系统遗存，部分排水沟

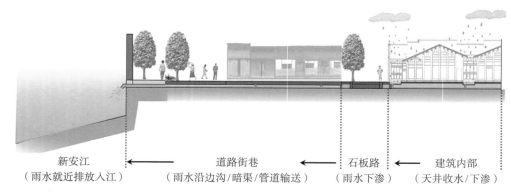

新安江 　　　　　道路街巷　　　　　　　石板路　　　　建筑内部
（雨水就近排放入江）　（雨水沿边沟/暗渠/管道输送）　（雨水下渗）　（天井收水/下渗）

图14　屯溪老街传统雨水收集排放系统恢复及利用示意图

渠至今仍在发挥作用，这些保存较好的传统排水设施本身就是历史街区文化价值的一部分，应该受到保护、展示和借鉴。规划提出的雨水收集、排放模式为：降雨落入庭院后由天井收集，部分下渗入地，多余的雨水由院内暗管或集水渠排入街巷暗渠/边沟/管道，最终进入市政雨水管或就近排放进入新安江（图14）。

通过对屯溪老街徽派建筑院落式布局形式的研究，充分挖掘并借鉴古代对于雨水收集利用的聪明智慧，尤其是保留"四水归堂"和院落调蓄水池集水模式，可以看到古人对于雨水收集利用的模式与现有海绵城市建设理念具有高度一致性，通过将传统集水模式和海绵城市建设新理念进行融合，可以加强雨水调蓄利用能力，减少雨水管网的建设，节省投资和地下空间。以此来打造颇具徽州特色的海绵城市与历史街区相结合的典范，通过离散的海绵单元打造区域海绵效果，实现"蓄水于庭，用水于心"（图15）。

图15　屯溪老街雨水收集排放的传统海绵元素图

屯溪老街的消防是本次提升改造的重点，在灭火形式上考虑传统防控与现代技术的联合应用。对于老街火灾风险进行整体评估，对于水池、水缸等传统消防水源予以保留推广，同时适当加密市政消火栓布置，提升消防水源保障，推荐采用小型化消防设施完善对老街的火灾救援体系，同时保留和恢复传统徽派建筑的马头墙形式，降低火灾蔓延风险（图16）。

图16　屯溪老街传统消防设施和现代消防技术的结合

海口市四网（水网、电网、气网、光网）综合规划
（2016—2030年）

起止时间：2014.2—2016.12
主管所长：龚道孝
主管主任工：洪昌富　魏保军
项目负责人：李　婧
主要参加人：牛亚楠　杨　柳　柳克柔　范　锦　李帅杰

■ 一、项目概况

2013年9月，国务院发布《关于加强城市基础设施建设的意见》，要求围绕改善民生、保障城市安全、投资拉动效应明显的重点领域，加快城市基础设施转型升级，全面提升城市基础设施水平。海口市是中国唯一热带岛屿省——海南省的省会，作为全国最年轻的省会城市，海口市基础设施相对较差、底子较薄，特别是2014年遭受"威马逊"和"海鸥"两次超强台风正面袭击后，城市基础设施受到重创，进一步凸显城市防灾减灾能力的薄弱和基础设施建设标准的偏低。海口市开展《海口市四网（水网、电网、气网、光网）综合规划》的编制工作，正是抓住国家对基础设施建设关注的窗口期，充分发挥后发优势，探索市政基础设施高标准建设的海口经验。

2015年8月，海口市委十二届九次全会审议通过《海口市"多规合一"改革实施方案》，作为各规划的宏观指导类规划。由于水、电、气、光等基础设施的系统性、复杂性、网络性，需要系统梳理、整体谋划，故此将四网规划统一编制，统筹协调推进。

《海口市四网（水网、电网、气网、光网）综合规划》的规划定位是，在《海口市多规合一总体规划》下，作为市政类（四网）的补充规划，为《海口市城市黄线专项规划》等各专项规划在今后的修编中的宏观指导性规划。应落实《海口市"多规合一"总体规划》及《"海澄文"一体化区域基础设施规划》对基础设施统筹发展的要求，充分结合海口市海绵城市建设、黑臭河治理、地下综合管廊建设的相关要求，整体考虑、统筹安排、合理规划四网系统，确定2020年重要设施的布局、用地规模、主干管网体系，提出2030年发展目标和方向、发展构想、设施结构大框架及重大设施及廊道的管控要求，对各专业规划的修编提供指导。

二、需求分析

海口市市政类各专业规划数量较多，由于各规划编制时间不同、编制背景不尽相同，规划内容、深度、侧重点、思路各不一致，导致规划方案缺乏延续性，且关于海绵城市建设、黑臭水体治理等一些新的城市建设理念和要求并未体现，在指导下位规划时，存在"众口难调"的情况。如通过既有供水规划的评估发现，既有规划基准年较早，需水量发展趋势已偏离预测结果，重大引水工程未纳入可供水量计算中，预测基础数据变化趋势已与实际情况相差较远。如通过电网规划的评估，发现现状法定规划体系中，海口市供电基础设施布局中存在矛盾71处。因此，亟须通过一个市政宏观指导性规划，从宏观层面解决各专项规划的发展模式、总体目标、系统布局，统筹基础设施发展，确保设施用地及廊道预留，保障海口市"多规合一"改革实施方案要求的落实。

三、技术要点

1.目标及技术路线

项目综合考虑海口市现状基本情况与特征问题，根据国家对基础设施建设、海绵城市建设、综合管廊建设的相应要求，同时结合海口市城市建设需求确定技术路线。转变发展理念，提出水网未来发展目标，明确供水、排水、水系指标体系及协同要求，提出水系恢复自然连通布局方案，水系零净损失保护内容；注重多项协调，促进管线设施合理落地，结合城市综合管廊示范建设，提出入廊管线合理性分析内容，提出供给类、环境类基础设施区域及城乡统筹布局要求，区分城市廊道级别及功能，提出合理化预留方案；推动规划落地，明确各专项规划上、下、同位规划协调内容及边界，提出四网十三五项目库、给出远景设施框架（图1）。

2.主要内容

1）水网规划

供水保障系统优化方面，在海口市既有分区供水格局的基础上，充分连通各系统，形成相互补水的有利条件，增强应对突发事件的能力。基于目前龙塘水源厂加压站的原水输水管道安全性不足，增加管道发生事故时，由其他供水系统向米铺和儒俊供水范围供水的应急方案。构建区域水源联动系统，建立城市应急备用水源地，强化原水输水管道安全保障，实现主力水厂并网互联，优化城乡供水格局。

城市排水防涝能力提升方面，根据积水原因区分为人为占压、填埋、堵塞河道及排水管网，造成积水；市政排水设施建设滞后于地区发展，规划道路排水管网无出路，造成路段积

图1 技术路线图

水；排水管道建设标准低，下游断面过小，形成瓶颈，不能满足雨天排水造成积水；以及道路地势高程较低，暴雨天受海潮上涨顶托造成积水等多种类型，分类施策。落实海绵城市建设理念，提高排水管网建设标准，新建排涝泵站，加强水体调蓄能力，整治内河水系，提升城市排水防涝能力。

2）电网规划

提升供电系统安全保障方面，合理预测近远期负荷水平，优化电源及输配电网络，论证海口临空产业园及其周边地区的电网构架，合理布局高压变电站并落实变电站用地空间。城区电力架空线路规划方面，提出中心城区、长流、江东组团逐步实现220千伏及110千伏高压线路入地，保障输配电安全，同时置换具有升值空间的用地。结合高压输电线路布局，为综合管廊布局及入廊管线确定提供有力支撑。

3）气网规划

用气结构优化方面，分析用地特征和气源现状，预测居民用气、公共设施用气、工业用气量，确定合理用气比例。供气安全保障方面，规划新建长输管线，为规划第三气源厂供气，以实现双路气源保障。城乡供气网络完善方面，统筹城乡用气需求，布局高压调压设施和输配气网络，落实用地空间。

4）光网规划

光网智能城市建设方面，推进通信基础设施共建共享，推动管线管网集约化建设，建设大容量、高速率、安全可靠、智能化的光纤宽带网络，推进电信网、广播电视网、互联网"三网融合"，全面实现城市光纤入户、农村宽带进村。

5）四网协同

（1）黄线管控

本规划在对城市基础设施用地进行充分现状调查的基础上，充分考虑海口市多规合一规划编制、南渡江引水工程建设、城镇黑臭河治理工程开展、区域能源基础设施发展等新背景，结合《海口市城市黄线专项规划》、海口市城市总体规划、各片区控制性详细规划、各专业专项规划等规划，进行四网设施2020年规划方案优化。综合考虑各类规划用地和资源环境的关系，由此，将四网设施用地落实到海口市多规合一"一张蓝图"及西海岸新区南片区、长秀片区、药谷工业园区等30个控规图则中，以通过市政基础设施黄线保障2020年规划四网设施落地。

（2）蓝线管控

本规划在对河流水系进行充分现状调查的基础上，提出对工业水库、鸭尾溪、白沙河、河口溪、板桥溪、白水塘等，由于水系两侧大量土地开发建设挤占河道建房、修路，导致河道水域空间被侵占、压缩、填埋，河道断面萎缩，河道改道为暗渠（或暗管）等，应根据《海口市蓝线规划（2010—2020）》，恢复城市蓝线内水域空间。建议对仙月仙河、福创溪、滨濂沟等未纳入城市蓝线规划范围的坑塘水系进行蓝线划定。建议将南渡江引水美安科技新城供水线路、南渡江引水海口中西部城市供水线路、南渡江引水海口东部城市供水线路、岭北灌区干渠按规划行政主管部门批准的建设用地红线划定蓝线控制范围。由此，本规划将水系蓝线落实到海口市多规合一"一张蓝图"及西海岸新区南片区、长秀片区、药谷工业园区等30个控规图则中，以通过水系蓝线保障2020年水域空间（图2）。

（3）廊道管控

由于历史原因，海口的城市发展规划与城市电网建设缺乏相互协调，城市规划和建设中没有给高压输电线路预留线路走廊，致使现在城区内高压线路走廊受到限制，造成市中心的输变电工程建设十分困难，严重制约工程建设进度。本规划充分结合城市蓝线规划、城市电力专项规划、城市燃气专项规划，合理管控与预留基础设施廊道，将需要预留为廊道管控的范围线划入海口市多规合一"一张蓝图"及西海岸新区南片区、长秀片区、药谷工业园区等30个控规图则中，以通过城市绿线保障2020年四网基础设施廊道空间。

■ 四、特色创新

1. 以综合规划协调厘清四网基础设施高标准建设的目标及布局

通过市政宏观指导性规划，建立一套协调体系、一套技术标准、一套管理机制，从宏观层

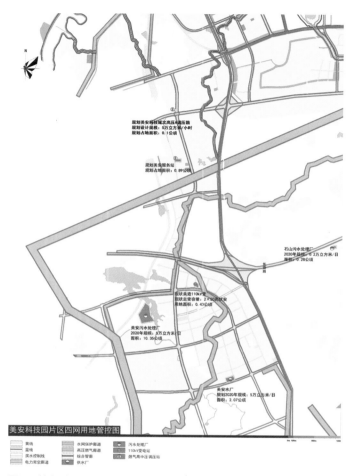

美安科技园片区四网用地管控图

图2　美安科技园片区四网用地管控图

面解决各专项规划的发展模式、总体目标、系统布局，统筹市政基础设施发展，确保设施用地及廊道预留，保障海口市"多规合一"改革实施方案要求的落实，实现规划的整体性、协调性、指导性、权威性。

2.以四网用地管控单元落地四网设施用地要求

综合考虑各类规划用地和资源环境的关系，考虑各个市政基础设施工程的发展以及城市可持续发展的需要，对其空间布局与用地规划进行分析、协调；确定城市重要基础设施用地的空间布局、用地位置、用地范围、面积，并通过蓝线管控、黄线管控等方式保障2020年规划四网设施落地。

3.以三类廊道管控规划构建城市廊道多功能保障体系

城市基础设施建设中涉及水系水源保护廊道、防洪排涝廊道、高压电力廊道、高压燃气廊道、长输燃气廊道、区域光网通道等廊道，这些线性廊道对于通道的宽度、连续性、与受保护建筑的防护距离等很有严格的要求，但由于城市建设与廊道建设的不一致性，往往存在廊道选址难、城市安全无法保障的情况。本规划将廊道分类为保护型廊道、规避型廊道、拓展型廊道等三种，充分结合城市蓝线规划、城市电力专项规划、城市燃气专项规划，合理管控与预留基础设施廊道，有效破解由于基础设施廊道无空间控制要求导致的大型基础设施线路出线及布局选线难的困境，并减少电力、输气等易燃易爆管线不合理布局造成的周边城市用地开发隐患及分割。

通化市中心城区综合管廊规划（2015—2030年）

起止时间：2015.10—2016.8
主管所长：张　全
主管主任工：郝天文
项目负责人：刘广奇　曾有文
主要参加人：杜嘉丹　周　慧
参与单位：北京城建设计研究总院有限公司

一、项目概况

党的十八大以来，国家明确提出要积极稳妥推进城镇化，推进以人为核心的新型城镇化。《国务院关于近期支持东北振兴若干重大政策举措的意见》中指出要加快城市基础设施改造。《吉林省新型城镇化规划（2014—2020年）》，提出建立健全城市地下空间开发利用协调机制，统筹实施地下管网改造工程，加快供气、供水、供热、排水等老旧管网更新改造，逐步试行城市地下综合管廊模式。综合管廊的建设，一方面可以结合新区建设项目，完善新城区的城市基础设施的服务功能，创造良好的市民生活环境，提高城市管理水平，提升新城区的整体品质；另一方面可以结合旧城改造项目，优化旧城区的基础设施的服务功能，有效利用地下空间，节约城市建设用地，提高城市综合承载能力，提升旧城区的城市形象。

通化市位于吉林省东南部，地处长白山区，是中国医药城，中国葡萄酒城和中国钢铁城。为响应国家综合管廊建设要求，积极争取国家综合管廊试点城市，同时推进城市基础设施体系完善与高质量发展，通化市政府委托中规院开展城市地下管线和综合管廊的专项规划工作。本规划期限为2015—2030年，规划范围是通化市中心城区范围以及城港经济带，建设用地总面积70平方公里，规划建设综合管廊的范围包括江东、江西、江南、江北和湾湾川五个片区。

二、需求分析

1.国家政策与试点

2015年国务院办公厅印发《关于推进城市地下综合管廊建设的指导意见》（国办发〔2015〕

61号），提出统筹各类市政管线规划、建设和管理，解决反复开挖路面、架空线网密集、管线事故频发等问题，保障城市安全、完善城市功能、美化城市景观、促进城市集约高效和转型发展，提高城市综合承载能力和城镇化发展质量，推进城市地下综合管廊建设。通化市以坚持规划引领，开展城市综合管廊规划编制，并积极申报国家综合管廊试点。

2.城市转型发展与高质量发展需求

通化市综合管廊的建设，在满足城市对基础设施高起点、高标准的规划和建设要求的同时，通过管线统一入地的方式避免多种地面管线对用地的切割和对城市景观的影响，满足生态宜居城市对于基础设施的要求。同时，综合管廊的建设，也将会为智慧城市对于信息和电网基础设施的建设提供地下空间和运作平台。综合管廊将会最大限度地提高山地城市地上土地和地下空间的利用率，缓解多种管线建设对于城市发展的影响。

3.山地城市工程建设需求

通化市作为典型的山地城市，境内山体高大，峰峦叠嶂，河谷深邃，地貌组合多样。中心城区东高西低，北高南低，建设用地海拔在350～500米之间，高差较大，地形复杂。中心城区成带状布局，城区基础设施管线较多，道路密度较低，用地空间紧张，在有限的空间内统筹安排各类管线困难较大。新修道路和地下管线一般都需要开山，需要开挖大量土石方，工程造价较高，综合管廊可以通过一次性建设缓解未来持续性工程建设的投资。

三、技术要点

1.规划目标

按照国务院办公厅《关于推进城市地下综合管廊建设的指导意见》（国办发〔2015〕61号）要求，构建通化市中心城区重点地区功能完善、高效可靠的综合管廊骨架网络，建立地下管廊综合管理信息系统，同步推进地下老旧管网改造，降低管网漏失率和事故率，提升基础设施应急防灾减灾能力，在提高地下空间集约化利用水平的同时，优化城市市政管线建设，不断提升城市基础设施整体性和系统性，实现管廊建设路段无架空线缆、无反复开挖，提高基础设施对城市发展的支撑能力，完善综合管廊建设运营管理体系和技术标准体系，树立山地城市综合管廊建设的典范。

2.技术思路

本项目通过对通化市城区地下管线现状及规划的分析，从建设需求、基础条件、优势劣势等方面论证，分析城区综合管廊建设的适宜性，依据中心城区的用地规划确定综合管廊布局方案，开展管线入廊分析、管廊断面设计与三维控制、管廊节点设计、管廊防灾以及附属设施和配套设施规划等，并明确投资估算、近期建设计划和规划保障措施等（图1）。

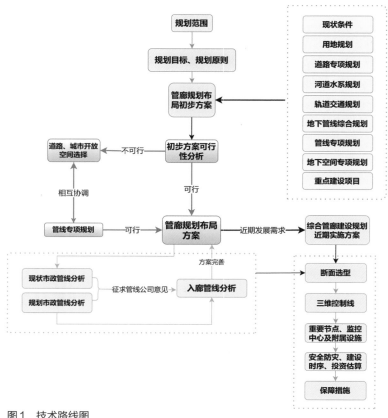

图1 技术路线图

3.主要内容

本专项规划以《通化市城市总体规划（2009—2030年）》为依据，以通化市地下管线设施现状为基础，与通化市中心城区控制性详细规划、通化市城市排水（雨水）防涝综合规划、绿地与广场专项规划、通化市中心城区交通专项规划等相衔接，采用适度超前、因地制宜、统筹兼顾的原则，重点开展以下几个方面的工作：

（1）综合管廊规模

近些年，国内综合管廊的建设发展速度较快，经历了较为快速的发展时期，对管廊建设规模的预测没有统一的规定，本次规划结合国内外案例综合考虑城市经济发展水平、城市区位和发展定位、人口密度等因素综合确定通化市中心城区地下综合管廊建设规模。通过总结对比国内外典型城市综合管廊建设的密度，首都类重点城市的管廊建设密度在0.8～1.2公里/平方公里之间，普通中等城市的管廊密度在0.5～0.8公里/平方公里之间。综合考虑通化市在区域发展中的定位、城市GDP、人均GDP、人口密度等因素，按照适度超前的原则，综合确定通化市中心城区综合管廊建设密度取国内外案例的中等或偏上。依据新版通化市城市总体规划，综合确定通化市中心城区综合管廊建设规模为60～90公里，考虑城市发展的不确定性，并为远期综合管廊建设预留空间，同时结合新区建设需求，本规划确定通化市中心城区综合管廊的长度约100公里。

（2）管廊空间布局

通过对地质条件、功能布局、道路等级、开发强度、近期建设、管线类型等与综合管廊建设相关因子的适宜性分析（图2），将城区各片区分为优先建设区、适宜建设区和有条件建设区三大类。根据市政管线规划布局，结合通化市棚户区改造的实际，规划综合管廊布置在中心城区的江东、江西、江南、江北以及湾湾川片区，主要沿滨河西路、建设大街、江南大街、金厂大街等进行规划建设，地下综合管廊形成系统；二道江暂不考虑布设综合管廊。

规划通化中心城区干线管廊约40公里，支线管廊约60公里，形成"两纵两横多支线"的总体布局（两纵：胜利路——新华大街，建设大街——滨江东路；两横：新胜北路——集锡公路，湾湾川二经路——湾湾川中路）（图3）。

图2　通化市综合管廊建设适宜性分析图　　　　图3　通化市综合管廊系统布局图

（3）入廊管线确定

本次规划涉及市政管线包括：给水、再生水、电力、通信、供热、燃气、雨水和污水管线。根据通化市道路工程专项规划和其他市政工程专项规划，针对通化市中心城区山地城市特点，本次规划的入廊管线包括供水、电力、通信、再生水和热力管线。由于通化为山地城市，中心城区地形坡度大，雨水排水条件较好，且国内对燃气入廊缺少工程实例，本规划仅对个别路段考虑燃气管线和排水管线入廊。

（4）关键节点设计要求

有关管廊过河节点设计，本次规划主要考虑综合管廊与浑江、二道河等节点，结合管廊与河道和桥梁的关系提出控制规划方案。管廊绕行桥梁方案主要有以下两种，根据实际情况进行确定。

管廊与管廊交叉节点：通过将综合管廊竖向或平面进行展开，管廊交叉部分局部需进行放大处理，交叉空间需满足电缆交叉的弯曲半径要求，并应满足各管道交叉的管件、阀门与

支架等附件的安装空间，还要考虑检修人员多向穿行的通行空间及水舱电舱的防火分区等众多因素。

　　管廊出线节点：方式一是以专业支管廊或电缆隧道形式引出。建议引出管道类型为接入水厂的给水、再生水干管，接入高压变电站及开闭所的电力电缆。方式二是以直接预埋工作管或预埋套管方式引出。各路口引出的管径及缆线数量根据规划确定。管线引出后与道路直埋管线相接（图4）。

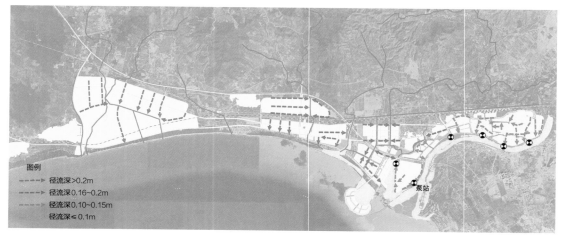

图例
————　径流深>0.2m
- - - ▶　径流深0.16~0.2m
- - -　径流深0.10~0.15m
- - - -　径流深≤0.1m

图4　管廊出线节点设计示意图

　　（5）附属设施规划

　　通化市综合管廊规划建设严格执行《城市综合管廊工程技术规范》GB 50838—2015、《吉林省城市地下综合管廊建设技术导则》以及国家相关标准规范等。配套建设综合管廊控制中心，配置供配电、通风、给水排水、防火、防灾、报警系统等配套设施系统。同时按规范设立综合管廊防火分区，以防火分区为单元设置投料口、通风口、人员出入口和排风设施。各类孔口功能应相互结合一体化设计，满足投料间距、管道引出的要求，同时满足景观要求。

四、实施情况

　　通化市依据本专项规划实施地下综合管廊及道路改造PPP项目，截至2022年初，通化市管廊工程已开工建设通化大街、官道岭大街、金厂大街、建设大街、新华大街、康明路、湾湾川山堤三路、玉泉路、内陆港务区等15项，完成管廊及道路29公里。

■ 五、特色创新

通化城区为组团式，按照各片区建设条件，将城区分为优先建设区、适宜建设区和有条件建设区三大类。在优先建设区域结合新城开发建设与道路同步建设管廊，创新城市市政基础设施建设模式，在年度建设中优先安排综合管廊建设。在适宜建设区域，随道路建设同步开展综合管廊建设。在有条件建设区域结合道路改扩建、棚户区改造、地下管线改造等项目同步开展。

本规划结合管廊建设需求和现有基础条件，从地质条件、空间布局、道路等级、开发强度、近期建设以及管线需求等方面，多因子叠加分析城区综合管廊建设的适宜性，精准识别管廊建设可行性高的路段，为管廊布局提供技术支撑。

本规划探讨中小城市综合管廊规划的技术路线，尤其是中小型综合管廊（排水管线基本不入廊）的规划布局方式，节省管廊建设投资，提高综合管廊的适用性。其次，综合管廊建设优先考虑纳入架空电力线缆，高压电力线缆入廊可节省地面土地空间，中低压电力和通信架空线缆入廊，可有效缓解空中蜘蛛网问题，提高设施供应安全保障水平，有助于既有住区人居环境改善和城市高质量发展。

济宁市城市地下空间专项规划（2017—2030年）

起止时间：2017.5—2019.3
主管总工：孔彦鸿
主管所长：龚道孝
主管主任工：洪昌富
项目负责人：陈志芬
主要参加人：邹 亮 刘 荆 羊娅萍 范 锦
合作单位：济宁市规划设计研究院 南京慧龙城市规划设计有限公司

一、项目概况

济宁市位于鲁西南腹地，地处淮海平原与鲁中南山地交接地带，东部低山丘陵、南部南四湖、中西部平原。素以"孔孟之乡、运河之都、文化济宁"著称，文化底蕴深厚，是山东省西南部的滨水生态旅游城市。

随着济宁市城市快速发展，土地供应紧张、交通拥挤、公共服务设施布局不均等问题越来越多，同时，地下综合管廊、大规模单一功能的地下空间设施开发与地下空间资源保护与利用的矛盾日益突出。合理开发利用城市地下空间资源，是优化城市空间结构和管理格局、缓解城市土地资源紧张的必要措施，对于推动城市由外延扩张式向内涵提升式转变，改善城市环境，建设宜居城市，提高城市综合承载能力具有重要意义。山东省人民政府对《济宁市城市总体规划（2014—2030年）》的批复提出"合理控制城市规模，划定城市开发边界，促进城市紧凑发展，增强城市内部布局合理性，坚持节约和集约利用土地，严格控制新增建设用地，加大存量用地挖潜力度，合理开发利用城市地下空间资源，提高土地利用效率"等要求。为促进城市地下空间资源保护及合理开发利用，济宁市城乡规划局于2017年启动《济宁市城市地下空间专项规划（2017—2030年）》编制工作。

二、需求分析

随着济宁市城市快速发展，城市居住用地、公共服务设施用地、工业用地、道路广场用地已接近上版城市总体规划的远期用地指标；同时中心城区周边存在田庄煤矿、许厂煤矿、岱庄煤矿、唐口煤矿、安居煤矿、济宁二号井等煤矿，用地条件受到煤矿采空区和煤炭压覆区的限制及雨洪淹没和地质灾害等影响，城市土地供应紧张。老城中心区，人口密度和建筑密度较高，医疗、教育、商业等公共服务设施集中，任城区高峰期路网运行状态压力较大，特别是老城区核心的红星路、共青团路、古槐路以及南向跨铁路联系北湖新区部分通道拥堵较为严重，加重老城环境污染及中心城区整体公共服务设施布局不均等问题。同时，地下综合管廊、济宁市现状地下空间开发规模大，功能简单，多为地下一层的浅层开发，分布较无序，既缺乏现状地下空间的联通，也缺乏现状与未来之间的衔接和预留，大规模单一功能的地下设施开发与地下空间资源保护与合理开发利用的矛盾日益突出，迫切需要开展城市地下空间开发利用专项规划，并通过编制地下空间开发利用导则，制定重点地区地下空间开发指引，在轨道交通、地下综合管廊等地上地下综合开发带动下，促进城市地下空间资源保护及合理开发利用。

2016年，济宁市分别编制完成《海绵城市总体规划》和《地下综合管廊建设规划》。无论是"海绵城市"建设还是城市地下综合管廊建设，都离不开城市的地下部分提供空间支持。城市地上、地下空间的一体化协调发展，是现代化城市建设的重要策略和步骤。由于地下空间隐蔽性强、可逆性差，按城市自然发展的需求时序，具有滞后地面建设的特点，同时，地下空间往往是城市多种专业设施在空间上汇集的焦点，在功能上具有很强的一体性，因此地下空间的综合布局比传统空间更为复杂，对地面空间及整体空间立体化布局有决定性影响。在济宁社会经济、产业和人口增长的多种情景下，需要更加重视地上和地下空间功能布局和开发时序的合理组织和安排。

三、技术要点

1.规划目标

济宁市城市地下空间专项规划的总体目标是与济宁市城市政治、经济、社会发展相适应，通过地下空间资源的整合及综合利用，进一步从立体空间上合理有序地组织城市功能，提高城市土地的利用效率，把济宁建设成为环境优美、安全方便、功能齐全、运行高效、自我防护能力强的现代化城市。

总体目标可以分解为以下分目标：

（1）科学、合理、有序开发利用地下空间，拓展城市空间容量，提高土地利用效率，提升地面的生态环境质量，促进城市集约发展和可持续发展。

（2）充分发挥地下空间资源潜力，加强城市中心地区聚集作用，实现地面空间与地下空间的协调发展。

（3）依托轨道交通建设，建立复合型地下空间体系，主要由地下交通设施、地下公共服务

设施、地下人防设施以及地下市政设施等组成。

（4）建立完善的防空防灾体系，加强城市的综合防灾能力，保障居民、重要经济目标和生命线系统的安全。

（5）近期完成中心地区及重要节点的地下空间开发利用，主要集中在浅层空间的点状开发及衔接；远期实现地下空间的充分开发，依托地下轨道交通网络建设，结合城市建设需要，实现地下空间综合利用的系统化、网络化，改善生态环境。

2.技术思路

济宁市城市地下空间开发利用通过构建与城市功能匹配、综合利用、上下协调、适当互连互通的地下空间开发利用体系，实现城市空间分层立体化开发。地下空间开发利用以浅层为主，根据资源评估和需求预测情况，对高质量和开发需求较高的区域适当开发中层地下空间。以轨道交通为轴线，围绕轨道交通周边公共用地开发，积极开发利用地下公共空间。结合旧城改造实行立体化再开发，振兴老城区。在空间和时序上分阶段和分区域进行发展与控制，强化重点区域的开发力度与整体性，保留与远景发展结合的可能，做好空间预留。

规划编制的具体技术思路上（图1），首先，夯实基础，摸清地下空间现状、资源分布及城市地下空间开发利用需求；其次，明确规划控制，研究地下空间开发利用策略，确定地下空间平面布局以及竖向深度控制要求，制定控制指标体系，开发利用导则；再次，系统引导专业系统和重点片区地下空间规划设计，对接交通、公共服务、市政、防灾等系统，对地下交通系统、公共设施、市政设施、防空防灾设施进行系统布局，提出重点片区地下空间开发利用规划指引；最后，明确地下空间规划管理实施要求，编制地下空间控规街区图则和单元图则示

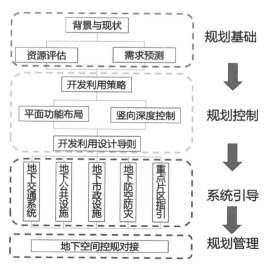

图1 技术路线图

例，强化地下空间专项规划与城市控制性规划的对接，完善地下空间规划编制体系，加强法规和技术支持，多种形式保障市场和政府作用有效。

四、特色创新

1.调查统计和分析研究奠定规划基础

地下空间现状特征、资源评估、需求预测是地下空间专项规划的重要基础。本次规划基于"济宁市中心城区城市建设基础信息普查"资料，截至2015年，济宁市已开发368处地下工程，总面积约1200万平方米，人均地下空间面积7平方米。开发功能主要以停车兼顾商业、仓储、配套的混合功能类型为主，约占总面积的70%；开发层数上，以地下一层的停车和仓储功能为主，约占总面积的72%。地下空间整体功能单一、资源利用效率低、地上地下缺乏协调、相邻地块缺乏连通性（图2）。

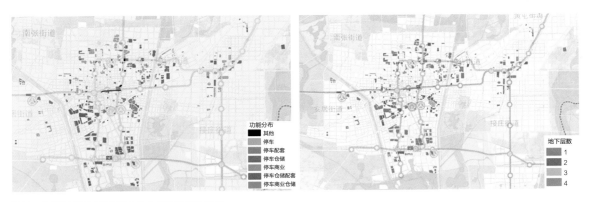

图2 现状地下空间功能分布与地下层数分布

基于GIS平台，从资源调查、开发难度、潜在价值等因素，评估地下空间资源量和资源等级空间分布特征；从区位条件、人口密度、建设强度、轨道交通等因素，评估地下空间开发需求等级（图3）。采用分项需求预测的方法，对地下空间开发需求量进行预测得总量4490万～5590万平方米。通过趋势类比方法对需求量预测进行校核，确定地下空间需求规模约为5000万平方米，人均面积14平方米，其中新增3800万平方米。

2.以总体开发策略与功能布局统领全局

综合考虑济宁市城市空间布局、现状地下空间特征、地下空间资源评估与需求预测趋势，提出构建"两轴、四心、多点"布局结构，建立与城市功能匹配、综合利用、上下协调、局部互连互通的地下空间开发利用体系，开发深度以浅层（-15米以内）、次浅层（-15～-30米）为主的总体开发策略。基于资源调查，提出城市地下空间禁止建设、限制建设、适宜建设、储备

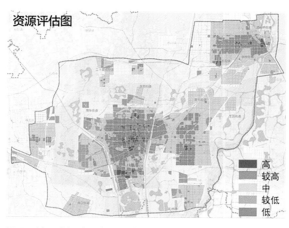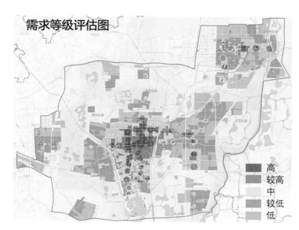

图3 地下空间资源与需求等级评估图

预留的空间管制分区，进一步将限制建设区细分为地质灾害影响限建区、水域保护限建区、历史街区保护限建区、生态用地限建区、现状保留建筑限建区、现状地下空间限建区，并分类提出限制条件（图4）。在地下空间开发利用空间管制分区的基础上，明确地下空间平面和竖向的布局引导：以综合、混合、单一三种类型优化不同地下空间功能的平面布局，并明确地下空间竖向开发的层次控制（图5）。

276

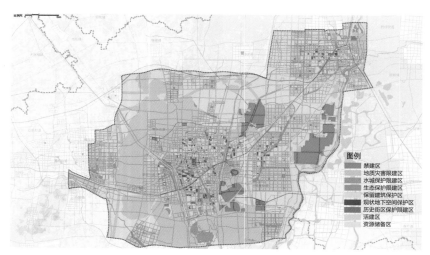

图4 地下空间开发利用管制分区图

3.以分项系统规划统筹优化地下多个专项领域

地下空间分项系统包括地下交通、地下公共服务设施、地下市政设施等多个系统，通过对接专项规划，综合考虑资源集约性、适宜性、安全性及成本等多个因素，对各分项系统进行统筹优化。对接交通系统规划、老城交通疏解规划、海绵城市等规划，统筹布局地下轨道交通、

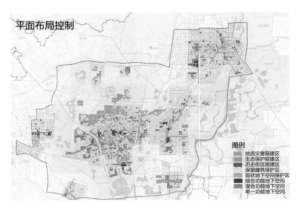
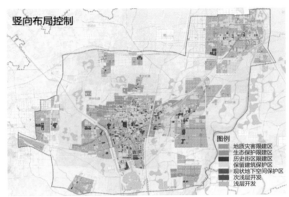

图5 地下空间布局引导图

地下道路、地下步行通道及地下停车场等。分析城市公共服务设施现状分布、规划与需求矛盾，对接公共服务设施规划、人民防空专项规划及轨道交通规划，对公共服务设施部分功能地下化及老城地下公共服务设施补充完善进行统筹布局。对接市政设施专项规划，统筹地下市政设施布局。

4.以重点片区设计指引规范核心区地下开发

结合城市总体布局以及重要交通枢纽、商业商务中心、公共服务设施、轨道交通布局，详细梳理出"三主、五副、十六片"共24个地下空间开发利用重点片区，根据功能类型分为商业中心型9处，商务公共服务型10处，交通枢纽型4处，文体娱乐型1处（图6）。根据各重点片区的区位、交通、用地类型、开发规模等特点，借鉴国内外城市地下空间重点片区开发经验，提出轴向开发、点状开发、网络开发和上盖物业开发四种适宜济宁市地下空间重点片区的开发模式，建议济宁市重点地区地下空间开发规模在20%～35%之间，并细化各片区地下空间开发规模及地下空间开发功能管控。在此基础上，针对不同的功能类型，分类提出重点地区地下空间规划指引（图7），并结合近期项目选定老城商业中心——太白楼路地下空间为试点，提出详细的规划设计方案（图8）。

5.以完善的规划组织体系保障规划能用管用

本次规划在《济宁市城市总体规划》指导下，与《济宁市中心城区控制性详细规划》同步编制。为支撑和衔接控规，规划研究提出地下空间开发利用设计导则，细化地下空间控制指标、功能兼容性、标准化层高控制、联通控制、避让原则、重要地下设施建设与预留要求等管控通则，并将控规单元分为主导控制区、协调利用区、一般建设区三种类型，分别提出地下空间开发控制与引导要求，促进地下空间管控内容和设计要求在控规中的落实，进一步保障规划内容有效实施。以地下空间专项规划为龙头，通过地下空间开发利用设计导则进一步将地下空间规划管控要求与修规、城市设计衔接，完善地下空间规划体系。规划过程中，针对相关专项

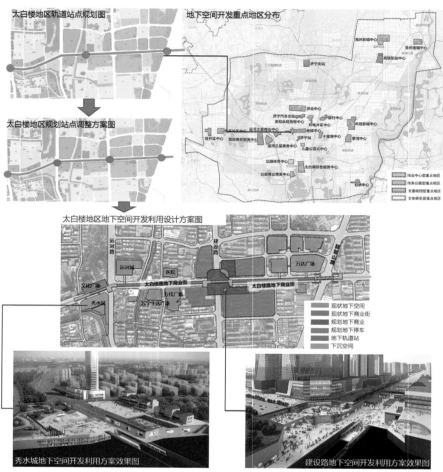

图6　重点片区规划指引

278

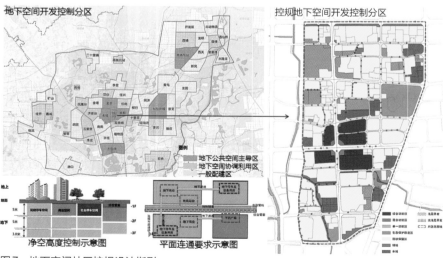

图7　地下空间片区控规设计指引

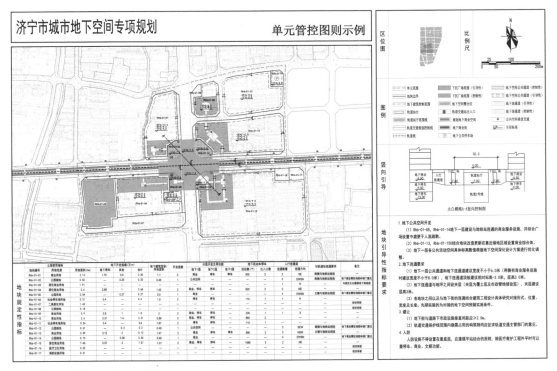

图8　地下空间单元控规设计指引

的平面布局，结合地下空间资源分布与需求预测，进行地下设施系统统筹。通过完善的规划组织体系，实现"多规合一和多维合一"，保障规划能用管用，进一步优化城市地上地下空间布局形态。

海绵城市建设

苏州市海绵城市专项规划（2015—2020年）

2017年度全国优秀城乡规划设计三等奖
起止时间：2015.6—2016.11
主管总工：杨明松
主管所长：张　全
主管主任工：莫　罹
项目负责人：郝天文　司马文卉
主要参加人：吕红亮　荣冰凌　杨新宇　沈　旭　李婷婷　吴岩杰　王鹏苏　蔺　昊
合作单位：苏州规划设计研究院股份有限公司

一、项目概况

苏州是国家历史文化名城、国家高新技术产业基地，长江三角洲重要的中心城市之一。苏州市属长江流域太湖水系，有大小湖泊300多个，各级河道2万余条，是著名的江南水乡，水为苏州带来了独特的城市格局、精致的园林景观、丰富的历史遗迹以及繁荣的社会经济。

2013年12月，习近平总书记在中央城镇化工作会议上提出"建设自然积存、自然渗透、自然净化的海绵城市"。2015年10月，《国务院办公厅关于推进海绵城市建设的指导意见》（国办发〔2015〕75号）中指出，加强规划引领，科学编制规划，编制城市总体规划、控制性详细规划以及道路、绿地、水等相关专项规划时，要将雨水年径流总量控制率作为其刚性控制指标。

为贯彻落实国家关于海绵城市建设的相关要求，促进生态文明建设，2015年苏州市启动海绵城市专项规划的编制工作。规划确定苏州市海绵城市建设总体目标和总体思路，立足于保护水生态，保障水安全，改善水环境，节约水资源，传承水文化，支撑苏州市城市建设和远期发展目标；通过分区管控进行指标落实和任务分解，并明确近期建设重点，实现城市健康可持续发展。

二、需求分析

苏州始终坚持绿色发展、文明发展的新型发展路径。2015年，城区已建成完善的雨污分

流制排水系统，污水处理厂出水均已达到一级A的排放标准，防洪排涝系统较为完善，城区基本消除内涝积水点。通过雨污分流改造、"自流活水"方案等措施的实施，有效缓解了城区水体黑臭现象。

在此基础上推进海绵城市建设，在城市开发建设过程中通过采取有效的雨水管控措施，因地制宜安排相应的低影响开发设施，可有效解决苏州市目前存在的涉水问题，改善城市环境面貌，提升城市宜居水平，尤其在改善内河水质、缓解局部内涝等方面发挥积极的作用。由于苏州水环境问题复杂，进一步改善水环境成为本次规划的要点和难点。

■ 三、技术要点

1.规划目标

将海绵城市理念与城市开发建设有机融合，探索改善水环境、保护水生态、强化水安全、弘扬水文化的协同模式，把苏州市建成平原河网城市城水共生的典范。

具体包括以下几个方面：

（1）保护苏州山水林田湖等天然海绵体要素，丰富江南水乡特色。

（2）探索区域和流域层面水质改善、防洪排涝安全的协同模式。

（3）治水新理念与城市开发建设相融合，实现雨水资源化和生态化管理。

（4）改善城市水体质量，消除城市黑臭水体。

（5）维持水系多样化的生态空间，改善和提升城市生态环境质量。

（6）源头控制和水系调蓄相结合，保障城市排水安全。

（7）协调改造建设与历史文化街区保护的关系，提升水文化品质。

2.技术思路

（1）技术路线

通过分析苏州市水系统现状和海绵城市建设基本条件，以提高城市雨水径流控制率与水环境综合治理水平为主要目标，以解决城市建设发展过程中水系统的主要问题为出发点，以增强海绵城市规划管控为核心，从公共海绵空间布局、分区建设指引、分期建设计划三方面提出海绵城市建设方案，并通过建设施工与运营维护、评估监测系统、制度建设等方面支撑和保障建设方案的落实（图1）。

（2）规划思路

由目标导向和问题导向两方面综合分析，提出本次规划的重点。从宏观、中观、微观三个层次出发，协调区域性或流域性水环境综合治理、流域防洪和水资源利用方式，在中心城区落实本地水污染防治措施、主干排水系统，以及城市生态安全格局，同时针对局部的内涝防治、

282

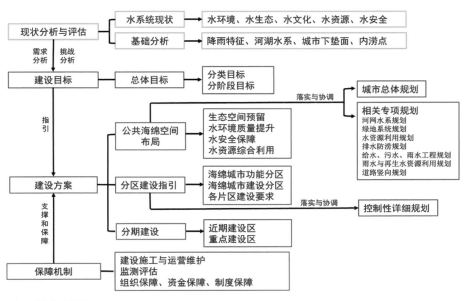

图1 技术路线图

生态修复以及环境治理、雨水利用等，结合低影响开发设施的建设提出规划策略（图2）。

在规划策略中，注重统筹自然水生态敏感区保护和低影响开发设施建设，开展针对平原多类型多水质水系交错地区的水系重构与生态修复，有效削减城市面源污染。城市建成区外重点加强河湖、湿地、林地、草地等水源涵养区的保护和修复，城市地区重点加强对已受到破坏水体的生态修复和恢复。按照低影响开发理念，控制开发强度，结合苏州水系发达、排水管道路径短、已实现雨污分流等特点强调在源头控污减流，构建以分散式低影响开发设施和自然水系为主、绿色和灰色基础设施并重的生态雨水蓄排系统。

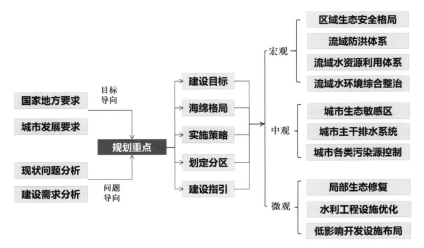

图2 规划重点总体思路图

3.主要内容

规划内容主要包括六大方面，海绵城市布局规划、海绵城市系统规划、海绵城市分区建设规划、海绵城市建设指引、建设项目与建设时序、规划管控与规划衔接。

（1）海绵城市布局规划

苏州市生态本底条件良好，生态资源类型多样，规划践行海绵城市生态建设要求，保护苏州良好的自然生态空间。统筹水系的防洪、排涝、航运、景观、供水、生态、旅游等功能，对不同水体提出不同保护要求。对具有水源涵养、排水滞蓄和水土保持功能的山体、丘陵、林地、草地、农田等绿色海绵要素进行管控与保护。在规划区构建了"凭临太湖、西山东水、五楔两带、内环外廊多节点"的自然空间格局。在中心城区布局蓝绿空间和公共海绵设施，并对城市外围地区海绵城市建设提出规划指引（图3）。

图3　公共海绵空间规划图

（2）海绵城市系统规划

海绵城市系统规划包括水环境提升、水安全保障、水资源利用、水生态修复和水文化传承。在水环境及水安全方面，从问题分析到规划策略，均采用"从流域到区域，从源头到末端"的系统思路。

水环境提升方面，通过削减流域、区域、市域的污染物输入量，有效控制复合性污染；通过打通断头浜、建设生态水系，增强水体自净能力来缓解水动力不足的问题；通过低质水体隔离治理全面提升水环境功能达标率。对古城水系、京杭运河、胥江、娄江等重点河道分别提出不同的治理措施。其中，对于尚未达到水质标准的京杭运河、胥江，通过水环境综合治理，削减污染物排放量，可以达到地表水环境四类标准（图4）。

水安全保障方面，由于苏州水网稠密、地势低洼，极易受太湖洪水威胁，主要以防洪包围圈抵御洪水，以闸控制水位、自排或以泵站抽排涝水。中心城区防洪排涝的重点是解决太湖洪

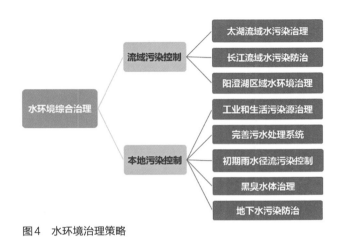

图4 水环境治理策略

水、西部山区产生的山洪和本地雨水的出路。规划开辟太湖洪水外排通道，对于太湖洪水以疏导为主，通江达湖；对于西部山洪和本地雨水采取"疏控结合，以疏为主"的策略，分区控制，高低分排，保证排水通道畅通；对于内部涝水以优化内部调蓄为主，充分利用城区水域和部分低地调蓄涝水。

（3）海绵城市分区建设规划

结合苏州水网城市特点，根据行政区划、排水方式、控规单元，将苏州市中心城区海绵城市建设划分为四级分区（包括三级分区+地块），每级分区提出不同的分区管控指标和公共海绵设施布局（图5）。

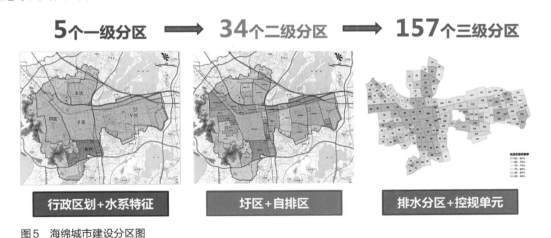

图5 海绵城市建设分区图

四、特色创新

本次规划强调顺应苏州的城市发展阶段，既要保持目前良好的生态本底条件，又要解决关

键的水环境问题，同时发挥海绵城市专项规划的综合统筹作用，引领苏州因地制宜地进行低影响开发建设，在海绵城市建设的同时提升城市品质。

1.深入分析水城特色和建设条件，把握海绵城市建设重点

规划深入分析总结苏州的水城特点及海绵城市建设条件，提出规划应重点围绕水环境整体改善、水生态保护与修复以及防洪排涝安全格局优化等方面，以及"蓄、滞、净"为主，兼顾"渗、用、排"等功能需求的海绵城市建设总体思路，通过海绵城市建设使苏州城市品质得到进一步提升（图6）。

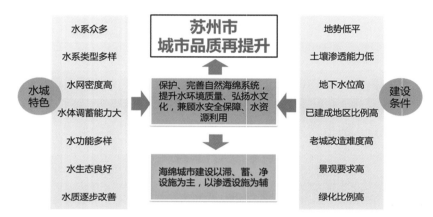

图6 苏州市海绵城市建设基础分析

2.结合江南水网水循环特征，划定海绵城市建设分区

苏州市地势低平、水系密布，规划以圩区和自排区两种方式分区，代替传统的根据雨水管布局划定排水分区，更符合苏州实际。结合各分区对于水质改善、雨水调蓄、缓解内涝的不同需求，布置滨河湿地、滨河缓冲带、人工湿地、下沉式绿地、海绵公园和调蓄水体等不同的公共海绵设施。

3.采用模型评估建设适宜性，有效指导各区域建设方式

结合苏州市建设条件，选择土壤渗透能力、地下水位、建设改造难度、现状开发强度、场地坡度、绿地系统、地下水污染控制等评价因子，通过层次分析、空间叠加分析等方法，科学评价海绵城市建设用地适宜性，针对下渗、滞蓄、净化等主要措施，提出不同用地功能区的建设建议（图7）。

4.突出苏州园林的景观特色，提出海绵城市建设指引

灵活运用苏州园林、江南水乡等景观特色，因地制宜选择适宜的低影响开发设施，营造与城市风貌相协调的海绵设施景观。在海绵城市建设过程中，对老城区进行"微改造"和细节优化，在保护古城特色的基础上，提升城市的宜居程度。

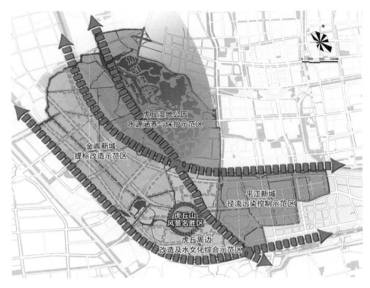

图7 示范区控规修编—海绵城市功能结构图

5.承上启下、多规联动，统筹推进海绵城市建设

海绵城市的规划建设管控对实现建设目标、保障建设效果十分重要，因此需要规划体系整体协调，全面落实海绵城市建设理念。苏州市海绵城市专项规划发挥了其承上启下、多规联动的作用，不仅全面评估相关专项规划，对涉水专项规划、绿地系统专项规划、道路系统专项规划分别提出具体的修改建议，各片区控规也均已在专项规划的指导下完成修编，确保海绵城市建设的有序推进（图8）。

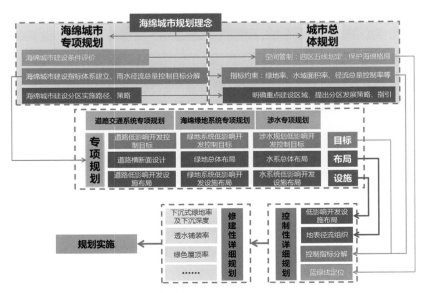

图8 从理念到实施的各级规划衔接流程

遂宁市海绵城市建设专项规划（2015—2030年）

2016—2017年中规院优秀城乡规划设计二等奖
起止时间：2015.1—2016.12
主管所长：张　全
主管主任工：郝天文
项目负责人：程小文　朱　玲
主要参加人：周广宇　常　魁　江　瑞　唐　磊　莫　罹
合作单位：遂宁市城乡规划设计研究院

一、项目概况

2015年4月，遂宁市成功申报成为全国首批16个海绵城市建设试点城市。为了更好地指导海绵城市建设，2015年6月遂宁市探索开展海绵城市建设专项规划的编制工作。

遂宁市地处四川盆地中部、涪江中游，东邻重庆、南充、广安，南接资阳，西连德阳，北靠绵阳，是成渝两个特大城市的中心节点城市。截至2015年，建成区面积约64平方公里，人口约70万人。遂宁市属亚热带湿润季风气候，冬寒夏热，四季分明。降雨年内分配不均，6—8月占年雨量的43%～48%。近30年年均降雨量935毫米。遂宁市属川中径流低值区，常年径流系数为0.213，年均河川径流总量为13.93亿立方米，折合径流深212.9毫米。中心城区主要分布于涪江一级阶地和丘陵山坡沟谷区域（图1）。根据地质情况不同，中心城区可分为涪江平坝区和红土丘陵区。涪江平坝区的原生土层以粉土、沙土为主，渗透性较好；红土丘陵区的原生土层以黏土为主，渗透性较差。

二、需求分析

1. 推进低影响雨水系统，全面落实海绵城市管控

遂宁市申报海绵城市试点时编制的实施方案，仅对试点区的源头项目提出海绵城市建设要求；按照《国务院办公厅关于推进海绵城市建设的指导意见》（国办发〔2015〕75号），到2030年，城市建成区80%以上的面积达到目标要求。因此，亟须全面实施海绵城市建设管控。

288

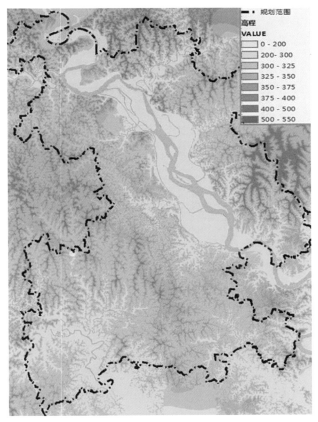

图1　城区高程图

2.修复受损河湖水系，管控水域生态空间

中心城区开发建设过程中，对河湖水系等雨洪受纳水体保护重视不够，出现因工程建设填埋河湖、挤占河道、河道加盖等情况，导致城市面临着越来越多的水安全问题；城市河道治理较多采用硬化、渠化等传统方式，生态效益和景观效果较差；根据《海绵城市绩效考核与评价指标》等相关要求，需要对"三面光"岸线进行生态化改造。

三、技术要点

1.规划目标

贯彻水安全战略有关要求，推进海绵城市建设试点，修复城市水生态、涵养水资源，增强城市防涝能力，提高新型城镇化质量，促进人与自然和谐发展，努力将遂宁建成我国西部丘陵地区海绵城市典范，探索浅丘平坝地区内涝防治示范、老城区水环境综合治理示范、滨江水生态文化示范。

2.技术思路

遂宁海绵城市建设从宏观、中观、微观三个层面展开。

（1）宏观层面

构建特色山水城市格局。充分发挥遂宁自然山水优势，以"生态山水城"为统领，以"两山""两水""两岛"为核心载体，构建独具特色山水生态城市格局。

（2）中观层面

保护水空间、治理水环境、修复水生态，重构城市水系统。加强对城市坑塘、河湖、湿地等水体自然形态的保护，禁止截弯取直、河道硬化等破坏水生态环境的行为，科学划定城市水系蓝线；强化源头控制、水陆统筹、流域整治，系统推进城市水污染治理，逐步改善水生态环境；对传统城市建设模式下，已经受到破坏的水体及环境，积极进行生态修复，重塑健康自然的弯曲河岸线，恢复自然深潭浅滩和泛洪漫滩，构建城市良性水循环系统。

（3）微观层面

全面推进低影响开发建设。加大城市径流雨水源头减排的刚性约束，推广海绵型建筑与小区、海绵型广场与道路、海绵型公园和绿地等，充分发挥城市绿地、道路、水系等对雨水的吸纳、蓄渗和缓释作用，使城市开发建设后的水文特征接近开发前。

3.主要内容

规划内容主要包括六大方面，海绵城市空间格局、海绵城市建设管控、水系生态建设指引、水环境治理指引、水域空间管控指引、规划衔接与对接、监测评估考核体系、近期建设规划等。

（1）海绵城市空间格局

遂宁市区位于涪江沿岸冲积平坝，涪江由北到南蜿蜒穿过城区，是市区最大的水系廊道；明月河、开善河等众多水体，与镶嵌其间的湖库形成水系生态网络。涪江两岸东西绵延的山体，是城市重要的林地生态系统和重要的水源涵养地。规划秉承海绵城市建设首先要保护自然生态的理念，保护修复"一江一渠八河，两山四岛多园"的自然生态格局，形成"山中有城、城中有水、水中有洲"的城市特色（图2）。

（2）海绵城市建设管控

根据城市总体规划用地布局结构、城市控规编制情况，中心城区共划分为16个海绵城市建设管控单元。管控单元与控规编制单元基本一致，便于控规承接和细化海绵城市专项规划的有关要求。在管控单元中，重点是要落实年径流总量控制要求；在年径流总量控制率分配时，综合考虑水文地质、开发强度、建设状况等因素（图3）。

（3）水系生态建设指引

结合城区空间布局和功能定位，统筹考虑水系休闲、文化与景观等功能，将城区水系划分

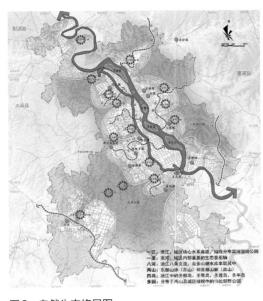

图2 自然生态格局图

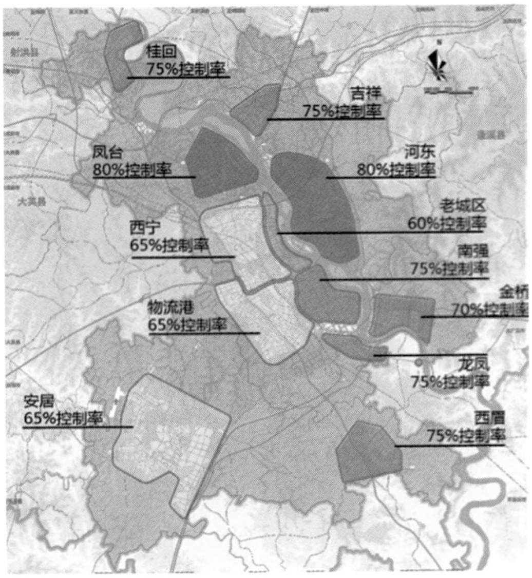

图3 径流总量控制分区图

为新区开发段、生活休闲娱乐段、历史文化保护段以及工业发展段,分类提出建设指引。此外,推进"三面光"岸线生态化改造工作,针对垂直渠化断面、台阶式渠化断面、斜坡式渠化断面,分别制定了生态化改造指引(图4)。

图4 三级水系划定成果图

（4）水环境治理指引

遂宁城区水环境问题主要是合流制溢流问题，合流制区域分布有多个溢流口。规划采取源头、中途、末端相结合的综合措施，多层次控制合流制溢流污染。源头通过海绵城市建设，增加雨水径流的渗透和滞留；中途推进雨污分流改造，完善截污系统建设；末端开展调蓄池或就地处理设施建设，减少排入自然水体的污染物量（图5）。

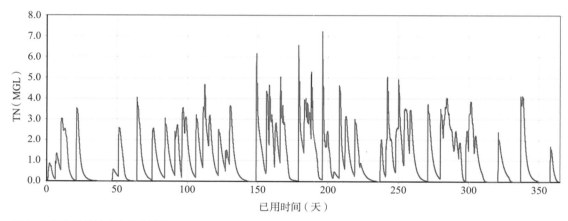

图5　河道污染物浓度变化曲线图

292

（5）水域空间管控指引

河流水系是城市排水防涝的重要组成部分，保护好城市水域空间是保障城市排水安全的重要基础。由于对水域空间重视不够和管控缺失，遂宁市在城市开发建设中出现河道加盖、侵占冲沟等现象，增加城市内涝积水风险。参考《小流域划分及编码规范》SL 653—2013及周边城市管控做法，综合考虑城市排涝安全、工程造价等因素，提出流域面积在2平方公里及以上的水系通道在规划中应予以保留，并根据水系的重要程度划分为三级，分级明确了管控要求（表1）。

水域空间管控要求
表1

	汇水面积（km²）	水域空间控制要求	陆域控制宽度（m）
一级水系	＞50	原则上必须维持自然水系的走向与线型，禁止擅自改变水系走向、侵占用水域空间	10～30
二级水系	10～50	尽量尊重自然水系的走向与线型，可以结合防洪、生态、景观、排涝等方面的要求，在充分论证的基础上，对水系走向进行合理调整	8～20
三级水系	2～10	原则上禁止占压填埋等行为，根据用地布局需要，可对该类水系的走向与线型进行适当调整	5～15

四、特色创新

1.基于径流控制的海绵建设管控体系

根据《海绵城市建设技术指南》，建设用地的海绵城市建设管控指标应在控制性详规中予以明确，通常有年径流总量控制率、下沉式绿地率、透水铺装率、绿色屋顶率等指标，但指南并未说明哪些指标需要纳入规划。考虑到下沉式绿地、透水铺装、绿色屋顶等属于措施性指标，若在规划中明确具体数值，则可能制约后续项目方案设计的发挥，甚至误导。控制年径流总量是源头海绵城市建设的初心，因此，年径流总量控制率指标应作为"强制性指标"予以执行、确保达标；下沉式绿地率、透水铺装率和绿色屋顶率等指标，作为措施性指标，可引导源头、分散式的低影响开发建设，宜作为"引导性指标"予以执行，既体现海绵城市理念又给予项目设计足够的自由度。

2.基于可达分析的径流指标分解方法

年径流总量控制目标的实现，从公平度出发，需要片区内每一个地块都承担责任；在具体分解指标时，还需从可达性角度考虑，体现出不同地块的差异性，在片区内通过地块间协调实现"弹性"控制。因此，径流总量控制指标分解时，综合考虑用地性质、容积率、建筑密度、建设状况等。如，老旧城区，建筑密度大、工程条件差，可以适度下调控制目标，侧重解决老旧城区现存的相关问题；在工程条件好或新建区域，则以控制目标导向为主，全面推进低影响开发系统构建。

3.基于水文分析的洼地建设管控指引

基于遂宁市中心城区1:10000地形等高线图，利用ArcGIS水文模块，共识别出面积大于0.5公顷的洼地55处、总面积1170公顷（图6）。根据洼地的分布区域和保护状况，将洼地分为三类，分类施策进行管控（表2）。

图6 城区各类洼地分布

洼地管控指引 表2

类型		管控要求
洼地a	有水面洼地	保留为湖泊、湿地、滞洪区，从现状或规划岸线外延不小于30米的区域划为蓝线保护范围
洼地b	无水面洼地、建成区外	建议作为下沉式公园、绿地、体育场、广场等
洼地c	无水面洼地、建成区内	根据建设现状、道路竖向、排水通道等具体情况，开展内涝防治工程

4. 基于排涝安全的建设用地调整建议

叠合比对三级水系分布图与用地规划图，对冲突点提出水系路由调整、建设用地调整等建议（图7）。以A片区为例，存在4处冲突点。点1：水系等级为一级和二级，建设过程对原水系进行局部加盖；建议尽快启动暗改明工作，严禁后续出现类似情况。点2：水系等级为三级，周边尚未开发，用地规划调整后水系路由穿越山体，工程量大，且改道后水系与周边场地竖向处理困难；建议调整用地布局，遵循自然水系走向。点3：水系等级为三级水系，周边尚未开发，规划方案未预留空间；建议适当调整水系线型，可与道路平行。点4：水系等级为三级，周边尚未开发，规划方案未预留空间；建议预留该水系空间。

图7 片区三级水系与用地布局比

五、实施进度

2015年底，《遂宁市海绵城市建设专项规划》通过专家组评审，成为国内首部出台的海绵城市专项规划，为遂宁市全面开展海绵城市建设、从试点走向示范提供技术支撑，也为遂宁市顺利通过三部门联合验收打下了良好基础。2019年3月，遂宁顺利通过了财政部、住房和城乡建设部、水利部联合组织的海绵城市试点建设终期考评并获评优秀，成为全国仅有的6个获得额外专项奖励资金的城市之一。遂宁为推动海绵城市建设充分发挥出试点的示范作用，并提供了可复制、可推广的地方实践样本，成为我国西部丘陵地区海绵城市建设样板城市（图8，图9）。

图8 席吴二洲湿地公园（一）

图9 席吴二洲湿地公园（二）

驻马店市海绵城市专项规划（2016—2030年）

2019年河南省优秀城乡规划设计一等奖
起止时间：2016.9—2017.12
主管所长：孔彦鸿
主管主任工：莫　罹
项目负责人：常　魁
主要参加人：徐秋阳　王召森　周飞祥　贾书惠　王宝明　芮文武
合作单位：驻马店市城乡规划勘测设计院

一、项目概况

1.规划背景

　　根据《国务院办公厅关于推进海绵城市建设的指导意见》（国办发〔2015〕75号）和《河南省人民政府办公厅关于推进海绵城市建设的实施意见》（豫政办〔2016〕73号），为落实海绵城市的建设要求、有序推进海绵城市建设，驻马店市城乡规划局委托中规院水务院、驻马店市城乡规划勘测设计院开展《驻马店市海绵城市专项规划（2016—2030年）》编制研究。

2.城市概况

　　驻马店市位于河南省中南部，古为"天下之中"，是中国南方和北方的分界，总面积15083平方千米。2015年，驻马店市中心城区常住人口为95万人，城镇化率为63.96%。全市地势西高东低，地貌类型主要有山地、丘陵、岗地、平原等，其中平原面积占比68.6%，地面平均坡降为1/5000～1/8000。驻马店市跨淮河、长江两大流域，以西部桐柏山、伏牛山余脉为界，向西为长江流域，向东为淮河流域。两大流域共分为4个水系，分别为洪河水系、淮北支流水系、汾泉河水系和唐白河水系。驻马店市地处亚热带向暖温带气候过渡区，属大陆性季风气候。其主要气候特点是：季风明显、四季分明、温湿适中、雨热同季。雨量充沛，但降水时空分布不均，年季变化较大，最大年降雨量1791.6毫米，年最小降雨量406.8毫米，多年平均降水量920毫米，降水主要集中在夏季（6–8月），占全年降水量的42%～52%（图1）。

　　规划研究范围为城市总体规划确定的城市规划区，总面积3009平方千米。规划范围包括驻马店中心城区和城乡一体化示范区，规划区控制范围为546平方千米，建设用地总面积为233平方千米（图2）。

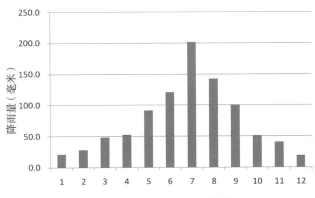

图1 驻马店市1986—2015年月均降雨量统计图

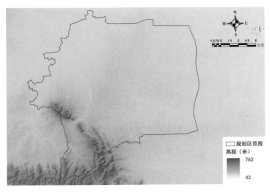

图2 规划区高程分析图

规划期限为2016年至2030年。其中,近期为2016年至2020年;远期为2021年至2030年。

二、问题分析

总体上,驻马店市水资源紧缺、水环境恶化的问题突出,同时伴随水安全隐患及水生态破坏的问题。

资源型缺水及水质型缺水并存。驻马店市人均水资源量581立方米,不足全国平均水平的三分之一。由于降雨量及径流年内和年际变化大,空间分布不均匀,存在季节性缺水与空间结构性缺水问题。驻马店市出境水量达到地表水资源量的74%,地表径流拦蓄与利用不足,大量汛期弃水未得到有效利用。板桥水库作为中心城区的供水水源无法满足城区中远期用水需求。作为城市远期重要水源地的宿鸭湖水库水质污染严重,多条主要河流的水质污染超Ⅴ类。此外,农业水资源浪费严重,地下水超采,水位下降明显,加剧了驻马店水资源紧缺的矛盾。

合流制溢流污染致水环境恶化。驻马店市中心城区内除南干渠上游可以达到地表水Ⅱ类水质、汝河可以达到地表水Ⅲ类水质外,城市内河基本处于无水或Ⅴ类水的状态,污染最严重的河道为练江河、骏马河、黄西河、六支渠。规划范围内老城区部分仍为雨污合流制,存在合流制溢流污染及污水偷排现象。

水系排涝能力不足致内涝易发。城区现状河道多为原来的农田排涝河沟,除开源河和练江河部分河段已经治理外,大部分河道未经治理。河道淤积堵塞严重,现状过水能力较低,超标雨水径流难以进入渠道内,进一步降低其防涝功能。此外,由于城市开发建设过程中缺乏对竖向的系统控制,雨水管渠不完善,在局部形成低洼点,成为现状的内涝易发区。

河湖萎缩硬化致生态功能退化。伴随城镇化进程,部分沟渠、坑塘等水生态敏感区被侵占。骏马河、开源河、练江河上游段等城市水系两岸部分河段现状采用硬质驳岸和砌底构造,

成为"三面光"建造模式，致使河湖生态功能退化。

三、技术要点

1.规划目标

从水资源、水环境、水安全、水生态及实施进度五大方面，通过15项指标明确中心城区海绵城市建设的具体指标。到2020年，城市建成区20%以上的面积达到海绵城市建设目标要求；到2030年，城市建成区80%以上的面积达到海绵城市建设目标要求（表1）。

驻马店市中心城区海绵城市建设规划重点目标指标摘要 表1

类别	序号	指标	指标说明	现状指标	2020年规划目标	2030年规划目标
水资源	1	雨水资源利用率	雨水利用量可替代的自来水比例	—	≥1.0%	≥1.0%
	2	污水再生利用率	再生水利用量与城市污水处理量之比	—	15%	40%
水环境	1	水环境质量	至少达到地表水Ⅳ类标准，且不得劣于现状水质	练江河劣Ⅴ类	建成区全面消除黑臭水体	不低于地表水Ⅳ类标准，水体不黑臭
	2	城市面源污染控制	雨水径流污染、合流制管渠溢流污染得到有效控制	—	径流污染物削减率不低于10%（以悬浮物SS计）	雨水管网无污水直接排入水体；径流污染物削减率不低于50%（以悬浮物SS计）
水安全	1	城市防涝	城市内涝灾害防治重现期	—	基本消除内涝隐患区，30年一遇设计降雨不内涝	
水生态	1	年径流总量控制率	年径流总量控制率/设计降雨量	—	70%/22.4mm	

2.技术思路

针对驻马店市在城市水安全、水环境、水资源、水生态等方面的重点问题，结合本地区自然地理、气候水文、土壤特性、工程地质、地下水位及城市开发建设综合实际，统筹协调既有建成区与新建区海绵城市建设的差异性，系统构建完善的海绵城市建设管理体系。确定海绵城市建设目标，提出海绵城市建设的指标体系。构建海绵城市的自然生态空间格局，划定海绵城市建设分区，明确保护与修复要求，提出管控要求和建设指引（图3）。

3.主要内容

构建生态安全格局，海绵城市分区建设。根据海绵生态敏感性评价结果，结合现状城镇布局，确定城市规划区空间管控要求，构建"一屏、三核、六节点、多廊道"的生态安全格局。将规划区划分海绵生态保育区、海绵生态缓冲区、海绵功能提升区和海绵功能恢复区等四类建设分区（图4）。

298

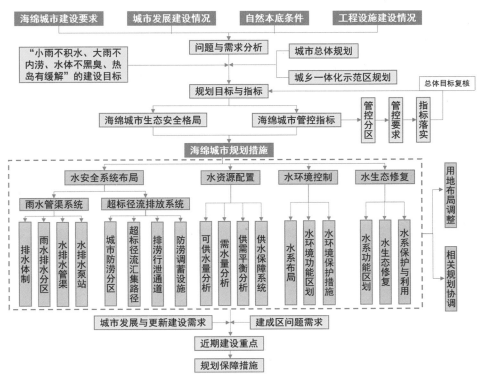

图3　技术路线图

优化水资源配置，蓄调结合、清水互补。根据水资源平衡分析结果，依托西水东引工程、薄山水库引水工程及驻马店生态水系建设，合理增加产业集聚区东侧城市水面，缓解水资源量年内差异，优化调整水系布局，保留和修复部分城市水系，实现"源远流长、蓄调结合、清水互补"的水资源配置格局（图5）。

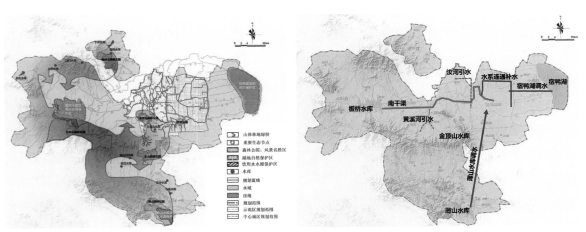

图4　生态空间格局图　　　　　　　　　　图5　水资源配置格局示意图

第三部分　专项规划篇

畅通水系循环，溢流污染控制。规划通过梳理现状水系，结合地形特征提出保留现状孙沟河，周庄河，调整罗店河、杨楼河，新建城东河、天中河，明确水系功能定位。通过水系构建，形成驻马店市水系大循环，提高水体流动性，实现水通水畅水净。通过直排口整治、雨污分流改造、溢流污染控制、源头海绵改造等控源截污措施，削减入河污染。对小清河、黄西河、练江河等水系应采用机械清淤和水力清淤相结合的方式，清除河道底泥。新规划的天中河、城东河河底应采取近自然的设计，创造出浅滩、深潭等多样的河底生境。

优化排水分区，构建排涝通道。建立源头减排、过程控制、系统治理的综合防涝体系，实现蓄排平衡。结合地形地势、现状排水管道布局，按照受纳水体共划分12个一级排水分区，188个二级分区，对现状/在建、现状合流制管道、已设计未施工管道进行优化调整，同时新建部分雨污水管道。规划借助水力模拟手段，新建（改建）水系5条、建设绿谷式排涝通道20条、绿地调蓄设施23处，调蓄总规模约为42.4万立方米，保障防涝安全（图6，图7）。

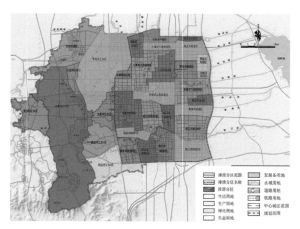

图6　水系规划图　　　　　　　　　　　图7　水系排涝分区图

四、特色创新

1.蓄调结合、清水互补缓解水资源紧缺困境

基于水资源供需平衡分析，依托西水东引工程、薄山水库引水工程及驻马店生态水系建设，合理增加产业集聚区东侧调蓄空间，缓解水资源量年内差异，优化调整水系布局，实现"源远流长、蓄调结合、清水互补"的水资源配置格局。通过生态需水量分析，采用蓄调结合、循环利用的方式保证生态用水需求。

2.多尺度水文模拟统筹流域水环境污染治理

通过多尺度水文特征量化分析进行水系格局优化。通过市域范围内水文分析，明确汇水分区，提取汇水范围大于0.45公顷的自然汇水路径，优化水系格局。结合降雨特征分析，选取典型年降雨，构建河道水力模型，计算河道枯水期及补水需求，明确生态基流补给方式，构建清水活源、活水补给的生态补给方式。

基于流域统筹的水环境保障体系构建。按照"控源截污、内源治理、生态修复、活水保质"的水环境综合整治思路，削减入河污染，提高通过城区流入宿鸭湖水体水质。结合城区雨污分流改造工程，消除污水直排，降低溢流污染。此外，为进一步强化城乡一体化区域、中心城区自然净化功能，构建自西向东的点面结合入河污染净化体系。通过污水收集处理设施完善、源头海绵减量、重要海绵节点与生态河道自净、东部湿地强化净化等措施打造区域海绵净化体系。

商丘市海绵城市及黑臭水体治理系列规划

2021年河南省优秀城乡规划设计二等奖
起止时间：2017.2—2021.7
主管所长：龚道孝
主管主任工：莫　罹
项目负责人：孔彦鸿　李昂臻　徐一剑　常　魁
主要参加人：史志广　马步云　徐丽丽　刘彦鹏　张思家　徐秋阳
合作单位：商丘市海绵城市办公室　商丘市城乡规划测绘院　安徽省城乡规划设计研究院

▨ 一、项目概况

1. 规划背景

海绵城市建设是落实城市生态文明、绿色发展的理念和方式，水环境治理与改善是落实海绵城市建设要求的重要载体。为解决商丘面临的水环境污染、水资源紧缺和城市内涝的严峻问题，实现消除商丘城市建成区内的黑臭水体、水系统良性循环的目标，商丘市政府积极申报河南省海绵城市试点，并委托中规院水务院开展《商丘市海绵城市专项规划》《商丘市污水与黑臭水体治理工程规划》《商丘市海绵城市示范区建设规划》和《商丘市海绵城市建设项目规划设计导则——低影响开发雨水系统构建》等针对商丘消除黑臭水体、落实海绵城市建设的一系列规划设计项目。

2. 商丘市概况

商丘位于豫鲁苏皖四省结合部，地处黄淮平原淮河流域上游，陇海与京九两大国家级交通廊道交汇处，是中原经济区对接长三角和环渤海经济区的东部桥头堡。中心城区坐拥"九河两湖"，河流总长137公里。四千多年历史的睢阳古城，坐落于四周环水的高地之上，蓄排并举，是古代理水营城的典范。全市年平均降雨量747毫米，季节变化明显，多集中于6-9月，占全年降水量60%以上。

二、需求分析

1.核心问题

随着商丘市城镇化进程的加快,城市基础设施能力不足、污水直排等问题逐渐突显,使得曾经"水润商丘"的9条水系成为黑臭水体,重度黑臭河段比例高达64%,水污染形势十分严峻;同时城区内河道淤塞阻隔,排水管网能力不足,老城区管网达标率仅16%,城市内涝时有发生。河道硬质护岸盛行,蓝线绿线被侵占,水生态功能退化。

2.城市需求

以水环境改善和水安全保障为核心,构建商丘海绵城市的自然生态空间格局,削减雨水径流污染和合流制溢流污染,改善城市水环境,缓解城市内涝,提高雨水等非常规水源利用率;强化新老城区融合和均衡发展,做好商丘市海绵城市专项规划、黑臭水体治理工程规划和海绵城市示范区建设规划的衔接,建设生态、安全、可持续的城市水循环系统,重塑商丘"九水映城,四礼万象"的悠久文化(图1,图2)。

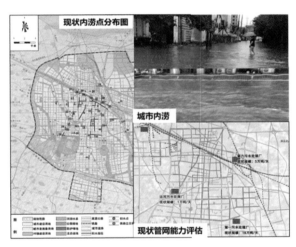

图1 商丘市城市建成区易涝积水点分布情况

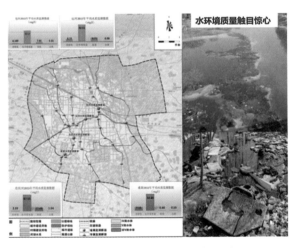

图2 商丘市城市建成区河流水系水环境情况

三、技术要点

1.规划范围

规划的研究范围为城市总体规划确定的城市规划区,总面积3930平方公里。规划范围为中心城区,总面积382.5平方公里,2035年规划建设用地面积248平方公里。海绵城市建设示范区为申报河南省海绵城市建设试点城市时划定,面积35.81平方公里。

2.规划目标

坚持目标和结果双导向，因地制宜将工作目标分解形成内涝防治、雨水收集和利用、地表水体水质标准（黑臭水体治理）等方面的量化指标，以及制度建设方面的定性指标。主要指标如表1所示。

商丘市海绵城市分类指标表 表1

序号	主要指标	规划近期目标（2020年）	规划目标（2035年）
1	地表水体水质标准	消除黑臭水体	总体达到《地表水环境质量标准》GB 3838—2002 Ⅳ类标准
2	内涝防治标准	≥30年一遇	≥30年一遇
3	城区内涝积水点消除情况（%）	现状内涝点基本消除	总体消除防治标准内降雨条件下的城市内涝现象
4	天然水域面积比例（%）	≥5	≥6
5	新建项目可透水地面面积比例（%）	≥60	≥60
6	雨水利用量替代的自来水比例（%）	≥3	≥3
7	年径流总量控制率（%）	≥70	≥70
8	生态岸线比例（%）	≥80	≥90

3.技术思路

在充分认识规划背景和需求的基础上，采用系统思维、规划优先、科学布局、弹性管控的总体思路，以水环境改善和水安全保障为核心，探索契合实际需求的工作机制，层层递进、注重实效，提出宏观与微观、近期与远期、功能与空间、灰色与绿色、地上与地下、水量与水质、共性与个性、动态与稳态"八个结合"的技术原则。提出"创建中原地区海绵城市建设示范，打造淮河流域理水营城典范，重塑九水映城的水循环系统"的三大示范目标，实现从工程治水1.0到生态活水2.0，继而文化兴水3.0的转变，为统筹推进商丘海绵城市建设、黑臭水体治理和水系统良性循环提供规划指引和技术支撑（图3）。

4.主要内容

（1）区域海绵城市生态空间格局构建

分规划区和中心城区尺度，分别构建"三区、四点、多廊"和"一环、一核、九廊、多点"的海绵城市生态空间格局，提出海绵城市建设需要保护的渗蓄雨水、滞洪排涝的自然生态空间格局用地要求（图4）。

（2）海绵城市管控指标分解与落实优化

为保障海绵城市理念在规划建设中得到落实，构建专项规划层次与控规层次的海绵城市管控指标体系。建立海绵城市分区建设图则管控体系。划分8个海绵城市建设管控一级分区，22个二级分区，161个三级管控单元。以控制性详细规划为基础，结合三级分区划定成果，制定

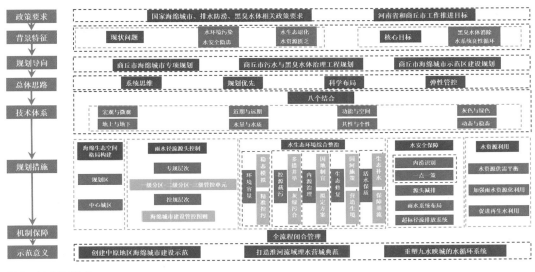

图3 技术路线图

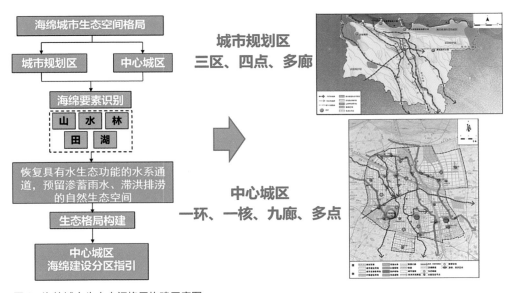

图4 海绵城市生态空间格局构建示意图

海绵城市建设管控图则，发挥绿色和灰色基础设施协同抵御和降低城市内涝和水环境污染风险的作用，为城市管理中的海绵指标和相关设施的落实提供基础，实现海绵城市建设和管控的具体要求（图5）。

（3）基于统筹考虑的水生态环境综合整治方案

水环境容量计算与污染削减优化调控。基于计算结果，提出污水处理厂尾水浓度的控制要求，及各条河流的雨水径流污染削减比例和污染物浓度控制要求（图6）。

控源截污：多措并举，灰绿结合。制定整体的污水处理与技术路线：规划一部分尾水进

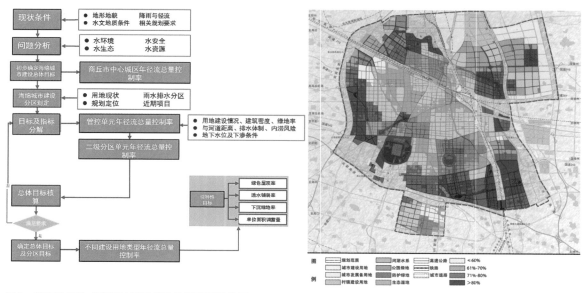

图5 指标分解技术路线及径流总量控制率指标分解

306

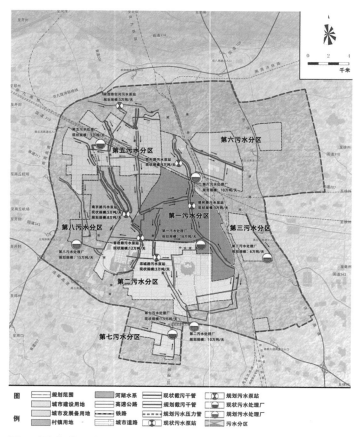

图6 规划近期污水分区及处理厂示意图

入再生水厂，达到准Ⅴ类水标准后回用或作为生态用水，另一部分尾水进入人工湿地处理。基于SWMM开发动态的合流制溢流污染控制模型，采用灰绿结合的策略，支撑长远规划方案和近期应急措施的制定。根据源头减排、过程控制和末端治理相结合的原则，对径流污染进行控制，规划建设湿塘、生物滞留带，并布置旋流分离器进行试点。

内源治理：因地制宜，拟定方案。结合各河流的水质污染及污泥分层情况，确定不同的疏浚范围和深度，将污染物含量较高的氧化层和污染层疏浚掉，淤泥总疏浚量约298万立方米。

生态修复：因河施策，营造生境。运用综合多因子分析方法，按照自然生态岸线、功能复合型岸线和人工生态岸线三类共规划21种典型断面形式。规划建设湿地公园和河道湿地两类共13处人工湿地，形成"地块—陆域绿带—生态护岸—河道"相耦合的雨水控制和净化系统（图7）。

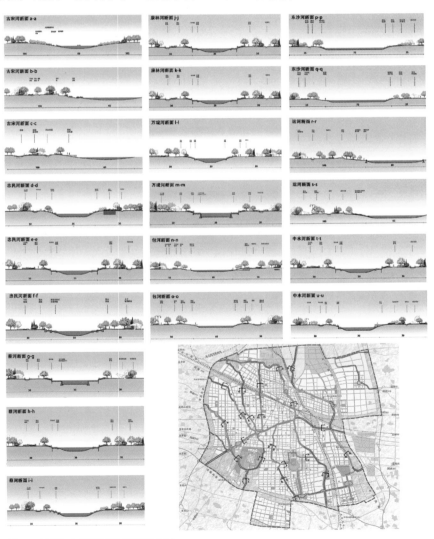

图7　水系生态岸线建设规划图（1）

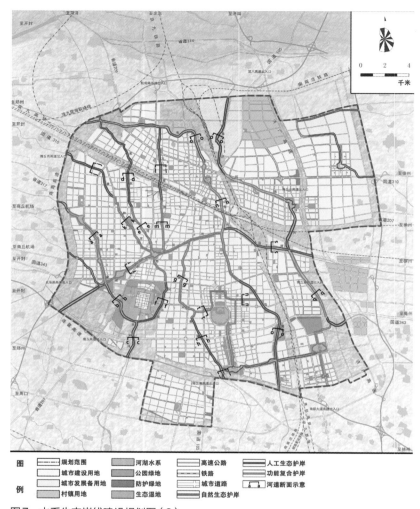

图7　水系生态岸线建设规划图（2）

活水保质：生态补水，保障基流。将水量、水质相对稳定的再生水作为城市水系的主要补水水源，恢复水体自净能力。规划2035年河道再生水补水量为37.7万立方米/日。

（4）基于问题导向的水安全保障方案

根据商丘近年来内涝点观测资料，确定41处内涝积水点，"一点一策"提出系统解决方案。按照源头减排、管网排放、蓄排并举、超标应急的思路，一方面，加强源头雨水径流控制，实现暴雨滞蓄和错峰，另一方面，经过优化，划定11个雨水分区和263个排水子分区。对于超过排水管网标准的降雨径流，保留利用自然的排涝路径，布局绿谷式排涝通道，确保超标径流排入包河、古宋河等排涝河道（图8）。

（5）基于可持续发展的非常规水资源利用方案

商丘作为严重缺水城市，必须将再生水和雨水作为城市重要的水资源加以利用。雨水利用

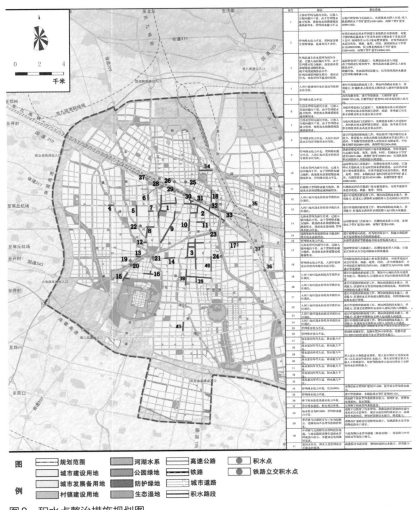

图 例
— — — 规划范围	▨ 河湖水系	━━━ 高速公路	⬤ 积水点
▨ 城市建设用地	▨ 公园绿地	━━━ 铁路	⬤ 铁路立交积水点
▨ 城市发展备用地	▨ 防护绿地	▨ 城市道路	
▨ 村镇建设用地	▨ 生态湿地	▨ 积水路段	

图8 积水点整治措施规划图

方面，提升城市雨水集蓄利用能力，使净化雨水成为市政用水的良好补充。到2035年雨水可利用量为700万立方米，雨水利用量替代的自来水比例达到3%。再生水利用方面，到2035年再生水利用率达到72%，供水规模为55万立方米/日，主要用于水系生态补水、工业和市政杂用。

（6）政策保障

开展全流程闭合管理，将海绵城市建设要求纳入审批环节，在各关键节点进行管控。通过《商丘市海绵城市建设项目规划设计导则》的发布，新建、改建、扩建建设项目的规划设计应包括海绵城市建设的内容，在方案设计审查、初步设计审查、施工图设计审查、工程施工、工程验收、竣工备案等关键环节实行闭合管理。

四、实施效果

　　海绵城市规划管理体系初步建立，成立商丘市推进海绵城市建设工作领导小组和海绵城市办公室，颁布《商丘市海绵城市建设实施方案》《商丘市海绵城市设计导则》等文件。将海绵城市专项规划要求融入城市控制性详细规划编制中，作为地块出让建设时依据。

　　按照黑臭水体治理工程规划，商丘市加快污水处理厂、沿河截污干管、截污纳管、污水直排整治、清理蓝线违章建筑、河道清淤疏浚等工程进度，河道实现常态化再生水补水。经过两年的综合整治，商丘中心城区的水体水质有了明显改善。2018年，黑臭水体比例从80%降至10%，中心城区已初步消除黑臭水体，部分水体达到Ⅴ类标准。2020年，商丘中心城区9条黑臭水体治理已通过住房和城乡建设部审核，被认定为"长制久清"。商丘中心城区按系列规划推进实施，应对城市内涝的能力也显著提高，经受多次暴雨考验，如2018年受"温比亚"台风影响，商丘市区24小时降水量达363.5毫米，但市区未发生人员伤亡，主要河道未发生溃堤决口，城区涝水在短时间内排除完毕（图9，图10）。

五、特色创新

1. 运用城市水循环理论，系统认识、整体解决城市水系统问题

　　转变传统的单一问题导向、系统割裂、碎片化的治理手段，从水循环的全周期、各环节入手，以水量、水质为核心，将水环境、水安全、水生态、水资源问题在流域范围系统解决、协同治理，实现整体与局部最优相统一。

2. 突出重点问题，确保规划传导落实、快速动态实施

　　从总体规划到详细规划，再到施工设计，用规划管控指标、分图图则、设计指引，保证规划自上而下的有效传导与实际落地。针对商丘主要面临的黑臭水体问题，专门编制黑臭水体治理工程规划，快速形成规划方案，动态指导治理工作与实际施工，取得良好实施效果。

3. 贯彻低碳节能生态理念，助力实现"双碳"目标

　　规划的分散式补水模式，与集中式相比，每年可减排二氧化碳。采用低影响开发建设模式，可减少雨水管线施工，减少大量碳排放。

4. 应用动态模型模拟技术，提高规划科学性与措施精准性

　　通过动态模拟，精准识别系统瓶颈，科学评估规划效果，为制定黑臭水体与城市内涝治理的短期应急方案与长远系统规划奠定基础。提出新型开发建设模式：平原地区汇水面积小于0.8公顷的地块，可通过合理组织地表径流的方式替代灰色基础设施。

图9 商丘市海绵城市建设效果

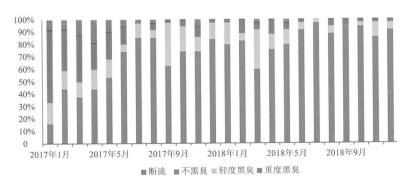

图10 2017—2018年商丘市黑臭水体治理情况

5.注重近远结合，体现刚性与弹性，保证规划落地

排水体制、污水厂、生态岸线的近期规划建设方案，结合城市更新，考虑拆迁和实施难度，确保系统的完整、有效。通过安装启闭式闸门、建设临时污水处理设施、优化与动态调整污水处理厂的汇水分区与建设时序等规划措施，实现短期应急需求与长期根治目标的有效结合，体现规划实施在时间与空间上的一致匹配。

生态环境保护

宁夏全域生态空间保护提升规划研究

起止时间：2021.6至今
主管所长：刘广奇
主管主任工：郝天文
项目负责人：龚道孝　田　川
主要参加人：李　宁　吴　爽　孙广东
合作单位：北京工商大学

一、项目概况

宁夏地处黄土高原和内蒙古高原的过渡地带，属于我国地貌三大阶梯中一、二阶梯的连接地带，自北向南分布有贺兰山、罗山、六盘山三座重要山脉，黄河自西向东横穿，是全国的重要生态节点、重要生态屏障、重要生态通道，发挥稳定季风界线、联动全国气候格局，调节水汽交换、改善西北局部气候，阻挡沙尘东进的作用。全区自南向北可分为南部山区、中部干旱带和北部引黄灌区，其中引黄灌区地势平坦，土壤肥沃，素有"塞上江南"的美誉。

2021年，为优化全域生态系统结构，提升国土空间规划科学编制水平，宁夏回族自治区自然资源厅委托中规院开展宁夏全域生态空间保护提升规划研究。为全面贯彻习近平生态文明思想，认真落实习近平总书记视察宁夏重要讲话精神，助力黄河流域生态保护和高质量发展先行区建设，细化以"一河三山"为生态坐标的"一带三区"总体布局，落实自治区国土空间规划生态空间格局，指导市县国土空间规划和相关专项规划编制，按照自治区党委《关于建设黄河流域生态保护和高质量发展先行区的实施意见》、自然资源部《省级国土空间规划编制指南（试行）》相关要求，开展相关规划研究工作。

二、需求分析

宁夏生态空间的系统保护具有重要的意义，但是，由于所处区域生态系统特点及历史原因，宁夏生态系统存在以下问题：①承担区域生态屏障功能，但生态本底脆弱，南部水土流失和中部土地沙化仍是突出问题；②生态空间管控体系不完善，资源保护率不足，天然湿地等资源量下降；③全域生态网络相关研究较少，生物多样性保护系统性不足；④生态资源局部质量差，区域分布不均衡；⑤碳源、碳汇底数不清，碳中和发展路径有待研究。

在黄河流域生态保护和高质量发展、国土空间规划改革大背景下，宁夏回族自治区需要通过科学规划研究，回答如何助力黄河流域生态和高质量发展先行区建设、如何落实自治区国土空间规划生态安全格局保护及修复、如何指导市县生态保护修复等一系列问题。

■ 三、技术要点

1. 规划目标

总体目标为"筑牢西北生态屏障，护佑黄河流域安澜"。在生态空间管控体系构建、生态安全格局构建、生态空间碳中和及生态要素保护四个不同层面进行系统研究，统筹生态空间与生产空间，统筹生态结构与生态功能，统筹生态保护与低碳发展，统筹生态要素数量与要素质量，全面落实黄河流域生态保护和高质量发展先行区的建设要求。

2. 技术思路

跟踪国家关于国土生态空间的相关要求，开展本底分析、要素识别、系统构建、碳中和研究及生态要素提升等工作。从空间、时间及要素多维度，分析宁夏生态本底特征，识别生态空间问题；基于自然保护地、生态红线、其他重要生态空间和一般生态空间特征，制定分级分类管理办法，提出生态空间管控体系构建的相关要求；识别重要生态空间，分析潜在廊道空间与生态网络，构建生态安全格局；基于生态格局优化完善、碳中和的目标，提出碳中和策略；开展必要的要素分析，基于存在问题，明确相关要素的空间管控措施以及生态空间优化的策略（图1）。

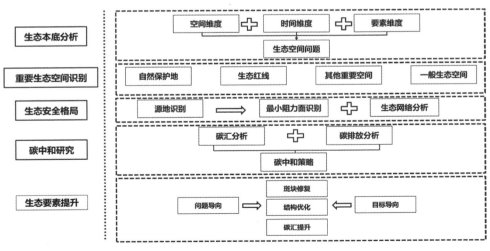

图1　技术路线图

3.主要内容

（1）建立以自然保护地为核心的生态保护管控体系

开展重要生态空间识别并明确保护策略，对接自然保护地、生态红线最新成果，根据自然资源部最新要求，落实其保护要求及空间范围；结合双评价分析、遥感数据、双碳研究、林业规划等，综合识别其他重要生态空间，建立生态空间三级管控体系，分别为生态红线及自然保护区、生态控制区、一般重要生态区及其他生态空间，明确生态空间分级分类保护的要求及相关空间范围。生态红线区对接最新生态红线及自然保护地划定成果，按照生态红线管理办法进行管控；生态控制区对接双评价极重要区、碳汇功能较强区域及重点生态修复区，为保障区域生态功能完整和健康，提供高质量、可持续生态服务，根据主导生态功能执行不同管控要求，主导功能为水源涵养、水土保持、防风固沙的区域为宁夏优先保护生态空间；专项调查结果将极脆弱区域作为重点生态修复区域进行相应管控；一般重要生态区对接双评价重要区、生态廊道分析成果等，实施总量管控，确保整体生态功能不降低。

（2）落实黄河流域生态保护，构建全域生态安全格局

为保障宁夏全域生态系统的连通性、完整性和可持续性，利用斑块-廊道-基质模型，开展生态源地识别、阻力面分析、生态廊道分析，提出林网、水网等建设方案，并综合确立全域生态安全格局。

在生态源地识别方面，结合双评价结果等，选择其中集中连片的斑块作为生态源地。主要的自然源地为贺兰山、白芨滩、哈巴湖、罗山、六盘山以及其他生态保护极重要地区，主要承担生物多样性、水源涵养、水土保持及防风固沙等生态服务功能。

在阻力面分析方面，基于生境分布、人类活动干扰强度等，综合考虑高程、坡度、植被覆盖、道路、河流湖泊居民点等要素，分析得物种迁徙的阻力图层，阻力最大的区域主要是城市集中建成区，其次为地形复杂以及植被覆盖较差的区域，阻力较小的区域主要为林地、河流湖泊及周边区域。

在生态廊道分析方面，基于核心生态环境斑块、阻力面分析，得到生物在不同源地之间迁移的最小成本路径，实现潜在廊道联通。宁夏全域潜在生态廊道资源较多，中部、南部更为集中，北部银川等平原地区受城市开发建设影响，生态网络城被阻隔状态，存在较大生态资源空白区，需进行优化提升。

在生态安全格局构建方面，确立宁夏"一河三山"生态安全格局。一河，指黄河生态带，为宁夏乃至区域生态廊道，发挥维持宁夏生命水量、降解污染、提供生物迁徙通道等生态功能。三山，指贺兰山生态屏障、罗山生态屏障及六盘山生态屏障。贺兰山生态屏障发挥生物多样性维护、遏制腾格里沙漠、乌兰布沙漠、毛乌素沙地扩散，护佑宁夏平原绿洲安全等生态功能；罗山生态屏障发挥中部干旱带防沙治沙生态屏障、阻挡毛乌素沙地南侵，维持周边生态

316

平衡的生态功能；六盘山生态屏障发挥水源涵养、生物多样性维护等功能。

（3）探索国土生态空间碳中和，助力高质量发展

开展碳中和相关探索，明确生态系统提升的新方向。

在碳汇方面，根据宁夏全域植被净生态系统生产力（NEP）分布情况，2020年宁夏全域碳汇值约为0.58亿吨，地均碳汇是全国平均的二倍，高值集中于宁夏南部山区、北部平原灌区，最高值出现在六盘山等地区，中部沙漠地区NEP值较低，研究将碳汇较高的区域纳入生态空间管控体系。

在碳排方面，根据宁夏温室气体排放情况核算，得到2019年宁夏CO_2排放量为2.17亿吨，主要的排放源为火力发电（60.5%）、工业（28.4%）和供热排放（7.8%）。2015—2019年，宁夏CO_2排放量增长41%，其中供热和火力发电增长最为显著，增幅分别为114%和46%。

（4）研究生态要素保护修复对策，实现生态系统质量提升

从生态安全格局构建的角度出发，开展重要生态要素保护提升规划研究，分析其在生态系统中发挥的重要作用，重点考虑林草、水系、湿地等提升的主要方向及空间范围。

在水系湿地要素保护提升方面，识别水系的自然通道，结合现状河流形态，对不同区域（黄河、平原绿洲、山区）的河流，明确水系空间提升的相关要求及空间管控措施。统筹黄河泥沙含量及水土流失问题，确定黄河流域的保护范围，加强流域空间生态修复；针对北部平原区生态网络被阻隔问题，加强北部平原地区水系连通及湿地恢复；从有效发挥山区河流生态廊道作用角度出发，提出重点保障山区河流通道唯一性、连通性、流通性的管控要求。

在林草要素保护提升方面，根据林地建设规划，确定北部绿色发展区、中部封育保护区和南部水源涵养区的建设任务，分别建设农田防护林体系、防风固沙林体系及水源涵养和水土保持林体系。针对重点生态单元，制定贺兰山生态区域向南延伸、罗山生态区域向四周延展、六盘山生态区域向北拓展的发展方向，并制定建设目标计划。为精准提升森林质量、挖掘潜力区域，识别聚集度较高的林地区域发展规模营林造林；结合生态网络分析，识别现状生态安全格局中主要的生态盲区、障碍点，针对性提出林草地斑块缺陷及提升策略；结合生态廊道分析结果，在重要生态廊道区营林贯通。

四、特色创新

1.开展由"宏观分析"向"科学评估"转变的生态格局规划

本次生态空间研究在传统空间格局等宏观分析基础上，更多利用微观尺度的科学评估，充分发挥"双评价"和国土三调成果，识别重要生态空间并提出分级分类保护的相关要求，采用斑块—基质—廊道模型，开展可精准落位的生态网络分析。一方面，可指导自治区进行生态

屏障保护，推进生态系统修复，为生态空间科学布局乃至整体的空间格局优化提供支撑；另一方面，保障区市之间、各级各类规划之间生态管控范围及要求可传导，强化国土空间规划的战略引领和刚性管控作用。

2. 从国土空间规划角度率先开展碳中和研究

根据植被净初级生产力、土壤微生物呼吸量、光和有效辐射吸收比例等单要素，分析宁夏植被净生态系统生产力（碳汇量）；根据温室气体清单指南、碳排放主要来源、能源平衡数据等，分析宁夏碳排放总量、排放趋势、行业及各行政区排放量；并在多种发展情境下，对未来碳排放进行模拟预测，探究碳达峰背景下宁夏的发展路径。考虑能源基地特征，基于国家政策导向，分析沙化土地开展光伏建设的潜力空间，将碳达峰与土地沙化治理紧密结合，实现生态、社会效益的最大化（图2）。

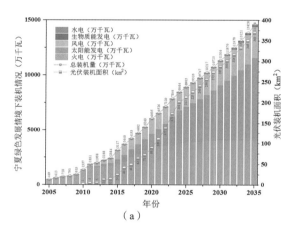

（a）

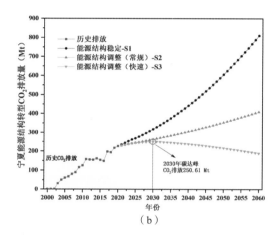

（b）

图2　碳达峰模式图（a:碳达峰情景；b:光伏增长预测）

环巢湖地区生态保护与修复规划

2013年度全国优秀城乡规划设计三等奖
起止时间：2012.1—2013.6
专题负责人：桂　萍
主要参加人：程小文　王巍巍　张志果　李宗来　蒋艳灵

▨ 一、项目概况

2011年安徽省行政区划调整，将巢湖市分别划分给合肥、芜湖、马鞍山三市，其中居巢区和庐江县划归合肥，合肥从滨湖走向环湖，成为全国唯一独拥大湖的省会城市，这为合肥的提升和优化提供了新的空间，同时也给予合肥巢湖治理和保护更重的责任。

巢湖是我国五大淡水湖之一，水域面积约760平方公里，流域总面积为1.34万平方公里，流域内共有大小河流34条。巢湖是江淮古运河通道关键节点，作为鱼米之乡为合肥的形成和发展提供重要支撑。巢湖周边水系发达，贯穿合肥城区的大小河流近10条，湿地生境众多，形成城水交融的布局特色，水生态环境质量直接关系合肥人居环境质量及巢湖旅游资源的品质。

改革开放以来，巢湖流域工业化及城市化的迅猛发展，巢湖水体呈现严重的富营养化状况，引发了水质恶化、蓝藻暴发、湖体生态系统衰退等一系列生态环境问题，成为中国重点治理的"三湖"之一。为更好地协调巢湖保护与合肥城市发展的关系，合肥市于2011年11月在国内公开征集《合肥市城市空间发展战略及环巢湖地区生态保护修复与旅游规划》（以下简称《规划》）项目方案，并提出环巢湖地区生态保护与修复与合肥市空间发展战略及旅游规划同步开展。2012年12月7日，《规划》得到规委会的批复；2013年6月21日，《规划》正式公布。

▨ 二、需求分析

巢湖属碟型湖泊，污染消纳能力差，流域人口稠密、工业发达、农田密布，即使城市污水和企业废水处理排放全面达到国家标准，污染物排放总量仍然超出巢湖的水环境的承载能力。围湖造田、航运等开发利用活动使环湖湿地逐步消失，江湖阻隔、水域封闭，巢湖生物多样性下降，导致巢湖生态面临进一步恶化的危机（图1）。

自20世纪90年代开始，国家投入大量资金开展包括巢湖在内的"三湖"治理，到项目启动时，巢湖流域主要污染物排放量虽然实现"十一五"总量减排目标，但由于污染负荷来源复杂，历史欠账较多，依然超出部分河流水环境承载能力，巢湖频繁发生蓝藻水华，甚至危及东半湖饮用水水源安全（图2）。

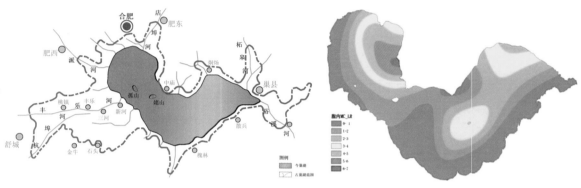

图1　古今巢湖对比　　　　　　　　　　　　　　　图2　巢湖内藻毒素分布

分析原因在于巢湖治理以末端为主，清洁生产、污染预防引导不足；以单纯水质净化为主，水资源管理、用水方式引导不足；产业以消极禁止为主，结构调整促进不足；监管体制滞后，缺乏部门协作，就水治水，缺乏统筹，巢湖治理的艰巨性和长期性要求探索湖泊治理的新模式。

环巢湖生态保护与修复是合肥生态城市建设的核心，生态城市建设是环巢湖生态保护与修复的根本保障，两者是互为依托、互相支撑的整体，缺一不可，《规划》将工程、点线治理思路，转变为注重生态、面状治理，强化巢湖治理与城乡发展的协调。在工程治污的同时，从经济增长方式、社会公众意识、运行机制和管理体制等各个方面，探索全方位贯穿城市建设全过程的湖泊治理模式（图3）。

三、技术要点

1. 规划目标
《规划》提出了"123520"环巢湖生态保护与修复行动目标（图4）。

2. 技术路线
规划立足巢湖、放眼环巢湖地区，从更大的范围、更宽的视角来探讨环巢湖地区的生态保护与修复。在环巢湖地区生态环境现状分析的基础上，提出环巢湖生态保护与修复行动纲领，并探索保护与修复的支持与保障措施，最后，对合肥生态城市建设进行引导。

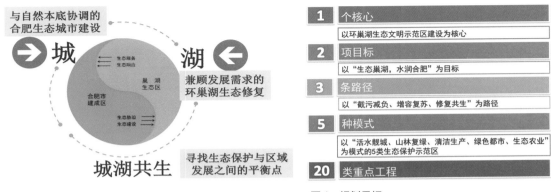

图3 巢湖治理模式图　　　　　　　　　　　　　　　图4 规划目标

环巢湖生态保护修复的路径以巢湖的保护与治理作为城市发展建设的首要前提，转变治理理念，转变单纯治理巢湖水体的理念，到复苏巢湖生命，从减负、联通、网络、脉动、共生五个方面，实现从治污工程走向生态修复、从有限水面走向功能绿网以及从单线管理走向空间统筹的三个转变，形成"截污减负、增容复苏、修复共生"的实施战略（图5）。

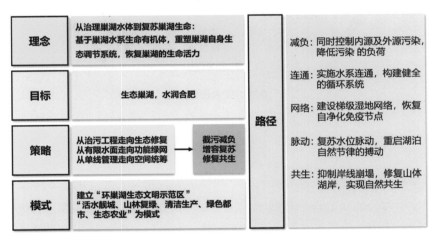

图5 技术路线图

3.主要内容

（1）巢湖生态修复实施策略

巢湖的生态修复从肩负、联通、网络、脉动和共生5个路径入手，形成"截污减负、增容复苏、修复共生"三个方面的策略。"截污减负"以降低水系统污染负荷为主要目标，以城市和农村地区的点源及面源治理、河道生态修复以及巢湖内源污染物释放控制为主要内容。"增容复苏"以增加河流及巢湖环境容量、提升水系的自净能力为目标，以加强巢湖的水体交换、巢湖水位生态调控和建设湿地绿带网络为主要内容。"修复共生"以恢复生态系统的机能为目标，以抑制岸线崩塌、提高森林覆盖率、山体修复以及减少富磷本底对巢湖水质的影响为主要内容。

（2）环巢湖地区生态保护策略

依据《合肥市水环境保护条例》和《巢湖流域水污染防治条例》，对已有的各类保护区（如水源保护区等）、周边重要资源分布区（如风景区等）、影响巢湖健康和安全的其他区域（如圩区湿地等）以及保障水质达标的相关水域及路域（如主干水系等）划定生态保护区，对于以三级保护区为主的建设区，是人们开展生产生活的主要区域，同时也是巢湖入湖河流污染源的主要分布区，以"活水靓城、山林复绿、清洁生产、绿色都市和生态农业"为主题的5种模式对该区域的建设行为进行引导，建设5类生态文明建设示范区，最大限度地降低建设行为对生态环境的影响（图6）。

图6　生态文明建设示范区示意图

（3）合肥生态城市建设策略

项目确定生态低敏感区和中低敏感区的空间范围为城市增长边界的基本控制范围。控制范围内确保一定比例的公共绿地和生态用地，以保证区域生态廊道的连续性，营造良好的城市人居环境。在市域范围内构建以水系湿地为基本网络，巢湖、水库等水源保护区为重要斑块，山体、河口为重要控制节点的生态空间格局。在都市区内规划构建"两脉，两片、三廊"生态空间格局。

项目提出合肥生态市建设指标体系，并对其建设进行引导。指标体系共分为四个一级指标：水净岸美的大湖之城、心驰神往的区域绿核、循环永续的创新高地以及安居乐业的幸福之都，并在此基础上划分了12个二级指标以及42个三级指标（图7）。把上述指标融入生态环境、经济和社会的各个方面，既包括生态城市建设的一般要求，又兼顾合肥特色。通过将环巢湖生态保护修复的目标量化到生态城市指标体系中，为环巢湖生态保护修复提供考核依据。

322

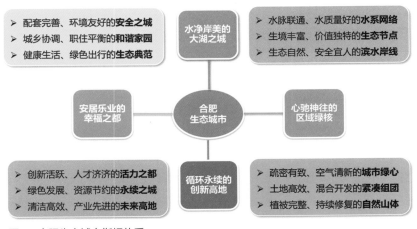

图7 合肥生态城市指标体系

四、特色创新

（1）从巢湖的自然发展历程识别城镇空间增长边界

以历史发展的视角，本规划首先重新审视合肥地区城镇变迁与巢湖形成演变的关系，研究发现合肥地区气候和水文条件对古聚落的分布、扩展、演变有重要影响。在此基础上，提出应明确城镇空间增长边界，重塑合理的生态空间格局，以形成对城镇空间增长边界强有力的制约与引导，同时城市规模应控制在合理的资源承载力范围内。

（2）从巢湖人文聚落特征识别人水共生模式

根据当地的村落形态，识别出对恢复巢湖水体的自净能力有效的梯级湿地模式，包括湖泊自身的湿地及延伸的城市湿地和乡村湿地。湖泊湿地包括河口湿地、圩区湿地和湖滨缓冲湿地等。城市湿地包括污水净化型湿地、雨水蓄积型湿地和景观游憩型湿地。乡村湿地包括池塘湿地、沟渠湿地和农田湿地。

（3）提出构建软硬结合的生态型防洪排涝体系

环巢湖防洪保安体系采用堤防的"硬"防洪与平圩行洪、退田环湖的"软"防洪相结合进行防洪。硬防洪结合环湖道路系统及河流整治，选择重点地段建设标准化防洪围堤，因地制宜，满足堤顶多功能需求；"软防洪"选择部分圩区实行平圩行洪、退田环湖，优先退出地面高程低且对巢湖防洪影响大的圩区、人口少且搬迁影响小的圩区以及圩区防洪工程等级低且防洪压力大的圩区。结合低湿地的雨水滞留系统，构建可持续排水系统，实现削峰暴雨、减流净化，标本兼治地治理城市内涝。巢湖防洪体系结合环湖旅游公路，综合环湖周边地形、湖泊岸线特征和滨湖湿地分段进行设置。形成由加固边坡、沟塘湿地、公路围提多类型、梯级化的防洪系统。

晋城资源环境承载能力和国土空间开发适宜性评价

起止时间：2019.11至今
主管所长：龚道孝
主管主任工：刘广奇
项目负责人：朱　玲　吴　爽
主要参加人：贾书惠

■ 一、项目概况

1.项目背景

按照《中共中央　国务院关于建立国土空间规划体系并监督实施的若干意见》要求，资源环境承载能力和国土空间开发适宜性评价（以下简称"双评价"）是编制国土空间规划的基础性工作，是优化国土空间开发保护格局和主体功能定位、划定生态保护红线永久基本农田城镇开发边界三条控制线、确定耕地规模建设用地规模开发强度等约束性指标的重要参考。编制县级以上国土空间总体规划，应先行开展资源环境承载能力和国土空间开发适宜性评价，形成专题成果。

2.城市概况

晋城市位于山西省东南部，地处黄土高原东南边缘，太行山雄踞东南，中条山耸峙西南，西与运城市、临汾市毗邻，北依长治市，南部和东部与河南省接壤。市域总面积9424.92平方公里，分为城区、泽州、高平、阳城、沁水、陵川一区五县（市）。根据《晋城市第七次全国人口普查公报》，全市常住人口为2194545人，其中居住在城镇的人口为1376521人，占62.72%。

"三山环抱、两河纵贯"是晋城市的地形地貌特征。晋城市地处黄土高原东南边缘，属山西省东部山地，太行山耸立东部，中条山环绕西南，西北部为太岳山的延伸部分，中部以丘陵为主，盆地穿插，主要盆地有晋城盆地和高平盆地。境内河流分属黄河和海河两大流域，黄河流域包括入汾小河、沁河、丹河和入黄小河，占市域总面积的83%，海河流域包括卫河（图1）。

生态系统丰富，素有"山西野生动植物资源宝库"之称。晋城市东南部位于太行山南部水源涵养和土壤保持重要区，该区是黄土高原与华北平原的分水岭，是海河及其他诸多河流的发源地，其水源涵养功能对保障区域生态安全极其重要。西部位于太岳山水源涵养和土壤保持重要区，该区域植被覆盖度较好。

324

二、问题分析

1.晋城以山地森林生态系统为主，生态环境敏感且脆弱

晋城市自然保护地类型丰富，包括省级自然保护区、森林公园、湿地自然公园、地质公园、草地自然公园等五类。森林覆盖率达到39.98%，高于全省平均（22.79%）水平。然而晋城市位于太行山山脉，山高坡陡，水土流失脆弱性高，在长期不合理资源开发影响下，山地森林生态系统的严重退化，表现为生态系统结构简单、水源涵养能力低、水土流失重，干旱与缺水问题突出。

2.煤矿开采、地下水超采等对本地水资源破坏效应显著

晋城市近十年平均水资源总量为10.80亿立方米，较第一次水资源评价减少近1/3，人均水资源量更是减少了四成。人为破坏是水资源减少的重要原因，煤矿开采作为晋城市的支柱产业，对当地煤系含水层造成破坏，导致地下水位下降、河川径流下渗，水资源变为矿坑废水，含水层被疏干。以2020年人口估算全市人均水资源量约为423立方米，不及全国人均水平的1/5，水资源短缺成为晋城市经济社会发展的重要制约因素。局部地下水高强度开采形成超采区，以中心城区和高平市为代表，用水强度远高于水资源量，加之以本地地下水为主水源，地下水长期超采，形成了两处超采区（图2）。

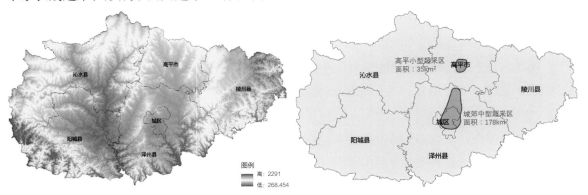

图1 晋城市地形图

图例
高：2291
低：268.454

图2 地下水超采区情况图

3.位于"京津冀"和"汾渭平原"两大重点治理区之间，区域大气污染治理问题突出

根据《打赢蓝天保卫战三年行动计划》，2018—2020年全国大气重点治理区为京津冀、汾渭平原和长三角。晋城市属"京津冀"及周边地区"2+26"个大气污染重点治理城市之一，2020年晋城市PM2.5年均值46微克/立方米，高于35微克/立方米标准要求。

近年来晋城大气环境无显著改善趋势。晋城大气污染治理任务艰巨，能源结构偏煤、产业结构偏重，造成污染物排放总量居高难下，年均风速低，大气扩散条件较差，污染物消解困难，空间规划在产业布局方面需重点考虑大气环境影响。

4.矿业开发带来的经济发展与随之引发的生态破坏问题矛盾突出

晋城市矿产资源开发历史悠久，矿山开采活动规模大。大规模采矿造成突出的矿山地质环境问题，主要表现为矿山地质灾害、含水层的影响和破坏、地形地貌景观的破坏、废渣、废水造成的环境污染等（图3，图4）。

图3　地面塌陷导致房屋开裂　　　　　图4　露天开采导致山体破坏图

三、技术要点

1.工作目标

双评价作为编制国土空间规划的基础性工作，通过分析区域资源环境禀赋特点，找出优势与短板，识别突出问题及潜在资源环境风险。在识别生态服务功能极重要和生态极敏感空间的基础上，明确农业生产、城镇建设的最大合理规模和适宜空间。服务于国土空间规划，应用于支撑"三区三线"划定、生态修复和国土整治方案确定、耕地与建设用地规划指标确定和分解等。

2.技术路线

依据"双评价技术指南"的工作要求，在分析现状问题、特征、风险的基础上，增加补充评价要素，形成技术路线如图5所示。

3.工作内容

（1）生态保护重要性评价

以山西省"双评价"成果为依据，结合晋城市生态系统特征，细化修正水源涵养、水土保持和水土流失的单因子评价，集成后经斑块集中度、自然保护地等修正分析，最终形成生态保护重要性等级结果。

（2）农业生产适宜性评价

结合晋城市农业生产特征，以光热条件和水土资源为基础，纳入气象灾害风险指标和灌溉基础设施对结果进行修正，经斑块集中度、生态红线、自然保护地等边界修正，最终形成农业生产适宜性评价结果。

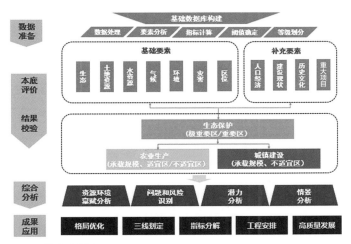

图5　技术路线图

依据水资源分配方案，结合本地灌溉水平和种植结构、农业发展趋势，预测规划农业用水效率，评估区域灌溉可承载耕地规模。根据现状以自然降水为主的旱地耕种规模，评估区域雨养耕地规模。在空间开发适宜性评价的基础上，按照短板原则，评判水资源约束和土地资源约束条件下，本地农业生产最大承载规模。

（3）城镇建设适宜性评价

结合晋城城镇建设特征，以水土资源为基础，根据水气环境容量进行调整，利用舒适度、灾害、区位、地块集中度、生态红线、基本农田及其他参数进行边界修正，得到最终适宜性评价结果。

依据水资源分配方案，结合本地生产和生活用水水平、经济发展趋势，评估区域水资源可承载城镇建设承载规模。在空间开发适宜性评价的基础上，按照短板原则，评定土地资源、水资源约束下的城镇建设承载规模。

（4）风险识别和潜力分析

将生态保护重要性、农业生产及城镇建设适宜性评价结果与用地用海现状进行对比，重点识别以下冲突。分析生态保护极重要区中永久基本农田、园地、人工商品林、建设用地以及用海活动，种植业生产不适宜区中耕地、永久基本农田，城镇建设不适宜区中城镇用地；地质灾害高危险区内农村居民点。

四、成果应用

（1）支撑主体功能定位优化

重点生态功能区是生态系统服务功能重要、生态脆弱区域为主的区域。规划将阳城县、沁水县、陵川县划定为省级重点生态功能区，以保护和修复生态环境、提供优质生态产品和生态

服务为首要任务，严格控制开发强度和城乡建设用地增量。结合生态保护重要性评价结果，规划构建"三山两河，一圈多脉"的市域生态空间结构。

高平市、泽州县的农业生产适宜区，仅次于城区，该地区杂粮、生猪、黄梨、食用菌等特色农业优势突出，农业生产单一功能特征明显。规划将高平市、泽州县划定为国家级农产品主产区，推进乡村全域土地综合整治和高标准农田建设，重点发展现代农业和特色农业。

城区的城镇建设适宜区面积，约为城区面积的84.92%。城区是晋城市的政治、经济、科技、文化中心，按照《省级国土空间规划编制指南》要求，确定为城市化发展区。

（2）支撑三区三线划定

在生态保护红线划定过程中，针对早期省级生态保护红线方案，晋城市向省级相关部门提出的调整建议中，充分考虑水源涵养、水土流失、防风固沙、土地沙化、生物多样性、生态系统服务等单项功能，优先将生态保护极重要区作为调入的潜在区域，为生态保护红线的优化调整提供技术支撑。

在永久基本农田核实整改过程中，位于生态保护极重要区和农业生产不适宜区内的永久基本农田，如经调研确属不适宜耕种或耕种将影响生态稳定，进行举证并申请调整为不稳定耕地。对永久基本农田外的农业适宜区进行分析研究，如现状为耕地的，应予以保护；现状为非耕地的，结合耕地质量分等定级，探讨其恢复为耕地的可行性，对永久基本农田进行补足，或划入永久基本农田储备区。

在城镇开发边界划定过程中，贯彻"以水定城、以水定地、以水定人、以水定产"原则，高度节水情景下城镇建设承载规模，作为全市规划城镇建设用地规模的上限。城镇开发边界优先在城镇建设适宜区范围内划定，避开生态保护极重要区和城镇建设不适宜区，无法避让的需进行专门论证并采取相应措施。

（3）支撑规划指标确定和分解

向上支撑规模容量校核，向下支撑指标统筹分解。将水资源约束下的耕地和城镇建设用地规模应用于规划校核、反馈省级传导的耕地保有量和建设用地规模。耕地保有量指标分解时，重点考虑各区县农业潜力发展空间，根据农业潜力大小适当增减耕地保有量指标。城镇建设用地指标分解时，城镇人口规模是核心因素，"双评价"中的城镇建设承载规模恰恰是影响城镇人口规模的重要因素。

五、特色创新

1.衔接省级评价，结合本地需求和实际情况，细化分析结果

晋城市本地水资源紧缺，生态系统水源涵养功能和水土保持功能对本地气候和生态环境具

有显著影响，加之环山地形显著，作为山地城市，地形陡峭进一步加剧水土流失现象。2019年11月通过积极与省级"双评价"衔接，获取省级生态部分评价结果，其中包括生物多样性、防风固沙、水源涵养、水土保持、土地沙化和水土流失等单要素评价结果。考虑晋城市生态区位特点、气候环境特色、地形环境特殊等因素，本次工作采用省级评价的生物多样性、防风固沙的评价结果，对水源涵养、水土保持和水土流失等要素进行细化和修正。

在生态保护极重要区以外的区域，开展农业适宜性评价，补充重大农业基础设施要素，重点考虑灌溉条件对农业生产条件的影响，提高灌溉基础设施良好区域的农业生产适宜性等级，进一步识别优势农业空间。

2.基于评价结果和土地开发利用现状，提出空间差异管控措施

分析生态红线范围外的生态保护极重要区中各项单因子极重要区分布情况，结合《山西省主体功能区划》建议沁水县北部和阳城县南部作为生物多样性功能区，高平市、陵川县中部和泽州县北部为水源涵养功能区，中部沁水河为水土流失敏感区，依据主要生态保护功能类别，分区制定空间管控措施（图6）。

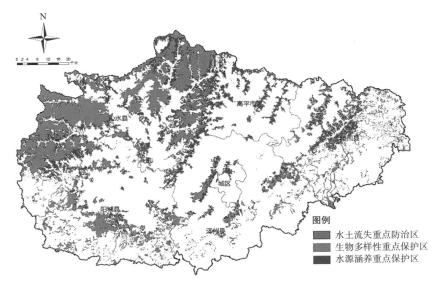

图6 生态极重要非红线区的主导生态功能分布图

识别采空区的城镇建设适宜性。以城区为例，分析采空区的现状用地组成，该地区城镇建设适宜区内的耕地、林地、种植园等土地占比较高，且靠近中心城区，属于优质城镇建设潜力备选区，建议结合城镇建设开发边界和采空区稳定性评价结果，评估土地开发风险，落实采空区治理工程。

三亚市国土空间总体规划双评价与生态修复规划

起止时间：2019.1至今
主管总工：孔彦鸿
主管主任工：洪昌富
项目负责人：蒋艳灵
主要参加人：田 川 李 宁 杨 芳 王真臻

■■ 一、项目概况

　　三亚市作为海南省南部中心城市，是中国南海战略要地、南疆门户城市。地处热带季风气候区域，阳光明媚，长夏无冬，素有"东方夏威夷"之称。独特的区位决定其具有得天独厚的自然地理优势和世界一流的陆海生态资源，不仅是我国为数不多的集热带雨林、热带岛屿、绵长海岸线于一体的典型滨海城市之一，也是我国热带生物多样性和遗传资源的天然宝库，生态地位十分重要。

　　为坚定落实习近平生态文明思想，中规院水务院同步开展《资源环境承载能力和国土空间开发适宜性评价》、生态格局分析及生态修复规划等系列规划研究工作，以支撑国土空间规划的编制。

■■ 二、需求分析

1.海南建设全国生态文明示范区实践基础

　　《海南自由贸易港建设总体方案》发布迄今，海南锚定"全面深化改革开放实验区、国家生态文明试验区、国际旅游消费中心和国家重大战略服务保障区"的"三区一中心"战略定位。特别是三亚市作为海南省南部中心城市，具有世界一流的陆海生态资源和得天独厚的自然地理优势，开展该项规划研究是推进生命共同体系统保护、提升、修复治理，促进区域生态系统更加稳定、建设海南省生态文明试验区的前提与保障。

2.城市高质量发展生态空间优化的保障

　　开展三亚市双评价以及生态修复系列研究，是三亚市落实国土空间规划编制的重要内容，是落实绿色优先和实现高质量发展的具体体现。坚持生态优先战略不动摇，优化国土空间开发格局，提升生态系统的质量和稳定性是建设"以国际海洋生态加国家绿色生态为特色、最佳人居环境为标准、先进生态产业为支撑、最优资源配置为基础的生态示范区"的前提条件。

3.城市开发建设不断扩大中的生态保护重点

随着三亚市旅游人口的迅速增加和城市开发建设规模的扩大，生态环境保护压力日益加大，基于双评价生态重要性评价结果，三亚的自然山水生态环境主要存在以下几类问题：北部生态空间存在森林、湿地等生态要素破碎化程度高，野生动、植物繁殖栖息生境受到威胁，局部人为活动造成水土流失严重，水源涵养、生物多样性维护功能有待保护提升等问题；中部农业为主的空间斑块破碎、综合生产能力有待提高，农村配套基础设施不足、人居环境有待提升，面源污染突出、小流域环境受到威胁等问题；以城市空间为主的中南部地区，存在内河水环境质量较差，水系完整性、连通性有待提升，中心城区三边（城边、河边、山地）空间利用有待优化，小流域水环境亟待整治，矿山等裸露山体亟待修复等问题；滨海生态空间，存在自然岸线被破坏，驳岸遭受侵蚀，滨海湿地退化，滨海地区水环境、海洋水环境退化、珊瑚礁破坏等问题；重要河流廊道空间，存在流域空间环境质量存在恶化现象，局部河流廊道水土流失严重、河道淤堵、岸坡质量差等问题。

三、技术要点

1.规划目标

对三亚市生态保护重要性进行科学评估，明确生态服务功能重要区及生态脆弱区分布，摸清生态本底、自然资源禀赋及存在的主要问题。

从全域生态结构出发，识别极重要生态空间、潜在生态廊道，加强生态要素之间的连通性，明确联系和布局，统筹考虑、协调保护。

以双评价及生态安全格局分析为基础，针对生态系统存在的主要问题，提出陆海统筹的生态修复治理思路，提升三亚市生态服务功能，改善脆弱生态系统。

2.技术思路

本项目是以双评价科学评估为基础，从生态保护的角度，将生态服务功能极重要区域作为重要生态源地，构建生态安全格局；从生态优化提升的角度，将重点提升生态廊道生态环境质量，使其有效承担生态资源连通功能；从生态整治修复的角度，将生态极脆弱区及生态系统风险点作为切入点，综合采用自然恢复、辅助修复、生态重塑及综合整治等手段，提升山水林田湖草海要素质量，实现源地功能提升、廊道格局优化及节点保护修复，从而稳固三亚市整体安全格局（图1）。

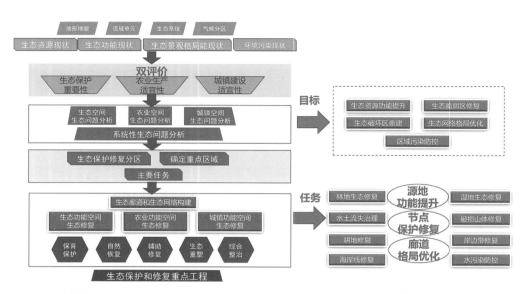

图1 技术路线图

3.主要内容

1）评估生态资源禀赋现状，压实双评价指导的生态保护底线

为科学厘清三亚市生态现状底数，在现状评估层面，开展生态保护重要性评价，评价结果被认为科学地反映三亚资源禀赋现状。

从重点陆地生态资源保护角度，基于气象、生态系统类型、植被覆盖、关键物种分布、环境因子分布、土壤、地形、主要河流及海岸带变化，识别三亚市北部水源涵养及水土保持极重要区域、生物多样性完整生境斑块及海岸带保护等生态服务功能，明确保护重点区域的基本要求。

从海洋生态资源保护角度，识别重要的海洋生态系统，包括典型海洋生态系统（珊瑚礁、红树林、滨海湿地），典型海岸、海岛及自然景观（典型海岸、海岛、自然景观及历史文化遗迹、沙源保护海域），重要渔业水域，提出加强管控建议。

从精准施策实施生态修复角度，基于气象、地形、土壤、植被覆盖等特征，识别水土流失、土地沙化及海岸侵蚀脆弱性特征，并对陡坡发展经济林、三亚湾及红塘湾砂质海岸等生态风险点进行精准研判。

从保障整体生态安全角度，建议将生态保护极重要区划入生态保护红线，压实生态保护底线，通过分析综合识别三亚市资源环境禀赋条件，研判国土空间开发利用的问题和风险，为划定生态保护红线、构建生态格局及指导生态修复，科学编制国土空间规划，实施国土空间用途管制提供技术支撑，为形成以生态优先、绿色发展为导向的高质量发展提供基础。

2）构建山海相连生态格局，突出生态文明视角下的系统性保护

为维系三亚生态系统健康，确保生态系统完整性和连通性，维持三亚特色生物多样性，

332

建立世界品牌的热带动植物资源基因库，基于生态资源和重要性评估，开展三亚生态安全格局构建。

（1）识别生态源地

通过摸查三亚关键物种的分布，基于关键物种栖息地识别、生态系统服务重要性和生态敏感性分析，识别八大城市基础性生态源地，锚固城市生态安全基础。

（2）识别节点打通廊道

以城市生态源地为基础，打通17处生态廊道断点、识别12处需要重点保护的关键性生态节点，形成5条通山达海的生态大廊道，保育热带陆海生态环境。

（3）确立生态本底结构

系统锚固"一心、一带、三河、五廊"的生态本底结构，打造全球顶尖的热带陆海生态公园，确立热带陆海生态环境的格局。

3）实施陆海统筹生态修复，开展问题为导向的精准治理

依据三亚市生态特征与核心问题，明确山水林田湖草海修复潜力，从生态格局、生态服务功能、生态敏感脆弱、生态损害破坏等角度，划分各要素保护和修复重点区，形成保护和修复总体格局，统筹考虑自然地理单元的完整性、生态系统的关联性、自然生态要素的综合性，对各类自然生态要素进行整体保护、系统修复、综合治理。

（1）明确生态修复原则

规划以"陆海统筹、系统修复，保护优先、自然恢复，问题导向、科学修复，因地制宜、有序推进"为原则。整体上，立足新发展阶段，完整、准确、全面贯彻新发展理念，构建新发展格局，扎实推进生物多样性保护重大项目。

（2）确定生态修复分区

依据不同自然本底、生态问题及修复模式，全市共确定5个修复分区。分别为北部山区丘陵生态功能提升区、生态农业修复发展区、城区生态修复与品质提升区、海岸带及海洋生态修复区、河流廊道生态治理区。

（3）修复治理策略

依据不同修复分区的生态问题，提出精准的修复策略。对人为活动干扰较小的自然生态空间采取保护保育和自然修复方式，以消除和避免人为胁迫为重点；对受人类活动较大的自然生态空间、农业生态空间和城镇生态空间，以自然地理单元或流域为基础，分别采用辅助再生和生态重建等模式实施生态修复及治理。

（4）部署重点生态修复工程

统筹部署8大类、44项重点生态修复工程的主攻方向，明晰修复时序，助力三亚市打造一流生态环境，促进人与自然和谐共生。

■ 四、特色创新

1.建立基于本地关键物种的生物多样性维护评价方法

为提升三亚市生物多样性保护工作的有效性，需要探索有效的方法，提高精细化管理水平，本项目开展基于关键物种的生物多样性维护功能评价。结合三亚市生物多样性专项调查成果，获取"关键物种"生境分布特征，如物种名称，种属、保护级别、习性及生境特征。通过调研获取关键物种分布点位环境变量，及市域气候气象、地形地貌、土地利用、植被覆盖、水系距离及人类干扰因子的获取，代入物种分布模型，得到物种潜在栖息地，作为关键物种生物多样性保护的热点区域，有效指导生物多样性保护工作。识别关键物种与重点保护物种的典型生境、物种与环境变量的关系，可有效辨识影响关键物种分布的关键因素及潜在的威胁因素，为关键生境修复工作提供科学指导。

2.打通国土空间生态规划从"宏观"评价到"微观"修复的实践路径

本项目通过将双评价生态评价、生态格局构建、生态修复规划等工作进行统筹谋划，充分发挥双评价的基础作用，通过系统评价和梳理从生态问题到治理工程并贯穿全域空间，不论是从宏观层面提出的"明确自然保护地生态重要和生态敏感地区""构建生态屏障、廊道和网络，维护生态安全和生物多样性"，还是从微观层面提出的"针对生态功能退化、生物多样性减少、水土污染，洪涝灾害、地质灾害等问题区域，明确生态修复目标、重点区域和重大工程"，均按照山水林田湖草海为一个生命共同体的理念，将生态空间相关工作进行整体规划和统筹修复治理，通过前后呼应、相互衔接，空间落位，共同支撑国土空间总体规划，更有利于系统解决复杂的生态环境问题。

天津市大黄堡湿地保护修复发展规划

起止时间：2016.1—2017.12
主管所长：张　全
主管主任工：孔彦鸿
项目负责人：桂　萍　田　川
主要参加人：张永波　杨　芳　王真臻　郝　天
合作单位：北京玉山锦绣规划设计咨询有限公司

▨ 一、项目概况

大黄堡湿地位于天津滨海平原东缘，武清区东部，是天津现存最大的洼淀湿地、京津生态走廊的重要节点，同时也是东亚—澳大利亚候鸟迁徙的重要通道。其复合成片的芦苇沼泽湿地是天津市乃至华北地区非常稀缺的自然资源，为多种珍稀鸟类提供栖息地，具有很高的保护价值及生态价值，2005年9月，经天津市人民政府批准晋升为市级自然保护区。

大黄堡湿地的所在地武清区作为全国首批生态文明先行示范区及全国第一批水生态文明建设试点，提出要加强水生态修复和环境治理等要求，大黄堡湿地是其修复保护重点突破方向。京津冀协同发展的大背景也赋予了大黄堡更高的定位，在《京津冀协同发展规划纲要》及《京津冀城镇体系规划》中，明确大黄堡湿地为环首都国家公园体系的构成部分，要求大黄堡提升生态功能，在区域生态系统中发挥重要的节点作用。大黄堡湿地也是天津市南北生态战略的重要支点，对维护天津市生态安全格局至关重要。《天津市永久性保护生态区域管理规定》将大黄堡湿地纳入天津市永久性保护生态区域，要求原居民逐步迁出，积极推进永久性保护生态区域内生态保护与生态修复、恢复项目的实施。

2016年，中规院承担大黄堡湿地修复保护发展规划工作，以尊重自然、享受自然、人与自然和谐共生为理念，提出打造"京津生态地标，绿色发展引擎"的发展目标及"提升区域生态环境质量"、"协调保护与发展"等整体目标。以解决大黄堡湿地生态问题为问题导向，落实国家生态文明建设和京津冀协同发展的要求，实现生态修复和可持续发展的目标，以"生态+"的模式，为保护区嵌入新功能，实现生态的可持续发展，创造绿色竞争力。

■ 二、需求分析

大黄堡湿地地处华北平原，其人口密度较大，生产生活区域与湿地之间缓冲余地较小，环境容量也较低，很容易因外界因素的干扰而造成对湿地生态系统的破坏。由于历史变迁及经济活动等因素，大黄堡湿地存在的主要问题为：①湿地系统由原生湿地退化为次生湿地，生态服务功能大大下降；②湿地与村镇空间重叠，面临湿地保护与村镇发展双重压力；③区域水质较差，影响生态系统稳定性。

■ 三、技术要点

1.规划目标

以全面提升湿地自然景观资源品质、提高区域生态环境质量、处理好保护与发展的关系、完善各项服务配套设施、合理规划各类交通组织为整体目标，通过"生态+"的模式，为保护区嵌入新功能，实现"京津生态地标，绿色发展引擎"的发展目标。

336

2.技术思路

通过分析大黄堡湿地本底特征及土地适宜性评价，以提升湿地及区域生态品质、实现区域绿色发展为主要目标，以解决湿地退化、区域生态环境下降、湿地保护与乡镇发展矛盾为出发点，以增强湿地品质为核心，从空间管控、空间布局、空间优化方面提出总体布局，就水质保障和提升、植被修复与鸟类保护、村镇发展指引、绿色发展体系规划、配套设施规划等方面提出建设方案，制定近期建设计划，支撑和保障方案的落地实施（图1）。

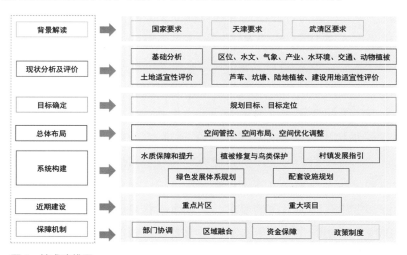

图1　技术路线图

3.主要内容

（1）土地适宜性分析评价

通过开展芦苇湿地修复适宜性评价、坑塘湿地修复适宜性评价、陆地植被修复适宜性评价、建设用地适宜性评价，对大黄堡湿地自然生态本底及建设用地进行分析，从不同的角度识别湿地修复保护的区域，识别湿地与村镇建设的关系，为空间布局规划提供支撑（图2，图3）。

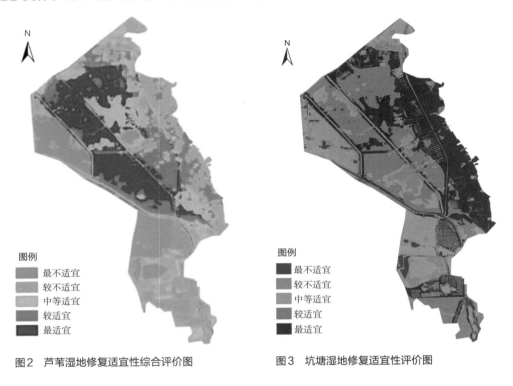

图例
- 最不适宜
- 较不适宜
- 中等适宜
- 较适宜
- 最适宜

图例
- 最不适宜
- 较不适宜
- 中等适宜
- 较适宜
- 最适宜

图2　芦苇湿地修复适宜性综合评价图　　　　图3　坑塘湿地修复适宜性评价图

（2）空间管控

基于规划区自然生态现状、规划区发展理念，结合自然保护区及蓄滞洪区要求，将规划区划分为修复保护的核心区、修复和保护的扩展区、农业生态区和生态发展区（图4）。

（3）空间布局及优化策略

以湿地修复保护为核心，借助湿地生态资源，提高周边地区的环境吸引力和发展水平，进而反哺湿地生态，总体形成"一心、二环、三区"的空间结构。其中，"一心"即湿地核心，是湿地修复保护的重点区，包括湿地保护区的核心区范围以及缓冲区范围。"两环"即核心保护环和绿色发展带动环。"三区"即东部田园乡村控制区、西部特色小镇发展区以及南部综合服务发展区（图5）。

以空间布局为基础，通过加强"三片"湿地修复核心区域，构建沿湿地生态保护绿带及湿地外围道路系统，合理开发湿地外围东、西、南部城镇建设，形成"一心提质，重塑生态地

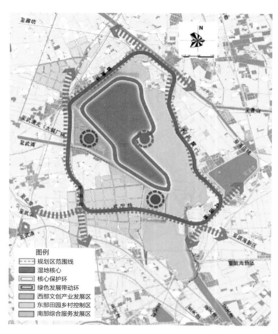

图4　大黄堡湿地空间结构规划图　　　　　图5　大黄堡湿地自然保护区功能区划图

标""两环隔离，加强湿地保护""三区协同，构建绿色发展引擎"的空间优化策略，为湿地修复保护与村镇发展提供空间上的策略支撑。

（4）湿地修复保护生态要素与村镇发展提升规划研究

湿地修复保护生态要素与村镇发展提升规划研究包括水质保障和提升规划、植被修复和鸟类保护、村镇发展指引、绿色发展体系规划、配套设施规划、近期建设规划。

水质保障和提升规划方面，基于湿地生态需水量计算，通过拓展水源，积极利用北运河、青龙湾减河及港北地区雨洪资源、北京再生水资源等满足大黄堡生态需水量；通过芦苇及鸟类湿地适宜水位分析模拟，构建湿地复合系统理想布局模拟图，为生境营造提供支撑；对水质污染原因进行分析，通过内源削减、外源截留等措施进行水质净化；通过联通水系及泵站，将经过湿地净化的水质循环到外围片区回用，构建活水系统。

植被修复和鸟类保护方面，通过加强湿地核心区的生态连接、湿地芦苇区进行原生修复、优化人工种植配置方案对规划区进行植被修复与配置，构建湿地多维生态系统；通过鸟类活动研究，分析鸟类生境需求及活动范围，以"生态优先、最小干预、关注鸟类需求，注重场地特征"为原则进行鸟类生境营造，并从空间措施、环境措施、微观措施上进行鸟类保护措施的制定。

村镇发展指引方面，以保护和发展相协调为原则，将规划区域内的村庄分为搬迁整合型村庄、保留控制型村庄和整合发展型村庄三大类型，并制定村庄搬迁整治方案及村庄建设指引。

绿色发展体系规划方面，依托区域优势及湿地资源，制定文化创意产业、养生休闲产业、生态农业产业等绿色产业发展策略。

配套设施规划方面，通过进一步完善道路空间结构，合理疏导车流、人流，减少对湿地保护的干扰；合理规划供水、排水、燃气、供热、环卫、公共服务设施，建设与发展相协调适应的绿色基础设施体系。

近期建设规划方面，以科学为指导，以实施为导向，提出湿地核心资源修复及提升计划、湿地核心区及配套区村庄搬迁整治计划、东部美丽乡村建设计划、湿地交通体系完善计划、金泉湖及周边整体提升计划。

（5）保障机制

针对大黄堡湿地自然保护区的管理状况及问题，提升大黄堡湿地管理部门的协调能力，克服政府部门条块分割的弊端，提出跨部门协调机制。按照区域融合，共同发展的原则，提出区域协调机制、湿地绩效评估及定价机制，为生态反哺提供支撑。积极争取国家政策及资金支持，鼓励政府和社会资本合作模式，开拓多渠道资金来源。

▨ 四、实施效果

项目实施以来，武清区政府高标准谋划实施大黄堡湿地保护修复工作。一是完成翠金湖、燕王湖项目整改拆除和生态修复、污染企业整治等工作，铁腕推进保护区环境治理。二是完成核心区、缓冲区的土地流转及地上设施清除工作，有力推动土地退渔还湿和核心区封闭管理。三是完成还迁区规划设计、还迁土地征收、土地出让、配套基础设施推动等工作，稳步实施保护区生态移民。四是完成河道清淤、核心区芦苇沼泽修复、生态系统监测工程、生态补水等工作，全面提升保护区生态功能。通过一系列措施的有力落实，大黄堡湿地生物多样性得到有效保护，湿地生态功能逐步加强，生物种群数量逐年提升，生态惠民富民效益也不断显现。据2020年大黄堡湿地科考显示，与2005年科考相比，大黄堡湿地新增鸟类15种，新增植物46种，鱼类、爬行、浮游、底栖等动物物种也明显增加，特别是珍稀水鸟，无论是种群数量，还是停留时间，均有突破性增加。国家一、二级重点保护鸟类如东方白鹳、白鹤、白枕鹤、大白鹭、大天鹅等明显增多，大黄堡湿地已成为名副其实的鸟类天堂（图6，图7）。

▨ 五、特色创新

1.尊重历史肌理，分区域实现湿地空间修复

将土地适宜性评价的思想引入芦苇湿地修复，深入分析湿地本底特征，并基于GIS芦苇及

坑塘湿地的适宜性评价结果，结合大黄堡整体功能定位和功能分区，将湿地修复区划分苇田区、苇塘区和演替区三个重点区域。根据重点区域不同功能，通过湿地肌理重塑、鱼塘整合及修复、营造鱼塘—水塘—复合湿地—芦苇湿地—林地的丰富生境等措施，修复三片功能湿地，恢复大黄堡独特生态本底（图8，图9）。

图6　大黄堡湿地修复前景象

图7　大黄堡湿地修复后景象

图8　修复前肌理

图9　修复后肌理

2. 科学调控水位，最大限度修复芦苇湿地生态功能

深入研究分析湿地中芦苇及鸟类的适宜水位，以构建连续开阔水面和芦苇群落为主的湿地生境作为湿地修复的目标之一。基于此目标，根据芦苇生长的特性，依托地形分析，将大黄堡湿地区域分为富水区、浅水区、保水区，并重现不同情境下水位情况，寻找适合湿地生境的水位条件及相应空间布局。通过水位调控，适度引水的措施对湿地水位进行持续调节，形成以芦苇等水生植物适宜生长的保育区和鸟类繁殖的环境，构建严格保护的生态核（图10）。

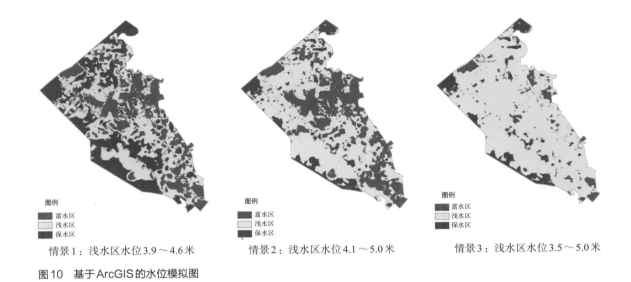

图例
■ 富水区
□ 浅水区
■ 保水区

情景1：浅水区水位3.9～4.6米

图例
■ 富水区
□ 浅水区
■ 保水区

情景2：浅水区水位4.1～5.0米

图例
■ 富水区
□ 浅水区
■ 保水区

情景3：浅水区水位3.5～5.0米

图10 基于ArcGIS的水位模拟图

3.加强区域统筹，发挥生态修复的综合社会效应

以湿地为本，依托区位优势，借助外部发展条件，反哺区域发展。以"生态＋"为核心，制定绿色发展体系，主要包括文化创意产业、养老休闲产业、生态农业和生态旅游业。其中，文化创意产业主要以保留村庄为载体，通过优化整合，发展文化创意小镇。养生休闲产业主要依托周边的湿地资源、上马台水库以及田园风光等环境优势，建设设施齐全、服务良好的养老住宅，配套养生休闲设施。生态农业主要以现代农业为核心，带动一二三产联动发展。生态旅游业以借助七里海的人气，塑造出自己的特色以吸引客流，挖掘出乡村民宿体验、休闲养生等项目。此外，加强交通、市政及公共服务基础设施建设，建设与发展相适应的绿色基础设施体系。

中德生态园先行启动区资源保护与生态建设规划

2016—2017年度中规院优秀城乡规划设计三等奖
起止时间：2015.4—2016.9
主管所长：张　全
主管主任工：郝天文
项目负责人：吕红亮　荣冰凌
主要参加人：张中秀　马晓虹　谭　磊　边　际　龚道孝　任希岩　牛　晗
合作单位：青岛市城市规划设计研究院

■ 一、项目概况

342

　　中德生态园先行启动区位于青岛西海岸经济新区东北部。青岛西海岸经济新区属鲁东丘陵区，境内中部山岭起伏，东临黄海，海陆兼备，拥有森林、草地、湿地、湖泊、海洋等多种生态系统类型，自然资源丰富多样，受保护国土面积较大，在全国及山东省生态功能区划中占有重要地位。

　　规划区在青岛西海岸经济新区所属的整个生态格局中处于边缘地带，属低山地丘陵向滨海平原过渡地貌区，西南分布有小珠山、大珠山、藏马山、铁橛山等山系形成的指状辐射自然生态区，区内南部分布有抓马山、老君塔山，具有良好的山体景观资源。区内地形起伏度较小，林木资源丰富，但植被郁闭度较差，受保护的生态资源较少，动植物资源以常见物种为主，整体生态敏感性偏低。

■ 二、需求分析

　　中德生态园发展目标与生态保护要求极高，而规划建设管理存在诸多问题。首先，中德生态园作为中德两国政府共同打造的具有可持续发展示范意义的生态园区，目标是建设成为生态型、智慧型、开放型，宜业宜居、产城融合的低碳生态城镇，承担着绿色生态示范城区、国家级生态保护与建设示范区先行启动区、国家新能源示范产业园区、国家智慧城市试点、国家绿色制造国际创新园等十多项国家级示范任务，但作为新兴的产业园区，开发建设需求量较大，建设过程中出现地貌肌理保护不足、河道硬质化改造、通风廊道预留不足等生态环境问题。其次，中德生态园所属区域行政区划调整频繁，已编与在编的多项规划，在规划层次、规划深度与要求等方面缺乏协调，存在较大差别。

三、技术要点

针对中德生态园园区发展目标高、生态建设要求高和开发建设需求大的实际问题，规划针对性地进行统筹和引导。

1.技术路线

采用目标和问题双导向的技术思路，通过总体统筹、空间属性、面向实操的策略，实现自然生态保护优化、宜居环境建设提升、资源利用绿色化。基于宏观背景、发展趋势和自身需求，确定规划目标；基于资源禀赋、利用条件和生态环境现状，识别现状问题；对比现状问题与目标的差距，结合当前园区建设情况，借鉴国内外优秀案例，形成具有针对性的策略路径。研究确定区域生态安全格局，形成管控体系、指标体系、生态建设和资源保护措施以及绿色基础设施提升措施，并针对园区特征，将各项控制要求、实施工程按单元进行分解（图1）。

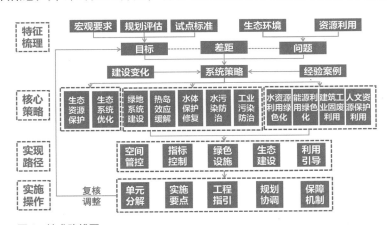

图1　技术路线图

2.核心策略

（1）自然生态保护优化

保护本底重要生态资源。首先是保护本底重要的生态资源，基于山、水、林、田、湖、草要素特征，通过政策保护区和生态敏感性分析识别重要保护性空间，提出相应的空间管控措施、落实到控制单元上的管控指标以及生态建设工程（图2～图4）。

图例
乔木林　道路红线
乔灌混合林　水域
灌木林　规划范围
果园

图号
05

图2　林木资源分析图

图例
桃树　花生　白杨　杨树
樱桃　玉米　黑松　樱花
油桃　桃树　槐树　龙柏
苹果　小麦　泡桐　雪松
蓝莓　小芋头　山栗子　紫叶李
山栗子　土豆　草地
杨树　荒地　女贞

图3　植物分布总图

					规划区植物名录						
门	纲	目	科	属	拉丁名	种类	分布	比例	人工或野生	保护等级	植物稳定性
		蔷薇目	蔷薇科	桃属	Amygdalus persica L.	落叶乔木	村庄周边果园	35%	人工	无	一般
			蔷薇科	桃属	Prunus persica var. nectarina	落叶乔木	村庄周边果园	35%	人工	无	一般
			蔷薇科	樱桃属	Cerasus pseudocerasus	落叶乔木	村庄地块旁，乡村旁边	5%	人工	无	一般
			蔷薇科	苹果属	Malus domestica	落叶乔木	西北区域部分农地	2%	人工	无	一般
			蔷薇科	李属	Prunus Cerasifera Ehrhar f. atropurpurea	落叶乔木	少部分园圃，部分行道树	5%	人工	无	一般
	双子叶植物纲		蔷薇科	樱属	Cerasus asp.	落叶乔木	东南方向村庄周边的田垄	45%	人工	无	一般
			豆科	槐属	Sophora japonica Linn.	落叶乔木	自然乔木林地	10%	人工	无	一般
			豆科	落花生属	Arachis hypogaea Linn.	草本植物	旱地普通村庄花卉		人工	无	一般
被子植物门		杜鹃花目	杜鹃花科	越橘属	Blueberry	灌木	旱地普通村庄花卉		人工	无	一般
		山毛榉目	壳斗科	栗属	Castanea mollissima Blume	落叶乔木	自然乔木林地，农地	5%	人工	无	一般
		柿目	柿科	柿属	Diospyros kaki Thunb.	落叶乔木	乡村周边地畔	7%	人工	无	一般
		杨柳目	杨柳科	杨属	Populus L.	落叶乔木	坑地西北平原	65%	人工	无	一般
		紫花目	木犀科	女贞属	Ligustrum lucidum	常绿灌木	少部分园圃集中	5%	人工	无	一般
		管状花目	茄科	马铃薯属	Solanum tuberosum	草本植物	旱地普通村庄花卉		人工	无	一般
		玄参目	玄参科	泡桐属	Paulownia fortunei	落叶乔木	自然乔木林地	10%	人工	无	一般
		禾本目	禾本科	玉蜀黍属	Zea mays	草本植物	旱地普通村庄花卉		人工	无	一般
			禾本科	小麦属	Triticum aestivum Linn.	草本植物	旱地普通村庄花卉		人工	无	一般
		泽泻目	天南星科	芋属	Colocasia esculenta (L.) Schoot	草本植物	旱地普通村庄花卉		人工	无	一般
裸子植物门	松柏纲	松柏目	松科	松属	Pinus thunbergii Parl.	常绿乔木	山林，部分乔木林地	10%	人工	无	一般
			松科	雪松属	Cedrus deodara (Roxb.) G. Don	常绿乔木	少部分村庄周围景观	5%	人工	无	一般
	松柏纲	裸子纲	柏科	圆柏属	Sabina chinensis (L.) Ant. cv. Kaizuca	常绿乔木	北部村庄周边绿篱	10%	人工	无	一般

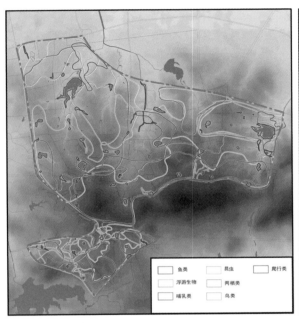

图4 动物分布总图

优化完善自然生态系统。基于景观生态学的基质—斑块—廊道理论，优化完善自然生态系统。通过生态本底调查，识别规划区内需保护的生物物种和重要栖息地，通过累积阻力面分析构建生物迁徙廊道，最终构建点、线、面相结合的网络化生境保护格局（图5）。

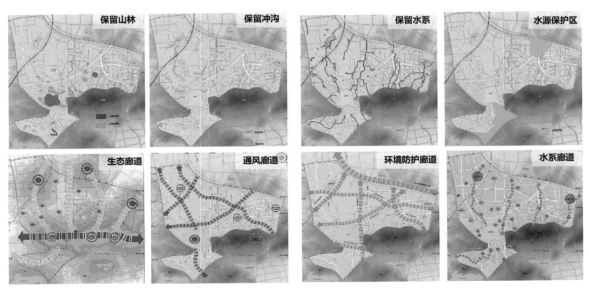

图5 分析识别保护性空间与构建型空间

（2）宜居环境建设提升

优化城市绿地系统。通过单元化的管控指标进行数量控制。空间优化按公园绿地和防护绿地的特点进行分类分析。公园绿地主要根据可达性和服务面积评价，协助控规优化公园绿地布局；防护绿地则结合交通和工业污染进行优化布局。

优化城市水系。包括构建水系廊道、水系生态治理和改造、制定补水措施、提出工程和生态水质改善措施。通过对水系的系统梳理，结合行洪需求、水系连通需求、调蓄空间需求，构建水系廊道、划定水系蓝线，为海绵城市建设奠定大海绵系统的基础。

缓解热岛效应。包括合理增加绿化面积、组织冷源构建微风通道、优化街道布局、优化城市下垫面结构、减少人为热释放行为等。通过分析局地小气候环境、分析组织冷源、绘制风环境地图、保留开敞空间等措施构建通风廊道，提出空间管控措施，缓解热岛效应（图6）。

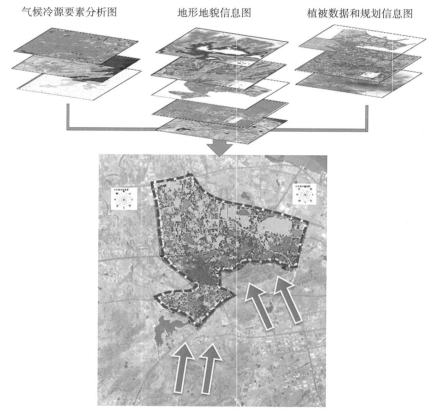

气候冷源要素分析图　地形地貌信息图　植被数据和规划信息图

图6　规划区冷空气聚集及流动分析图

（3）资源利用绿色化

加强非传统水资源利用。水资源方面，将规划非传统水资源利用目标进行分解，提出不同利用比例方案进行比选。优化污水与再生水利用系统，统筹考虑山地丘陵地形特征和再生水回用需求，采取集中与分散结合的再生水利用系统，同时结合现有水库塘强化雨水利用系统。

加强可再生能源利用。能源方面，将规划可再生能源利用目标进行分解，提出不同利用比例方案进行比选。优化能源消费结构，充分利用外围风电设施和生物质能设施，强化太阳能和地热能利用设施。

3.实施路径

（1）空间管控：系统统筹，落地落位

空间管控体系的建立遵循系统梳理、分区组织、红线强化、蓝绿统筹的思路，结合政策保护区和生态敏感性分析识别重要保护性空间；通过最小累计阻力分析构建生态廊道，针对交通噪声和工业区污染防护构建环境防护廊道；综合分析局地小气候、冷源、地形、用地，构建通风廊道；梳理水系结构功能，综合河道宽度、河岸带和冲沟带构建水系廊道；从而形成保护性空间和构建型空间叠合的生态空间。最终结合控规用地规划，构建"一核两带三心多廊"的生态安全格局，划定两级五类生态控制线（生态保护控制线、水系控制线、冲沟控制线、防护绿带控制线、通风廊道控制线），落实到地块中，并提出相应管控体系（图7）。

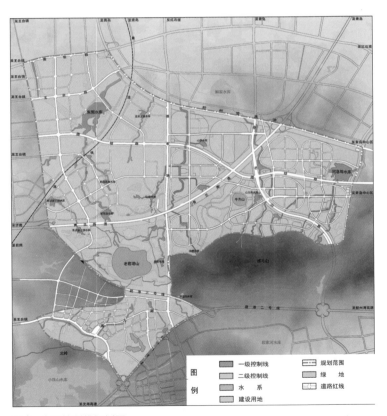

图7　生态控制线规划图

理水营城

中国城市规划设计研究院
城镇水务与工程研究分院10周年作品集

（2）指标控制：指标分类，单元分解

指标控制体系按照指标分类、单元分解的思路，在11个一级指标、37个二级指标基础上，提炼出代表规划核心目标和意义的10个核心指标，形成10+37的"核心＋簇团"指标考核方法，明确规划重点；对全部指标按可达性（实现难度）和落实主体进行分类，明确建设重点和实施主体；并对差异化控制和评估指标进行单元分解，与控规的控制要求进行协调，利用控规的法定性提高规划的可实施性（图8）。

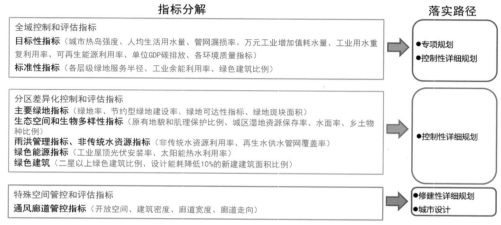

图8　指标分层控制引导

（3）工程建设指引：绿色基础设施和灰色基础设施绿色化

生态保护和资源绿色化利用建设指引提出七大重点生态工程，优化水资源利用系统和供排水设施，加强非传统水资源利用；优化能源利用系统，加强重点可再生能源设施利用。在非传统水源、新能源等领域，从利用标准、布局方式和工艺引导角度对标德国等国际化标准和要求（图9）。

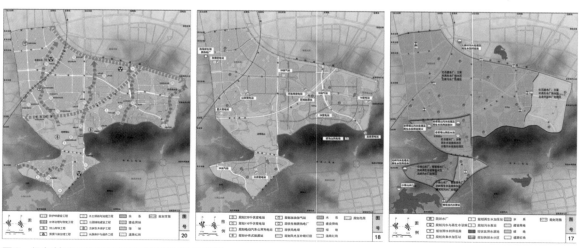

图9　绿色基础设施和灰色基础设施绿色化指引

四、特色创新

中德生态园资源保护和生态建设规划基本囊括了生态环境保护相关规划类型的主要内容，并且是一个综合规划，将统筹水资源、林木资源、土地资源、湿地资源、海洋等资源开发、利用活动，研究城镇发展、工业园区建设及生态环境保护与改善问题，提出基于资源开发利用和生态环境保护的城镇发展、产业发展空间规划，对开发区具体建设进行控制和引导，是一个在科学发展观和生态文明建设宗旨指引下，为实现生态环境与城镇建设和谐发展、可持续发展目标的战略规划和行动计划。

1.生态环境分析方法与城市规划相结合，促进规划的统筹与衔接

针对传统生态环境规划类型专业性强而空间性不足、城市规划生态专题分析或影响评价统筹性和可实施性不足的问题，本次规划在基础分析中，引入生态本底与自然资源普查，增强基础工作的专业性和综合性；在核心策略的确定过程中，统筹生态环境各专业的研究内容和重点，增强分析的专业系统性；在具体分析方法中，采用生态敏感性分析、最小累积阻力分析、风环境地图分析、水系廊道分析等生态环境分析方法，增强分析的科学性（图10）。最终将上述分析落脚到城市空间布局和管理，形成与之相契合的实现路径。

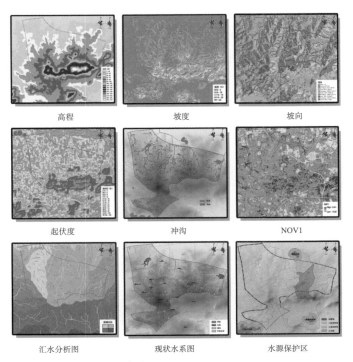

高程	坡度	坡向
起伏度	冲沟	NOV1
汇水分析图	现状水系图	水源保护区

图10　生态本底分析图（1）

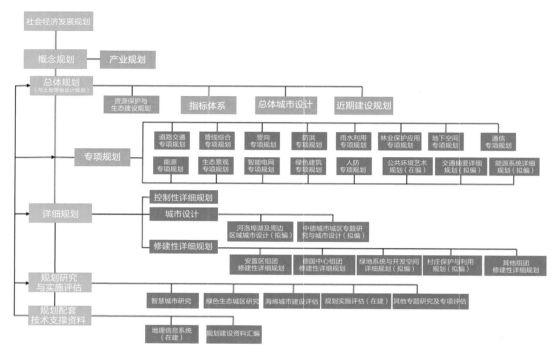

图10 生态本底分析图（2）

2.生态环境规划与控规相结合，实现规划的落地性和可操作性

将生态指标、生态控制线等控制要求与城市规划空间管控体系相衔接，进行分区管控；实现生态规划管控内容及建设要求的有效实施。本规划与园区控规同步编制，为保证规划目标的顺利实现，衔接控规单元与地块划分，将空间管控内容与指标体系分解到同步编制的控规单元层面，纳入控规管理图则，落地落位（图11）。

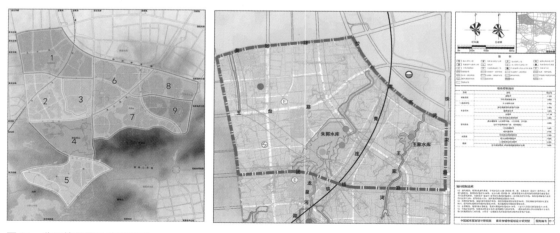

图11 分区编号图及分区图则

3.生态环境规划与城市建设管理相结合，实现城市全生命周期全流程管控

本次规划将空间管控、指标控制、绿色设施、生态建设、资源利用引导等成果均进行空间落实和引导，使其具有空间性和操作性；并将空间管控的控制线体系和控制指标集成为单元管控体系，纳入用地出让条件和园区项目绩效考核，并入城市管理智慧平台，与园区管委会的日常工作管理流程充分结合，确保规划在实施层面的可操作性；进而通过引导出台一系列管理办法和技术导则，保障各项规划内容和技术要求执行的可持续性（图12）。

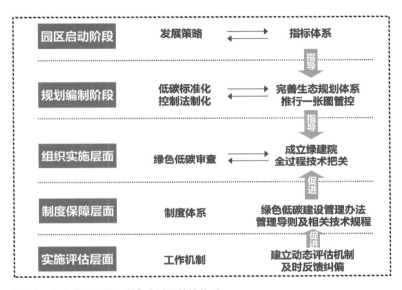

图12 建立"规一建一管"全过程管控体系

潍坊滨海经济技术开发区生态城建设指标体系

起止时间：2010.8—2011.4
主管所长：孔彦鸿
主管总工：桂　萍
项目负责人：龚道孝　程小文
主要参加人：陈　岩　徐一剑　范　锦　吕红亮　柳克柔

■■ 一、项目概况

潍坊滨海经济技术开发区，位于潍坊市北部、渤海莱州湾南畔，为山东半岛蓝色经济区和国家环渤海经济圈的重要组成部分，黄河三角洲优先发展重点区域和胶东半岛高端产业聚集区，是全国最大的生态海洋化工生产和出口创汇基地之一。2010年4月，经国务院批准，潍坊滨海经济技术开发区正式升级为国家级经济技术开发区；以此为标志，开发区的发展站在新的起点，步入转型升级、跨越发展的历史新篇章。

同期，山东省做出加快建设山东半岛蓝色经济区、胶东半岛高端产业聚集区和黄河三角洲高效生态经济区的重大决策部署，其中山东半岛蓝色经济区和黄河三角洲高效生态经济区获国务院批准，上升为国家区域发展战略。潍坊滨海经济技术开发区作为山东省、潍坊市发展蓝色经济的先行区和示范区，承担着代表潍坊积极参与"三区"建设，全面建设现代化滨海新城的历史使命。

为此，潍坊滨海经济技术开发区决定开展生态城建设指标体系研究，以期准确定位潍坊滨海生态城的发展方向，构建潍坊滨海生态城指标体系，明确具体建设目标，并进一步探求指标实现路径，制定相应的实施导则，提出达标的重大行动计划，为生态城的规划、建设和管理提供指导，将生态理念在城市建设中得以落实、丰富和提升。生态城范围为潍坊滨海开发区全境，陆域面积677平方公里；生态城示范区范围为幸福城起步区，面积约5平方公里。

■■ 二、现状特征

（1）人居环境较为恶劣

潍坊滨海开发区地势低洼，属滨海盐碱土，土壤含盐量较高，通透性差，土壤次生盐渍化严重。全年主导风向SSE，以东北风、西南风危害较大，东北风寒冷干燥，常会引起树木抽干、抽梢。当地地表水资源匮乏，完全依靠客水调入，主要有寿光市地下水源和峡山水库，合计约7000万立方米/年。

（2）海洋化工优势明显

潍坊北部沿海地区共有约60亿立方米的地下卤水储量，其中高于7°Be'的卤水为43.5亿立方米，5～7°Be'卤水为16.4亿立方米。初步构筑起以海洋化工为主体的产业框架，形成以盐及苦卤化工系列、纯碱系列、溴系列、农药化工、精细化工、石油化工系列为主，上下游产品配套发展的产业链，10余种海洋化工产品的产量和市场占有率居全国首位，纯碱、氯化钙等世界第一。

（3）可再生能源较丰富

潍坊滨海开发区处于暖温带大陆性季风区，年平均风速3.5～4米/秒；同时具有丰富的土地资源，海岸线长达140公里，适合进行大规模风电开发。潍坊市属于太阳能资源III类地区，历年平均日照总时数为2530.9小时，年太阳辐射总量大于5000MJ/m²，具有利用太阳能的良好条件。

三、技术要点

在生态城市理论研究和生态城市实践的基础上，结合潍坊滨海自身发展条件与区域发展要求，提出滨海生态城的内涵和发展目标，构筑生态城指标体系框架。在此基础上，采取案例借鉴法、指标比选法、特色分析法、目标定位法等多种方法，筛选二级指标，确定具体指标及目标值。通过指标路径分解、生态技术推荐、实施行动计划及政策保障支持，推进生态城指标体系的实现（图1）。

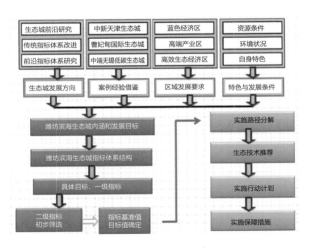

图1 技术路线

1.滨海生态城指标体系

（1）发展目标

潍坊滨海生态城是符合自身特点的，遵循低碳发展、集约发展和清洁发展理念，环境优美、活力高效、和谐宜居、安全健康的滨海生态新城。具体包括：①贯彻"设计结合自然"理念，基于原生态创建更宜人环境，建设自然环境优美、环境质量良好的自然之城。②大力发展生态经济，促进战略性新兴产业发展，建设产业结构优化、科技创新活跃的活力之城。③注重生态社区、生态文化的营造，提倡绿色健康的生活方式，强调有机融合、互惠共生与和谐相处，致力于建设社会保障完善、生活模式健康的和谐之城。④努力改善新城人居环境，追求便利、舒适生活方式，致力于建设基础设施完善、公共设施高效、居住环境宜人的宜居之城。⑤贯彻低碳、集约、清洁发展理念，充分利用适宜低碳生态技术，建设资源节约利用、低碳清洁发展、循环经济发达的低碳之城。

（2）体系框架

如图2所示。

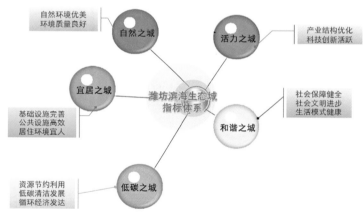

图2　滨海生态城体系框架

（3）指标体系

如表1所示。

潍坊滨海生态城指标体系

表1

具体目标	一级指标	序号	二级指标	目标值	时间
自然之城	自然环境优美	1	林木覆盖率（%）	≥25	2015年
			绿化覆盖率（%）	≥45	
		2	耐盐碱植物指数	≥0.5	即时开始
			植物保存率（%）	≥95	
		3	水系生态岸线比例（%）	≥95	即时开始

具体目标	一级指标	序号	二级指标	目标值	时间
自然之城	环境质量良好	4	空气质量全年优良天数（天）	≥330	2015年
	环境质量良好	5	水环境质量	达到功能区标准	2015年
			近岸海域水环境质量		
活力之城	产业结构优化	6	第三产业比重（%）	≥40	2020年
		7	战略性新兴产业比重（%）	≥25	2020年
	科技创新活跃	8	研发经费占GDP的比重（%）	≥5	2015年
		9	每万劳动力研发人员（人年/万人）	≥88	2015年
和谐之城	社会保障健全	10	住房保障率（%）	100	即时开始
		11	社会保障覆盖率（%）	100	即时开始
		12	每万人拥有医生数（人）	≥50	2020年
		13	人均受教育年限（年）	≥12	2015年
	社会文明进步	14	无障碍设施覆盖率（%）	≥85	2015年
		15	公众安全感指数	≥95	即时开始
	生活模式健康	16	人均生活用水量[升/（人·日）]	≤110	2015年
		17	人均生活垃圾产生量[千克/（人·日）]	≤0.8	2015年
		18	绿色出行比例（%）	≥80	2020年
宜居之城	基础设施完善	19	市政管网普及率（%）	100	即时开始
		20	城市生命线系统完好率（%）	≥90	即时开始
		21	生活垃圾无害化处理率（%）	100	即时开始
		22	污水处理率（%）	100	2015年
	公共设施高效	23	本地居住指数	≥0.8	2015年
		24	生活便宜度指数	≥0.8	2015年
	居住环境宜人	25	绿色建筑比例（%）	≥75	2020年
		26	声环境功能区噪声达标率（%）	100	即时开始
低碳之城	资源节约利用	27	非传统水资源利用率（%）	≥30	2020年
		28	单位GDP用水量（m³/万元）	≤20	2015年
	低碳清洁发展	29	碳生产力（万元/吨碳）	≥1.5	2020年
		30	碳中和率（%）	≥10	2020年
		31	零碳能源比重（%）	≥20	2020年
		32	万元GDP污染物排放强度COD（千克/万元）	<0.2	2015年
			万元GDP污染物排放强度SO_2（千克/万元）	<3	
	循环经济发达	33	工业用水重复利用率（%）	≥95	2015年
		34	生活垃圾回收利用率（%）	≥60	2020年
			工业固废综合利用率（%）	≥95	

2. 生态城示范区指标体系

（1）发展目标

生态城示范区立足滨海环境资源条件，融合国际先进理念、方法和技术，功能完善、环境优美、交通高效、能源永续、水系健康，低碳生活的生态新城。具体包括：①完善的城市功能。创新建设、管理模式，加强保障住房、无障碍设施、公共服务设施建设，努力构筑功能布局完善、公共服务便捷高效的城市功能体系。②优美的人居环境。不断提高绿化水平，改善水环境、空气环境质量、声环境质量，努力打造居住环境宜人、环境质量良好的人居环境体系。③高效的绿色交通。强化区域交通联系，完善内部绿色交通体系，完善交通设施，坚持公交优先，注重节能环保，打造便捷、高效的绿色交通模式。④永续的能源利用。发展零碳能源和清洁能源，调整能源利用结构，提高能源利用效率，降低碳排放，构建集约、循环、高效的能源利用体系。⑤健康的水系环境。加快非传统水资源利用，改善河道水质，修复水系生态，维持适度水域，建立可持续的排水系统，构建低冲击开发模式和健康的水资源水环境系统。⑥低碳的生活方式。倡导低碳的生活方式，鼓励绿色出行，节约集约利用水资源，推进垃圾分类，减少垃圾产生量，建设低碳的生态文明发展道路。

（2）体系框架

如图3所示。

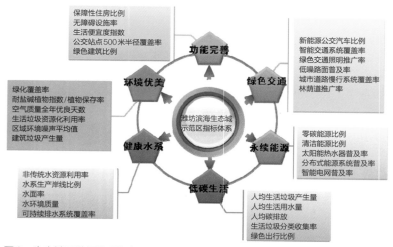

图3　生态城示范区体系框架

（3）指标体系

如表2所示。

名称	序号	指标名称	单位	目标值	时间
功能完善	1	保障性住房比例	%	≥20	2015年
	2	无障碍设施覆盖率	%	100	即时开始
	3	生活便宜度指数	—	1	2015年
	4	公交站点500米半径覆盖率	%	100	即时开始
	5	绿色建筑比例	%	100	即时开始
环境优美	6	绿化覆盖率	%	≥50	2015年
	7	耐盐碱植物指数	—	≥0.3	即时开始
		植物保存率	%	≥98	
	8	空气质量全年优良天数	天	≥340	即时开始
	9	生活垃圾资源化利用率	%	≥60	2015年
	10	区域环境噪声平均值	dB	≤52	2015年
	11	建筑垃圾产生量	吨/万平方米	≤400	即时开始
绿色交通	12	新能源公交汽车比例	%	100	即时开始
	13	智能交通系统覆盖率	%	100	2015年
	14	绿色交通照明推广率	%	100	即时开始
	15	低噪路面普及率	%	≥60	2015年
	16	城市道路慢行系统覆盖率	%	100	2015年
	17	林荫路推广率	%	70	即时开始
永续能源	18	零碳能源比重	%	≥20	2015年
	19	清洁能源占一次能源比例	%	100	即时开始
	20	太阳能热水器普及率	%	100	即时开始
	21	分布式能源系统普及率	%	10	2015年
	22	智能电网普及率	%	100	2015年
健康水系	23	非传统水资源利用率	%	≥40	2015年
	24	水系生态岸线比例	%	100	即时开始
	25	水面率	%	8	2015年
	26	水环境质量	—	无Ⅳ类以下水体	2015年
	27	可持续排水系统覆盖率	%	100	即时开始
低碳生活	28	人均生活垃圾产生量	千克/（人·日）	0.8	即时开始
	29	人均生活用水量	升/（人·日）	110	即时开始
	30	人均碳排放	吨碳/（人·年）	≤全国平均的25%	2015年
	31	生活垃圾分类收集率	%	100	即时开始
	32	绿色出行比例	%	≥80	2015年

357

第三部分 专项规划篇

四、特色创新

本次指标体系构建遵循"社会-经济-自然"复合生态系统理论，突出以人为本、生态城市让生活更美好的目标；同时，强调尊重潍坊滨海地区的自然地理条件，充分考虑当地经济社会发展特征，既体现生态城市的基本要求，又突出潍坊滨海的地方特色。

1.突出不同尺度建设重点

为了更好地引导和指导生态城市建设，研究提出生态城和起步区两个指标体系作为抓手；生态城范围为潍坊滨海开发区全境、面积约677平方公里，生态城示范区范围为幸福城起步区、面积约5平方公里。生态城指标体系定位于总体引导性指标，侧重建立"自然-经济-社会"全面系统的指标体系；示范区指标体系定位于建设控制性指标，侧重体现具体建设层面指标。

2.突出尊重当地自然特征

潍坊滨海地下水埋藏较浅，矿化度高，地表易积盐，且区内用地大部分为盐田，地势较低洼平缓，立地条件较差，返碱情况严重。种植外来景观植物，则需要对土壤进行改良，花费较多资金同时后期的管理养护也较为困难。考虑生态城土壤盐碱化的特殊条件，设置"耐盐碱植物指数/植物成活率和保持率"的双指标来引导生态城进行合理绿化和选择植物。

3.突出体现地方特色优势

潍坊滨海开发区的风能资源开发条件优越，太阳能资源较为丰富。针对滨海开发区可再生能源开发潜力大的优势，提出"太阳能热水器普及率""零碳能源比重"等能源利用指标，引导当地开发利用太阳能、风能等优势资源，加快落实50MW华能滨海风电及国电140万千瓦风电项目，中泰川5MW太阳能光伏发电一期及国电一期10WM光伏发电项目等。

4.突出引导补短板强弱项

潍坊滨海开发区第二产业比重极大，经济增长主要依赖于第二产业，2009年第三产业比重仅为12.9%；重化工产业特征明显，配套体系发展尚不完善，就业人口大多居住在区外，属于典型的开发区发展模式。为了加快建设生态城市，引导开发区发展第三产业、创造良好的居住环境，为此提出"第三产业比重""本地居住指数""生活便宜度指数""万人医生数"等补短板指标。

5.突出绿色低碳发展导向

借鉴冰岛、挪威等地积极推进碳中和的做法，为缓和全球气候变化做出潍坊滨海贡献，前瞻性地提出"碳中和率""碳生产力""零碳能源比重""人均碳排放量"等指标；引导潍坊滨海开发区加快可再生能源开发，推进太阳能、风能等项目落地；加强碳汇建设，推进CCU、CCS等技术应用；加大能源节约力度，推进绿色建筑、绿色出行等生活方式。

中新天津生态城指标体系优化升级研究

2018—2019年度中规院优秀城乡规划设计三等奖

起止时间：2017.6—2019.9

主管所长：龚道孝

主管主任工：任希岩　洪昌富

项目负责人：吕红亮　马晓虹

主要参加人：王鹏苏　沈　旭　张中秀　袁少军　李雅琳　司马文卉　熊　林　樊　超　孙道成

■ 一、项目概况

　　中新天津生态城位于天津滨海新区，蓟运河与永定新河交汇处至入海口的东侧，距滨海新区核心区约15公里，规划范围面积34.2平方公里。中新天津生态城是中国、新加坡两国政府战略性合作项目，充分体现"资源约束条件下"建设生态城的示范意义。

　　2008年1月，中新天津生态城管理委员会正式组建。生态城建立之初确立了"三和三能"的发展理念。为确保生态城规划目标的实现，编制"中新天津生态城指标体系"，涵盖生态环境健康、社会和谐进步、经济蓬勃高效和区域协调融合4个方面，含22项控制性指标和4项引导性指标，该指标体系通过了建设部批复，并被纳入《中新天津生态城总体规划》批复执行。2008年至今，该指标体系作为生态城规划建设的一项基本依据，在各类规划编制和开发建设活动中得到贯彻和落实。

■ 二、需求分析

1.国家及地区发展新要求

　　经过十年的建设，2008版中新天津生态城指标体系已临近其设计目标年2020年。十年来，随着生态文明建设和新型城镇化建设的开展，国家对城市的绿色、低碳、发展提出更高要求。中新天津生态城先后申报成为可再生能源建筑应用城市示范、低碳城市试点、绿色生态城区示范、新能源城市园区示范、海绵城市建设试点等，而每个示范示点都提出新的考核要求。

2.相关规划衔接需求

在生态城总体规划和指标体系的指导下，生态城开展了专项规划的编制。随着2020年规划期限的临近，大量规划面临修编和修改，各类规划目标与指标体系之间需要协调和对接，因此，迫切需要对指标体系进行更新，将规划年扩展到2035年，为各类规划的编制提供指导。

3.自身发展诉求

目前，生态城的发展阶段也已由建设期过渡到运管期，同时为了适应生态文明和绿色发展理念全面贯彻的新形势，满足城市高质量发展和精细化管理的新要求，产生了运行维护与管理等新诉求，通过升级指标体系，以持续引领生态城的建设和管理，持续发挥生态城的典型作用和示范意义。

为此，基于国家和地区新的发展形势，以及生态城发展建设的实际需求出发，从目标导向和问题导向两个维度出发，对生态城指标体系进行全面优化和升级，编制《中新天津生态城指标体系（2018版）》(简称"指标体系2.0升级版")，设计目标年为2035年。

三、技术要点

1.技术路线

以目标导向和问题导向为指引开展研究工作。首先，在理清目标和问题的基础上，从实际出发，有针对性地提出适合中新天津生态城发展定位和本地特点的指标体系，给出指标选取、指标解释、目标值设定的来源与依据。其次，对具体指标采用建模或计算等方式分析可达性，并从生态环境、经济、社会和区域协调等多个方面提出相应的发展策略、发展方式及管控建议，确保规划目标的实现。最后，提出指标体系的部门责任分解和实施保障策略，全面指引生态城规划建设与运营管理（图1）。

2.主要内容

一套完整的指标体系由框架结构、目标层、准则层、指标层、指标项五部分组成。

（1）框架结构

2008版指标体系采用的是"目标层—准则层—指标层"三级层次结构，三级层次结构有利于实现规划目标的具体化、可操作化，便于更清晰地理解生态城市的内涵和外延，由此可以保留。

（2）目标层

目标层确定了生态城市发展愿景或城市建设方向，指标体系2.0升级版以引导生态城遵循"绿色、创新、协调、开放、共享"五大发展理念为出发点，结合城市发展方向与内涵，

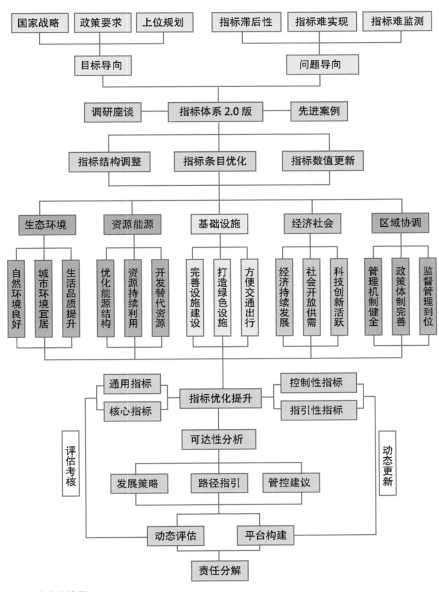

图1 技术路线图

延续并优化了"生态环境健康""社会和谐发展""经济绿色低碳"和"区域协调共享"4个目标层（图2）。

（3）准则层

准则层在目标层的基础上进行细化分解。指标体系2.0升级版在原有12个准则层的基础上，新增"运管智能高效"、"城市风貌塑造"、"社会融合发展"3个准则层，从人与经济活动、人与自然，人与人（"三和"）三方面全方位引领生态城高质量发展（图3）。

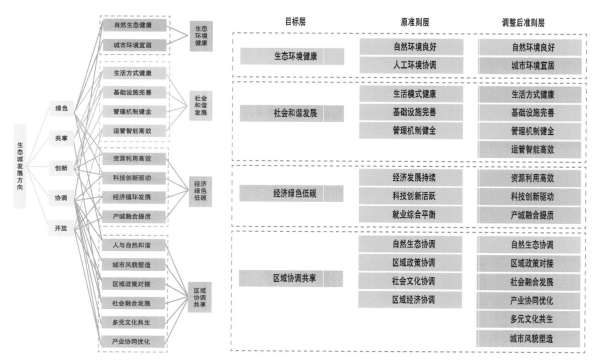

图2 目标层调整　　　　　　　图3 准则层调整（注：绿色为保留准则层，红色为更新准则层）

362

（4）指标层

研究在遵循科学合理性、系统完备性、可比可量性、动态发展性和可操作性等原则的前提下，运用对比分析法和专家咨询法对指标层进行调整。从横向对比和纵向对标两方面完善指标体系的理念内涵、框架结构、指标阈值和实施保障，并比选建立指标选用数据库。在指标库构建过程中，梳理全球具有代表性、先进性的34套生态城市指标体系，充分吸纳国际经验，体现世界眼光；研究落实党的十九大和中央城市工作会议精神，充分衔接京津冀协同规划等上位规划要求，落实最新标准规范要求，同时充分结合生态城发展定位和工作基础，因地制宜，保证指标可达性。

指标项的优化主要从三个方面入手：一是继承2008版指标体系22项控制性指标中的19项，并根据国家最新要求和标准调整指标表述，主动提高达标情况良好并具备提升潜力指标的达标要求；二是充分结合区域发展实际，借鉴国际先进生态城市社会治理经验，新增宜居建设、智慧运行和科技创新类指标11项；三是移除个别概念不适用、指引性较弱的指标3项。

（5）指标体系2.0升级版

指标体系2.0升级版共设置36条指标项，包括30条控制性指标和6条指导性指标，指标调整分为移除、保留、修改及新增4种，移除的指标主要包括指引性与可达性偏弱的指标项；保留的指标是经过考核与评估，具有一定前瞻性、能够持续指引中新天津生态城建设的指标项；修改的指标，是依据最新发布的政策法规、标准规范及考核要求，对指标数值和名称的修改；新增的指标是依据国家及天津市发展的新政策与新要求、创建示范区与建设试点的考核要求，参考国际成功的生态城建设案例，结合中新天津生态城本地特色提出的（图4）。

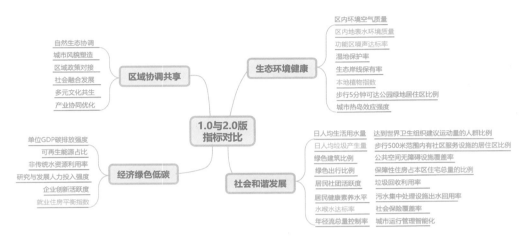

图4 两版指标体系对比（注：红色为新增，绿色为修改，蓝色为保留）

指标体系2.0升级版充分体现稳定性与动态性、科学性与实用性、定性与定量、特色与共性、可达性与前瞻性，对比上版指标体系，在指标体系2.0版中，生态环境与资源类指标的占比最大，达到53%，社会类指标占比为37%，经济类指标占比为10%。为实现中新天津生态城发展阶段的转变和共享包容的发展理念，社会类指标中新增城市运行管理指标、居民体验与健康指标；为满足绿色宜居的发展理念，生态环境类指标中增加生态肌理与宜居环境指标；为满足低碳循环的发展理念，经济类指标中增加科技创新及产城融合指标。

▨ 四、实施效果

1.获得住房和城乡建设部批复发布实施，成为生态城市可复制、推广的重要模式理念之一

中新天津生态城指标体系2.0升级版于2018年9月28日在首届中新国际绿色建筑论坛上正式对外公开发布，并于2020年1月6日获得住房和城乡建设部批复。指标体系2.0升级版为城市规划与建设管理创新搭建了系统框架，成为生态城复制、推广的重要模式理念之一，为其他生态城市的建设与实施提供参考依据。

2.指引相关指标体系与管理办法编制实施

在指标体系2.0升级版的指引下，2019年生态城编制并发布了《中新天津生态城智慧城市指标体系》，生态城也被国际标准化组织城市可持续发展技术委员会提议作为"ISO 37106——智慧城市运行指南"的联合牵头单位，出台《中新天津生态城科技创新促进办法》，完善创新支持政策。

3.为城市管理提供有力抓手

指标体系2.0升级版明确各项指标的责任分解、相关责任单位及实施办法，有效指导生态城相关部门积极落实规划成果并开展建设，同时将各部门工作落实情况纳入绩效考核，保障指标落地。

4.引领城市规划建设，提升城市管理水平

在指标体系2.0升级版的指引下，生态城各项工程以绿色低碳建设为导向，中新生态城图书馆、中新友好公园、智慧城市运管中心等一批设施相继落成，城市品质和管理水平进一步提升，指标体系2.0升级版已成为生态城推动高品质发展、创造高品质生活的重要驱动（图5）。

图5　指标体系2.0指引下中新天津生态城的建设成效

五、特色创新

1.基于实施评估的升级优化

在生态城指标体系逐年评估的基础上，开展生态城十年指标实施评估工作，针对性提出优

化措施，同时从监测数据的有效性、可操作性和显示度等方面，改进指标测算方法和监测方式（图6）。

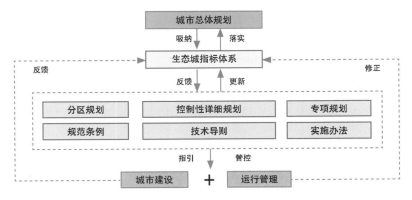

图6 指标体系与相关规划、标准的衔接统筹

2.统筹客观监测和主观体验

在指标项的选择上，兼顾环境营造和居民体验，把生态优先放在首位，统筹高质量发展与高品质生活，支撑高水平治理；在指标数值获取上，通过问卷调查、大数据评估、仪器检测、数值建模、统计分析等多种方式，全面反映生态城发展现状，体现指标的客观公正性。

3.建立指标动态更新机制

从决策、实施和监督三个环节，构建指标的目标体系、执行体系和评估体系，依托指标库、任务平台和监测平台，定期开展指标升级、指标分解和指标评估，建立能实行、能复制和能推广的指标体系。通过指标的动态更新和优化，弹性地应对城市在不同时期建设和管理需求（图7，图8）。

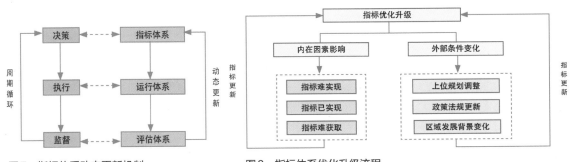

图7 指标体系动态更新机制　　图8 指标体系优化升级流程

IV

第四部分

技术咨询篇

海绵城市建设

鹤壁市国家海绵城市试点城市建设
全过程技术咨询服务

2019年度全国优秀城乡规划设计三等奖
起止时间：2015.4—2019.4
主管所长：孔彦鸿　龚道孝
主管主任工：刘广奇　莫　罹
项目负责人：周飞祥　王召森
主要参加人：贾书惠　刘彦鹏　徐秋阳　祁祖尧　周广宇　程小文　王巍巍　卢　静

一、项目背景

1.国家层面：以海绵城市为抓手，推动城市建设方式的转型

我国在快速城镇化的同时，不可避免地出现了一系列城市水问题，例如城市内涝频发、水环境恶化、水资源短缺等。为此，必须创新城镇化发展道路，实现可持续发展。党的十八大报告明确提出"面对资源约束趋紧、环境污染严重、生态系统退化的严峻形势，必须树立尊重自然、顺应自然、保护自然的生态文明理念，把生态文明建设放在突出地位"。2013年12月，在中央城镇化工作会议中，习近平总书记提出：解决城市缺水问题，必须顺应自然；在提升城市排水系统时要优先考虑把有限的雨水留下来，优先考虑更多利用自然力量排水，建设自然积存、自然渗透、自然净化的"海绵城市"。2015年10月11日，国务院办公厅发布《关于推进海绵城市建设的指导意见》（以下简称《意见》），正式拉开我国全面推进海绵城市建设的序幕。《意见》明确要求：通过海绵城市建设，最大限度地减少城市开发建设对生态环境的影响，将70%的降雨就地消纳和利用。到2020年，城市建成区20%以上的面积达到目标要求；到2030年，城市建成区80%以上的面积达到目标要求。

2.城市层面：以试点建设为契机，重塑和谐共生的人水关系

鹤壁，坐落于太行山东麓，地处晋、豫、鲁交界，是一座拥有3000多年历史的文化古城，更是一座具有丰厚底蕴的水文化名城。著名的诗河、史河、文化河——淇河是鹤壁的母亲河，素有"淇河的鹤壁、鹤壁的淇河"之称，其历史可追溯至公元前1100年，彼时的鹤壁"因淇而生　因淇而兴"，并孕育出著名的诗经文化，《诗经》中描绘淇河两岸风土人情和自然风光的诗

369

第四部分　技术咨询篇

歌多达39篇。伴随着农业文明的发展，借助日益进步的工程技术，人们开始尝试"引淇开渠，发展农业"，1915年，在袁世凯的资助下修建引水渠，"引淇河之水以灌良田"，成功解决了区域农灌问题，滋养一方人，成为一时佳话，史称"天赉渠"（图1，图2）。

图1　淇河沿岸实景照片

图2　天赉渠渠首实景照片

进入工业文明时代后，鹤壁坐拥丰富煤炭资源的优势凸显，带来社会经济的飞速发展。然而，在城市光鲜亮丽的背后，是长期"重发展、轻保护，重经济、轻环境"导致的日趋凸显的人水分歧：城市内河水体黑臭、岸线破败、垃圾堆砌；天赉渠沿线人水争地，导致古河道苟延残喘、命悬一线；城市排水通道拥阻，内涝灾害时有发生。人水分歧成为鹤壁这座传统资源型城市在面临着资源枯竭困局时，选择生态转型、高质量发展之路的重要制约（图3，图4）。

在天赉渠修建整整100年后，2015年4月，鹤壁成为国家第一批海绵城市建设试点，赋予了新时代背景下系统治水的历史使命。作为国家第一批海绵城市试点，对于鹤壁市既是机遇、更是挑战。一方面，享受中央资金的支持成为鹤壁市彻底解决人水分歧的重大历史机遇；另

| 内河水体黑臭 | 内河垃圾堆砌 |

图3 内河局段实景照片

图4 天赉渠"人水争地"实景照片

一方面，面临的却是试点周期短、建设任务重、考核标准高等多重挑战，而海绵城市作为新生事物，更加凸显本地管理、规划、设计、施工水平有限等问题和短板。在此背景下，鹤壁市政府与中规院建立试点建设战略合作关系，委托中规院开展"鹤壁海绵城市试点建设全过程技术咨询"项目，以"系统服务+协同管理"为目标，确定了"1+1+1+N"的服务模式，具体包括：海绵城市系统化顶层设计、试点建设样板项目设计、海绵城市建设监管平台三大板块，并提供全流程、伴随式技术咨询，形成涵盖自规划到设计、自实施到运维的全生命周期的技术支持（图5）。

▨ 二、项目思路

在充分认识项目背景和需求的基础上，项目组进行深入细致的人水关系历史溯源和现状涉水问题调研，基于鹤壁市的现状特点与问题，结合海绵城市试点建设目标和要求，协助市人民

371

第四部分 技术咨询篇

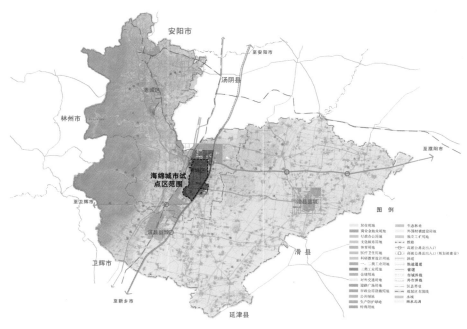

图5　鹤壁市海绵城市试点区范围图

政府梳理和明确海绵城市试点建设的总体思路和推进模式。

1.总体思路：两个核心，两个抓手，五个统筹

面对"城市转型过程中如何平衡生态保护与经济发展，传承和发扬传统水文化，彻底解决人水分歧，实现人水和谐"这一重要命题，针对试点区城市建设短板，结合城市转型发展目标，提出以改善水环境和保障水安全为核心，以保护母亲河淇河水环境和修复历史水脉天赍渠为抓手，统筹绿色设施与灰色设施、统筹近期目标与远期目标、统筹景观效果与生态功能、统筹地上设施与地下设施、统筹问题导向与目标导向的工作思路（图6）。

2.推进模式：五大融合，系统推进

为规避"为海绵而海绵""打补丁式海绵建设"的非良性推进方式，结合鹤壁市实际情况，创新性提出"五大融合"模式，具体内容为：将雨水控制源头项目与老旧小区更新改造相融合，将历史水脉保护修复与传承发扬传统文化相融合，将排水防涝能力建设与综合防灾体系构建相融合，将水生态敏感区保护与生态安全格局构建相融合，将海绵城市试点建设与创建国家园林城市相融合。通过五个层面的融合，将海绵城市试点建设融入城市开发建设大盘子中，以有效促进城市建设高质量发展和城市人居环境改善，切实提升城市居民幸福感、获得感，实现以人民为中心的发展理念。

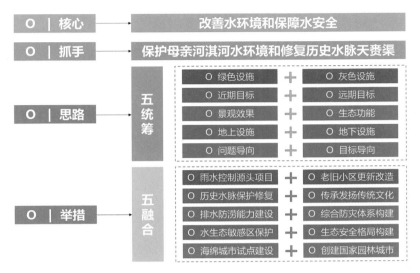

○ 核心	→ 改善水环境和保障水安全
○ 抓手	→ 保护母亲河淇河水环境和修复历史水脉天赍渠

思路	五统筹	○ 绿色设施 ＋ ○ 灰色设施 ○ 近期目标 ＋ ○ 远期目标 ○ 景观效果 ＋ ○ 生态功能 ○ 地上设施 ＋ ○ 地下设施 ○ 问题导向 ＋ ○ 目标导向
举措	五融合	○ 雨水控制源头项目 ＋ ○ 老旧小区更新改造 ○ 历史水脉保护修复 ＋ ○ 传承发扬传统文化 ○ 排水防涝能力建设 ＋ ○ 综合防灾体系构建 ○ 水生态敏感区保护 ＋ ○ 生态安全格局构建 ○ 海绵城市试点建设 ＋ ○ 创建国家园林城市

图6 "五统筹、五融合"总体思路图

三、技术要点

1.海绵城市系统化顶层设计

1）专项规划

根据鹤壁市城市特点和问题，编制并形成《鹤壁市海绵城市专项规划》《鹤壁市海绵城市建设专项规划（新城区）》《鹤壁市新城区城市水系专项规划》三位一体、各有侧重、相互补充的海绵专项规划体系。

《鹤壁市海绵城市专项规划》的规划范围为中心城区，主要包括自然安全格局构建、水生态敏感要素保护、排水防涝体系构建、海绵城市建设功能分区和模式指引等内容，是全市系统化全域推进海绵城市建设的纲领。

《鹤壁市海绵城市建设专项规划（新城区）》的规划范围为鹤壁市主城区（新城区），是在《鹤壁市海绵城市专项规划》基础上的深化和细化，重点对主城区现状涉水问题进行深化研究和量化分析，并从指导建设和实施的角度出发，统筹低影响开发雨水系统、城市雨水管渠系统和超标径流排放系统，按照"灰绿结合"和"蓄排结合"的理念，建立排涝空间和自然水系格局，并对新城区的海绵城市建设管控要求和项目库予以明确。

针对鹤壁市海绵城市建设中最核心的水环境治理问题，以水环境改善与水生态修复为目标导向，结合住房和城乡建设部、环境保护部等部门颁布的《城市黑臭水体整治工作指南》，编制了《鹤壁市新城区城市水系专项规划》，提出系统性的水系建设格局，并按照"控源截污、内源治理、生态修复、活水提质"的思路，明确水环境治理和改善方案（图7）。

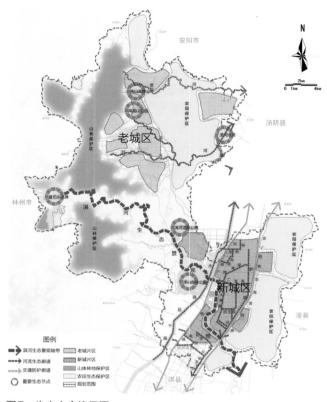

图7　生态安全格局图

2）系统方案

《鹤壁市海绵城市试点区系统化方案》是海绵城市系统化顶层设计中承上启下、相辅相成、不可或缺的重要一环，承担着明确建设项目、安排建设时序、确保满足考核等多种责任。

在系统方案的编制中，采取一张蓝图＋一套模式的双保障框架，通过建设项目梳理，为海绵城市试点区提供可以干到底的"一张蓝图"，通过建设模式指引，为项目落地提供强有力的保障。

建设项目梳理方面。根据自然地形变化、受纳水体分布，结合控规单元和行政边界，划定7大海绵城市管控分区。坚持"五统筹、五融合"的思路，以"淇河水质不降低、城市内河不黑臭、极端降雨不内涝、水系畅通不拥阻"为总体建设目标，以海绵城市试点建设16项批复指标为约束条件，结合各个管控分区存在的现状问题，坚持问题导向和目标导向，以管控分区为单位，通过量化计算和方案比选，明确各个分区的源头减排—过程控制—系统治理工程体系，共确定164项建筑小区类项目、41项绿地广场类项目、47项城市道路类项目、10项雨污分流类项目、4项防洪与水源涵养类项目、7项河道治理类项目等6大类273项建设任务（图8）。

建设模式指引方面。研究制定天赍渠水生态修复和水文化传承的统筹推进模式，并打通2处

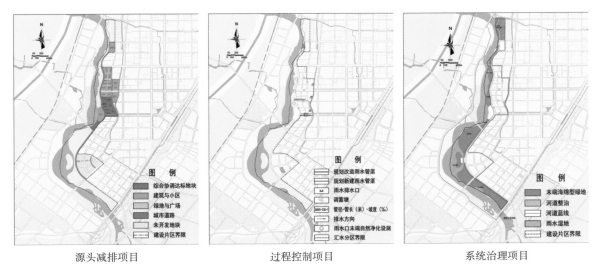

| 源头减排项目 | 过程控制项目 | 系统治理项目 |

图8 典型汇水分区工程体系图

断头河,实现试点区"水通水畅",在彻底解决排涝问题的同时,实现"步行5分钟即赏水景"。针对老旧小区排水设施不完善、改造难度大的问题,在全国层面率先提出"雨水地表、污水地下"的雨污分流改造模式,破解老旧小区管网改造难题,并成为鹤壁市海绵城市建设可复制、推广经验的重要内容。针对不同类型的项目的特征与问题,提出针对性的海绵城市建设改造模式指引,有效推动海绵城市建设理念落地,相关专利技术均纳入鹤壁海绵城市建设地方标准中。

3)规划设计导则

在《鹤壁市海绵城市建设项目规划设计导则》中,研究并明确低影响开发雨水系统以维持场地开发前后的径流总量基本不变为目标,设施选择以径流污染控制为核心的规划设计总方针,量化确定年径流总量控制率、径流污染控制、峰值流量控制及设施渗透排空时间四个方面的规划设计标准,给出规划设计标准实现技术路线、流程、各类项目设计要点、低影响设施的设计要求、设施选择技术路线,以及最终的各指标达标复核计算方法等,为建设项目低影响开发雨水系统的因地制宜设计提供技术标准与方法指引。

2.试点建设样板项目设计

先后承担鹤壁市委市政府综合办公区、迎宾馆、三合家园小区、福田一区、淇水春天小区等海绵城市样板项目的设计工作,项目类型涵盖建筑小区、公共办公、公园绿地等。在样板项目设计中,坚持干扰最小化、因地制宜等原则,探索适宜于本地的现状改造类项目海绵城市建设模式,以排水分区为单位实现雨水的有效组织和控制,并采取软件模拟等手段验证设计效果。设计完成后,作为示范项目供当地其他设计单位参考、借鉴和学习(图9)。

图9　典型项目节点设计效果图

3.海绵城市建设监管平台

基于"十一五"科技攻关课题自主研发技术，以海绵城市建设管理需求为导向，搭建鹤壁市海绵城市监管平台，采用B/S架构，实现"一个平台、多种功能"。

规划与项目管理功能服务于海绵办、自然资源局、住房和城乡建设局等管理部门，整合海绵城市建设项目从规划审批、方案审查，到施工管理、竣工验收的全部环节，是海绵城市建设的综合性管理平台；实时数据功能依托在河道水系、单位社区、公园绿地等处布设的大量在线监测设备，做到对建设项目、单元设施排水的5分钟级监测，实现对海绵城市的定量化、智能化评价，支撑了海绵城市项目的绩效考核和按效付费；排水防涝管理与监测评价功能服务于排水管理部门，通过与国家气象站联网，根据未来7天、未来24小时气象预报，自动演算，并向管理人员推送道路积水等预警信息，以信息化技术支撑内涝点治理、雨污分流改造等工作（图10）。

此外，鹤壁海绵城市监管平台还与"智慧鹤壁"系统互联，实现了信息共享、资料共享，成为城市智慧管理的有机组成部分。

4.全过程技术咨询

在海绵城市试点建设中进行全程跟踪、驻场服务，为鹤壁市提供全过程技术咨询。主要工作内容包括技术方案审查、项目实施监督、体制机制完善、技术培训等。

创新工作机制。根据海绵城市试点建设的要求和需要，结合鹤壁市体制机制特点，协助鹤壁市建立海绵城市长效推进机制：出台海绵城市立法，完善规划、建设管控制度，按照项目类型将海绵城市纳入到规划审批、"两证一书"、施工图审查、竣工验收等管控环节，明确具体

图10　项目组工作照片

管控要求和责任追究办法，并通过"城乡规划部门对建设工程规划核实，不符合规划要求的建设工程，建设单位不得组织竣工验收，产权登记机关不予办理产权登记手续"的刚性要求，确保新建项目全部落实海绵城市理念。协助鹤壁市海绵办出台绩效考核文件，明确责任落实与考核机制。

　　技术方案审查。参与新建、改建、扩建项目的海绵方案设计审查和施工图审查，对项目的海绵城市建设管控要求设计达标情况进行核算，出具审查意见，并作为项目办理施工许可的必备条件。

　　项目实施监督。协助海绵办对项目安排和整体实施进度进行把控，定期到项目施工现场进行督查，对项目实施中遇到的问题进行技术协调和把关，对施工现场不符合要求的做法出具整改意见，确保项目落实海绵城市理念。

　　技术培训。对海绵城市理念、专项规划和设计要求进行宣讲，对建设单位、设计单位、施工单位和监理单位等有关单位和人员进行技术培训，指导相关单位落实海绵建设的相关管控要求。

四、实施情况

1.技术研发成效

　　在全流程、伴随式的技术咨询过程中，结合鹤壁市的实际情况，项目组针对性提出适宜于中小城市的"微改造"海绵城市建设模式，在满足既定目标和要求的同时，实现"低影响、低投入、低运维"。

　　针对老旧小区排水设施不完善、改造难度大的问题，在全国层面率先提出"雨水地表、污水地下"的雨污分流改造模式，破解老旧小区管网改造难题，并成为鹤壁市海绵城市建设可复制、推广经验的重要内容（图11）。

　　针对现状建成区海绵城市建设出现的"大拆大建"的问题，项目组提出"路缘石开口＋绿地微改造"方式，以最低的投资实现雨水控制，并在现状建成区海绵城市建设项目中得到广泛

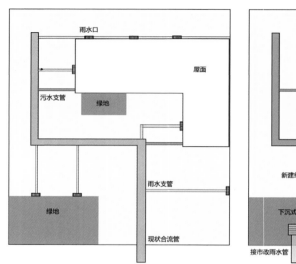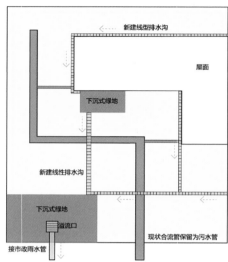

图11 "雨水地表、污水地下"雨污分流改造模式图

应用。

针对北方城市雨水花园中植物长势差的问题,采用上水石等本地材料替换部分卵石层,对雨水花园的结构进行创新,实现旱季的补水作用,使雨水花园的植物长势明显好转。

此外,提出的限流式雨水斗技术,以极低的投资实现屋面的雨水控制,降低屋面径流对市政管网的冲击负荷;提出的防倒流防臭井盖技术,成功解决排水管网雨季异味外溢问题,使老百姓纷纷点赞。

在项目推进、落地实施的过程中,结合鹤壁市的实际情况,项目组成功研制出了多个能落地、易实施的海绵城市专利技术,自主申请国家实用新型专利6项,协助地方政府申请国家实用新型专利5项,主要包括初期雨水截污挂篮多级净化装置(CN206570904U)、初期雨水截污净化装置(CN206566598U)、道路雨水口初期雨水多级净化装置(CN206570910U)、限流式削峰雨水斗(CN206205291U)、一种雨水收集系统(CN207228280U)、一种防冻融破坏的透水非机动车停车场的地面结构(CN207919279U)等,在破解现场技术难题的同时,大幅降低工程难度和工程投资(图12)。

以本项目为蓝本,撰写著作两部,分别为:《海绵之路——鹤壁海绵城市建设探索与实践》《绽放——鹤壁海绵城市建设典型案例》,取得良好的社会影响(图13)。

2. 项目建设成效

在四年的海绵城市试点建设中,《鹤壁市海绵城市试点建设全过程技术咨询——鹤壁市海绵城市试点区系统化方案》中确定的273项建设项目全部得到实施(项目落地率:100%),其中,建筑小区类项目164项、绿地广场类项目41项、城市道路类项目47项、雨污分流类项目

图12 项目组申请国家实用新型专利证书（部分）

图13 《海绵之路——鹤壁海绵城市建设探索与实践》一书

10项、防洪与水源涵养类项目4项、河道治理类项目7项。项目实施后，试点区内黑臭水体全面消除，城市内河全部实现了Ⅳ类及以上水质标准，呈现出"水清岸绿"的美好景象；现状易涝点全部完成改造，整体上实现30年一遇的内涝防治标准；地下水位的下降趋势得到明显缓解，部分监测点位实现稳步回升，良性水文循环初见成效。

2019年4月，鹤壁市以优异的成绩圆满通过国家海绵城市试点验收。海绵城市建设中诞生的"鹤壁模式"享誉全国，并在华北地区实现复制、推广和应用（图14～图16）。

五、经验借鉴

在全过程技术咨询中，扎根现场开展"伴随式服务"，始终以满足海绵城市试点建设绩效考核目标为刚性约束，通过全覆盖规划指引、全方案模拟验证、全过程动态维护、全周期技术服务的"四全"模式，协助鹤壁市实现从"新生事物"到"鹤壁模式"、从"点线项目"到"连片效应"、从"传统管理"到"智慧海绵"的转变和升级。

图14　护城河改造前后对比照片

380

图15　三和佳苑小区海绵化改造前后对比照片

图16　典型项目实景照片

1. 全覆盖规划指引

在编制海绵城市专项规划、系统方案、规划设计导则的基础上，梳理出规划成果中需要与总体规划、控规等进行衔接的内容和要求，在《鹤壁市城市总体规划》中增设海绵专章，明确海绵城市建设目标，并将水敏感区（水系、湿地、坑塘、洼地等）的保护要求纳入城市总体规划用地规划图中，实现水敏感区的有效保护。在主城区控规中增加海绵城市管控要求，在控规图则中将地块的年径流总量控制率纳为强制性指标，将年径流污染削减率、下沉式绿地率、透水铺装率、绿色屋顶率等作为引导性指标，确保城市开发建设中有效落实海绵城市理念。

2. 全方案模拟验证

采用 InfoWorks ICM、XP Drainage 等软件搭建水文水质水动力模型，耦合低影响开发雨水系统、城市雨水管渠系统、超标雨水径流排放系统，并利用试点区内持续一年的海量水质、水量监测数据对模型进行率定和调试，提高模型准确性，通过模拟评估项目方案，支撑方案比选，提高方案合理性。

3. 全过程动态维护

由于试点建设任务中超过一半的项目为源头建筑小区海绵改造，实施时面临种种不确定性，针对该问题，项目组建立全过程动态维护工作机制，及时研究试点建设过程中不具备实施条件项目的替代方案，确保试点建设绩效校核目标不受影响。

4. 全周期技术服务

海绵城市建设理念为新生事物，在设计施工中经常遇到种种问题，项目组通过全生命周期的技术服务，坚持在一线推进工作、在一线解决问题，为项目实施中面临的困难和问题提供技术咨询，并定期开展技术培训，提高海绵城市参与人员技术水平，促进海绵理念落地。

常德市国家海绵城市试点城市建设
全过程技术咨询服务

起止时间：2014.12—2019.4
主管所长：张　全　龚道孝
主管主任工：洪昌富
项目负责人：陈利群
主要参加人：彭　力　周长青　张志果　黄　悦　陶相婉　张桂花　刘　曦　袁　芳

■ 一、项目背景

1.常德海绵城市建设背景

为缓解城市水危机，修复城市水生态，涵养水资源，增强城市防涝能力，扩大公共产品有效投资，提高新型城镇化质量，促进人与自然和谐发展，2015年初，由国家三部委组织海绵城市建设试点，100多个城市参与申报，首批16个城市脱颖而出，常德为首批海绵城市试点城市。2019年3月份，国家三部委组织专家对第一批海绵城市建设进行验收，第一批海绵城市建设试点阶段性结束。

常德为我国首批海绵城市建设试点城市之一，常德地处湘西北，是长江经济带的重要节点城市、洞庭湖生态经济区的重要组成部分，头枕长江、腰缠二水（沅水、澧水），东靠洞庭湖，西连张家界。全市总面积1.82万平方公里，辖9个区县（市）和6个管理区，总人口620万。常德降水高达1365毫米，水面率高达17.6%，是我国中部典型的丰水型城市。常德海绵城市建设的目的在于探索中南部丰水城市海绵城市建设的技术途径，建管模式，为我国海绵城市进一步推广出经验、出模式。

2.中规院伴生常德海绵城市历程回顾

2014年12月，国家第一批海绵城市试点建设申报时，常德市委托中规院水务院开展《常德市海绵城市试点建设实施方案》和《常德市海绵城市试点建设实施计划》编制工作。随后常德市依据《常德市海绵城市试点建设实施计划》（以下简称《实施计划》），编制了《常德市海绵城市建设三年行动计划》，该计划确定常德市海绵城市建设的148个项目。2015年为加强规划管控，常德市根据《住房和城乡建设部关于印发海绵城市专项规划编制暂行规定的通知》（建

382

规〔2016〕50号），委托水务院编制《常德市海绵城市建设专项规划（2016—2030）》（以下简称《专项规划》）。依托《实施计划》《专项规划》，常德开展了海绵城市试点建设。由于《实施计划》以水系河道治理项目为主，2015年三部委第一次检查明确指出，常德市海绵城市建设以末端为主，且缺乏技术支撑单位，在这种背景下，常德市委托水务院作为技术支撑单位，指导海绵城市建设。中规院开展工作后，一方面对正在实施的项目进行梳理，发现常德的《实施计划》在推进海绵城市建设起到很好的支撑作用，2016年9月，常德市穿紫河游船的开通，是常德市海绵城市建设黑臭水体治理标志性的成果。

常德是有名的水窝子，为加强治涝，2016年常德市委托中规院水务院开展《常德市城市排水（雨水）防涝专项规划》编制，构建了内涝治理体系。到2017年海绵城市试点建设进入关键攻坚期，为全面达标，常德市委托水务院编制《常德市海绵城市建设系统方案》，统筹衔接内涝治理、黑臭治理，在148个项目的基础上，进一步优化源头、过程、末端项目，并在2017—2018年全面推进源头、过程控制项目，落实规划管控要求。

中规院从2014年12月申报开始，到2019年3月3部委检查结束，一直伴生常德的海绵城市，全程全方位支持常德海绵城市建设。常德的海绵城市技术咨询是从规划制定、规划实施的一个全流程整体的过程，2021年3月由项目主要负责人编写、由中国科学出版社出版的《南方典型海绵城市规划与建设——以常德市为例》是对常德海绵城市规划、建设的全方位较为详细的论述。

二、项目思路

1.《常德市海绵城市专项规划（2015—2030）》

1）规划目标

落实"节水优先、空间均衡、系统治理、两手发力"的治水理念，提出符合常德市自然环境特征和城市发展实际的海绵城市建设框架，从区域层面识别山水林田湖等海绵城市要素，维系区域良好生态格局；中心城区，因地制宜组合渗、蓄、滞、净、用、排等多种技术措施，控制径流总量，提高城市排涝标准，减少面源污染，改善城市水环境，因地制宜地提高雨水资源化利用效率，强化新老城区融合和均衡发展，创新海绵城市开发建设模式。

2）规划策略

（1）水系构建，生态维护

城市水系构建：以水系构建为核心，以城市防洪排涝安全为目标，构建城市大排水通道，恢复城市水系空间。

城市山水林田湖生态格局构建：以城市山水格局为依据，识别城市水敏感性高的生态要素，构建常德市城市山水林田湖生态系统，提出城市生态要素的保护要求与保护措施。

（2）绿色灰色，协同共生

发挥源头分散式雨水调蓄、下沉式绿地、雨水花园等削减城市面源、雨水径流，在此基础上，再依托污水管网的建设，将旱季混流污水调蓄到污水厂处理，雨季部分初期雨水由调蓄池调蓄到生态滤池进行处理。通过上述途径，实现常德市的绿色与灰色基础设施的协同共生。

（3）目标问题，双重导向

目标导引：落实国家《国务院办公厅关于推进海绵城市建设的指导意见》《水污染防治行动计划》等国家要求，具体目标和指标达到《海绵城市建设绩效评价与考核办法（试行）》的要求，全面推动海绵城市建设，明确近远期建设时序，合理有序保障海绵城市建设。

问题导向：系统梳理常德市城市涉水问题，如内涝积水问题、黑臭水体问题、水资源利用问题、水生态问题等，提出系统的解决方案，改善城市民生。

（4）因地制宜，技术示范

依据海绵城市建设分区结果，分析分区的下垫面特征，确定适用的海绵城市建设技术手段，分别提出典型建设单元技术组合方案。参考国外经验，结合常德市气候、下垫面情况，创新技术措施，使之适合常德。

（5）规划建设，制度引导

分析现行城市建设的制度、标准、资金保障措施，以保障海绵城市建设为目标，构建适合于常德的规划、建设、管控制度。

规划评估：该规划2016年编制，为我国首批海绵城市专项规划之一，该规划最大的核心点在于以问题为导向，将德国调蓄池系统与源头小区、管网系统衔接起来，并在规划管控中，构建控制单元、地块相结合的指标体系，即：控制单元定目标（年径流总量控制率），两级分解指标（地块总控制率+初期雨水调蓄）的体系。海绵城市建设试点后再回顾，虽然常德的海绵城市试点在一段时间内受到争议，但今天回头来看，该套指标体系符合常德的实际情况，常德的海绵城市建设试点探索出一条适合于南方丰水地区的海绵城市技术途径。

2.《常德市中心城区排水（雨水）防涝综合规划（2017—2030）》

由于常德排水系统早期建设时注重调蓄池的建设，常德市在内涝治理方面出现了一些偏差，如沿河雨水管排入泵站调蓄池，管网埋深大，雨污混接，海绵城市提标改造等问题，针对这些问题，结合海绵城市试点建设要求，更新了排涝规划思路：

1）大集中、小分散

对于建成区，主要考虑强化沿河区域小区改造与建设，雨水净化后就近排入护城河、穿紫河、新河、永兴河、东风河等城市河道；已建区在于强化对滨河小区的改造，小区雨水净化后直接进入河道。对于未建区，在条件许可的情况下，应尽量就近排入水体。

2）防混接，浅埋管

为防止小区污水接入城市污水管道，新开发区域应严格实施雨污分流，但考虑到传统的管网建设方式在实际施工、管理中易雨污混接，本次规划新建的雨水管网在条件允许的情况下，应尽量减少埋深，新建小区、道路应严格实施海绵城市专项规划，建设低影响开发措施，小区排水尽量采用地面设施，从源头上杜绝雨污混接。

管网浅埋，可以减少末端排水管网的深度，有利于净化后的雨水直接通过雨水管网直接排入河道，达到节能降耗、水资源高效利用的效果。

3）蓄排结合提标准

针对现状积涝风险较高、汇水面积过大的雨水系统，重新划分系统服务范围、新建分流干管和调蓄设施。

对于现状不满足排水能力要求的管网，由于改造难度较大，可以考虑新建分流管网，增加排水能力，提高排水标准。

对于现状不达标管网、内涝积水点，考虑通过设置雨水调蓄池、低影响开发设施滞留、调节雨峰流量，提高雨水系统排水标准。

规划回顾：2016年，常德穿紫河、护城河黑臭水体治理取得阶段性成果，城市内涝已成为常德海绵城市主要的问题，该规划是在该背景下编制的。规划分析2010年后的内涝主要成因：由于沅江防洪堤的建设，城市外洪基本消除，城市内涝成为主要致灾原因，由于护城河、穿紫河已经完成治理，城市管网能力不足与缺失成为"小雨积水"的主要成因，同时市政管网、小区雨污混接是影响黑臭水体治理成果的重要原因；对于设计标准的大暴雨内涝，通过历史调查、模拟，就近水系的，建设大排水通道，或者利用公园绿地就近建设调蓄空间。

3.《常德市海绵城市建设系统方案》

该方案往上衔接规划，往下落实具体项目，是海绵城市建设项目的主要依据。

1）建设目标

以海绵城市建设为抓手，解决城市水体黑臭和内涝问题，恢复和传承城市水文化，统筹促进城市转型发展。

水环境：消除试点范围内的黑臭水体，城市河道水环境质量达到《湖南省主要地表水系水环境功能区划》的要求，即城区内部重点河道穿紫河水质目标为地表水环境质量Ⅳ类。

水安全：消除试点范围内内涝积水点，即30年一遇24小时降水189.83毫米不发生内涝灾害。当发生30年一遇暴雨时，一般道路积水深度超过15厘米的时间不超过30分钟且最大积水深度不超过40厘米。

水文化：

（1）沅江作为常德的母亲河，养育着城头山古文化，善卷文化，为常德水文化之源。

（2）护城河两千多年保护着常德城市的发展，与常德共生共长，为常德水文化之根。

（3）穿紫河近50年发展为城市河流，为常德水文化集中展示区，为常德休闲旅游之河。

2）建设方案

以流域为基本单元，构建海绵城市建设方案。常德市海绵城市建设试点范围分为三个流域，分别为护城河流域、穿紫河流域和新河流域。因护城河和穿紫河流域分别代表老城区合流制和新城区分流制，本次仅简要说明护城河和穿紫河系统方案。

为治理护城河黑臭水体，首先沿护城河建设截污干管，将直排护城河的污水接入市政污水管网；在此基础上，重点考虑对溢流污染的治理。

建设截污干管后，护城河水系及排水系统运行如下：

（1）晴天时，合流制排水管网收集的污水通过污水管送到污水厂。

（2）小雨时，收集的污水加初期雨水，通过污水管送到污水厂；超过污水泵输送能力的合流污水临时存储在雨水调蓄池中，降雨结束后，再送到污水处理厂。

（3）大雨时，收集的污水加初期雨水，通过污水管送到污水厂；超过污水泵输送能力的合流污水临时存储在雨水调蓄池中，降雨结束后，再送到污水处理厂；超过调蓄池容积的合流污水量，经调蓄池沉淀处理后溢流到护城河。

护城河海绵城市建设的核心在于构建合理的截污干管、溢流池、生态滤池，控制排入护城河河道污染物浓度。在此基础上进行源头减排、河道清淤，减少入溢流频次、底泥释放量等。

结合水文化建设，护城河流域以屈原公园和滨湖公园为界，将护城河流域分为四段（图1）：

第一段：以屈原公园提质改造为核心的海绵城市建设。

第二段：老西门为代表的老城区有机更新。

第三段：以滨湖公园为代表的水生态修复。

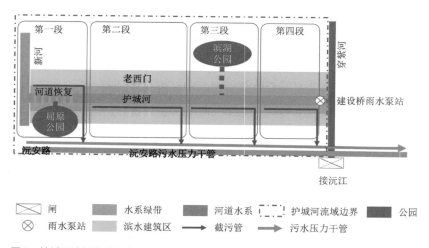

图1　护城河流域海绵城市建设概念图

第四段：建设桥雨水溢流池汇水区综合改造。

穿紫河流域排水系统为分流制，穿紫河的治理采用源头减排＋清污分流＋末端初期雨水调蓄池及生态滤池的技术方案，主要采取以下措施：

（1）初期雨水污染削减45%，即源头低影响开发设施处理能力大于7毫米。

（2）末端集中式生态滤池初期雨水削减率达到60%，即生态滤池处理能力应大于7毫米。

（3）污水管或者合流制小区管错接入市政雨水管道小于5%；市政雨污混接比例大幅降低，小于10%；通过两者综合措施，削减50%以上混接入雨水管网的污水量。

（4）雨水口旱流污水消除。

（5）消除江北污水处理厂尾水直排污染，建设湿地，净化尾水水质，主要水质指标达到补水水质要求。

（6）污水处理厂提标扩容，江北城区污水处理能力达到满足污水处理能力要求。

（7）通过灰色基础设施＋源头减排，共同达到78%的年径流总量控制率。

（8）河道整治，消除河道内源污染，河道清淤深度介于40～60厘米之间。

（9）滨河打造常德水文化，包括复建常德河街，恢复非物质文化遗产。

通过以上措施形成穿紫河流域性海绵城市建设工程（图2）。其中包括：船码头等八个雨水泵站和其周边区域改造；以德国风情街为代表的海绵滨水小区建设；以白马湖和丁玲公园为代表的海绵公园改造；以管网修改、运行维护为主体的灰色基础设施建设；以河街为主的水文化工程。

在此基础上，在结合排水分区的问题和目标，确定具体建设项目，具体如图3所示。

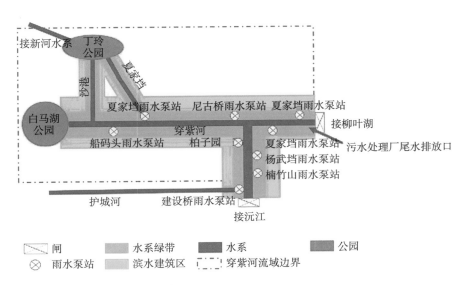

图2 穿紫河流域海绵城市建设分区图

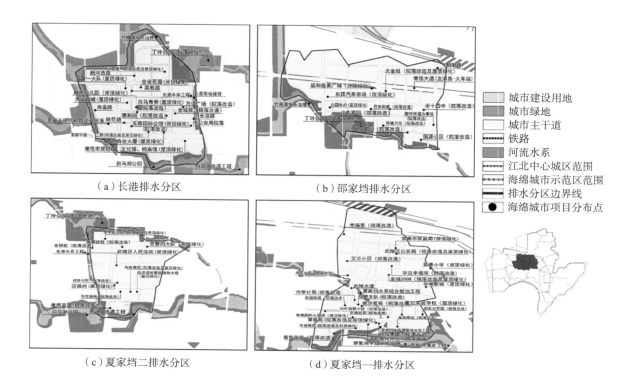

（a）长港排水分区　　　　　（b）邵家垱排水分区

（c）夏家垱二排水分区　　　　（d）夏家垱一排水分区

城市建设用地
城市绿地
城市主干道
铁路
河流水系
江北中心城区范围
海绵城市示范区范围
排水分区边界线
● 海绵城市项目分布点

388　图3　常德市海绵城市建设排水分区项目分布图

3）规划体系衔接

《常德市海绵城市专项规划（2015—2030）》《常德市中心城区排水（雨水）防涝综合规划（2017—2030）》《常德市城市"五线"专项规划》《常德市海绵城市建设系统方案》是支撑常德市海绵城市建设项目推进的四个关键的规划，规划相互支撑衔接。

城市排水防涝规划以防治内涝为目标确定源头减排、管网改造、水系建设要求，其实施期限为2016—2030年；海绵城市专项规划以改善水环境、保障水安全、提升水生态、合理利用水资源为目标，明确海绵格局保护要求，提出年径流总量控制率等规划管控指标，提出水资源、水环境、水安全、水生态建设方案，其实施期限为2016—2030年；《常德市城市"五线"专项规划》则对河流水系空间管控提出要求，明确在海绵城市建设区域需要管控、预留的河流水系空间；海绵城市建设系统方案实施期限为2016—2019年，其范围为海绵城市试点范围，以海绵城市建设试点达标为目标，落实试点建设项目；从以上分析可看出，海绵城市建设系统方案以建设项目的形式落实海绵城市专项规划要求、落实排水防涝规划的要求、落实蓝线管控要求，是介于规划与项目方案设计之间的文件。海绵城市建设系统方案上承规划，下接项目方案设计，是海绵城市建设规划到项目实施关键性技术文件（图4）。

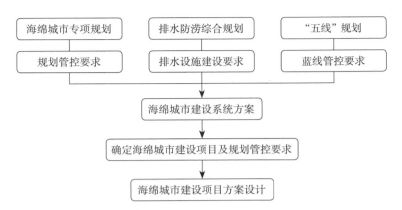

图4 海绵城市规划实施体系

三、技术要点

1.协助建章立制，保障海绵城市建设进入基本建设程序

2015年4月，常德市正式入选第一批海绵城市建设试点，当时正有79个项目处于在建阶段，为不耽误工期、同时发挥各部门、专家的能动性，弥补海绵城市建设技术标准规范的不足，采用联审制。联审制是指规划局、住房和城乡建设局、专家、各部门联合审查海绵城市建设方案。

2016年8月，常德市海绵办明确指出今后所有海绵城市建设项目，必须严格遵守《常德市规划局关于印发〈常德市海绵城市建设项目规划管理规定〉》《常德市住房和城乡建设局关于印发〈常德市海绵城市建设管理规定的通知〉》执行。

为将海绵城市纳入"两证一书"。常德市政府出台了《常德市海绵城市项目建设暂行管理实施细则》，明确两点：①在土地出让环节，应纳入海绵城市规划设计要求；②"两证一书"为标准格式，在"两证一书"标准格式变更之前难以将相关指标纳入，但是在相关附件或者审批单中应纳入海绵城市条件。

海绵城市规划管理规定、建设管理规定，以及财政等规定，基本构成常德市海绵城市的制度框架，落实各委办局海绵城市建设职责及实施流程，并且流程的实施是依托于现有基本建设程序，通过制度的制定和实施，确保海绵城市建设有制度，可实施。

2.主谋技术优化，保障海绵城市建设效果可持续

常德的海绵城市技术护航可分为三个阶段，第一阶段：完善海绵设施空间布局，主要是在2016年9月前。这一阶段，尚未形成较为系统的技术标准，主要的海绵城市技术标准是《常德市海绵城市技术导则》，该技术标准以河道水系治理为主，对于海绵设施建设，指导性不强。针对海绵城市设施布局等问题，作为技术咨询组，中规院常德海绵城市建设技术咨询组提出"现状基础，问题目标，空间均衡，（地）上（地）下沟通，前后衔接，量质并重，功能结构，

安全为基"的32字海绵城市建设方案设计及审查要求，通过这一阶段不断和设计单位的对接，常德市海绵城市建设项目方案及设计有了一定的水准，这一阶段基本解决技术的有无问题和有效问题。

第二阶段：随着试点的深入，到2017年雨季，海绵设施项目进入运维期，道路植草沟的泥沙、冲刷、消能问题都影响着海绵设施的运维，对技术提出新的需求，其中几个突出的需求如①低影响开发设施雨水口究竟要多宽、多少间隔设置？②低影响开发设施设置后溢流设施是否可以减少？③泥沙沉淀如何考虑等，中规院常德海绵城市建设技术咨询组结合监测，并进行理论计算，确定相关的标准，并将其结果反馈到《常德市海绵城市标准图集（修改版）》。这一阶段是在解决重点运行维护的问题。

第三阶段：全面总结提升阶段，和常德市海绵办一起，共发布实施海绵城市建设相关技术标准26项，其中规划2项，设计3项，工程建设15项，产品及材料4项，运营维护2项，达到海绵城市试点的目标。这一阶段重点解决示范推广的问题。

通过以上三个阶段的技术护航，层次推进海绵城市技术保障，从有用到有效到示范三个阶段，达到试点示范的要求。

3.监测模拟设计，保障海绵城市建设效果"可视"

海绵城市监测是海绵城市建设效果的直接说明，2016年中规院常德海绵城市建设技术咨询组编制研究的《常德市海绵监测信息平台建设方案》，确定常德市海绵城市监测网络构建目标。该方案的内容包括海绵城市监测方案、海绵城市信息系统构建方案等，是一个综合的方案。以该文件为基础，结合监测内容，各监测实施方编制了专项的监测方案。如针对水量水质监测编制了《常德市海绵水量水质监测软件平台建设方案》，针对热岛效应监测编制了《常德市海绵城市建设热岛效应监测项目》，针对内涝积水监测编制了《常德市海绵城市内涝点监测方案》，形成较为完善的海绵城市监测网络系统，并以此为基础，指导开展监测（图5）。

中规院技术咨询组驻场之初与第三方合作，共同搭建常德市海绵城市监管平台，并以此为基础，结合排水防涝规划模型建设、海绵城市监测，搭建了常德市海绵城市监控平台，海绵

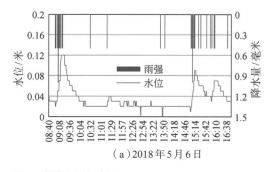

（a）2018年5月6日

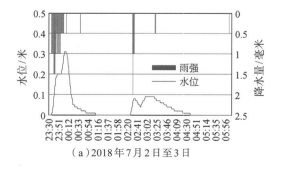

（a）2018年7月2日至3日

图5 海绵监测水位图

城市监管平台内容包括：在线自动监测网络建设、人工取样化验、多业务信息集成（气象、水系、供排水、管网、地理信息等），制度及文档管理，海绵典型项目展示，海绵设施运维管控，建设绩效评价与考核的各类指标的数字化、智能化的收集与分析。为实现监管平台，需要建设支撑软硬件环境——在线监测仪表安装与数据传输，水量、水质分析数学模型、地理信息系统支撑平台、信息集成与交换平台、工作流引擎平台、文档管理平台、服务器及网络资源支撑需求等。将上述建设内容进行细化和技术实现，从而完成平台建设（图6，图7）。

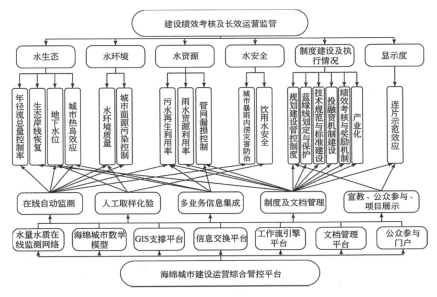

图6　运营综合管控平台架构图

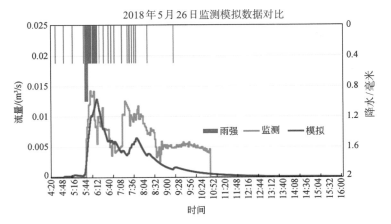

图7　海绵监测流量图

4. 积极推广经验，传播常德海绵城市经验

2015年4月至2019年7月，常德先后接待国际国内200多个城市300多个批次的行政长官、

专家学者、企业领导实地学习考察。常德市海绵城市建设常德穿紫河综合整治成果成功亮相中央"砥砺奋进的五年"大型成就展,"伟大的变革——庆祝改革开放40周年大型展览""第十二届中国(南宁)国际园林博览会"大型成果展,中央电视台综合频道及新闻频道在世界环保日期间以《穿紫河换新颜成为城市碧玉带》为主题重点推介了常德穿紫河治理经验。

国际层面,2017年11月6日至8日于新加坡举行的中国与东盟环境保护合作中心"生态友好城市发展研讨会",2018年2月7日至13日于马来西亚首都吉隆坡举行的"第九届世界城市论坛",2018年9月11日至13日于中国南宁举行的"中国——东盟环境合作论",2018年3月29日于常德举行的"中欧水平台合作项目技术交流会"(图8)。

图8　国际合作现场照片

四、实施情况

1.绿水青山

2019年市城区主要黑臭水体消除,城内各水体水质达到地表水标准Ⅳ类以上。城市的16个内涝积水点也已经消除。穿紫河过去市民避而远之的臭水沟,变成了如今市民休闲娱乐的风光带(图9)。

水系生态环境也因生态治理措施与水质的提升,发生巨大的变化(图10)。曾经发黑、发臭,沿岸鱼鸟绝迹的水体,而随着生态环境的改善,河湖中动植物数量有了显著增长,重现了昔日水鸟成群的景象。水中的生态浮岛,长满沉水植物的水系驳岸,它们都是鸟类、鱼类,两栖类的家园,穿紫河生态多样性得到恢复和保护(图11)。

（a）改造前的水系和土堤

（b）改造后的水系和生态驳岸

图9　穿紫河船码头段水系和驳岸改造前后对比

（a）运行前拍摄（2014年7月17日）

（b）运行两年后（2016年10月14日）

图10　穿紫河船码头段咖啡馆处水质对比图

图11　水系生态环境得到改善的穿紫河

2.文脉传承

常德市先后修复并建成老常德时期的码头文化代表的麻阳街、河街、老西门等一批展现常德历史文化、风格多样、内涵丰富的水文化载体群落。在老西门建造了常德丝弦剧场，挖掘整

合常德丝弦、花鼓戏两项非物质文化遗产，传统艺术历久弥新。新建德国风情街，让北德风格的建筑落户在穿紫河畔，形成一个外国人的家园，常德的对外之窗。婚庆产业园、金银街等特色商业街，使老常德的内河码头文化、商业文明得到传承（图12～图14）。

图12　常德河街

图13　常德老西门商业街

图14　德国风情街

3.市民点赞

常德市海绵城市建设最直观、最重要的效果是城市主要河流水质和生态环境得到改善，为居民提供休闲空间，增强了自豪感。由此，也改变了老百姓的生活方式。下班后去穿紫河散步，还能沿河骑车上班。大小河街上逢年过节人潮涌动，穿紫河龙舟赛，环柳叶湖马拉松。

针对主要黑臭水体，每处发放100份调查问卷，随机了解常驻人员或游人回馈意见。根据问卷调查，各个水体的满意度都能达到90%以上，特别是水域面积最大的穿紫河、白马湖、屈原公园均达到92%～98%，说明市民认可改造效果。

针对内涝感受情况，进行了民意调查，调查地点集中在内涝点所在地街道如：芷兰、芙蓉等11个街道。发放并填写调查问卷151份，其中填写非常满意105份，占69.5%，满意35份，占23.2%，一般11份，占7.3%，不满意0份，占0%。通过本次调查问卷反映，16处内涝点所在居民对本次防洪排涝工作是相当满意的，整治效果也是卓有成效的。

4.旅游带动

常德市在海绵城市建设中注重融入大量旅游元素，赋予其城市景观、生态廊道、旅游休闲等新功能，先后打造形成了柳叶湖环湖景观带、穿紫河水上风光带、德国风情街、大小河街、老西门历史文化街等一批海绵亮点项目，目前已成为炙手可热的旅游目的地。老西门文化与商业双赢；大小河街、穿紫河水上观光巴士（图15）。游客如织；万达金银街、武陵阁步行街流金淌银。

图15　停靠在大小河街码头的水上巴士

2016年，常德市海绵城市建设助推旅游效果显著，全市接待国内外游客4048万人次，同比增长25.7%，实现旅游综合收入318亿元，同比增长25.7%。2017年农历正月初二，中央电视台在黄金时段向全国特别推介了穿紫河·河街夜景风光。

5.筑巢引凤

随着环境提质进行的城市开发，带来土地大幅升值，拉动地方经济，提升城市品质。以生态水城为定位，经过多年的经营，常德悄然绽放、让人惊艳，多个国际会议在这里召开，如2017年5月的中德法治国家对话研讨会，2017年8月的气候适应型城市试点建设国际研讨会等，城市影响力逐渐加强。

常德成为海绵城市试点城市后，试点区内地价、房价上升幅度要高于一般城区；而穿紫河沿岸，随着水质和环境提升，地价、房价上涨比例更是基本达到一般城区的2倍（图16）。

图16　船码头生态滤池对面的公园世家小区

五、经验借鉴

1. 综合统筹

行政统筹。海绵城市建设是一项系统的工作，政府部门涉及规划、建设、财政、水利、国土、发改、园林、市政、房管等部门，常德市海绵城市建设领导小组由市主要领导挂帅，综合协调各部门。在具体的运作模式上，主要通过海绵办的周例会、主管领导的月例会、主要领导的季度调度来实现。在2019年的机构改革中，常德市以海绵办为基础，成立常德市海绵城市建设服务中心，协调海绵城市建设各行政层面的关系，统筹推进。

技术统筹。常德海绵城市建设参与项目设计的技术单位有8家，这8家设计单位中有欧洲背景的设计单位，有美国背景的设计单位，也有国内一线城市的设计单位，也有常德本地的设计单位，各家对海绵城市建设的理解并不一致，技术途径也不一致。常德市聘请中国城市规划设计研究院作为技术支撑单位的目的之一就在于融合各家技术，综合达到海绵建设效果。中国城市规划设计研究院在常德通过总体把控，充分发挥各家技术优势，形成常德海绵城市建设技术途径，达到海绵城市建设的目标。

2. 贴身服务

常德治水启动较早，引入欧洲治水的理念，但由于降水条件、发展阶段、建设理念不一样、面临的主要问题也不一样，欧洲的技术需要和中国的海绵城市有机融合。常德市政府聘请中国城市规划设计研究院作为技术咨询组，一方面统筹协调整体海绵城市建设技术路线，为此中国城市规划设计研究院编制了《常德市海绵城市建设专项规划》《常德市海绵城市建设系统方案》《常德市海绵城市监测方案》等整体性、系统性的文件，将欧洲的治水技术和中国的海绵城市理念融合；二是对海绵城市建设项目方案等设计文件进行技术审核及现场巡视，保障项目落实海绵城市建设要求；三是针对常德市海绵城市建设的共性的技术和程序问题，建议管理部门组织编制相关标准规范，规范海绵城市实施；四是总结海绵城市经验，推广常德海绵城市试点经验，形成常德经验、常德模式。通过以上措施，保障常德市海绵城市建设目标可达，出经验，出模式。

3.效果导向

在实施时序上，为保障海绵城市建设效果，常德市首先从雨污水排口开始治理，消除水体主要污染源；在此基础上，建设河道水系，将水文化内容植入，传承和发扬水文化；为进一步提高城市品质，开展源头小区及管网建设，进一步提高城市品质，还给市民高品质空间，水环境、水安全达到海绵城市建设要求。

以穿紫河为例，建设时序上，结合常德市黑臭水体治理的经验，先对泵站、调蓄池、生态滤池及泵站周边的水系、绿地进行改造，消除城市河道点源污染，削减泵站周边面源污染；以水文化定位为要求，对滨水建筑区进行改造，统筹落实海绵城市及水文化战略要求；在此基础上，海绵城市建设目标和指标为要求，落实源头小区改造、管网改造与建设。

4.水城共生

治水营城的理念始终贯穿于常德海绵城市建设试点，给内涝洪水预留空间，建设分散式和集中式的绿色基础设施净化雨水。另一方面，城市充分利用预留的蓝色空间，把水当为城市高品质发展的核心资源，充分挖掘城市水文化，打造城市水景观。

5.民生导向

民生导向表现为解决市民关注的问题，如高品质公共空间的打造以及市民的关注小区环境的改造。通过整治穿紫河、大型公园（滨湖公园、屈原公园、白马湖公园等），为市民提供高品质的公共空间。

通过老旧小区的改造，解决市民房前屋后积水和黑臭水体问题，以及小区居住中实际的需求，如停车等问题。老旧小区在改造之前，海绵办先对小区情况进行摸底，包括小区建设年代、小区面临的主要问题。对于问题较突出的老旧小区，进一步与业主座谈，确定业主需求等。

城市居民，特别是老城区居民最头疼的停车位缺乏、没有邻里休闲空间、运动器材老旧、道路年久失修等问题，都在海绵城市建设中得到一定改善。地下停车场不再怕被淹，暴雨时，道路上也不会出现污水横流的情况。

海绵城市建设过程中，常德对老旧小区进行改造，小区环境有了翻天覆地的变化，五万余居民直接受益。同时彻底解决了老城区内涝积水问题。改造公园及广场五个，城市居民休闲游憩空间大幅增加，城市变得更加宜居。市海绵办收到了近百份试点区外小区进行海绵改造的申请。

水环境治理

昭通市城市黑臭水体治理示范城市技术咨询服务

起止时间：2019.9—2021.9
主管所长：刘广奇
主管主任工：莫　罴
项目负责人：王召森
主要参加人：徐丽丽　孙广东　程小文

■ 一、项目概况

昭通市位于云南省东北部，地处云、贵、川三省结合部的乌蒙山区腹地，金沙江下游右岸，国土面积23021平方公里，人口509.26万，人均GDP为2.28万元（同期全国人均GDP为7.2万元），刚刚完成脱贫攻坚任务，是一个集"山区、革命老区、民族散杂区"为一体的地级市。

昭通中心城区位于市域中南部的昭阳坝子，2020年城区人口34.08万人，城市现状建设用地面积40.86平方公里，其中合流制区域面积约占三分之一，雨污合流市政管道约74.5公里，主要位于老城区。城区年均降雨量约735毫米，水系主要有利济河、秃尾河，均发源于境内，流域面积分别为113平方公里、124平方公里，自北向南汇入昭鲁大河后最终流入金沙江。本项目服务范围为中心城区。

■ 二、需求分析

昭通中心城区东门小河1.24公里、秃尾河28.47公里、利济河17.79公里，2016年被住房和城乡建设部、环境保护部列为城市黑臭水体，黑臭级别均为"重度黑臭"，总长度47.5公里（图1）。

此后，昭通市实施拆违、清淤、截污、河堤修复、景观提升等工程，河道水质及周边环境显著改善。2018年10月，经过多轮角逐，昭通市成功地列入第一批全国黑臭水体治理示范城市名单，开始为期三年的黑臭水体治理示范城市建设。

面对经济欠发达、又要在有限时间内实现黑臭水体消除，并统筹推进污水处理提质增效、城市内涝治理、滨河景观提升的艰巨任务，昭通问题需求的核心，是如何能够在保证目标实现的前提下，尽可能节省项目投资。

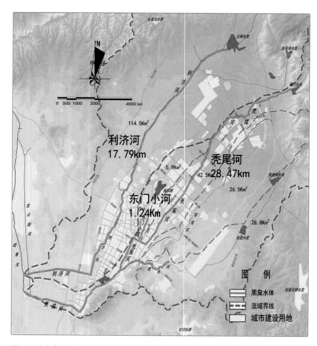

图1　城市黑臭水体分布图

▨ 三、技术要点

1.项目目标

本咨询项目的目标包括两个方面：一是评估政府确定的建设任务，明确达标困难指标及对策建议，协助政府顺利实现黑臭水体治理示范城市建设目标；二是进行全过程伴随式技术服务，依据综合效益最佳的原则，对建设任务、可行性研究、设计方案、施工组织等提出优化建议，尽量节约建设资金。

2.技术思路

结合服务目标和地方建设管理特点，确定项目推进的总体思路是：建立顺畅的咨询意见信息沟通机制，确保咨询意见能被充分考虑；在此基础上，根据系统化统筹治理的原则，目标导向、问题导向、结果导向相结合，按照由整体到局部的次序，随着建设任务实施而渐进式开展技术咨询服务，力争在不同阶段都能提出让地方政府认为有价值的咨询意见，从而最大限度发挥技术咨询团队的作用、实现合作双方的共赢。

3.主要内容

（1）深入开展驻场踏勘与资料分析，摸清真正问题与成因

在对建设任务进行评估之前，技术服务团队对现场进行整体踏勘，主要包括地形地貌、河

道及水体状况、排水管网及相关设施建设与运行情况、城市开发建设情况、农业农村发展状况、工程项目分布情况等，在此基础上，结合已有的管网普查资料等，整理管网系统图，了解清楚现状排水体制与排水分区、污水直排口、管网空白区、河道水质状况、污水厂运行数据等，清晰掌握现状存在的问题及主要成因（图2～图4）。

图2　污水管网系统现状图　　　　　　　　图3　地块排水体制现状图

（2）分析现状与目标差距，明晰达标难点并提出对策建议

技术服务团队通过量化分析，确定昭通最困难的任务是要在规划期内将污水处理厂BOD_5进水浓度提升30%以上，使进厂污水量至少减少4万立方米/日，以保证污水厂晴天不溢流（图5）。

水务院技术服务团队就明确提出成立"挤外水"联合行动小组建议，并针对昭通灌渠等地表水体分布广、与污水管网交叉多，且河床下截污干管较多等问题，提出不要采取管网内窥检测等全面铺开的排查方式，而是重点针对收集环节，采取"管理+工程"联合"挤外水"专项行动策略：

部门联动，对城区内温泉池、景观水体等"有主之水"开展去向排查的"管理挤外水"专项行动；本地专家与管网普查诊断专业团队共同协作，按照"先地表、后地下"的原则，对灌渠等地表水的去向、沿河及过河污水管道等高渗漏风险区段开展"工程挤外水"专项行动。

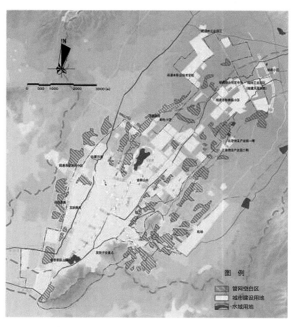

图4　污水管网空白区现状分布图　　　　图5　现状水系与污水管网交织分布

　　（3）评估建设任务清单，基于可行性必要性提出项目优化建议

　　综合分析预期目标、现状指标及拟建任务对目标达标的贡献率以及近期实施可行性等因素，技术服务团队建议大量占用基本农田的千顷池湿地和17处农业面源污染控制生态湿地项目可暂不实施。因篝门水库上游正在建设边篝水库，且篝门水库只是库容为128.8万立方米的小（一）型水库，调蓄能力不高，对其清淤以提高河道生态补水能力的项目也可以暂不实施。

　　（4）审查可行性研究报告，基于系统治理原则提出项目规模优化建议

　　在可行性研究报告审查中，技术服务团队提出的项目规模优化建议主要包括：取消团结路深埋合流制溢流污染调蓄池，改为将来随着城市开发建设逐步推进雨污分流改造，主要原因是该调蓄池服务的合流制区域是新城区的城郊接合部和城中村；建议1490吨/日的垃圾中转站按近期需求大幅压缩规模；取消海楼路1.5公里D1500排水管道的顶管新建工程，改为清淤修复现状排水管道；以传统分流井替代8座智能分流井等（图6）。

　　（5）参加方案审查，基于技术经济最优原则提出设计优化建议

　　在方案审查阶段，技术服务团队提出的设计优化建议主要有：改造河道，在保证防洪排涝安全的基础上优先采用生态护岸；在示范河段结合需求增加亲水平台和休憩空间；按照具备条件优先进行雨污分流的原则，进一步压缩河滨公园调蓄池服务范围与规模；新建第二污水处理厂填方降低1.5米以上；金鹰街内涝点治理，以混错接改造代替大规模的管道改扩建方案；平立结合增加雨水口的收集能力等。

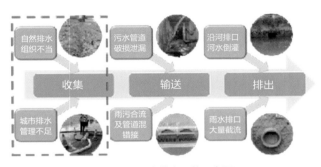

图6　污水管网中清水来源重点排查环节示意图

（6）直接进行外水来源排查，协助实现达标困难问题重点突破

针对污水中需要剥离大量清水的最困难问题，技术服务团队主动进行重要外水来源的排查，共排查出石头塘池塘水、锈水河二环南路桥下游河水、锈水河秀水康城处河水、锈水河五小温泉校区西北侧桥梁建设工地处河水、豆腐沟盐津路北侧溪水、永宏水上娱乐城温泉池水、区检察院供水管道破损涌出的自来水以及冲洗河床清淤过程中抽排至合流管道的泥水、为降低河道冲洗段水位而在上游抽排至合流管道的河水等，极大地帮助昭通在"挤外水"这一达标困难问题上的攻坚克难、集中突破（图7）。

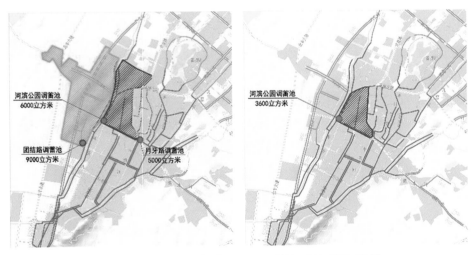

图7　可行性研究报告（左）与设计资料（右）中CSO调蓄池及服务范围对比图

（7）开展现场巡查，基于保障目标实现提出建设管理加强建议

技术服务团队驻场期间持续开展现场巡查工作，一般保证1～2周对施工现场及黑臭水体完成一次巡查，查看内容重点包括工程建设进度、施工排水组织、施工对现状排水设施的影响、工程质量控制措施、项目建设目标实现情况以及是否存在污染水环境的不合理施工组织方

式等。在现场巡查的基础上，结合工程建设进度计划等对巡查情况进行两周一次书面总结报告，并对发现的重大问题以工作提示单的方式于次日或之前进行书面反馈、提出整改建议等。

技术服务团队两年驻场期间，共发出工作提示单近百份，提示比较集中的问题主要包括施工中将污水直排河道或将清水排入污水管道、不按规范规定施工、沿河管道破损导致污水直排河道或河水汇入污水管道等（图8，图9）。

图8　过河污水管道破损　　　　　　　　　　　图9　河道施工中将河水导流进入截污干管

四、实施效果

1.协助昭通顺利实现黑臭水体消除等示范城市建设目标

昭通市通过控源截污、内源治理、生态修复、活水循环等综合治理工程以及长效机制建设，已顺利实现黑臭水体治理示范城市建设目标：

一是3条黑臭水体2021年连续6个月水质监测合格，水体黑臭现象已稳定消除。2020年间隔6个月以上的两次黑臭水体治理公众满意度调查中，群众满意度均在95%以上，取得了良好的社会效益（图10）。

二是于2020年12月初顺利通过生态环境部、住房和城乡建设部对昭通市进行的2020年城市黑臭水体整治专项行动现场核查，3条河道现场13个检测点位的各项指标均达到水体不黑不臭的标准，昭通市城市水体治理成效判定为消除黑臭，黑臭水体消除比例为100%。

三是污水处理效能提升达到年度目标要求：2020年污水处理厂日均进水BOD浓度比2019年提高了83.0%，生活污水集中收集率比2019年提高了19.5%，顺利完成年度任务目标。

四是住房和城乡建设局上报"全国城市黑臭水体整治监管平台"的资料，住房和城乡建设部2021年1月中旬反馈确认3条黑臭水体资料都齐全，即达到《住房和城乡建设部办公厅　环

图10　秃尾河水体黑臭现象消除前（左图）后（右图）对比照片

境保护部办公厅 关于做好城市黑臭水体整治效果评估工作的通知》（建办城函〔2017〕249号）中关于长制久清的要求。

2.全过程伴随式服务为昭通节约建设资金

两年持续的驻场服务期间，地方采纳技术服务团队所建议的建设项目优化内容主要包括：取消了千倾池湿地、箐门水库清淤、团结路合流制溢流污染控制调蓄池项目，减少14处农业面源污染控制生态湿地，清淤修复替代海楼路1.5公里的D1500排水管道顶管工程，传统分流井替代8座智能分流井，垃圾转运站近期建设规模由1490吨/日压缩到686吨/日，新建第二污水处理厂填方降低1.5米，金鹰街内涝点治理以混错接改造代替大规模的管道改扩建方案等。

通过建设过程中对项目规模及方案的不断优化，即使不考虑建议暂缓实施的千倾池湿地、农业生态湿地等，也为昭通市节省工程建设投资过亿元，经济效益突出。

五、经验借鉴

结合地方建设管理程序，建立信息有效沟通反馈机制。昭通市黑臭水体治理，采取的是"市级统筹、区级实施"的管理模式，技术服务团队首先对接的是设置于市住房和城乡建设局的黑臭水体治理办公室，随着服务工作的推进，很快建立了"咨询意见分级对接、分歧意见上级裁决"的高效信息沟通反馈机制，保证服务团队在不同层面全过程的充分融入与作用的充分发挥（图11）。

全过程伴随式技术服务，帮助地方政府有效避免投资浪费。昭通技术咨询服务项目，积极探索了从方案到实施的全过程伴随式服务延伸工作，为地方推动城市高质量建设、避免投资浪费等提供了有力的技术支撑。

协助地方政府准确识别并初步解决污水处理提质增效这一达标难点：面对在有限时间内

405

第四部分　技术咨询篇

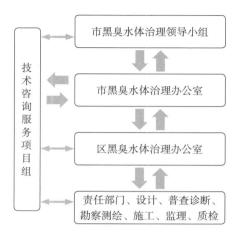

图11　信息沟通反馈机制示意图

实现黑臭水体治理示范城市建设综合目标的艰巨任务，必须遵循"二八定律"，抓住主要矛盾和矛盾的主要方面，优先解决地方制约性的关键问题。

■ 六、项目思考

　　污水干管应避开沿河地带，且宜选择强度较高的管材：从全过程技术服务发现的突出问题来看，为主动适应城市高质量发展的要求，污水工程规划设计工作在管网系统布局、管材选择等方面应该有所转变，其中污水管网系统布局规划时，主干管应避开沿河地带布置，从根本上降低地表水进入污水管道的风险；管材选择时，对于难以实现精细化施工管理的城市以及地下水位高的区域、滨河排水管道等，不宜选择强度不高的新型管材，降低因施工不当等增加管道破损风险。有条件的，污水管道应优先采用球墨铸铁管、承插橡胶圈接口的钢筋混凝土管等（图12）。

图12　河水汇入河床下破损截污干管

考虑污水处理提质增效与供水管网漏损联合治理：污水管网中清水主要来源的排查是比较困难的，从昭通在管网检测中发现的清水实际来源看，自来水输、配水管道破损渗漏占比明显，因此，对于供水管网漏损比例较高的城市，可以考虑与供水管网漏损一起治理统筹推进污水处理提质增效工作，供、排水一体化联合治理，提升综合效益。

六盘水市黑臭水体治理示范城市技术咨询服务

2020—2021年度中规院优秀城乡规划设计一等奖
起止时间：2019.5—2020.12
主管所长：龚道孝
主管主任工：刘广奇
项目负责人：周飞祥　李昂臻
主要参加人：凌云飞　雷木穗子　姚越　李宗浩　赵政阳　顾思文　程睿

一、项目概况

三池三湖六盘水，千岩万壑一凉都。六盘水市坐落于贵州西部乌蒙山区，地处滇、黔两省结合部，是一座"以水为脉、水清则城美"的城市，无论是"三线"建设时期的项目布局，还是如今"两山夹一河"的城市结构，无不彰显着整个城市与水的密切联系；更是一座"因水而忧、以水为患"的城市，伴随着城镇化的发展，水城河——六盘水赖以为生的母亲河遭到污染，水环境质量日趋下降，昔日老百姓休闲、娱乐的好去处，已经彻底变成臭水沟、垃圾堆，民众对此怨声载道，也严重影响城市形象，成为六盘水转型发展的"心头之患"（图1，图2）。

2019年4月，在中规院水务院的全程技术支持下，六盘水市经过竞争性评审，成为国家第二批黑臭水体治理示范城市，为这座城市水生态环境全面提升带来了千载难逢的历史机遇。

除了排水设施欠账多、问题多、短板突出等现实问题，六盘水市更面临着示范周期短、建

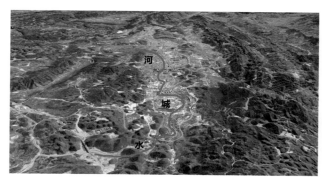

图1　六盘水"两山夹一河"城市结构

图2　治理前水城河实景照片

设任务重、考核标准高等多重挑战。在此背景下，六盘水市委托中规院开展"系统化实施方案＋伴随式技术咨询服务"的"1+1"技术咨询服务，以"系统服务＋协同管理"为目标，开展覆盖全生命周期的黑臭水体治理技术咨询工作。

二、需求分析

在"示范城市"的加持下，六盘水市黑臭水体治理面临着"解决问题＋示范引领"的双重需求，其独具的"处在转型发展瓶颈期的资源枯竭型城市、人居环境改善需求强的欠发达中小城市、城市水系亟待升级的国家级示范城市"的三大特征，决定了其城市水环境治理体系面临问题的代表性、特殊性、复杂性。

1.代表性：欠发达地区，城市排水系统短板突出

六盘水地处云贵经济欠发达地区，城市基础设施投入长期缺口较大，尤其是排水系统短板突出，雨水、污水管网覆盖比例低，管网空白区占中心城区比例超过10%，合流制比例达到42%，合流制溢流污染问题和分流制区域的污水直排问题并存，部分污水厂的处理标准为一级B，导致城市建成区2条主要河流水城河、双水河均为黑臭水体（图3）。

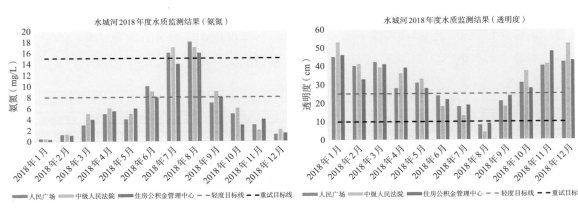

图3 水城河主要水质监测数据图

2.特殊性：喀斯特地区，排水系统与清水系统耦合

六盘水所在区域是我国最大的喀斯特地貌区，普遍存在的地下多溶洞伏流、地下水与地表水交换强烈、大量清水进入排水系统等鲜明特点，城市排水系统与清水系统耦合，排洪沟成为清水、雨水、污水混流通道，清污混流问题突出，导致排水系统效能低下，污水厂进水BOD浓度常年低于40mg/L，污水处理系统不能充分发挥作用。

3.复杂性：已实施两轮的水环境治理，部分项目"走弯路"，反而增加了下一步治理的难度

在成为示范城市之前，六盘水市刚刚完成先后两轮的黑臭水体治理，由于缺乏系统谋划，

采取的是"大截排"等简单粗暴的建设方式,将沿河雨污排口全部截留,并实施河道硬化,导致建设项目不仅未有效解决已有问题,反而增加了下一步治理的难度。在示范城市建设中,如何最大化利用已实施项目,成为制定建设方案时需要解决的重要问题。

三、技术要点

面对六盘水市现状问题和黑臭水体治理需求,项目组基于中规院长期服务六盘水的技术积累(六盘水市城市水系统专项规划、六盘水市海绵城市专项规划、六盘水市道路竖向规划)、"十一五"以来的水专项研究成果[城市低影响排水(雨水)系统与河湖联控防洪抗涝安全保障关键技术、城市地表径流污染控制与内涝防治规划研究、城市水污染治理规划实施评估及监管方法研究、城市水环境系统的规划研究与示范等课题],结合六盘水市实际特征,形成可以指导实施的"一张蓝图"。

1.明确建设目标

围绕六盘水市黑臭水体治理建设需求和核心问题,结合示范城市考核要求,项目组提出"全系统治理——混合型排水体制区域污水处理提质增效典范、全方位推进——海绵城市与黑臭水体治理协同推进示范、全社会参与——基于立法保障的黑臭水体治理长效机制"等三大示范目标,构建以污水处理提质增效为核心,融合海绵城市建设、河道生态修复的"1+2"任务体系,并为六盘水市"量身定制"了三大建设模式(图4)。

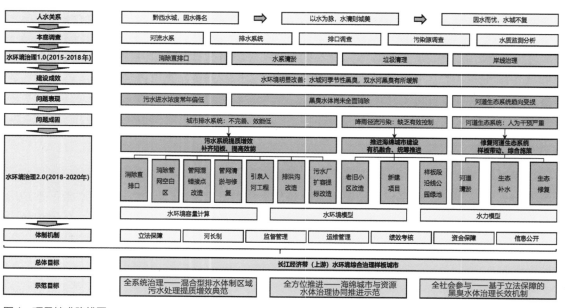

图4 项目技术路线图

2.确定建设模式

(1)污水处理提质增效"四步走"

先摸清问题,后解决问题。提出首先开展覆盖六盘水中心城区的管网详查和诊断工作,全面查清现有排水管网存在问题,为制定科学、合理的改造方案奠定基础。

先重点问题,后次要问题。充分考虑示范城市建设周期和考核目标,提出优先解决当前排水系统中存在直排口、管网空白区、合流制溢流污染等突出问题,在此基础上,再开展重点片区混错接改造等。

先清污分流,后雨污分流。针对"喀斯特地区"普遍存在的地下多溶洞伏流、地下水与地表水交换强烈、大量清水进入排水系统等特点与问题,提出"先清污分流、后雨污分流"的建设策略,明确"挤清水"作为示范期建设重点、远期视情况开展雨污分流的技术方案。

先主干管网,后支干管网。针对六盘水市排水系统短板较多的特点,提出"先主干管网,后支干管网"的改造策略,并结合管网详查和水质监测数据,建立管网评估方法,精准识别"瓶颈管",制定针对性改造方案。

(2)海绵城市建设"三协同"

结合城市降雨径流污染控制需要,按照"以海绵城市理念治理黑臭水体"的要求,结合六盘水市城市建设时序和项目安排,提出"嵌入式"建设模式,并最终形成海绵城市建设"三协同"推进策略,分别为与老旧小区改造协同推进、与黑臭水体治理样板段打造协同推进、与重点项目建设(水钢排洪沟改造、九洞桥污水厂提标改造、水钢污水厂新建等)协同推进,以实现有机融合、统筹推进,系统提升城市人居环境。

(3)河道生态修复"两提升"

鉴于水城河、双水河河道岸线大部分已为硬化、渠化状态,提出主要通过两个方面进行生态修复:一是将再生水作为补水水源实施生态补水工程,提升河道流动性;二是通过清淤和岸线生态化改造,提升河道生态功能。此外,为全面提升城市水环境,结合现状问题,除黑臭水体外,亦对中心城区范围内凤池园、水城古镇景观河道、卡达凯斯人工湖、明湖湿地等重要水体提出生态修复方案和建设要求。

按照上述治理思路,充分考虑相关部门的职责分工和项目实施方式,对其中相关性较强的项目进行整合和打包,共梳理出涉及污水处理厂提标改造、清污分流改造、排水管网改造、海绵城市建设、水体生态修复、再生水利用、能力建设等7大类17项建设项目,形成六盘水市黑臭水体治理示范城市建设"作战蓝图"(图5)。

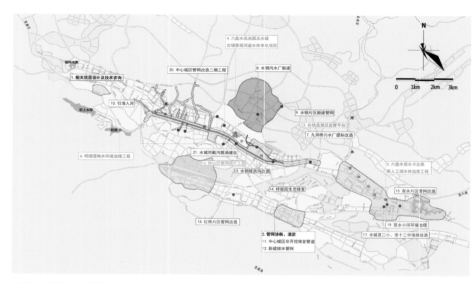

图5 示范城市创建项目库分布图

四、实施情况

1.建设成效：黑臭消除、污水厂进水浓度提升、人居环境改善

在两年多的黑臭水体治理示范城市建设中，项目组提出的17项建设项目全部得到实施（项目落地率：100%）。项目实施后，六盘水市城市建成区内2条黑臭水体彻底消除，城市水生态环境明显改善，重现"水清岸绿、鱼翔浅底"美好景象；城市排水系统效能显著提升，污水厂进水BOD浓度提升50%以上（图6）。

图6 水城河治理前后效果对比图

2.助力形成水环境治理的"六盘水模式"："四强化、四构建"长效模式

在示范城市验收前，项目组结合在六盘水驻场工作近千日的实践经验，总结形成"强化高位推进、构建整体联动的组织工作体系，强化技术支撑、构建全面覆盖的技术保障体系，强

化建管结合、构建全面监管的建设管控体系，强化多元投入、构建稳定有力的资金保障体系"的水环境治理"全社会参与——基于立法保障的黑臭水体治理'四强化、四构建'长效模式"，作为典型案例得到《贵州改革情况交流》《贵州省生态文明建设》等官方媒体刊发，在西南喀斯特地区实现示范、推广和应用，取得良好社会影响（图7）。

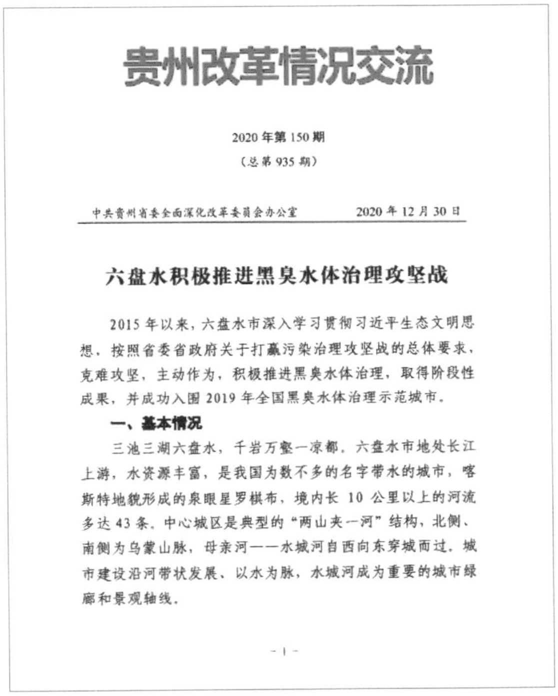

图7　六盘水市黑臭水体治理经验推介

▓ 五、经验借鉴

1.针对黑臭水体治理，开创了"系统化实施方案＋伴随式技术咨询服务"的"1+1"技术模式

针对"十三五"以来多数城市在黑臭水体治理中存在的项目科学性、系统性不足等问题，创新性地采用"系统化实施方案＋伴随式技术咨询服务"的"1+1"技术模式，通过编制系统化实施方案，实现"定目标、定思路、定项目"，通过伴随式技术咨询服务，扎根现场承担治理工作"总工"角色，协助地方政府对项目实施进行把控，定期到项目施工现场进行督查，对项目实施中遇到的问题进行技术协调和把关，对施工现场不符合要求的做法出具整改意见，确保项目建设效果，并根据实施过程中遇到的问题，及时对系统化实施方案进行"动态维护"，确保如期实现建设目标。

2.针对排水管网改造，创新性提出适用于管网问题突出城市的"四先四后"建设模式

针对在排水管网改造中由于重点不明、思路不清、本末倒置导致的改造后污水厂进水浓度"不升反降""水不臭了但是雨天淹了"等问题，创新性提出"先摸清问题、后解决问题，先重点问题、后次要问题，先清污分流、后雨污分流，先主干管网、后支干管网"的"四先四后"建设模式，为排水管网科学、合理、有序改造提供技术范本，为我国众多管网问题突出的城市提供极具实践价值的参考案例。

3.针对喀斯特地区，针对性提出"上截 中引 下疏"的清污分流模式

针对西南喀斯特地区普遍存在的清污混流、污水厂进水浓度低等问题，结合喀斯特地区地形地貌特征，提出"上游截山洪（避免进入污水系统）、中游引清入河（避免清水排入污水系统）、下游疏通改造排洪沟（排洪沟清污分流）"的清污分流技术模式，破解"清水、雨水、污水"混流问题，显著提高城市排水系统效能。

咸宁市城区黑臭水体治理示范城市技术咨询服务

起止时间：2019.10—2021.12
主管所长：龚道孝
主管主任工：洪昌富
项目负责人：高均海　陈利群
主要参加人：李宗浩　石鹏远　蒋艳灵　胡小凤　杨映雪　凌云飞　袁　芳

▨ 一、项目概况

　　咸宁市位于湖北省东南部，长江中游南岸，湘鄂赣三省交界处，是长江经济带的重要组成部分，是武汉城市圈和长江中游城市群重要成员，素有湖北南大门之称。咸宁市域内长江岸线约128公里，流域面积50平方千米以上的河流66条。全市列入省政府保护名录的湖泊共有39处。深蕴的"水文化"在咸宁城市建设发展中扮演了重要角色。

　　2015年4月，国务院颁布《水污染防治行动计划》（国发〔2015〕17号），明确提出"到2020年，地级及以上城市建成区黑臭水体均控制在10%以内，到2030年，城市建成区黑臭水体得到消除"的控制性目标。2018年6月，《中共中央国务院关于全面加强生态环境保护坚决打好污染防治攻坚战的意见》进一步强调消除黑臭水体的目标。

　　为深入贯彻习近平生态文明思想，着力打好碧水保卫战，咸宁市于2015年起启动城区黑臭水体排查评估工作。2018年10月，在财政部、生态环境部、住房和城乡建设部联合举办的全国黑臭水体治理示范城市竞争性评审中，咸宁市成功入选全国首批臭水体治理示范城市，上报整治浮山河、滨湖港、杨下河、大屋肖河、北洪港共五条黑臭水体，治理长度合计37.71公里。

▨ 二、需求分析

　　自入选全国首批臭水体治理示范城市以来，咸宁市采取排口截污、清淤疏浚、雨污分流改造等一系列治理措施，取得一定成效，缓解了城区黑臭水体现象。但黑臭水体治理是一项系统工程，由于前期工作开展受时间限制，缺乏统筹性谋划，导致部分治理河道水质无法稳定达标，出现返黑返臭现象。同时，还存在污水收集率及污水厂进水浓度不高、工程示范效果不佳

等问题。

　　考虑到咸宁市黑臭水体治理前期已投资实施部分工程，且距离验收时间仅剩一年。在时间和资金的双重制约下，如何在现有已实施工程基础上，通过科学高效的技术措施，实现"消除黑臭水体"的建设目标，同时与中远期污水处理提质增效等工作有效衔接，是本项目的重点及难点（图1，图2）。

图1　杨下河黑臭水体实景图

图2　大屋肖河黑臭水体实景图

416

三、技术要点

1.建设目标

　　充分考虑城市本底条件及问题成因，在现状治理成效的基础上，以"黑臭水体完全消除"为核心目标，打造国家黑臭水体治理示范城市，探索长江中游城市水环境综合治理示范路径，实践中部丘陵地区城市人居环境综合提升示范模式。具体包括：

　　（1）消除黑臭水体：黑臭水体河道水质稳定达标，保障治理成效，达到示范城市验收要求。

　　（2）示范效果良好：打造生态示范段，建立健全制度机制，实现黑臭水体治理"长制久清"。

　　（3）污水处理提质增效：推动管网详查、雨污分流改造等工作，实现水环境质量综合提升。

2.技术路线

　　通过深入的实地调研，分析咸宁市黑臭水体治理中存在的返黑返臭及相关现状问题，水务院技术团队提出消除直排（排口截污）、上游污染控制、补齐管网空白区、溢流污染控制、活水保质、生态修复、雨污分流、管道清淤、消除空白、面源控制、监测检测、管网溯源改造等十一项工程措施，同时预留一项"X"工程：后期根据管网摸排情况，确定相应工程措施。总体形成"11+X"项工程措施。

　　针对近期"消除黑臭水体"的核心建设目标，对照政策文件要求，从"黑臭水体消除情况""污水处理效能提升情况""示范段建设情况"以及"制度建设情况"四个方面，评估现状达标形势，查缺补漏。将验收标准、现状情况、应对措施一一对应，优化系统化实施方案，通过驻场工作的形式保障方案落实（图3）。

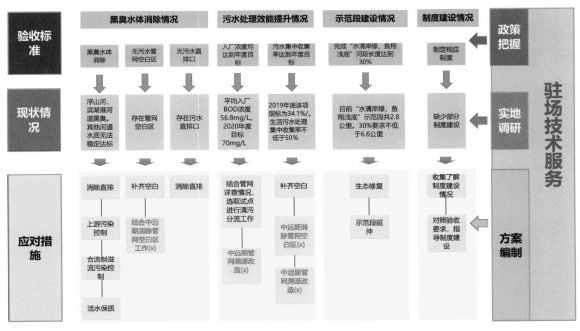

图3 技术路线图

四、实施效果

1.统筹谋划精准施策，消除黑臭水体

针对咸宁市浮山河等五条黑臭水体的黑臭成因，重点采取排口截污、溢流污染控制，结合生态修复、活水保质等工程措施，改善河道水质。工程实施后，浮山河、滨湖港两条重度黑臭河道水质得到有效提升，北洪港、杨下河、大屋肖河三条轻度黑臭河道水质稳定达标，总体上实现完全消除黑臭水体的建设目标。咸宁市在黑臭水体治理过程中探索出了可推广、可复制的工作经验，获得央媒点赞（图4，图5）。

2.建立健全制度机制，实现"长制久清"

水务院技术团队协助咸宁市出台包括《关于进一步加强河道（浮山河、滨湖港、北洪港）管理工作的通知》《咸宁市城区黑臭水体沿岸排污口排查及排水管网详查工作方案》《咸宁市排水设施养护管理办法》等14项管理制度，从方案制定、工程实施、过程监督、绩效考核等多个层面规范指导黑臭水体治理工作，保障黑臭水体治理成效，为将来的水环境治理工作打下良好基础。

图4 黑臭水体治理后实景图

图5 人民日报专题报道

五、经验借鉴

1.以精准截污为切入点，高效协调"已做"与"未做"

由于缺乏系统谋划，咸宁市前期治理工程存在"头痛医头，脚痛医脚"的问题。排口截污作为前期治理工作中最重要的技术措施，出现误截、漏截、错截等问题。为了有效协调前期已做工程与待做工程，避免重复施工的同时对亟须整治的排口进行精准截污，项目组通过对300余处排口的实地踏勘以及排口基础信息测量、水质检测等工作，以水质检测数据为核心，进行定性及定量的分析，制定统一标准：以COD（化学需氧量）、氨氮为水质参考指标，将排口分为截污排口（COD＞60mg/L或氨氮＞8mg/L的出水排口）、考虑截污排口（COD50～60mg/L，同时氨氮5～8mg/L的出水排口）、不截污排口（COD＜50mg/L或氨氮＜小于5mg/L的出水排口）（图6）。

对前期已整治的"截污排口""考虑截污排口"进行保留，前期已整治的"不截污排口（多为管径较大的雨水排口）"根据实际情况进行恢复；对未整治的"截污排口"进行精准截污，对未整治的"考虑截污排口"根据水环境容量计算确定是否整治。截污方式方面，充分考虑晴、雨天排口水量变化情况以及排口管径、高程等基础信息，采取直接截污（接入沿河截污干管）或溯源截污（溯源至管道混错接点处进行适当改造）两种方式（图7，图8）。

2.以消除黑臭为核心，系统贯通"末端"与"源头"

咸宁市黑臭水体治理工作中，首要目标是消除黑臭现象。实现"完全消除黑臭水体"的建设目标，优先采取排口截污、溢流污染控制等高性价比的末端治理措施，削减入河污染量，有效提升河道水质；采用管道清淤、混错接点改造等过程控制的措施，防止污染物淤积进而影响黑臭水体治理成效；加快推进管网详查工作排查污染源，采取雨污分流改造、管网空白区

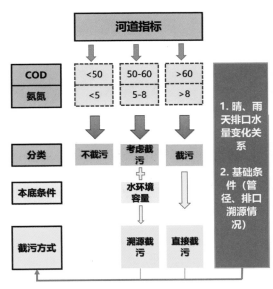

河道指标

| COD | <50 | 50-60 | >60 |
| 氨氮 | <5 | 5-8 | >8 |

分类: 不截污 / 考虑截污 / 截污

本底条件: 水环境容量

截污方式: 溯源截污 / 直接截污

1. 晴、雨天排口水量变化关系
2. 基础条件（管径、排口溯源情况）

图6　排口分类技术路线图

出水排口水质概况-氨氮（不含滨湖港）

- 氨氮<2 mg/L: 34%
- 氨氮2-5 mg/L: 22%
- 氨氮5-8 mg/L: 14%
- 氨氮8-15mg/L: 18%
- 12%

出水排口水质概况-COD（不含滨湖港）

- COD <15mg/L: 29%
- COD 15-30mg/L: 25%
- COD 30-40mg/L: 16%
- 21%、5%、4%

河流	排口数量	道路排口			地块排口			其他排口
		有出水	无出水	小计	有出水	无出水	小计	
浮山河	120	28	45	73	15	26	41	6
北洪港	51	7	1	8	15	21	36	5
杨下河	40	1	4	5	1	27	28	7
大屋肖河	62	2	8	10	12	33	45	7
滨湖港	21	2	0	2	6	13	19	0
合计	294	40	58	98	49	120	169	25

图7　前期已封堵的"不截污排口"

图8　前期未整治的"截污排口"

建设等措施加强污染物源头减排。按照统筹谋划的系统思路，实现"末端—过程—源头"全过程管控。

以滨湖港黑臭水体治理为例，滨湖港上游为城中村，管网错综复杂。中下游为箱涵段，两侧生活污水大部分直排入河，因此在末端形成雨污混流污水进入河道，进而形成黑臭水体。为优先解决黑臭问题，在箱涵出口处建设生态滤池及生态湿地，削减合流制箱涵溢流污染。同时采取排口截污等措施，截留河道两侧生活污水；箱涵内部采取清淤疏浚等措施，清理淤积污染；源头城中村开展管网详查工作，并根据详查成果补齐管网空白，推动雨污分流改造（图9，图10）。

3.以方案落地为根本，科学结合"近忧"与"远虑"

黑臭水体治理是一项系统谋划的工作，项目组以黑臭水体治理效果基准，充分考虑时间紧

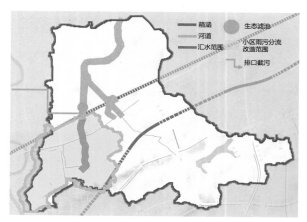

图9 滨湖港治理方案图

图10 滨湖港生态湿地效果图

420

张、资金有限等客观因素,结合咸宁城市发展建设计划,提出工程"分步实施"、目标"分步实现"的推进思路:优先解决"近忧",即采取消除直排、上游污染控制等措施消除黑臭水体。在此基础上,实施管道清淤、消除空白、面源控制措施达到示范效果良好。在完全消除黑臭并达到示范城市建设要求后,采取管网溯源改造等措施推进污水处理提质增效,实现水环境质量综合提升以及人居环境改善的最终目标(图11)。

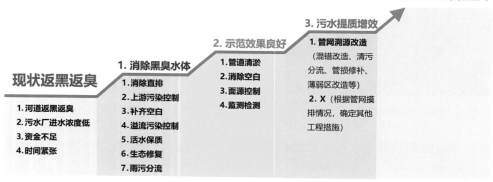

图11 分步推进路线图

荆州市城市黑臭水体治理系统方案
编制及技术咨询服务

起止时间：2019.7—2021.9
主管所长：刘广奇
主管主任工：莫　霍
项目负责人：龚道孝　李　婧　周广宇
主要参加人：牛建森　卢　静　芮文武　程小文　徐丽丽　顾思文
合作单位：长江科学院　深圳市深港产学研环保工程技术股份有限公司

■ 一、项目概况

　　荆州市地处湖北省中南部，位于江汉平原腹地，地临长江、襟江带湖、平畴广川，形成长江水道、平原陵埠、江汉水乡等鲜明的自然特色。荆州，是全国第二批黑臭水体治理示范城市，2019年7月至2021年9月，水务院牵头在荆州驻场开展黑臭水体治理系统方案编制及技术咨询服务工作，探索出"治污、治涝统筹""厂—网—河一体化运维驱动污水收集效能提升"等治理方式，打造出平原河网地区城市黑臭水体治理的典范。

■ 二、需求分析

　　荆州，具有典型的平原水乡城市特征，城区河网密布、人口稠密，城市水安全与水污染两大问题复杂交错（图1）。

　　一方面，城市建成区紧邻长江，地势低平，头顶"一江水"，每逢汛期，长江干流水位持续高于城区近10米，城区西侧、北侧的运河、大湖水位同样持续高于建成区，形成"高水环城"，城市面临着严重的排涝困局。另一方面，治理之初，城区共有黑臭水体7处、管网清污混接、雨污混接现象突出、污水集中收集率偏低、河湖历史污染沉积严重，同时，又由于河湖水网关系复杂、城区内河湖持续高水位，而使污水漏失等问题隐蔽在高水位之下而难以治理。

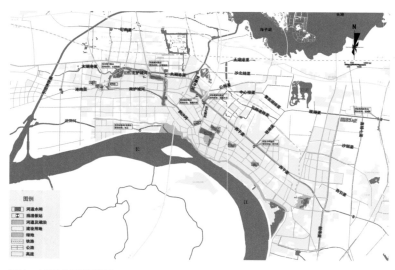

图1 城区水系现状图

三、技术要点

1.项目目标

依据国家对黑臭水体治理示范城市建设要求并立足城市治水工作需求，提出项目目标包括：①通过系统治理，全面消除城市黑臭水体，治理完成的黑臭水体中，实现"水清岸绿、鱼翔浅底"的河道长度不少于30%。②通过示范城市建设，提高污水收集效能，导致水环境污染的污水漏失等问题得到根本性控制。③建立城市水体治理维护长效机制，城市水环境长期向好改善，实现城市水体"长制久清"。④统筹"治污"与"治涝"工作，实现城市水环境显著改善的同时，推动消除城区历史积水点。

2.技术思路

通过系统分析城市众多涉水要素间的复杂关系，理清"治污"与"治涝"关系（图2），提出总体治水策略：

一是要以保障洪涝安全作为治污的前置任务，实施防洪排涝能力提升"三步走"，合理调控城区内河湖水位，着力推进雨污分流改造，因地制宜实施雨水源头减排，逐步消除汛期排涝对城市水环境影响；二是要坚持水陆共治，围绕"收污水、治渗水、挤外水"，着力消除管网空白区，实施排水管网修复改造，提升污水收集效能，科学实施内源污染治理，大力推进水体生态修复，促进城市水环境长期向好改善；三是要完善城市排水管理制度，创新运维机制、明确工作责任、促进治水工作形成合力，通过制度措施，从根本上控制污水漏失等导致水体水质恶化的关键性问题，建立有效防止返黑复臭的工程和非工程体系。

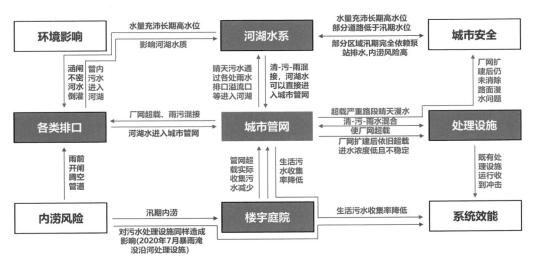

图2 城市"污""涝"的复杂关系

3.主要内容

基于以上技术思路，驻场工作期间，主要开展工作包括以下方面：

（1）编制城市内涝治理系统实施方案，筑牢洪涝安全底线

按照"治污必先治涝"的要求，统筹谋划防洪、除涝、调蓄设施布局，实施防洪排涝能力提升"三步走"：一是提高防洪标准，构筑环城防洪包围圈；二是建设骨干除涝泵站，提升城区抽排能力；三是建设调蓄型湿地、增强洪涝调蓄能力。为深入开展治污工作，奠定坚实基础（图3）。

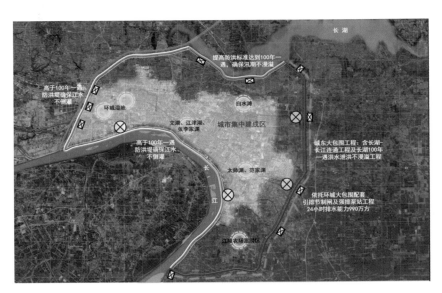

图3 城市防洪排涝设施体系总体布局

（2）驻场指导城市排水系统修复改造，提升污水收集水平

2019年起，深度参与并指导中心城区排水管网检测工作，共参与完成检测排水管道3785千米，其中含小区、企事业单位内部管道约2727千米，共查出管道缺陷约2.1万处、雨污混错接点位10700余处。

以此为基础，围绕"收污水、治渗水、挤外水"思路，进一步指导城市排水系统修复完善工作。"收污水"，是整合排水分区与行政辖区，划分排水管网改造片区78个，指导市、区两级统筹实施污水管网建设。建设过程中，提出合流制区域与分流制区域分类施策：合流制区域，优先考虑实施雨水源头减排；分流制区域，优先实施排水管网缺陷修复及雨污混错接改造，最大程度减少污水溢流和漏失（图4）。"治渗水"，是采用CCTV、管道原位修复等先进技术手段，查明管道缺陷点位、评估管道缺陷状况，对具备条件的管道实施原位修复，对建设年代久远、管道结构性和功能性缺陷严重的管道实施原位更换，集中力量消除管道缺陷2万余处，极大减少地下水渗入、污水渗出等问题（图5，图6）。"挤外水"，是针对雨水涵闸、合流制溢流口、地下引水渠等关键环节，重点治理涵闸密闭性不佳、溢流口设置偏低、地下引水渠与排水管道错接等导致的典型地表水倒灌进入管道问题，同时，合理调控城市内河湖水位，严格限制施工降水、水产市场排水等进入排水管网，下大力气"挤出"管网外水（图7）。

424

（3）科学实施内源污染治理，大力推进水体生态修复

2019—2020年，水务院与长江科学院、深港产学研环保工程技术股份有限公司、长江大学等单位共同对城区河湖底泥进行采样检测，详细掌握底泥污染沉积浓度与沉积深度，基于检

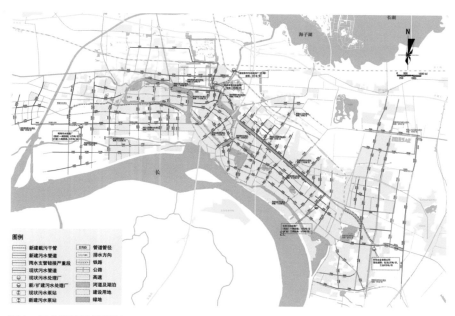

图4 污水管网建设规划

图5　实施排水管道原位修复

图6　检测排水管道外水掺入情况

　　测结果，指导实施城区河湖底泥清淤工程，累计清淤总量达到193万立方米，彻底消除河道内历史沉积污染，为进一步开展生态修复打下良好基础。

　　以巩固治理成效为目标，编制实施《白水滩生态湿地规划》等项目，大力推进沿河湖排水口生态化改造，推进河湖基底改良、原位曝气、水生生态系统构建等工程，强化水生生态系统对氮、磷等营养物质的吸收能力，健全水生生态系统。

　　同时，综合防洪排涝、日常景观、重大活动等要求，灵活控制河湖水位，以汛期控制最高流量、旱季保障最低流量为原则，实施活水保质，使治理后河湖水质稳定达标（图8）。

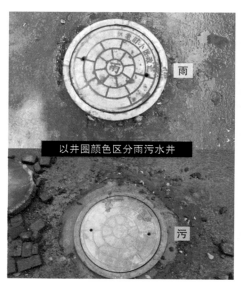

图7　实施雨污分流改造工程

（4）完善城市排水管理制度，保障水体"长制久清"

2020年初，制订《城区排水"厂—网—河"一体化运维试点方案》，将1座5万吨/天处理能力污水处理厂、243千米污水管网、3座污水泵站、17座雨水涵闸以及服务片区内的6.5千米河道，打包由单一主体实施统一运维，以此为起点，到2021年底，"厂—网—河"一体化运维范围扩大的城区面积的42%（图9）。

图8　白水滩湿地公园鸟瞰

2020年底，在全市范围内开展排水许可专项整治工作，实现对重点单位排水许可证基本核发到位、"厂—网—河"一体化运维范围内全部核发到位，对排水户排水情况实施不定期抽查检查，重点核查管道接管、预处理设施建设、排水水量水质等情况，城市《排水设施管理办法》得到有效落实。

2021年初，随着工作逐步深入，进一步制订并实施《开展全市建筑业及经营服务行业污水

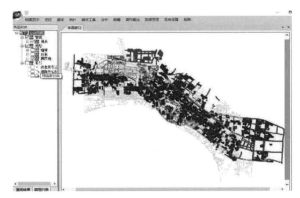

图9 建成城市排水运维调度中心、排水管网GIS系统

排放清理规范工作》等文件，针对建筑工地、餐饮、旅馆、洗（修）车、美容美发、集贸市场等重点行业，着力解决"小、散、乱"排水问题，分行业进行排水规范化指导。

到驻场工作结束，城市生活污水集中收集率与驻场之初相比，提升达23个百分点，污水漏失这一导致水环境恶化的关键性问题得到根本性控制，为实现水体"长制久清"提供重要保障。

四、实施效果

1.城区黑臭水体全部消除

目前，根据第三方机构水质检测报告以及荆州市中心城区7处黑臭水体整治情况公示，城区黑臭水体均已消除黑臭现象，治理后水体公众评议满意度均在90%以上，治理后河道基本实现"水清岸绿、鱼翔浅底"成效，同时，城市已经建立并完善了有效防止返黑复臭的工程和非工程体系，城市黑臭水体治理已经实现长制久清的目标。

2.污水收集效能显著提升

到2021年底，城区污水处理厂平均进水COD浓度与治理之初相比提高了100mg/L，污水集中收集率与2019年和2020年相比分别提高了23个百分点和14个百分点，超额完成国家关于示范城市污水收集率提升、湖北省关于城市污水厂进水BOD浓度的考核要求。

3.城市水体质量明显改观

自2019年示范城市建设工作开始，市生态环境局在城区内河湖水系中共设立17处监测断面，根据2022年一季度检测结果，17个监测断面中，水质优良比例已达到52.9%，明显优于治理之初时的水平（2019年为23.5%），城区内河湖水质劣Ⅴ类断面消除，治理后水体水质状况显著优于"不黑不臭"标准，护城河、荆沙河、荆襄河一线已经由过去的黑臭水体转变为"水清岸绿、鱼翔浅底"的生态示范段和城市湿地公园。

4.历史内涝问题同步消除

通过统筹"治污"与"治涝"工作,通过"水系连通、雨洪调蓄"与"源头减排、能力提升"并重,在城市水环境显著改善的同时,城区历史严重积水点也得到同步消除,2022年,城区最大6小时降雨量达到50毫米,主要道路均没有发生积水受淹现象。

5.吸引大量投资进入治水领域

在黑臭水体治理示范城市建设过程中,荆州市依托中央奖补资金,进一步谋划城区水环境治理PPP项目,吸引中央奖补资金数倍以上的资金投入,PPP项目涉及城市排水系统提标、流域水利水环境综合治理、城市智慧水务建设等方面,促进城市治水工作高水平、高质量发展,进一步扩大黑臭水体治理的示范效益(图10,图11)。

治理前、后的护城河

治理前、后的太师渊

图10 黑臭水体治理前、后对比

图11 建成后的荆沙河、荆襄河生态示范段

五、经验借鉴

1.统筹城市内涝与黑臭水体治理

在洪涝与污染问题交织的背景下，系统分析城市众多涉水要素间的复杂关系，理清"污""涝"关系，提出"治污必先治涝"的治理思路。以保障安全作为治污的前置任务，首先构筑完整的城市防洪排涝包围圈，全面保障城市防洪、除涝、调蓄能力；制定"收污水、治渗水、挤外水"技术路线，科学实施内源污染治理，大力推进水体生态修复。在实现黑臭水体消除、城市水生态环境显著改观的同时，城市的历史内涝问题得到同步解决，实现城市内涝与黑臭水体统筹治理。

2."厂—网—河"一体化运维驱动污水收集效能提升

制订《城区排水"厂—网—河"一体化运维试点方案》，逐步扩大"厂—网—河"一体化运维试点片区，打破原有"多头治水"格局，逐步实现污水厂、管网、泵站、涵闸以及河道由单一主体统一建设运维，使治水责任更明确，治水工作更能够形成合力，同时，着力完善城市排水管理制度，深入建筑工地、餐饮、旅馆、洗（修）车、美容美发、集贸市场等重点行业，使污水漏失这一导致水环境恶化的关键性问题得到根本性控制，城市生活污水收集效能显著提升，保障了城市水环境长期向好发展。

3.综合发挥绿色设施与灰色设施效益

在排水系统修复改造过程中，分流制区域注重雨污分流改造，合流制区域则优先实施雨水源头减排，以海绵化措施，有效解决老城高密度建成区内涝积水、污水溢流等问题，在随后的河湖水体治理过程中，实施底泥清淤，清理历史沉积污染，并注重河湖水生生态系统构建，强化河湖生态系统对污染物质吸收和降解能力，塑造出一批水清岸绿、鱼翔浅底的生态河段。通过综合发挥绿色设施与灰色设施效益，既解决了传统灰色设施所难以解决的问题，又能够保障治理后水体水质长期稳定达标，让老百姓有更多获得感和幸福感。

呼和浩特市城市黑臭水体治理示范城市技术咨询服务

起止时间：2020.5—2021.12
主管总工：孔彦鸿
主管所长：龚道孝
主管主任工：宋兰合
项目负责人：孙增峰　周长青
主要参加人：姚　越　顾思文

■ 一、项目概况

呼和浩特市是黄河流域的重要节点城市，地处内蒙古自治区中部，大青山南侧，西与包头市、鄂尔多斯市接壤，东邻乌兰察布市，南抵山西省。城市建成区面积约272平方公里。城区海拔为990～1200米，平均海拔1050米，总体上北高南低、东高西低，平均坡度3‰～5‰。呼和浩特市气候属典型的温带大陆性季风气候。主要特征是冬季漫长而寒冷，夏季短促而温热，春季干旱多风，秋季日光充足。年降水量在350～500毫米之间，且集中在夏季；蒸发量大，年平均蒸发量1791～2546毫米。

城区内的河流主要有大黑河、小黑河、哈拉更沟、哈拉沁沟、扎达盖河、乌素图沟及霍寨沟等。扎达盖河汇入小黑河，小黑河汇入大黑河，大黑河是黄河上游一级支流。河流主要发源于大青山，具有流域面积小、河长短、比降较大等特点（图1）。

现状排水体制主要为雨污分流制，少量区域市政排水次干管和支管尚未完成分流制改造。城区划分为六大雨水排水系统和五大污水排水系统。截至2021年，建成区排水管线约2960公里，其中雨水管线约1462公里，污水管线约1498公里。市区共有5座城市污水处理厂，辛辛板污水处理厂、章盖营污水处理厂、公主府污水处理厂、金桥污水处理厂和班定营污水处理厂，总设计处理能力为52万吨，深度处理改造后实际处理能力约为42万吨，处理能力不足。

■ 二、需求分析

呼和浩特市始终坚持生态优先、绿色发展的理念，严格落实国务院《水污染防治行动计

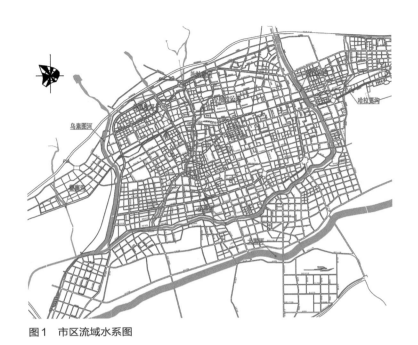

图1 市区流域水系图

划》相关要求，以治理城市黑臭水体、改善水环境质量为目的，分河道、分阶段科学治理，着力提升水环境综合治理能力和水平，推动城市水环境持续改善，增强人民群众的获得感、幸福感和安全感。

2019年10月，中国城市规划设计研究院城镇水务与工程研究分院协助呼和浩特市成功申报为国家第三批城市黑臭水体治理示范城市。呼和浩特市共有7处水体存在黑臭问题，总长度约19公里、汇水范围约72.56平方公里。其中扎达盖河5处，长度约8.7公里、涉及汇水范围约44.86平方公里；小黑河2处，长度约10.3公里、涉及汇水范围约27.70平方公里。为使城市黑臭水体全部消除，顺利完成示范城市既定目标，受呼和浩特市水务局的委托，水务院负责黑臭水体治理示范城市系统化方案编制，同时提供现场技术服务工作，以帮助呼市解决城市黑臭水体治理过程中存在的技术问题。

三、技术要点

1. 成因分析

根据现场调研分析，呼和浩特城市黑臭水体成因主要有：①污水处理和收集设施短板突出。污水处理能力不足、存在厂前溢流，部分管网老旧破损、淤积严重，存在雨污水管混错接及排水管网空白区等；②城市降水径流污染。城市建设未充分体现海绵城市理念，初期雨水和融雪污染控制设施缺乏；③河道生态基流严重不足。而通过橡胶坝分段蓄水后，水系连通性和流动性差。河道以硬质护岸为主，水体自净能力低。④河道内源污染。底泥污染物释放、枯萎腐烂水生植物、河道垃圾漂浮物引起的污染；⑤管理体系不健全。排水管网、河道底泥清淤等工作有待保持常态化管理。垃圾清运及管理等有待加强，存在非正规垃圾堆放和垃圾漂浮现象（图2）。

图2　现场调研图

2. 规划目标

深入贯彻新发展理念，坚持系统治理、统筹推进，结合城市品质提升和发展方式转变，围绕打好污染防治攻坚战目标，全面推进城市黑臭水体整治。补齐城市排水设施短板，中心城区黑臭水体全部消除，建立健全城市黑臭水体治理长效机制，持续巩固黑臭水体治理成效，使呼和浩特市成为我国北方缺水地区黑臭水体治理的样板城市。

3. 技术路线

技术路线如图3所示。

4. 主要内容

（1）编制系统化方案

系统化方案的主要内容充分体现落实党中央和国家要求，助力黄河流域生态保护；系统推进黑臭水体治理，探索干旱地区治理经验；多元化项目融资渠道，破解项目资金制约难题；推行黑臭治理信用约束，强化社会监督和公众参与热点难点问题。例如，针对呼和浩特干旱少雨、水资源短缺、水环境容量低、河道拦水坝多、水体流动性较差、生态环境脆弱等特点，积极探索再生水补充河道、设置人工湿地、仿生水草等改善水质的途径和方法。

在系统方案编制过程中，始终坚持"统筹推进、系统治理，标本兼治、重在治本，齐抓共管、属地负责，群众参与、各界满意"的原则。注重上游下游、地上地下、水域陆域等关系的统筹，从全方位、全过程的角度谋划确定呼和浩特市黑臭水体治理示范工程项目。提高河长制

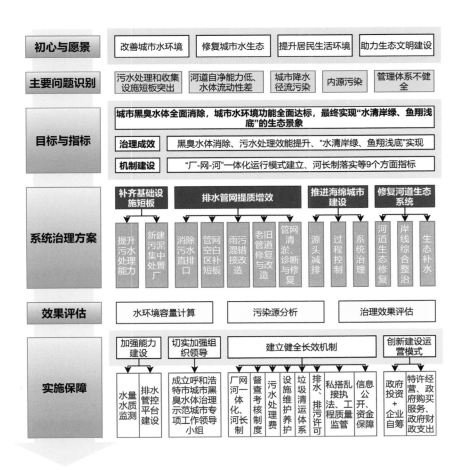

图3　技术路线图

的工作推力，强化属地政府主体责任，按照职能权限和责任分工，各司其职，各负其责，调动各方面力量参与黑臭水体治理。提高群众参与度和支持度，构建社会各界监督和参与的渠道，增强人民群众和社会各界自觉维护城市黑臭水体整治成果的意识（表1）。

呼和浩特城市黑臭水体治理主要示范工程一览表　　　　　　　　　　　　表1

序号	项目名称	规模	建设原因或解决的问题
1	班定营污水处理厂三期工程	12万吨/日	解决污水处理能力不足而引起的污水溢流问题
2	污泥集中处置项目	300吨/日	保障污水厂日常排泥及正常运行
3	排水管网普查和诊断	约272平方公里的建成区范围	查清排水管网现状及存在的问题，为排水管网修复、管网建设改造以及排水管网信息化建设等提供依据和支撑
4	污水管网新建改造和互联互通工程	改建管网33公里改建泵站6座	针对排水管网存在老旧破损严重、雨污混错接、排水管空白区、市区污水处理厂管网互不相通等问题
5	扎达盖河综合治理工程	5.07公里	河道疏浚、堤防修筑、水生植物种植、生态护坡、沿河景观及道路建设、两岸生活及建筑垃圾清理等

序号	项目名称	规模	建设原因或解决的问题
6	小黑河示范段整治	2.21公里	河道清淤疏浚，水生植物种植，浮岛绿化，岸线垃圾清理，两岸景观带、步道及橡胶坝管养等
7	再生水补给项目	2公里（DN400）	再生水补水，增强水体流动性，满足景观水位和生态基流要求
8	海绵城市建设（公建海绵化建设、老旧小区海绵化改造、初雨调蓄工程等）	/	加大雨水污染及径流控制，促进雨水综合利用
9	管控平台建设	/	构建城市排水及黑臭水体监测体系，促进精细化运行和智能化管理

　　系统化方案综合考虑呼和浩特黑臭水体成因、规划目标、经济状况等因素，科学合理确定呼和浩特城市黑臭水体治理示范城市建设主要内容，其示范工程涵盖"强化污水处理弱项、补齐污水管网短板、加强河道生态修复、提高污水再生利用、破解污泥处置难点、推进海绵城市建设、构建智慧管控平台、健全长效管理制度"等内容。

　　系统化方案中所确定的示范工程项目已全部得到实施，部分示范工程项目实景如图4所示。

a.班定营污水厂三期工程

b.污泥集中处置工程

c.小黑河示范段整治

d.初雨调蓄工程

图4　部分示范工程实景图

（2）开展管网普查诊断

呼和浩特市城市排水系统复杂，排水管网底数不清、混错接问题较突出。开展城市排水管网普查，获取完整、精确的城市排水管网数字信息，支撑城市排水管网信息化建设和精细化管理；开展城市排水管网诊断，分析判断城市排水管网混错接和破损等问题，为排水管网的更新改造提供支撑，推动城市污水处理提质增效和水环境治理。

开展城市排水口和排水管网普查，普查对象包括雨水管网、污水管网、合流制管网和雨水口等，建立呼和浩特市排水管网信息系统。制定排水管网监测方案，开展排水管网监测诊断工作。以老旧城区、城乡接合部、污水量明显偏大或偏小的区域、管网上下游水质变化显著的区域、黑臭水体的汇水范围和雨污水错接混接严重的区域等为重点监测范围，对污水厂进水口、典型单位或小区排水口、雨水管排水口、管网关键节点等开展水量水质监测，由下向上沿线追溯问题、由点到面对比分析问题、由区域到节点定位问题管段。结合管道内窥检测等手段，判定城市排水系统有无雨污管线错接混接、外水入渗、淤泥沉积等问题，根据相应问题的类型、位置、数量和状况，制定管网修复和改造工程方案（图5）。

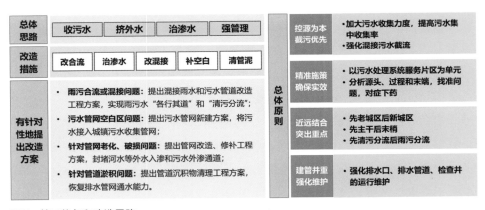

图5　管网修复和改造思路

经过管网普查和诊断，发现呼和浩特市城区排水系统存在外水入渗入流、雨污混接错接、分流制管网改造不彻底、管道淤积等问题，精确定位雨污混接错接点84处。针对发现的问题，提出开展市政管网雨污分流改造、市政管网混错接改造、合流制小区雨污分流改造、空白区污水收集设施建设、断头排水管改造、排水管道修复改造和清淤疏通等管网建设与改造任务。部分建设任务实施后生活污水集中收集率由2020年的69%提高至2021年的77%，有力推进了污水处理提质增效。

（3）指导管控平台搭建

构建呼和浩特城市排水及黑臭水体监测体系，指导建设信息化排水监控平台，包括在线监测终端、数据资源、黑臭水体监管系统、一体化排水管理平台等内容。此平台建成及完善后，可实现综合展示、设施及工程管理、监测预警、污染溯源、巡管养护、公众监督等功能，从而大大促进排水系统精细化运行，科学化和智能化管理（图6）。

图6　呼和浩特市黑臭水体监管平台主界面

（4）协助建立健全制度

协助修编《呼和浩特市建成区黑臭水体长效管理方案》等制度文件，充分调动各方力量，坚持齐抓共管、开门治水，积极引导社会广泛参与，形成"政府—社会—群众—专家"共建共治共享的治水格局。多次邀请国内水环境治理领域和高等院校的专家教授进行技术指导，系统把脉、科学指导呼和浩特城市黑臭水体治理工作。

推动呼和浩特在公主府污水厂实行"厂—网—河"一体化运行试点工作。坚持厂网并举，管网优先，科学规划管网路径，落实雨污分流，保障污水处理厂投入运行后的实际处理负荷。内容涉及"厂—网—河"一体化运维、考核方案及实施细则等。做到"污水进厂、雨水进河"，保障入河水质，促进污水处理提质增效、保障黑臭治理成效（图7）。

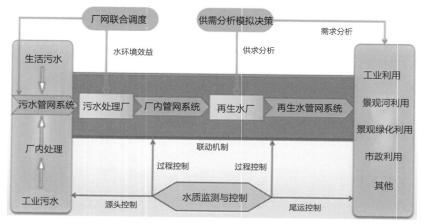

图7　"厂—网—河"一体化结构示意图

四、实施效果

1. 黑臭水体全部消除

按《城市黑臭水体整治工作指南》要求，分别于2020年10月、2021年4月、2021年7月、2021年10月四次对城市7段黑臭水体的40个监测点位开展水质检测。检测结果显示，4项检测指标均远优于标准限值，7段城市黑臭水体均达到不黑不臭标准，黑臭水体治理示范成效显著。

2. 效果得到群众认可

2020年10月和2021年4月开展两次整治效果公众评议，有效问卷分别为706份715份，统计结果显示，7段黑臭水体的公众评议满意度均达到90%以上。

3. 滨河环境明显改善

扎达盖河及小黑河水质显著改善，原本脏乱黑臭的河段已逐渐展现出"水清岸绿、鱼翔浅底"的景象。河道沿线生态环境质量及景观效果得到极大的改善与提升（图8）。

a.小黑河整治前　　　　　b.小黑河整治后　　　　　c.扎达盖河整治前　　　　　d.扎达盖河整治后

图8　整治前后效果对比图

4. 基本实现"长制久清"

根据住房和城乡建设部2020年第三季度黑臭水体整治效果评估网报系统，分别从黑臭水体治理公众评议满意度、相关工程完工情况、水体整治影像资料以及长效机制建设情况等方面，评定呼和浩特市7段黑臭水体基本达到"长制久清"要求。

五、特色创新

1.系统化方案因地制宜

呼和浩特作为北方缺水城市，城市水系径流量较小、地下水位偏低，水体黑臭的重要原因是污水处理和收集设施存在短板，导致部分未经处理的污水排入河道，加之河道自净能力低、降雨径流污染和内源污染严重，导致水体水质恶化。呼和浩特市黑臭水体治理在深入认识问题的基础上制定系统化治理方案，综合补齐基础设施短板、排水管网提质增效、推进海绵城市建设、修复河道生态系统等多种措施，兼顾排水系统源头、排水管网、末端处理、河道，系统推进黑臭水体治理工作。

2.治理经验可复制可推广

从自然地理条件来讲，呼和浩特是典型的北方缺水城市，全年干旱少雨、降雨时空分布不均，缺水成因为资源型缺水；从经济社会发展情况来讲，呼和浩特市政府负债率较高，财政状况不容乐观。呼和浩特在黑臭水体治理过程中，精准识别黑臭成因，合理规划建设项目，重点解决污水直排问题，把有限的资金用在刀刃上，取得显著治理成效的同时未增加新的财政负担，为广大的北方缺水城市黑臭水体治理工作提供了示范。

3.技术服务期满后的工作衔接

重点内容是为城市黑臭水体的消除提供相关技术咨询服务。为避免服务期满后导致技术支持的缺失，在完成合同约定任务的同时，技术服务团队根据呼和浩特市未来城市发展和整体水环境提升需求等因素，又详细制定服务期满后的相关工作及重点，包括适时启动喇嘛营污水处理厂建设、继续加大雨污水管网混错接改造、持续推进海绵城市建设、合理规划建设人工湿地等内容，为技术服务期满后做了很好的工作衔接，充分体现技术服务团队的社会责任和担当。

六、项目思考

1.确立排水管网在城市黑臭水体整治的核心地位

"黑臭在水中、根源在岸上，关键在排口、核心是管网"。排水管网分流制改造及混错接改造是河道水体"长制久清"的根本保障。城市黑臭水体整治应统筹谋划、系统治理。从呼和浩特市全过程技术服务来看，排水管网的普查和诊断应是城市黑臭水体整治持续开展的工作。通过开展管网普查与诊断，查清排水管网现状及存在的问题，为排水管网修复、管网建设改造以及排水管网信息化建设等提供依据和支撑。

2.应选高强度的沿河截污干管管材

若上游存在雨污水管混错接或为合流制排水系统，雨季时会有大量雨水进入污水，加之沿河截污管标高低、埋深大，管内会产生较大压力，若管材强度低或有破损，将存在污水管爆裂风险，随之会有大量污水外溢，城市河道水体也将会返黑返臭。为防止此类问题发生，建议如下：排水管线穿越河渠时，管材最好选用钢管，降低破损风险。河底管线等隐蔽工程时，要做好工程验收，同时加强后续检修。河底管线等隐蔽工程施工后，应做好标识，防止其他工程施工破坏（图9）。

图9 沿河截污管破损及修复

营口市城市黑臭水体治理示范城市技术咨询服务

起止时间：2020.4—2021.9
主管所长：龚道孝
主管主任工：刘广奇
项目负责人：姜立晖　林明利
主要参加人：安玉敏　李化雨　马　睨

■ 一、项目概况

营口市位于辽东半岛西北部、渤海东岸、大辽河入海口的左岸，是我国重要的港口城市、航运枢纽和先进制造业基地，是首批沿海开放城市和国家自贸试验区片区城市。2019年，城市常住人口243万，其中城镇人口157.5万，常住人口城镇化率为64.81%，城市GDP位列辽宁省第四位。

营口市是我国北方平原河网密集型城市，主城区位于市域北部滨海地区，建成区面积124平方公里。其地势平坦，平均海拔标高为2.9米；地下水位偏高，地下水埋深0.5～2米。城区内民兴河、引奉河、营柳河、老边河、虎庄河、路南河等都是大辽河的支流，城区河道以行洪、排涝、景观功能为主，河道上游为农田灌渠，灌排两用，水量季节性变化明显。2019年，中规院水务院协助营口市成功申报了国家第三批黑臭水体治理示范城市，并在三年建设期内开展全过程第三方技术咨询服务，系统推进城市黑臭水体治理工作。

■ 二、需求分析

营口市建成区原有7条黑臭水体，均属于轻度黑臭，总长度15.27公里。2016年以来，营口市陆续开展截污纳管、管道改造、河道清淤、垃圾清运、岸线整治等工程项目，取得阶段性治理成效。但是，在前期治理工作过程中缺乏顶层设计，本着"先小后大、先易后难"的原则阶段性推进城市黑臭水体治理，只从局部痛点着手，暂时消除了表象问题。

440

对此，借助国家第三批黑臭水体治理示范城市创建工作契机，营口市按照系统思维、采取综合措施，系统性开展黑臭水体治理，统筹推进黑臭水体治理、污水处理提质增效、海绵城市建设、城市排水防涝等一系列涉水工作，探索出一套适合营口市实际的黑臭水体治理长效机制，真正确保水体不黑臭、污水处理厂不低效、城区不内涝、5公里示范河段水清岸绿目标的持久实现。

■ 三、技术要点

1.项目目标

通过全过程技术咨询服务，编制营口城市黑臭水体治理系统化实施方案，指导城市黑臭水体治理顶层设计；对项目建设方案进行审查提出意见和建议，根据项目施工建设与运维；协助建立长效机制并跟踪实施情况；协助地方政府对黑臭水体治理成效进行自评估，确保顺利实现黑臭水体治理示范城市建设目标。

2.总体思路

结合营口市城市实际，在摸清本底情况的基础上，识别水体黑臭的问题和成因，并结合国家黑臭水体治理要求合理确定营口市黑臭水体治理目标，以排外水、收污水、治涝污作为关键点，从控源截污、内源治理、生态修复三个维度进行黑臭水体治理。同时，确保治理后有专业排水团队全面管理排水系统，有资金保障污水处理效果，有制度落实长效运维工作（图1）。

在项目建设方面，统筹污水处理提质增效、空白区污水设施建设、海绵城市建设、城市排水防涝等工程项目，并加强信息化能力建设。在机制建设方面，推动建立"厂—网—河"一体化、河（湖）长制、黑臭水体督察考核等管理机制。最后，对示范城市建设成效进行评估，确保达到示范城市建设的目标要求。

3.要点内容

（1）探索形成高水位排水管网健康诊断技术方法

一是形成高水位排水管网设施普查方法与技术手段。黑臭水体治理示范城市建设后，营口市采用气囊封堵临近区域检查井主要进出口，形成约1～3平方公里排水管网独立区域。在夜间城市排水减少的情况下，通过潜污泵向临近区域抽排污水，排空排水管道，采用CCTV机器人检测，测量排水管网管径、埋深等基础信息，查看管网结构性缺陷和功能性缺陷，重点查找外水混入点。该方法检测精度较高，但是费时费力，实施进度过于缓慢。后期，通过扩大排水分区封堵范围，在夜间结合污水提升泵站和排涝泵站调度，降低管道水位，组织管网普查队伍实施检测。顺利完成主城区排水管网普查检测，普查信息纳入城市排水管网信息管理平台（图2）。

442

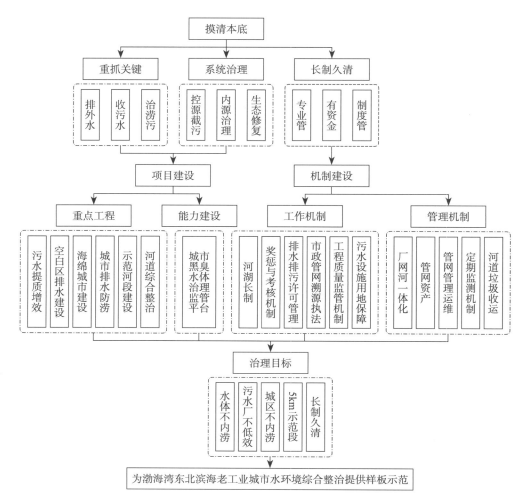

```
                          摸清本底
        ┌───────────────────┼───────────────────┐
     重抓关键              系统治理              长制久清
   ┌─────────────┐    ┌──────────────┐    ┌──────────────┐
   │排  收  治   │    │控    内   生  │    │专   有   制  │
   │外  污  涝   │    │源    源   态  │    │业   资   度  │
   │水  水  污   │    │截    治   修  │    │管   金   管  │
   │            │    │污    理   复  │    │             │
   └─────────────┘    └──────────────┘    └──────────────┘
          │                                      │
       项目建设                              机制建设
   ┌────────┴────────┐              ┌────────────┴────────────┐
 重点工程         能力建设        工作机制                管理机制
```

重点工程：污水提质增效　空白区排水建设　海绵城市建设　城市排水防涝　示范河段建设　河道综合整治

能力建设：市臭水体治理监管平台　城黑水体治理监平台

工作机制：河湖长制　奖惩与考核机制　排水排污许可管理　市政管网溯源执法　工程质量监管机制　污水设施用地保障

管理机制：厂网河一体化　管网资产　管网管理运维　定期监测机制　河道垃圾收运

```
                          治理目标
                   ┌──────────────────────┐
                   │水  污  城  5  长      │
                   │体  水  区  k  制      │
                   │不  厂  不  m  久      │
                   │内  不  内  示  清     │
                   │涝  低  涝  范          │
                   │    效      段          │
                   └──────────────────────┘
                          │
         为渤海湾东北滨海老工业城市水环境综合整治提供样板示范
```

图1　营口市城市黑臭水体治理总体思路

（a）破裂　　　　　　　　（b）渗漏　　　　　　　　（c）腐蚀

图2　排水管网缺陷普查图

二是探索城市主要排水户排水水质"源"和"汇"规律。通过降低水位、CCTV机器人检测，可以有效普查排水管网信息，判断排水管网缺陷状况，但不足以准确高效查找外水汇入点。对此，在前述普查排水管网信息基础上，实施排水水质检测。以COD、BOD、氨氮、氯离子等指标为特征指标，选定代表性排水户、泵站以及关键管网节点（检查井），监测"排水户—泵站/管网—污水处理厂"全过程特征水质指标。根据住宅小区、酒店、学校、政府大楼等代表性排水户的水质检测结果，摸清不同类型的排水户排水本底；根据各泵站进水井处水质检测结果，并结合排水泵站上下游传输关系，分析确定外水汇入的大致位置；根据关键排水管网节点的水质检测结果，分析确定外水汇入的具体位置；以掌握排水管网系统中的水质特征规律，为封堵外水提供有力支撑（图3，图4）。

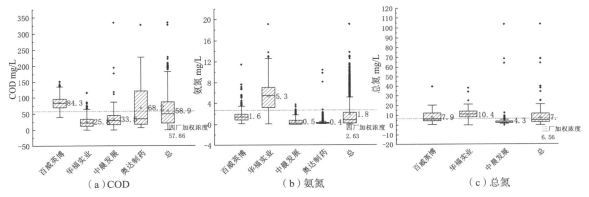

图3　代表性排水户水质检测分析——以工业企业为例（mg/L）

（a）BOD　　　　　　　　　　　　　（b）氯离子

图4　全过程水质检测柱状地图（mg/L）

（2）形成滨海平原城市污水处理提质增效适用技术方法

围绕"收污水、挤外水"，实施"控、调、堵、疏、补"污水系统提质增效措施与工程。一是针对以工业废水为主的自贸区，管道结构性缺陷较多，地下水位高，苦咸地下水汇入量

大，近期，依据该片区供水量换算值，控制自贸区污水泵站提升水量，控制地下水汇入量；远期，结合该片区雨污分流改造，将该片区调整为独立排水分区，建设工业污水处理厂，对片区内污水集中收集处理。二是针对普查发现的明显河水灌入口进行封堵。对管网普查和诊断发现的管网结构性缺陷和功能性缺陷，开展管道修复改造和清淤疏通工程，示范期内难以完成的，列入"十四五"城建计划，持续有序推进实施。三是针对施工降水、养殖排水等，加强排水许可管理，有条件的就近排入河道或就近利用，尽可能减少排入排水管网。四是优化排水分区，采取管道封堵断管措施，对汇水面积较大的排水分区重新划分，使得泵站排水能力与汇水面积相匹配（图5，图6）。

图5　对路南河附近存在河水倒灌的箱涵进行封堵

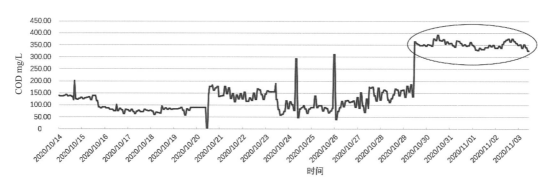

图6　箱涵封堵前后北五污水处理站进水浓度变化

（3）形成适合东北老工业转型发展城市的排水管理模式与机制

一是整合建立排水运维专业化队伍，推行"厂—网—河"一体化管理模式。整合以市公共设施维护集团为主体的排水专业化管理队伍，接管自贸区、站前区、西市区等区域排水管网，统一负责主城区排水设施运行维护。在沿海产业基地片区，为破解"厂网分离、建管分离"的弊端，按照系统治理思维，打造全市首个"厂—网—河（湖）建设运维一体化"PPP项目，将沿海产业基地排水管网、污水处理厂、再生水排放明渠、明湖生态补水与水质调控运维统一打包委托给营口京城建设发展有限公司。同时，沿海产业基地管委会根据污水处理厂进水水量、河湖水环境质量，实施按效付费，压实建设运营主体方责任。

二是从"无"到"有"再到"优"推行城市排水许可管理，监管排水户排水行为。根据政府机构改革职能划分，市、区行政审批部门负责排水许可证审批办理，市、区住房和城乡建设部门负责属地管辖范围内的排水管理与指导。市住房和城乡建设局经与市行政审批局多次沟通对接，印发《推进营口市主城区城镇污水排入排水管网许可管理工作实施方案》，制定城市排水许可管理工作目标，明确排水许可证核发程序、范围和内容，压实部门责任分工。在具体操作层面上，要求营口市公共设施维护集团排水管理队伍深入各家各户，详细讲解和指导排水许可证办理事宜，强化帮扶指导。通过创新排水户分类分级管理模式，运用信用管理机制，引导排水户规范排水，使排水户管理工作走向正轨（图7）。

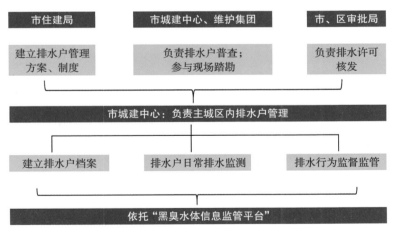

图7　强化排水许可管理

三是建立排水监管信息平台，推进城市排水管理能力现代化。以排水管网普查数据为基础，构建城市排水管网地理信息系统。融入城市水体水质在线监测、重点入河排水口视频监控、排水管网、泵站在线水质监测，连接污水处理厂进水水质在线监测，建立城市排水监管信息平台，实现业务化运行。以污水处理提质增效、排涝安全保障为目标，依托排水监管信息平台，深化实施网格化管理，实施分区队长负责制，不断提高城市排水管理水平。

445

第四部分　技术咨询篇

四、实施效果

1.城市黑臭水体全面消除，水生态环境质量显著改善

营口市按照黑臭水体治理系统化方案，科学系统地开展黑臭水体治理工作，并取得显著成效。目前，全市建成区总长15.27公里的7条黑臭水体全部消除，并已全部实现"长制久清"；建成5公里"清水绿岸、鱼翔浅底"示范河段；主城区庄林路、高家屯、兴隆屯3处排水管网空白区全部消除，沿河近20个污水直排口全部消除，城市水生态环境显著改善（图8）。

（a）断面水质优良

（b）动物植物栖居

（c）生态岸线风貌秀美

（d）人居生活环境舒适

图8　城市黑臭水体治理效果

2.城市污水处理提质增效显著，为水环境持续改善提供有力保障

营口市持续推进城市污水处理提质增效工作，污水集中收集率由2018年的61%提高到当前的74%，污水处理厂进水BOD平均浓度由2018年的78mg/L提高到2020年的86mg/L，排水管网水位下降明显，城市污水处理提质增效成效显著，城市入河污染物明显减少，生态环境有效改善。

3.建立并实施黑臭水体治理长效机制，为实现"长制久清"保驾护航

营口市高度重视城市黑臭水体治理机制体制建设工作，围绕"有人管、有钱管、有制度

管"建立并落实排水许可管理、"厂—网—河"一体化管理等13项长效管理机制，并逐步深化实施；组建了一支专业化排水运维专业化管理队伍，建成城市排水监管信息平台，城市排水管理能力显著提升。

五、经验借鉴

实施伴随式全过程技术服务，项目技术人员下沉一线，通过实地踏勘、现场走访、测试分析、数据统计等手段，精准识别现状问题，探索形成我国北方滨海平原城市中高水位运行排水管网的健康诊断技术方法。在此基础上，统筹黑臭水体治理、海绵城市建设、城市排水防涝等专项工作，有针对性地实施排水管网改造、泵站优化调度等重点关键项目，有效减少雨天排涝污染，在消除黑臭水体的同时，提高污水厂进水浓度，解决污水处理提质增效技术难题。

葫芦岛市城市黑臭水体治理示范城市技术咨询服务

起止时间：2019.12—2021.12
主管所长：刘广奇
主管主任工：洪昌富
项目负责人：张车琼
主要参加人：刘彦鹏　吴　爽　唐　磊　芮文武

▨ 一、项目概况

　　葫芦岛市地处辽宁省西南端，南临渤海辽东湾，西接山海关，与大连、营口、秦皇岛、青岛等市构成环渤海经济圈，是中国东北的西大门，有"关外第一市，北京后花园"之称，是环渤海城市群的重要节点城市。城市建成区面积约90.2平方公里，城区人口约54.8万。

　　2015年4月，国务院办公厅印发《水污染防治行动计划》（国发〔2015〕17号），要求整治城市黑臭水体。2018年9月，住房和城乡建设部、生态环境部联合印发《城市黑臭水体治理攻坚战实施方案》（建城〔2018〕104号），提出从控源截污、内源治理、生态修复和活水保质四个方面加快实施城市黑臭水体治理工程。

　　2018年起，财政部、住房和城乡建设部、生态环境部共同组织实施城市黑臭水体治理示范，中央财政分批支持部分治理任务较重的地级及以上城市开展城市黑臭水体治理。葫芦岛市申报成为2019年城市黑臭水体治理示范城市，为实现"2020年城市建成区黑臭水体基本消除"目标积累经验、树立标杆、提供示范引领。为准确把握国家示范城市的各项要求，合理贯彻落实各项技术指标，提高示范工作的技术水平，加强示范城市的经验与模式总结，葫芦岛市于2019年起启动城市黑臭水体治理示范城市第三方技术咨询服务项目，中国城市规划设计研究院水务院作为第三方专业技术服务团队，协助地方政府按时按量按质推进示范工作。

　　技术咨询服务期限两年，采用长期伴随式服务方式，全流程全方位指导并辅助地方政府推进黑臭水体治理示范工作。具体内容为"5+1"，其中"5"为5个方面日常工作，包括：制定完善黑臭水体治理实施方案、撰写技术总结报告和各阶段汇报材料、辅助构建完善相关政策体系、审查相关工程设计方案和项目落地指导监督等；"1"为1个最终目标，辅助葫芦岛市通过国家黑臭水体治理示范城市终期考核验收（图1）。

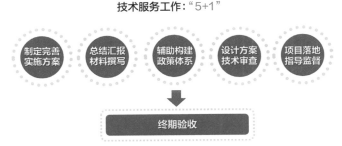

技术服务工作："5+1"

制定完善实施方案　总结汇报材料撰写　辅助构建政策体系　设计方案技术审查　项目落地指导监督

终期验收

图1　葫芦岛市技术服务工作内容

二、需求分析

　　葫芦岛作为转型中的老工业基地，中华人民共和国成立后，国家将渤海造船厂、葫芦岛锌厂、锦西化工厂等作为国家"一五"重点项目布局在此，逐步形成石油化工、有色金属冶炼、机械造船、建材等支柱产业。长期的工业发展和环境基础设施建设滞后的矛盾，导致葫芦岛市水环境问题较为突出。葫芦岛市三条河道连山河、五里河和茨山河穿城而过，是城市重要的绿色生态廊道，却均为黑臭水体，尤其是雨季污染问题较为突出，黑臭水体长度达20.9公里，其中重度黑臭长度占比50%以上。

　　葫芦岛市三条河道独流入海，对近海水质产生较大影响。葫芦岛开展黑臭水体治理工作，是贯彻落实国家打赢渤海综合治理攻坚战的重要举措和必然选择，也是推动城市建设高质量发展，提高人民群众获得感、幸福感的基本要求。在成为示范城市之前，葫芦岛市已开展一系列水体治理工作，但是由于工作系统性和技术性不强，距离"标本兼治，确保实效，还老百姓清水绿岸、鱼翔浅底的景象"的最终目标仍有差距。因此技术服务过程中，需对三条河道的污染原因进行共性和个性的分析，并针对葫芦岛市农村生活污水收集率不高、河道底泥污染严重、存在合流制溢流污染等问题进行分类施策，安排相应的工程措施，"对症下药"，同时完善机制，防止返黑返臭，实现长制久清。

三、技术要点

1.工作目标

　　将城市黑臭水体治理与城市开发建设有机融合，统筹黑臭水体治理、海绵城市建设、污水处理提质增效等相关工作，探索流域协调、综合施策的水环境治理模式，建立完善的政策体系，将葫芦岛建成环渤海地区水环境综合治理样板城市。

　　具体目标为：到2020年底，城市建成区黑臭水体全部消除，无污水直排口和污水管网空

白区。治理完成的黑臭水体中，实现"水清岸绿、鱼翔浅底"的河段长度不小于4.5公里。城市污水厂进水BOD浓度不低于100mg/L。建立城市黑臭水体治理维护长效机制，城市承载力、宜居性显著提升。

2.技术思路

基于污染源解析和黑臭成因分析，按照"全面规划、分期实施、重点推进"的治理思路，围绕"控源截污、内源治理、生态修复、活水保质和长制久清"五大主要措施，一河一策、综合施策（图2）。

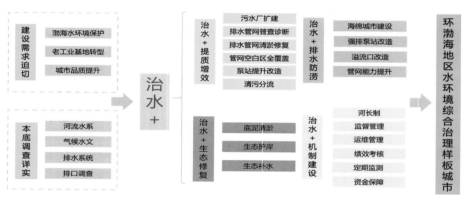

图2　技术路线图

既注重采取工程措施，削减污染入河，强化污染治理，又注重源头管控，加大生态修复力度。统筹推进海绵城市建设和污水处理提质增效，突出综合效益，提升城市品质。

3.主要内容

实施方案内容主要包括六大方面，黑臭水体成因分析、黑臭水体治理措施、建设运营模式、长效机制、资金保障和责任落实。其中黑臭水体成因分析和治理措施制定为工作重点。

（1）黑臭水体成因分析

以每条黑臭水体的汇水分区为单元，调查分析各黑臭水体的污染物情况，核算污染物负荷量，辨识主要污染因子，诊断主要环境问题。量化分析各河道城市生活点源和面源、工业点源、农业农村点源和面源污染情况，识别污染源位置和贡献率（图3，图4）。

（2）黑臭水体治理措施

在系统方案制定过程中，根据黑臭成因，结合对城市排水系统的分析，确定"控源截污、内源治理、生态修复、活水保质"四个方面重点工程项目。在工程项目开展时序上，根据轻重缓急和问题的紧迫性，采用六步走的策略，第一步消灭旱季污水直排，第二步减轻河道内源污染，第三步减少雨季溢流污染，第四步生态岸线景观提升，第五步提高监测监管能力，第六步全面完善体制机制。同时，将污水厂入厂浓度提升工作贯穿黑臭水体治理全过程。项目类型包

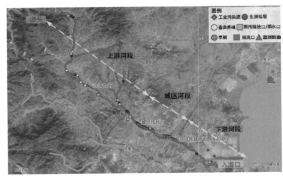

图3 连山河污染源分布图   图4 五里河污染源分布图

括河道整治与生态修复、排水管网建设与改造、排水设施建设与改造以及能力建设四大类。包括河道整治与生态修复类项目9项、排水管网建设与改造类项目5项、排水设施建设与改造类项目7项以及能力建设类项目4项。

四、实施效果

1.城市建成区黑臭水体全部消除

葫芦岛市按照"控源截污、内源治理、生态修复、活水保质"的思路，变"头痛医头"为"系统治水"，完成20.9公里黑臭段整治，全面实现长制久清。同时在城市建成区内，实现污水管网空白区全部消除、污水直排口全部消除。

根据三条水质下游断面监测结果，2020年，葫芦岛市不仅实现了黑臭消除的目标，除五里河茨山桥南断面为断流外，连山河沈山铁路桥下国控断面、茨山河锌厂铁路桥省控断面主要水质指标均优于Ⅲ类，城市水环境质量明显改善，实现了"水清岸绿、鱼翔浅底"（图5）。

图5 葫芦岛市黑臭水体整治效果对比图

2.污水处理效能持续提升

统筹推进污水处理提质增效和黑臭水体治理工作，系统实施排水管网普查和诊断、外水排查和监测、管网修复、混错接点改造等工作。通过水质监测与人工排查相结合的方式对外水汇入节点进行精准定位，排查一处整改一处，共计修复截污干管上河水汇入点20余处，挤出外水约2万吨/日。葫芦岛市城市生活污水处理厂入厂BOD浓度持续达到100mg/L以上，生活污水集中收集率由2018年的51.08%提升至2020年的69.70%，污水处理提质增效成效显著（图6）。

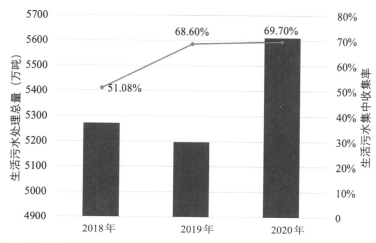

图6　葫芦岛市污水处理提质增效指标变化情况

3.管网排水能力显著提高

通过系统分析排水管网短板，实施排水管网清淤、破损修复、截污干管改扩建等工程，管网排水能力得到显著提高。部分截污干管截留倍数由1～2提高至3以上，旱季截污干管水位大幅下降，为雨水输送和排放提供充分空间。

4.常态化管控机制逐步完善

为建立黑臭水体长制久清，项目组辅助葫芦岛市逐步建立并完善黑臭水体相关管控长效机制，涵盖"厂—网—河"一体化运营、落实河长制、建立督察考核制度、排水设施运营维护、排水联合执法、排水工程质量监管等各个方面，试点建设期间，累计出台相关文件十余份，初步形成建设—运营—考核全流程管控体系。

■ 五、经验借鉴

葫芦岛市黑臭水体技术服务工作强调因地制宜、精准施策，同时做到三个统筹。①统筹黑臭水体治理和污水处理提质增效：污水处理低效与城市水环境相辅相成，在黑臭水体治理过程中，需从污水处理角度着手，识别外水汇入和污水外排的关系；②统筹城市和农村地区基础设施建设：部分黑臭水体主要的污染源在上游农村地区，需扩展黑臭水体治理工作的范围，从流域角度系统考虑工程设施的布局；③统筹旱季与雨季污染特征：在合流制管网系统占比较高的地区，雨季合流制溢流污染对水环境产生较大的威胁，旱季和雨季污染物总量和成因不同，需实施不同的工程措施，统筹考虑减轻旱季和雨季污染物排放量。

同时，考虑到葫芦岛市经济总量低且近年来呈负增长的局面，工程措施的制定从经济角度出发，设施的选择综合考虑当地管理水平，以经济合理、易于管理为原则确定改造策略。

1.针对黑臭成因，识别共性与个性问题

葫芦岛市黑臭水体治理方案，对不同黑臭水体的污染原因进行细致分析，通过识别共性和个性问题，针对性制定解决措施。其中河道缺乏清淤疏浚、排水管网淤积、溢流污染严重属于共性问题；而茨山河上游农村生活污染突出、五里河下游截污干管能力不足、连山河存在明渠直排口属于个性问题。共性问题从城市整体排水系统角度进行工程统筹，系统实施河道清淤、排水管网清淤、溢流污染控制工程；个性问题逐一开出药方，针对性解决局部汇水范围内的设施建设问题，实现城市排水系统整体和局部的统一和协调。

2.探索北方地区合流制溢流污染控制范例

葫芦岛市生活污水厂收水范围内合流制片区面积占比高达89.6%。雨季基本2毫米以上的有效降雨即发生溢流，年溢流次数近30次，部分污水通过截污干管检查井溢出。从市政排水管网、截污干管、溢流口设置方式等多个设施角度分析排水系统溢流原因，针对性提出解决方案，通过工程实施，截污干管水位显著下降，溢流频次明显降低，雨季溢流污染现象得到有效改善。

3.探索经济落后地区智慧水务平台建设模式

根据葫芦岛市排水管理部门人才队伍建设和管理水平，结合部门工作实际需求，探索建立经济落后地区经济适用的智慧水务平台。通过整合管网数据、污水厂进出水数据、河道水量监测数据、内涝点水位数据、溢流口流量数据、河道监控系统等，构建系统的展示、监管平台，融合河道管理、溢流控制、内涝点监测、污水处理提质增效等功能模块，经济、实用、便于管理。

桂林市城市黑臭水体治理示范城市技术咨询服务

起止时间：2020.5—2022.5
主管总工：孔彦鸿
主管所长：刘广奇
主管主任工：姜立晖
项目负责人：龚道孝　余　忻　吴学峰
主要参加人：周长青　王　棋

▓ 一、项目概况

　　桂林市是世界著名的风景游览城市和中国历史文化名城，是广西东北部地区及桂湘交界地区的政治、经济、文化、科技中心。

　　水是桂林山水的主导性资源，桂林市城市建设沿漓江带状发展，因水而兴、水系发达。2014年以来，桂林市围绕保护漓江的主线，实施漓江城区段截污、城区污水处理厂升级改造、城中村和无物业小区排水设施改造等工程，大力关停和拆除漓江流域沿岸畜禽养殖场，取缔漓江干流、桃花江等水体城区段的网箱养鱼行为，漓江及其支流水质得到明显提升。然而，桂林市区内的部分漓江支流水体由于受到各类污染源影响，水质状况较差，距离老百姓对于优美城市水环境的期待仍有一定的距离。根据两部委印发的《城市黑臭水体整治工作指南》，桂林市共排查上报5条黑臭水体，分别是南溪河（秀峰区官桥村陆通驾校至象山区黑山铁路立交桥段，1.5公里）、灵剑溪（七星区屏风村委黄莺岩村至小东江段，2.23公里）、道光水（八定路八定桥至福利路段，0.37公里）、清风沟（赵家桥至漓江出口段，7.0公里）和南湾河（下窑村至相思江/漓江出口段，6.0公里），黑臭段多位于城中村和城乡接合部地区，合计长度17.10公里（图1）。2019年6月，财政部、住房和城乡建设部、生态环境部发布"第二批城市黑臭水体治理示范城市竞争性选拔结果公示"，桂林市成功入围。桂林市委托中规院水务院开展实施方案优化和全过程技术咨询服务，以建设黑臭水体治理示范城市为契机，在深入总结前期黑臭水体治理经验教训的基础上，科学谋划、系统推进，全面提升城市水环境质量。

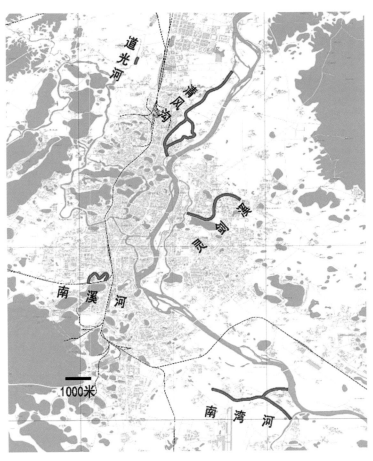

图1 桂林市黑臭水体分布图

▨ 二、需求分析

结合国家对城市黑臭水体治理工作的总体要求和重点任务，按照水环境治理系统思维，桂林城区黑臭水体治理主要工作内容包括：

一是需要在对市政排水和污水处理系统以及重点排水户进行系统排查的基础上，基于跟踪监测评估模型分析等技术方法，定量开展污染源解析、水环境改善效果评估等，综合运用控源截污、内源治理、生态修复、活水保质等多种措施，推动城市水环境持续改善。

二是需要精准定位管网漏点，协同推进城市黑臭水体治理和污水收集处理提质增效，着眼长远、统筹规划，综合提升桂林水环境综合治理的能力和水平。

三是建立包括规划建设、运行维护、监督管理、评估考核、信息公开等方面的管理制度和运行机制，确保水体"长制久清"（图2）。

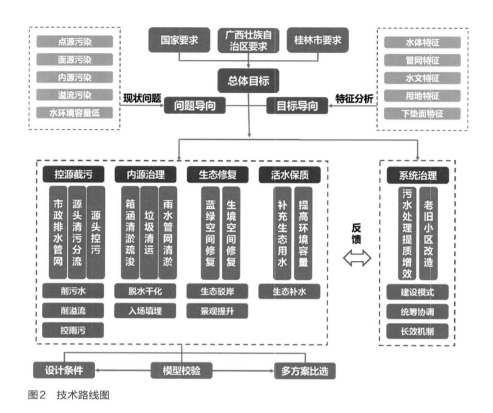

图2 技术路线图

三、技术要点

按照问题和目标双导向的技术路线，项目组遵循统筹推进黑臭水体治理、污水处理提质增效等相关工作的思路，针对性谋划"控源截污、内源治理、生态修复、活水保质"系统工程，建立包括规划建设、运行维护、监督管理、评估考核等管理制度和运行机制，确保水体"长制久清"。

四、实施成效

1. 夯实污水收集处理设施"基础桩"

桂林市已基本形成完善的雨污分流管网体系，污水处理厂全面完成一级A提标改造。桂林市地处喀斯特地貌、水系发育、下垫面渗透性好、地下溶洞暗河多、生态较为脆弱，然而部分污水管道存在破损、渗漏等问题，管道中的污水若渗入地下水体或者河流，一方面将降低污水收集处理系统运行效能，另一方面极易导致地下水污染、并形成黑臭水体。

为高效开展污水管道修复工作，按照管道非开挖修补为主、开挖修复为辅的组合技术路线，研究明确管网修复策略。一是按照先主管、后支管的优先级顺序，结合管网日常巡查记录结果，梳理划定管网修复的大范围，然后在沿途检查井、提升泵站布设约52个监测点，连续采样监测水质。二是依据管网水质检测结果，分析污染物沿程下降速率，优先修复污染物削减快的管道，以北冲污水处理厂为例，首先梳理出4路进厂主干管，经分析，沿桃花江北路的主干管浓度下降最快，按此顺序依次对进水主干管，及其对应的次干管进行检测，摸清管道破损及漏损情况（图3）。三是综合考虑管道中污染物削减速率及管网日常巡检维护经验等因素，制定管道逐年检测计划和初步修复计划，根据管道检测结果，再针对性调整完善修复计划，确保管网修复有的放矢，确保检测清淤一片、问题摸清一遍、随即对应修复一片。近5年来，桂林市共计完成问题排水管道排查修复约161公里，检查井清淤及修复110余座。截至2021年底，桂林市中心城区的污水处理厂进水BOD平均浓度提升至100mg/L以上，污水集中收集率提升至约80%（图4）。

图3 北冲污水处理厂进水主干管修复优先级安排示意图
（依据污染物浓度下降速率排序：第4路＞第1路＞第2路＞第3路）

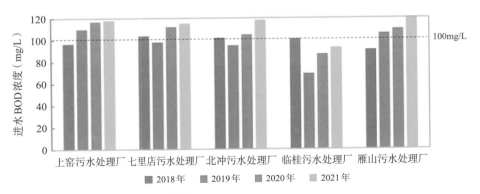

图4 城区污水厂年均进水BOD浓度

2.打好系统性控源截污"组合拳"

实施黑臭水体整治以来，持续开展市区主要河流沿岸截污管网建设，整治主要水体沿岸直排口63个，新建截污管网约54公里，消除总面积约14.5平方公里的污水管网空白区18个，新增污水处理能力约2万吨/日，基本实现建成区内污水管网全覆盖。然而，桂林市黑臭水体大多位于高密度城中村区域，受排水设施建设滞后、城市管理力度相对薄弱、建设用地紧张等因素影响，治理难度较大。项目组结合桂林市城中村截污面临的复杂性特点，逐个调查沿河居民楼的排水口，根据基础条件，明确灵活采用埋管、沿河架管、临时挂管、化粪桶定时抽吸转运等污水收集模式，确保控源截污"一户不漏"，有效控制入河污染。

以灵剑溪沿线控源截污为例，灵剑溪黑臭段长度2.23公里，上下游情况存在一定差异性，因此分段采用适宜的截污模式。一是化粪池+加压泵抽吸方式，灵剑溪黑臭段上游黄莺岩村段，通过新建一体化提升泵井1座（规模2500m³/d）和新建DN200～DN500毫米污水压力管0.3公里，将生活污水提升至东二环市政污水管道收集，然而，受城中村拆迁改造时序和建设空间的影响，存在少量分散居住的沿岸居民生活污水（约占总量的10%）未能接入市政管网，针对该部分村民采用"各家建设化粪池+加压泵定时抽吸至提升泵井"的方式收集村民生活污水。二是采用沿河架管截污方式，灵剑溪黑臭段下游社山桥至药材市场段，沿岸城中村建筑较为密集，污水量较大，建筑多临河而建，用地十分紧张，且由于地势低洼污水无法自流进入附近市政水管网，故采取沿河架管截污的方式收集居民生活污水，并将污水提升至市政污水管网（图5）。

图5 灵剑溪芳香路片区架管截污示意图

在基本完成截污工程后，进一步对黑臭水体开展垃圾清理和底泥清淤工作，清淤长度合计约13.3公里，同时对完成整治的黑臭水体滨岸空间因地制宜展开生态修复，为市民提供愉悦亲水空间。

3. 健全水体长效管理机制"持久战"

项目组协助桂林市大胆探索实践"厂网一体化"全要素管理模式。目前全市的生活污水处理厂、污水提升泵站及排水干管均由桂林市城市管理委员会统一管理，由桂林市排水工程管理处具体实施建设管理运营，基本实现一体化、专业化运行管理。政府颁布《桂林市城市地下管线管理办法》，详细规定排水管网规划、设计、施工、验收、养护管理等各方面内容，为桂林市排水管线从规划到运行管理提供依据。厂网通过数据互通、信息共享、联合调度，消除监管死角，可开展多级水质水量监控预警、超标排水和低浓度进水追溯管控等工作，实现污水收集处理全过程稳定高效运行。针对排水设施地理信息系统数据信息未更新、系统功能较单一、数据尚未实现开源等问题，谋划对其进行进一步完善，完成平台数据更新及功能升级完善工作，现已将近年来新建设的470余公里主次排水干管及附属设施信息补录入平台，增加了项目管理、运维管理等功能，以便更高效地指导排水管网的日常运行维护与规划改造。

五、经验借鉴

在技术咨询过程中，项目组紧盯污水收集处理设施短板，协助桂林市成功采用多种措施严控入河污染负荷，大力推进排水管网的规范化建设管理工作，显著改善了桂林市水环境质量。

1. 精准施策漏损管网排查修复，高效提升污水收集处理效能

在实施排水管网普查、系统数据更新的基础上，依托地理信息系统，结合管网节点水质监测数据和日常巡检记录，按照排水管网收集效能分析，采取先主管、后支管，浓度削减明显管网优先的策略，对管道破损及漏损情况进行评估，对漏损污水管网逐年开展翻新修复，提高管网修复工作的针对性和目的性，显著提升污水处理厂进水BOD浓度，污水收集处理效能稳居广西首位。

2. 灵活选取截污策略，为高密度城中村水体控源截污提供参考模式

高密度城中村中黑臭水体的控源截污受用地条件、建设时序、管理水平等多重因素制约，在条件可行的情况下，桂林市优先选择岸边埋管方式，污水送至污水处理厂集中处理；当条件受限时，针对不同河段灵活采用埋管、沿河架管、临时挂管、化粪桶定时抽吸转运等污水收集模式，有效削减入河污染负荷，可为在高密度城中村中开展水体控源截污提供处理模式和技术选择参考。

3. 按照全生命周期理念规范排水管网建设管理，全方位提高建管水平

为突破当前水环境治理中管理主体多元、统筹建设不一致、协调运行难同步的问题，大胆创新推行污水收集处理设施全要素专业化运行管理模式，基本实现"厂—网"一体化、专业化运行管理，污水收集处理设施的系统规划建设和全过程运行管理达到较高水平。

宿迁市中心城市西南片区水环境
综合整治技术咨询服务

起止时间：2020.9至今
主管所长：龚道孝
主管主任工：刘广奇
项目负责人：田　川　孙广东
主要参加人：程小文　吴　爽　陈诗扬

一、项目概况

460

　　宿迁市位于江苏省北部腹地，京杭大运河、黄河故道穿境而过，北倚骆马湖，南临洪泽湖，水系发达，是著名的生态水乡，也是南水北调重要节点城市，城区水环境质量直接关系国家"一泓清水北上"的大局。为进一步提升宿迁水环境质量，保障城市排水安全，改善人居环境，宿迁市委、市政府于2020年启动中心城市西南片区水环境综合整治项目。项目位于宿迁市中心城市西南部，范围东至古黄河，西至西沙河、朱海水库，南至东沙河、船行干渠，北至古黄河，总面积约235平方公里。区域内有西民便河、树仁河、十支沟等26条干支河流交汇成网，汇至西民便河，最终排入洪泽湖（图1）。

　　在项目入场前，当地开展了全域管网普查，编制了《西南片区排水系统整治专项规划》《水系统沟通专项规划》和《水环境综合规划》等一系列相关规划，形成项目可行性研究报告，计划利用3年时间开展系统治理，实施56个工程项目，涵盖控源截污、防洪排涝、活水保质、生态治理、再生水利用和智慧水务六大类工程。

　　水务院技术服务团队承担全过程（自可行性研究至竣工）技术咨询服务，包括但不限于总体目标制定、可行性研究优化阶段审核、初步设计阶段审核、施工图设计阶段审核、施工阶段审核、重难点问题同深度平行设计、专项内容（海绵城市、黑臭水体、提质增效、智慧水务等）指导和审核、设计成果转化和应用等工作任务。

图1 西南片区水系图（建成区）

二、需求分析

①水环境质量有待提高，污水收集处理能力不足，污水入河情况仍持续存在，宿迁现状城市生活污水集中收集率约50.7%，与苏南城市及国家要求仍有一定差距；片区污水处理厂满负荷或者超负荷运行；此外，由于管网私搭乱接、混错接等原因，沿河有550余处直排口，通过对河道水质监测发现，大部分河道主要水质指标为劣Ⅴ类。②河道生态基流保障不足，河道流域面积较小，本地产水少，引水水源保障率不高，除汛期外，部分河段甚至常年无水。③排涝体系有待完善，西民便河、十支沟、为民河、老民便河等河道多年未治理，64.6%河道现状排涝能力不足10年一遇（图2，图3）。

图2 汕头路泵站处雨污管网混接，污水入河

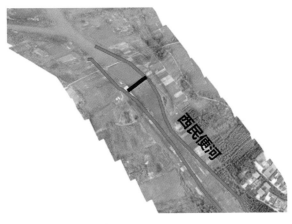

图3 西民便河局部卡口段

三、技术要点

1.积极推动可行性研究优化,提升项目系统性和目标的可达性

为进一步推动项目实施的科学落地,弥补前期系统性不足、目标可达性分析偏弱等缺点,充分发挥片区水环境整治规划引领作用,积极推动项目可行性研究报告优化工作。在深入分析和调查研究的基础上,从河道水系和排水等两大系统着手,确立本项目"控源截污、内源治理、活水循环、生态修复"的总体思路(图4)。

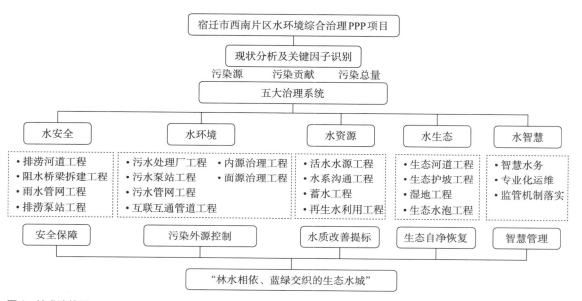

图4 技术路线图

（1）流域统筹,系统整治

遵循水文循环和污染物质迁移转化的客观规律,以流域为单元,建议对关键性污染因子识别,进行全流域污染负荷测算;对照水质目标,测算流域水环境容量;结合宿迁水情特征,针对不同污染源负荷量,制定污染削减方案;加强河道活水保质措施,提升河道水动力,逐步恢复提高河道自净能力,做到长制久清。

（2）主次分明,重点突出

根据西南片区水环境本底、治理需求以及经济财力等情况,建议以水资源保障、水环境整治为重点。其中,水资源强调生态基流的补充、非常规水资源利用及水资源的循环使用;水环境强调控源截污、内源治理和生态修复。同时加强项目方案梳理,制定出"一张图、一张表",为工程建设框定具体的工作范围,助力工程项目有条不紊地实施。

2.注重设计方案审查指导，把握设计方向科学性和经济合理性

项目设计方案对上承接可行性研究优化报告的项目定位，对下指导施工图具体设计，涉及项目落地的具体实施方向、方案对比、造价概算等内容，其设计方向科学性、方案可行性、经济合理性对工程目标最优化有着重要意义。按照"审前，做好现场实地踏勘；审中，加强内部技术管控；审后，持续现场复核跟踪"的具体工作方式，从方案可行性、造价经济性等角度出发，技术服务团队对设计单位所提交的设计方案加强把关指导。以污水厂初步设计方案为例，梳理方案中存在的核心问题：在造价方面，工程投资概算偏高；在工艺流程方面，存在不合理因素。通过调研当地周边其他水厂，在类似工艺和水质目标条件下，估算出污水厂投资约3000～4000元/吨，建议适度压缩投资规模。同时建议设计单位就部分设施的必要性及合理性进行论证，如补充说明精细格栅设置的理由，如设置，则考虑精细格栅检修率高的特点，建议设置超越管道。此外，在树仁河等河道设计中，建议设计单位应精确计算河道水利挡墙高度，避免因挡墙高度设置过高而引发的一系列河道生态问题（图5）。

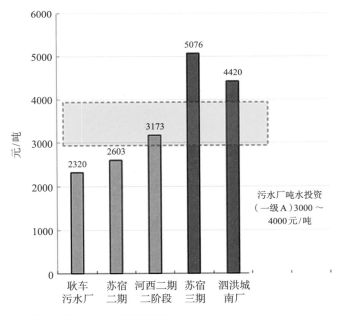

图5　当地污水厂投资调研情况

为提高设计单位的设计质量，拓展工程建设管理团队视角，针对当前市政基坑支护造价过高、河道生态设计偏弱、海绵城市理念融入少、管网外水进入比例高以及城区污水管网高水位等问题，采用"引进来、走出去"的工作原则，技术服务团队多次邀请国内河道护岸结构、管网监测、生态景观等行业专家以及本地经验丰富专家进行现场讲座、交流，或组织去新沂、南宁等现场学习，增强项目中海绵城市、生态河湖等理念的有效融入。

3.加强施工图设计的技术把关，保障项目落地的精准性

西南片区水环境综合整治项目涉及水利、结构、市政、生态景观、智慧水务等专业，施工图设计专业性强、专业门类多，技术服务团队充分发挥中国城市规划设计研究院资源整合优势，与国内行业经验丰富的专家建立良好的沟通渠道，提高技术咨询服务质量。加强现场调研及多方案比选，对施工图提出明确咨询意见，确保施工图设计的精准性、经济性。以通湖大道污水管网施工图为例，管道顶管施工中，需要设置顶管工作井，单井造价在几十万元，接收井造价要远远小于工作井；结合现状管网条件等因素，建议设计单位对工作井与接收井的布置再优化，以达到节约投资的目的；工作井、接收井、中继间等设施间距除地质情况等因素影响外，建议还应考虑施工单位技术水平，后期运维水平，基于宿迁近两年运维水平提升的现状，建议设计单位参考规范中上限设置检查井间距，以减少投资并减少骑马井过多设置导致的外水进入问题（图6）。

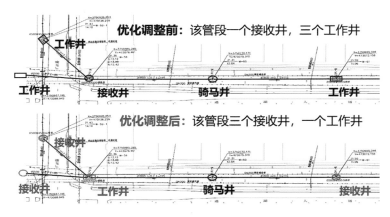

图6　施工图中工作井与接收井的再优化

4.做好日常施工现场巡查，协助项目工程顺畅落地

西南片区建成区的河道、市政道路施工涉及厂房及电力电路保护、民房拆迁、桥梁拆建等事项，对施工的按期按质推进有着巨大考验。技术服务团队对十支沟北延、东沙河枢纽、洋大河、树仁河、通湖大道污水干管、鸿意上城内涝点等开工项目进行定期现场巡查，了解施工进度与现场情况，并对日常暴露问题反馈给甲方。对于河道项目，建议注重河道治理工作时序，应优先开展沿河截污工作。借助外部专家力量，解决施工现场方案分歧，如市政施工过程中钢板桩支护使用，应增加荷载、地下水等相关分析，明确支护方案合理性，并在保障安全的前提下，尽可能选择费用相对较低的支护方式；在有条件的区域，建议可采用上端放坡与下端支护结合的形式，优化拉森钢板桩的使用；建议设计单位定期与其他当地设计单位、施工单位加强交流，采用当地常用的设计支护方案以及现场施工工艺。

5.开展平行方案及深化研究，为政府决策提供重要支撑

为确保项目工程实施的目标可达性，同时兼顾单一项目工程之间的系统关联性，技术服务团队对项目工程加强深化分析与论证，开展深圳路泵站设计方案研究、古黄河至西民便河补水通道增加、十支沟排涝分流论证、污水厂尾水湿地建设必要性研究、迎宾大道东侧区域污水系统优化、青年路内涝治理、排水管网诊断等事项情况梳理及研究，所提供的大部分研究成果被委托方采纳或支撑了相关决策。如提出新增古黄河至西民便河补水通道方案，为片区活水、调水加强保障；针对十支沟面临的征地困难、资金紧缺等问题，提出近远期衔接的思路，近期建议按10年一遇标准整治，用地和桥涵等节点设施按照20年一遇预控，助推工程加快落地，也为远期提标预留足够空间。

四、经验借鉴

1.全过程伴随式技术服务，治水方向更加精准、治水方案更加经济

宿迁市中心城市西南片区水环境综合整治项目技术咨询服务是从项目可行性研究到初步设计、施工图设计，再到项目进场施工、竣工验收的全过程伴随式技术跟踪咨询服务。从复杂成因的水环境问题中如何找准关键问题，到项目工程如何精准地制定设计方案，再到项目工程如何经济高效地施工治理，直至项目落地的达标不走样，全过程所涉及的专业门类多、专业技术强、参与建设的部门多，对技术服务团队的自身技术力量要求高。技术服务团队分清问题主次，抓住项目实施重点，时刻以水环境达标为目标，精准、高效地推进项目工作；在发挥项目团队市政规划、水环境治理专业的统筹引领、专业协调等优势基础上，借助外部各行业专家力量，弥补自身团队不足，为项目的设计精准性、方案经济性做好技术把关（图7）。

2.系统治理，统筹推进涉水相关工作

技术服务团队坚持从流域视角开展河道综合治理，严格执行落实"四纵六横"水网的布局构思，从而全面提升河道的生态系统稳定性和排涝功能。注重涉水工作的系统性推进，通过十支沟北延、树仁河引水、洋大河引水工程，改善片区河流缺乏生态基流的局面；通过古黄河调度闸、东沙河枢纽闸等建设，增加河道旱季蓄水和雨季调蓄功能；同时结合船行循环泵站等建设，实现片区水资源"引进来、蓄起来、微循环、自净化"的利用格局，在较小的引水规模基础上保障河道生态基流；通过十支沟治理、小白河治理、东沙河治理等工程，促进河道排涝标准从不足5年一遇全面提升至10年一遇，并为将来持续提升到20年一遇预留空间。治理过程中还注重西民便河、树仁河等重点河道景观提升和便民设施建设，着力改善区域人居环境。

以宿迁市系统化全域推进海绵城市示范城市建设为契机，在西南片区水环境治理项目中建议全面融入海绵城市理念，在构建科学的城市水系统的基础上，对片区内易涝积水点开展系统

图7 中心城市西南片区水系调水布局图

治理和重点突破。通过打通排水干管、降低污水管网标高从而释放雨水管网排水能力，同时通过雨污分流提高污水收集能力，将排水防涝能力提升与污水处理提质增效有效结合。同时按照"一点一策"的原则，协同有关部门分析内涝积水成因，针对每一处内涝点有针对性地制定改造方案，因地制宜地采取源头减排、增加雨水箅子等收水设施、排水管道及渠道卡点改造等措施，畅通雨水排放出路，消除易涝积水点。

晋城市黑臭水体治理示范城市技术咨询服务

起止时间：2021.7—2021.12
主管所长：刘广奇
主管主任工：郝天文
项目负责人：贾书惠　刘彦鹏
主要参加人：程小文　王召森　卢　静
合作单位：晋城合为集团有限公司

一、项目概况

晋城市素有"三晋门户，太行首冲"的美誉，是黄河流域生态保护和高质量发展的桥头堡，兼备南方城市的水网密布与北方城市的多山巍峨，太行、太岳、王屋三山环抱，沁河、丹河两河纵贯，总面积9490平方公里，辖1个市辖区、1个县级市、4个县，全市总人口219万。城市依水而生，因水而兴，先后获得全国文明城市、国家园林城市等多项荣誉。2019年晋城市成功入选第三批国家黑臭水体示范城市。

2021年，中规院水务院承担晋城市黑臭水体治理示范城市技术咨询服务工作及实施方案优化与自评估报告编制服务工作，系统梳理晋城市的水环境、水安全、水资源、水生态的存在问题及应对思路，重点解决城市内河水系的黑臭问题，统筹做好暗河打开、水体治理、水源保障、滨河空间整治、生态湿地建设等工作，努力营造"山水交融、水城互动"的城市新景观。

二、需求分析

2015年，根据住房和城乡建设部要求，晋城市上报了10条建成区内的黑臭水体，皆位于白水河流域，是白水河的全部上游来水，在编制黑臭水体实施方案的过程中，将白水河纳入整治范围（图1）。晋城作为典型北方缺水城市，水体黑臭的原因具有一定的代表性，主要有以下四方面。

排水系统不健全，存在污水直排，以沿河"小散乱排"和私搭乱接为主。根据溯源排查结果和实地调研，共排查污水直排口共计589个，日排污量约5000吨，其中小于D300的排口

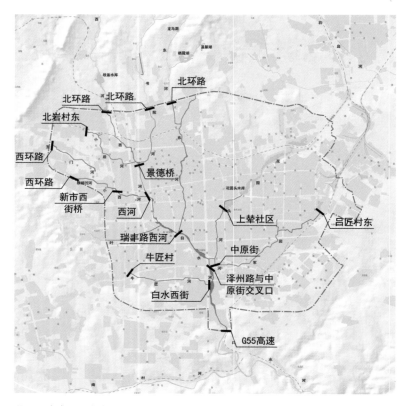

图1 建成区黑臭水体分布

479个，占比82%。由于历史原因，晋城市的部分河道被加盖转为暗渠，总长10.6千米，暗渠内污水直排口共计353个，占比60%。

合流制溢流污染问题突出。晋城市建成区内的城中村和老旧小区现状排水体制多为合流制，合流地块面积共计约18.5平方千米，是分流地块面积的2倍。而95%以上的市政道路已完成分流制改造。对建成区的污水系统进行排水能力评估，在3年一遇设计降雨条件下，26.89%的污水管道处于承压状态。雨天污水通过检查井溢流至雨水篦子入河也是水体黑臭的主要原因之一。管道沉积物也是溢流污染的主要来源，统计分析结果显示沉积物对溢流污染COD和总磷的贡献值为57%～62%。

水土流失治理不容忽视。在自然侵蚀状态下，晋城市年土壤侵蚀模3000～4000吨/平方公里，属于中度侵蚀。晋城是重要的煤炭能源化工基地城市，据遥感监测结合实地调查，近些年煤矸石累计排放量2466万吨，极易发生严重的人为土壤侵蚀。

河道生态基流不足，水体自净能力差。10条黑臭水体均为以防洪功能为主的雨源型河道，流域面积均小于40平方千米，河道平均纵坡达到10‰左右，且缺水拦水构筑物，85%处于干涸、断流状态，自然生态岸线比例仅为40%。

1.建设目标

结合黑臭治理示范城市绩效考核要求，根据2015年国务院发布的《水污染防治行动计划》，提出到2020年底，消除11条水体的黑臭现象，消除污水管网空白区和污水直排口的工程目标，30%以上的河段实现"水清岸绿、鱼翔浅底"的示范要求，并完善相应长效保障机制。

2.技术思路

以"控源截污、内源治理、生态修复、活水保质"为策略，针对黑臭水体的主要成因，统筹污水处理提质增效、海绵城市建设和城市内涝治理，实现消除黑臭水体，进而实现"山水交融、水城互动"的建设目标（图2）。

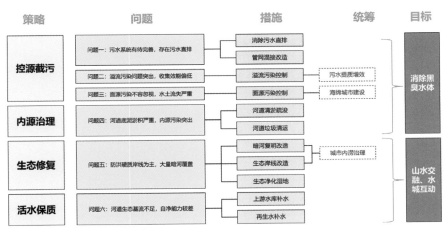

图2　技术路线图

3.主要内容

（1）控源截污，消除污水直排，改造管网混错接点

建立排口溯源调查台账，针对不同位置、不同类型排口分类施策。对于近期计划拆改地块，结合地块开发完善排水系统，消灭直排口。对于老旧小区和城中村，结合城市更新，进行雨污分流改造或增加截留井。改造污水混入雨水的187处混错接点。完善沿河截污管网系统，包括东河新建D300～D600污水管道2.1公里；白水河新建D600污水管道0.3公里；小后河新建D200～500污水管道2.0公里；书院河新建D200～D300污水管道3.4公里；小西河新建D150～D600污水管道5.4公里；牛匠河新建D300～D600污水管道1.4公里；花园头新建D300～D1200管道4.6公里，新建0.5m×1.0m边沟3.0公里；回军河新建D300～D1350截污管4.9公里。共计将沿河382个污水直排口就近接入沿河截污管网。

（2）内源治理，持续推进水土保持工程、清淤疏浚河道

东河、回军河部分截污管修至暗渠中断，多年无人清理，实地调研，暗渠内淤泥污染和淤积严重，妨碍河道行洪。因暗渠断面多狭小，不足10米，机械清淤困难，采用人工清淤的方式，清淤深度2米，疏浚河道，清淤深度如图3所示。晋城市"十三五"期间共治理水土流失1320.52平方千米，年均减少土壤流失33.24万吨，"十四五"期间，计划每年治理水土流失249平方公里，保护和合理利用水土资源。

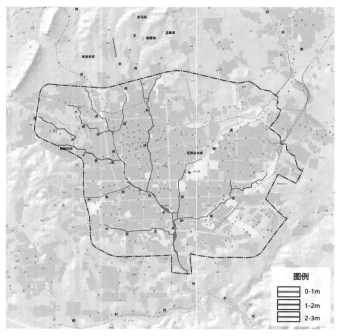

图3　清淤工程分布图

（3）生态修复，打造河畅水清岸绿景美新景观

现状硬质岸线，基本以防洪排涝功能为主，结合水系综合治理，丰富河岸植被，建设人工复合岸线。对于东河等河道宽度在3～5米的窄河道，采用挑台和局部精细绿化，丰富河岸植被，加强河岸景观与城市空间的融合。对于东河、西河、书院河等河道宽度在10～20米的宽河道，采用硬质、生态结合，多层级降低的断面形式，与水面自然衔接。实施白水河湿地公园、白马寺上游净化湿地等2座生态净化湿地，合计占地面积124公顷。与城市雨水排放系统衔接，发挥雨水调蓄、初雨净化、污水再生利用的功能。

（4）活水保质，促进河道水体流动

再生水管线在现状的基础上，结合中原街综合管廊建设管径D300再生水配水管网，增强牛匠河和回军河河道水体流动性，兼顾景观功能（图4）。

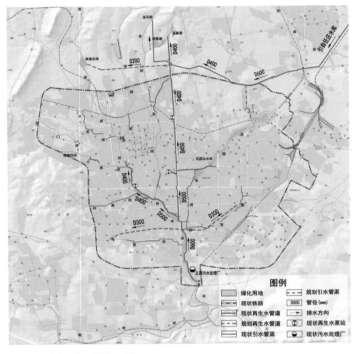

图4　活水保质工程分布图

四、实施效果

1.城市黑臭水体全面消除

晋城市上报国家的10条黑臭水体，于2019年底完成消除黑臭的任务，并于2020年底完成长制久清评估工作。在公众满意度调查中，五门河和书院河的公众满意度高达98%，取得良好的居民口碑，人民群众的获得感、幸福感明显提升（图5，图6）。

图5　白水河改造后实景照片

图6　花园头河改造后实景照片

2.污水收集效能显著提升

针对污水系统收集效能低的问题,基于管网普查与诊断进行问题识别,先后实施合流地块雨污分流改造、合流地块截流井改造、市政管网混接改造、暗河总口截留改造、管网破损修复等工程。污水厂进水浓度呈现逐年提高的趋势,从2018年至2021年6月累计提升54.0%;2021年1月至6月生活污水集中收集率达到76.6%,生活污水收集处理效能得到显著提高。

3.建立健全长效保障机制

依托新组建的晋城市市政公用集团,实现"厂—网—河"一体化管理。晋城市排水许可工作自2013年启动以来,建成区范围内排水许可核发比例达到48%,工业企业、医院等重点排水户核发比例高达86%,实现排水许可常态化管理。此外,建立城管、住建、环保、公安等部门的联合执法机制,实现长制久清。

■ 五、特色创新

1.精准截污,由末端截留向分散截留转变

黑臭水体表现在河里,根源在岸上。开展详细的排口溯源调查,一口一策,转变在暗渠内修建截污管的原有思路,考虑将污水纳入市政道路污水管。以回军河截污工程为例,将污水接入中原街污水管的方案比在回军河暗渠修建截污管节省约5000万投资,且便于后期运营维护。

2.安全为重,因地制宜进行河道生态修复

晋城位于太行山南麓,地形坡度大,主城区平均坡度为7%,暴雨汇流速度极快,河道冲刷严重,现状河道以硬质岸线为主。治理过程中以安全为重,根据河道功能及坡度变化,实施暗河复明、硬质岸线加固、生态岸线提升等工程,因地制宜实施河道生态修复建设(图7,图8)。

图7　白水河生态岸线改造(前/后)

3.系统治理,统筹构建良性的水循环系统

采用系统治理理念,统筹推进节水城市、内涝治理、污水处理提质增效、海绵城市等项目,致力于构建良性的水循环系统。截至目前,海绵城市建设达标面积13.06平方公里,占建

图8 回军河生态岸线改造（前/后）

成区面积的26.2%。建成凤鸣小区、凤栖湖等一批海绵城市典型项目，使海绵城市理念深入人心（图9，图10）。

图9 老旧小区海绵改造后实景照片　　图10 金匠街游园实景照片